Max Saalmüller

Lepidopteren von Madagascar

Neue und wenig bekannte Arten, zumeist aus der Sammlung der Senckenberg'schen naturforschenden Gesellschaft zu Frankfurt am Main, unter Berücksichtigung der gesammten Lepidopteren-Fauna Madagascars

Max Saalmüller

Lepidopteren von Madagascar
Neue und wenig bekannte Arten, zumeist aus der Sammlung der Senckenberg'schen naturforschenden Gesellschaft zu Frankfurt am Main, unter Berücksichtigung der gesammten Lepidopteren-Fauna Madagascars

ISBN/EAN: 9783743464261

Hergestellt in Europa, USA, Kanada, Australien, Japan

Cover: Foto ©berggeist007 / pixelio.de

Manufactured and distributed by brebook publishing software (www.brebook.com)

Max Saalmüller

Lepidopteren von Madagascar

LEPIDOPTEREN VON MADAGASCAR.

Neue und wenig bekannte Arten

zumeist aus der Sammlung der

Senckenberg'schen naturforschenden Gesellschaft

zu Frankfurt am Main

unter Berücksichtigung der gesammten Lepidopteren-Fauna Madagascars.

Herausgegeben im Auftrage der Gesellschaft

von

M. Saalmüller

K. Preuss. Oberstlieutenant a. D. — Mitglied mehrerer naturwiss. Gesellschaften. — Ritter des eisernen Kreuzes I. u. II. Cl., des Herzogl. Sachs. Ernestinischen Hausordens Ritterkreuz I. Cl. mit Schwertern, des Rothen Adler-Ordens IV. Cl.

Erste Abtheilung:

RHOPALOCERA, HETEROCERA: SPHINGES ET BOMBYCES

mit 7 chromolithographischen Tafeln.

Ausgegeben Mai 1884.

Frankfurt am Main 1884.

Im Selbstverlag der Gesellschaft.

Ueber die Art und Weise der technischen Ausführung der Tafeln waltete kein Zweifel ob, diese durch Chromolithographie herstellen zu lassen, da die vortreffliche Kunstanstalt der Herren Werner & Winter in Frankfurt am Main eine gute und genaue Ausführung sicherte, welcher um so mehr der Vorzug vor anderen Herstellungsweisen gegeben wurde, als hierbei die Tafeln vollständig gleichmässig erscheinen, was bei dem Handcolorit nicht möglich ist.

Repräsentanten aller madagassischen Gattungen abzubilden, liess sich mit dem oben angeführten Plane nicht vereinbaren. Eine Detailzeichnung des Flügelgeäders wurde nicht speciell gegeben, weil einer jeden Abbildung eine Platte zu Grunde lag, auf welcher der Verfasser dieses aufs Genaueste eingezeichnet hatte.

Was die Beschreibungen anbetrifft, so glaubte man nicht ausführlich genug verfahren zu können, weil besonders in der Neuzeit oft ganze Reihen neuer Arten nur mit wenig Worten skizzirt wurden und daher schwer von nahestehenden Formen getrennt werden können.

Ob der Verfasser stets glücklich in der Wahl der oft sehr zweifelhaft gehaltenen Gattungen war, muss dahin gestellt bleiben, ob die als Mann und Weib einer Art angeführten Stücke auch wirklich immer einer und derselben Species angehören, wird wohl nur die Entwickelungsgeschichte sicher entscheiden. Ehe jedoch alle diese Arten aus ihren früheren Ständen erzogen sein werden, wird wohl noch eine lange Zeit hingehen, denn selbst ein europäischer Entomologe, der dem Klima widerstände, bedürfte sicher einer Reihe von Jahren, um günstige Resultate zu erzielen.

Für die mir bei dieser Arbeit geleistete freundliche Beihülfe sage ich meinen besonderen Dank den Herren Hauptmann z. D. Dr. von Heyden in Frankfurt am Main, Hofkunsthändler Honrath in Berlin, P. Maassen, Controle-Chef der Königlichen Eisenbahn in Elberfeld, Professor Paul Mabille in Paris, C. Plötz in Greifswald, P. C. T. Snellen in Rotterdam, Dr. O. Staudinger in Dresden und G. Weymer in Elberfeld. Ferner hatte Herr Dr. H. Lenz in Lübeck, der Vorsteher der Sammlungen am dortigen Museum, die grosse Güte, das gesammte Lepidopteren-Material, welches Herr Carl Reuter ebenfalls in Nossi-Bé für seine Vaterstadt gesammelt hatte, unserer Gesellschaft, behufs Bearbeitung in diesem Werke, zur Verfügung zu stellen; wofür hier gleichfalls der beste Dank ausgesprochen sei. Ebenso verpflichtet ist die Senckenberg'sche naturforschende Gesellschaft Herrn William O'Swald in Hamburg für bereitwilligsten und kostenfreien Transport der uns überwiesenen madagassischen Naturalien, durch die Schiffe seines Hauses.

Frankfurt am Main, im Februar 1882.

Die Insel Madagascar mit einem grösseren Flächeninhalte als das gesammte deutsche Reich, liegt südlich vom Aequator, an der Ostküste Afrikas, mit deren Richtung sie gleichläuft, vom Wendekreis des Steinbockes noch in ihrem meridionalen Theile durchschnitten. Von dem Continente ist Madagascar durch einen bis zu 390 km sich verengenden Meereskanal getrennt. Die Tiefe des letzteren ist verschieden, während sie an den meisten Stellen gegen 900 m erreicht, ist sie näher an der Westküste Madagascars zum Theil viel geringer, und schwindet bis zur Untiefe, welche am schmälsten Theile des Kanals bis fast in die Mitte desselben reicht.

Die Gestalt der Insel ist langgestreckt, ihr Längendurchmesser ist fast viermal so gross als ihre mittlere Breite. Die Küste ist wenig gegliedert, am meisten noch die zwei Fünftel der Länge des nordwestlichen Theiles und des nördlichsten Viertels der Ostküste, während diese in ihrem übrigen Theile gestreckt, ohne merkliche Einbuchtungen verläuft, aber in ihrer Mitte auf ein Viertel ihrer ganzen Länge Lagunenbildungen zeigt, deren Sandbarren durch die Südost-Passate in stetem Wachsthum begriffen sind. Das Küstenland ist ringsum ziemlich flach, nur im Nordwesten ist ein Theil steil und gebirgig. Am schmälsten ist die Ausdehnung dieser Ebene, die sich durchschnittlich nicht viel über 100 m erhebt, auf der ganzen Ost- und Nordwestseite, während sie im Westen breiter, im Süden fast ein Viertel der Totallänge einnimmt. Der südöstliche Theil derselben wird in der Richtung von Süd nach Nord durch parallele Gebirgsketten durchzogen, die sich jedoch im Westen nicht über 600 m erheben; allmälig an Höhe zunehmend, vereinigen sie sich nach Osten und Norden zu einem Hochlande von 1000 bis 1500 m. Die Ränder dieser Erhebung sind höher als der von ihnen eingeschlossene Theil, mit meist stufenartigem, an einzelnen Stellen aber auch steilem Abfall gegen die Küste hin. Das Hochland ist unregelmässig von Höhen und Höhenzügen überragt, eine Menge vielleicht noch nicht allzulange erloschener Krater geben der Landschaft ihren eigenthümlichen Charakter. Zwei Hauptbergmassen heben sich besonders aus dem Hochlande heraus, die eine im nordwestlichen Theil, die andere Ankaratra, die den höchsten Gipfel der Insel Tsiafajavona (2728 m) tragt, mehr in der Mitte desselben. Unabhängig von der hohen Region steigt nahe der Nordspitze der Insel der isolirt liegende, dicht bewaldete Berg Amber aus dem Tieflande hoch empor und zeigt sich schon in grosser Entfernung den Schiffen.

Während der südwestliche Theil, wie überhaupt die tiefe Region secundären und auch in geringem Maasse tertiären Ursprungs ist, besteht die hohe Region aus Urgebirge, vorzugsweise aus Granit und Gneis, vielfach durchbrochen und überlagert von Basalt und Laven spätern Ursprunges. Den Culturboden über diesen Gebirgsmassen bildet grösstentheils ein rother Eisenthon.

Die Insel ist ziemlich wasserreich, Seen sind nur wenige, Sumpfgegenden besonders auf dem Hochlande in ausgedehntem Maasse vorhanden. Das Hochland ist durchaus nicht wasserarm, wie mehrfach angegeben wird; hier entspringen die längeren Flussläufe, die sich besonders nach Norden und Nordwesten wendend, meist reich an Nebenflüssen der flacher abgedachten Westküste zufliessen; bei der stark nach Osten gerückten Wasserscheide haben die Flüsse nur dann einen längeren Lauf, wenn sie, ehe sie dem indischen Ocean zufliessen, den Längsthälern des Hochlandes gefolgt sind. Vielfach haben die Flüsse der Ostseite Stromschnellen und Katarakten; wasserarm ist der grösste Theil des Westens und besonders des Südens.

Das tropische Klima wird durch die insulare Lage und durch die herrschenden Passatwinde gemildert. Erstere verleiht demselben eine grössere Gleichmässigkeit und Regelmässigkeit als es der naheliegende Continent besitzt, letztere als Südost-Passatwinde, die das ganze Jahr hindurch herrschen, führen der Insel eine bedeutende Feuchtigkeits- und Regenmenge besonders auf der Ostseite zu. Die Westseite wird dagegen mehr von den Luftströmungen des weit ausgedehnten, benachbarten afrikanischen Hochlandes beherrscht und zwar im tropischen Sommer durch Nordostwinde, dagegen im Winter vorzugsweise durch südliche und westliche Strömungen; letztere trocken und kühl bringen dem westlichen Tieflande die trockene (kalte) und schöne Jahreszeit, die vom October bis gegen Mai dauert. Im Sommer dagegen bedingt der monsunartige Nordost die heisse Regenzeit von October bis April, von der nur ein kleiner, daher wüster Theil der Südwestküste ausgeschlossen bleibt. Diese Zeit ist in tiefer gelegenen Gegenden für den Europäer ungesund, während das Hochland Jahr ein Jahr aus als gesund gilt und die Sommerwärme selten über 23° R. steigt, im Winter aber nur bis etwa gegen 3° R. sinkt. Hier herrschen auch vielfach Nebel, die meist erst die Mittagssonne zertheilt, um dann bei wunderbar klarer Luft die herrlichste Fernsicht zu gestatten. Der durch die Passatwinde berührte Westen und Süden ist trocken und theilweise wüst.

Die Vegetation ist je nach der Lage des Landstriches eine sehr verschiedene, aber im Allgemeinen ausserordentlich reichhaltig und üppig. Die Flora ist bis jetzt nur wenig erschlossen. Leider starb der deutsche Reisende J. M. Hildebrandt (am 29. Mai 1881 zu Antananarivo), der hauptsächlich zu deren Erforschung nach Madagascar gegangen war, allzufrüh.

Vor Allem fällt jedem Besucher der Insel der ungemeine Waldreichthum auf. Besonders merkwürdig ist der Urwaldgürtel, der ziemlich gleichlaufend mit der Küste, aber meist mit einem Abstande von derselben, nur an einer Stelle unterbrochen, die ganze Insel durchzieht. Er liegt theilweise an den Abhängen des Hochlandes, ist auf der Ostseite durch ein Längsthal mit grösserem Flusslauf (Mangoro) getheilt, schliesst aber an beiden Enden der eingeschlossenen Ebene von Ankay, deren Anblick durch ihr herrliches Panorama jeden aus dem Urwalde heraustretenden Reisenden aufs höchste entzückt, wieder zusammen; er hat im Nordosten seine grösste Breitenausdehnung und nimmt hier den ganzen Raum zwischen Hochland und Küste ein. Im Süden und Westen, wo der Waldgürtel schmäler ist, zieht er näher an die Küste heran und endet hier, ehe er an dem westlich am weitesten vorspringenden Punkt derselben anlangt, während der von der Nordwestküste weit abliegende Gürteltheil jenen um ein bedeutendes Stück überreicht. Hierdurch wird die nach Norden in der westlichen Ebene gelegene Lücke gebildet. Innerhalb und ausserhalb dieses Gürtels finden sich noch grössere und kleinere Urwaldparzellen auf der Ostküste, sowie an der Nordspitze und Nordwestküste. An der Südwestküste nördlich vom 23° südlicher Breite tritt eine grosse Waldregion, weniger dicht als der Urwald auf, in der sich auch Palmenwälder befinden, obgleich sonst die Palmen im Vergleich zu Afrika nur spärlich vorkommen. Hildebrandt entdeckte in einer seither noch unerforschten Gegend der Ostküste eine prächtige Fächerpalme, die im botanischen Garten zu Breslau cultivirt wird und von Wendland zu Ehren unseres grossen deutschen Staatsmannes als Bismarkia nobilis benannt und beschrieben wurde. Aus der dichten Masse des Urwaldes, der reich an den kostbarsten Nutzhölzern ist, und in welchen meist das Tageslicht nur als Dämmerschein durchdringen kann, ragen die einzelnen Palmen hoch heraus, obgleich viele seiner Bäume oft bei einem Stammdurchmesser bis zu 6, ja bis zu 9 m eine Höhe von über 30 m erreichen. Die Stämme und Aeste sind vielfach umwunden und berankt von holzigen Kletter- und Schlingpflanzen, und von ihnen hängen mächtige Moos- und Flechtenmassen, besonders in den höher gelegenen Regionen herab. Der Boden ist mit dichtem Strauchwerk und Unterholz bedeckt; dabei schiessen allenthalben aus feuchten Stellen des Bodens und aus den Spalten und Löchern der Bäume üppige Farn hervor. Hier wachsen die Nepenthes Madagascariensis, Euphorbia fulgens, metallisch glänzende Melastomaceen, reichblühende Acanthaceen, grossblätterige Theophrasten, Pentas carnea und Vinca lancea, die auf dem Widmungsblatte dieses Buches abgebildet ist.

Das Hochland ist nur wenig bewaldet, hie und da sieht man auf den Hügeln Baumgruppen, deren äussere Gestalt unsern europäischen Waldbäumen sehr ähneln, sie gehören meist zur Familie der Feigenbäume. Da die Vegetation bis zu einer Höhe von 1900 m steigt, so ist es natürlich, dass sie auch sehr verschiedenartig sein muss. Auf den Höhen herrscht mehr eine Flora, die der gemässigten Zone entspricht, während die der Ebene und Flussthäler den vollständig tropischen Charakter trägt. Ein grosser Theil des Hochlandes ist kahl und öde, weite Strecken sind Heide- und Sumpfland, die Hügel sind meist nur mit Gras bewachsen, welches während der trockenen Zeit braun und halb verdorrt ist, und ähnlich wie in vielen afrikanischen Gegenden vor Eintritt der Regenzeit von den Einwohnern abgebrannt wird. Wo irgend eine Bewässerung möglich ist, sind weite Strecken, besonders in den Thalsenkungen und Flussthälern mit Reis bepflanzt, was der Landschaft durch den prächtigen Farbenglanz eine grosse Schönheit verleiht; häufig auch als Ersatz dieses Hauptnahrungsmittels wird Hirse angebaut.

Die grösste Ueppigkeit der Vegetation entfaltet die Ostküste. Hinter dem glühend heissen Sand des Strandes entfalten sich in der Ebene die herrlichsten Rasenflächen, vielfach mit Buschwerk, Baumgruppen und sumpfigen Strecken untermischt. Die innere Lagunenseite ist dicht mit Bäumen, zum grossen Theil mit Pandanusarten und Casuarineen bestanden. Palmen und „der Baum der Reisenden" dessen Gattung Urania jedoch nicht mehr eine ausschliessliche Eigenthümlichkeit Madagascars ist, da sie auch durch eine, noch üppigeren Blattfächer tragende Species in Malakka vertreten ist, erreichen hier die Höhe bis über 30 m. Die Urania speciosa, nur auf feuchtem Boden gedeihend, ist über die fruchtbaren Ebenen und die tieferen Abhänge des Waldgürtels der ganzen Insel in ziemlicher Häufigkeit verbreitet. An der Ostküste wird ferner viel Gartenbau getrieben mit herrlichen Obstsorten: Orangen, Citronen, Limonen, Limetten, Pfirsichen, Ananas, Maulbeeren, Bananen, Feigen, Quitten, Weintrauben, Kürbissen u. s. w.; auch der weit verbreitete Mangobaum liefert eine sehr beliebte Frucht; Aloë und Ingwer sind einheimisch. Es finden sich grosse Kaffeepflanzungen; Zuckerrohr von besonderer Ueppigkeit wird in Menge gebaut. Von den zahlreichen Grasarten erreichen einzelne eine Höhe von 2,5 m. Schilf, Binsen, Bambusrohr sind häufig; Hanf und die Papyrusstaude gehören zu den nutzbaren Gewächsen. Pflanzen mit duftenden Blüthen z. B. Akazien, Ericaceen, Gentianen, Orchideen, Vanille, an denen sich Insekten aller Ordnungen mit Vorliebe herumtummeln, und mannigfache andere Gewürzpflanzen sind zahlreich vertreten. Schön blau und weiss blühende Nymphaeen wachsen in Flüssen, die eigenthümliche Gitterpflanze (Ouvirandra fenestralis) in warmen Sümpfen und ebenfalls in fliessenden Gewässern häufig vereint mit Aponogetum Hildebrandtii.

Weit spärlicher ist die Vegetation des westlichen aber besonders des südlichen Theiles der Insel, in dessen sandigen Ebenen stacheliche Pflanzen, die den Leguminosen, Cacteen, Euphorbiaceen angehören, vielfach wachsen.

Madagascar besitzt, soweit seine Flora bekannt ist, eine grosse Zahl der Insel eigenthümlicher Gewächse; diese sind vielfach gemischt mit afrikanischen und indisch-malayischen Formen. Der Eindruck, den die Wälder hervorbringen, ihre Menge Farnkräuter erinnern an Indien; Palmen, Akazien, Ericaceen, von denen die Gattung Philippia in kleinen Gebüschen in den Gebirgen häufig am Rande des Urwaldes auftritt, baumartige Farn an Afrika. Die Pandanusarten, die Casuarineen und Nepenthaceen (Kannenpflanzen), deren letzteren Vorkommen nur ein vereinzeltes ist, an den malayischen Archipel.

Die Fauna eines Landes ist ausserordentlich abhängig von Klima und Vegetation, in beiden Beziehungen bietet Madagascar die günstigsten Verhältnisse; wenn im Allgemeinen eine solche einer Insel geringer als die einer gleich grossen, gut mit Vegetation versehenen Landstrecke eines Continentes ist, so macht Madagascar gewiss eine Ausnahme; dabei ist in ethnographischer, zoologischer und botanischer Beziehung die Abhängigkeit von dem nächst gelegenen Continente lange nicht so gross, wie bei den meisten anderen Inseln, ja es ist sogar bezweifelt worden, veranlasst durch die vielen eigenartigen Geschöpfe, die es besitzt, ob es überhaupt jemals mit Afrika zusammengehangen habe, und ob Madagascar nicht vielleicht der Ueberrest eines untergegangenen Continentes sei. Jedenfalls lässt schon der tiefe Meereskanal, der zwischen der Insel und dem Festlande liegt, darauf schliessen, dass die Trennung in sehr früher Zeit stattgefunden haben muss. Fast könnte man, was Säugethiere und Reptilien anbetrifft annehmen, dass es eher mit dem indisch-malayischen Archipel vereinigt gewesen wäre.

Der Hauptaufenthalt der Thierwelt Madagascars ist der Urwald, und doch ist er im Allgemeinen still zu nennen; nur das klagende Geschrei der Makis, was sich jeden Morgen hören lässt, unterbricht seine tiefe Ruhe. Diese Halbaffen sind es, neben dem gänzlichen Fehlen grosser Thierfamilien, die der Säugethierfauna der Insel ihr eigenthümliches Gepräge verleihen, und wodurch sie wesentlich von Afrika abweicht. Wenn wir Madagascar als den Hauptsitz dieser Halbaffen ansehen und ihre Verwandten in ost- und westwärts weit entfernten Gegenden suchen müssen, so hat die eigenthümliche Familie der Centetiden, mit unserem europäischen Igel nicht unähnlichen Arten, ihre einzigen Verwandten auf den westindischen Inseln, während der bekannte Aye-Aye eine Familie für sich bildend, ganz vereinzelt dasteht. In näherer verwandtschaftlicher Beziehung mit Afrika und auch wieder mit dem südöstlichen Asien stehen die den kleineren Raubthieren angehörenden Viverriden und zu ersterem auch die Flussschweine, die einzig noch lebenden Dickhäuter Madagascars. Die für Afrika so charakteristischen gross gestalteten Thiere dieser Ordnung, die grossen Katzenarten, Hyänen, Zebras, Quaggas, Giraffen, Antilopen, Stachelschweine und eigentlichen Affen fehlen auf der Insel. Pferde, Esel, Zebus und Schafe sind eingeführt. Dass eine Inselfauna mehr wie die eines Continentes den Veränderungen und besonders dem rascheren Aussterben einzelner Arten ausgesetzt ist, hierfür liefert auch Madagascar einen Beweis. Hildebrandt fand besonders in der Umgebung des Badeortes Sirabe subfossile Flusspferdskelette, die aber einer kleineren Art wie das afrikanische angehören. Reich ist die Insel an insektenfressenden Säugethieren, ebenso an Nagern; Ratten und Mäuse sind in Menge vorhanden.

Die Säugethiere Madagascars sind nicht reich an Ordnungen und Familien, dagegen ist dies in höherem Grade bei den Vögeln der Fall, deren Artenzahl (über 200) eine bedeutende zu nennen ist; doch sind sie weniger durch ihre Formen auffällig. Die Riesenvögel Madagascars (Aepyornis) sind ausgestorben und so reich und glänzend befiederte Gattungen, wie sie viele andere tropische Gegenden aufzuweisen haben, sucht man vergebens. Die Haupteigenthümlichkeit der Vogelfauna sind eben die vielen eigenthümlichen Gattungen, mit mehrfach vollständig isolirt auftretenden Formen. Verwandtschaftliche Beziehungen bestehen einestheils nach Indien und dem malayischen Archipel, anderseits nach Afrika und gleichzeitig nach beiden Regionen. Von den Landvögeln hat die Insel 12 Arten mit beiden gemeinsam. Aber auch afrikanische Gattungen sind vielfach vertreten, dagegen haben in Afrika artenreiche Gattungen in Madagascar gar keine Repräsentanten. Von den Raubvögeln ist besonders die Familie der Eulen, von den übrigen Ordnungen die Sperlings- und Sumpfvögel als reich an Arten anzusehen; von erstern ist Artamus bicolor Bpte. durch seine lebhaft blau gefärbte, schwarz eingefasste Oberseite, und mit dieser Färbung contrastirenden weissen Bauchseite, eine hübsche, Madagascar eigenthümliche Erscheinung.

An Reptilien ist Madagascar besonders reich, sie stehen in geringer verwandtschaftlicher Beziehung zu Afrika, mehr zu Indien und Amerika. Während die grösseren Formen der Schildkröten ausgestorben sind, verblieben die Krokodile, deren Hauptaufenthalt die verpesteten Lagunen der Ostküste sind, von wo aus sie die Flüsse auf weite Entfernungen als eine wahre Landplage unsicher machen. Von den vielen Schlangen werden nur wenige als giftig bezeichnet; in wie weit dies wirklich der Fall, bleibt noch dahin gestellt. Einzelne grosse auf Bäumen lebende Arten werden selbst grösseren Thieren gefährlich; auch im Wasser lebende kleinere Arten sind bekannt. Die Insel besitzt eigene Gattungen aus indo-afrikanischen und aus indischen sowie tropischen Gruppen, ferner Vertreter afrikanisch-amerikanischer und nur amerikanischer Gattungen. Bei den Colubriden finden sich Vertreter amerikanischer Gattungen, die in keiner Verwandtschaft zu Afrika stehen, dessen reichlich vorhandene Viperiden ganz fehlen. Bei den Eidechsen, mit denen es sich ähnlich wie bei den Schlangen verhält, tritt noch australische Verwandtschaft hinzu. Madagascar ist die Hauptheimath der allermeisten Chamäleon-Arten. Einige Geckonen erinnern an Verwandte aus Amerika und Australien. Die meisten dieser in Afrika vertretenen Familien haben auf der Insel eigene Gattungen; dagegen haben die afrikanischen Dickzüngler keinen einzigen madagassischen Repräsentanten; Leguane, eine Specialität Amerikas, kommen wohl in Madagascar aber nicht in Afrika vor. Unter den Lurchen, eigenartige mit indischen und afrikanischen Formen gemischt, sind besonders die Laubfrösche zahlreich. Dr. O. Böttger hat eine Reihe neuer Arten aus der Sammlung der Senckenberg'schen naturforschenden Gesellschaft in deren Zeitschriften veröffentlicht.

Die Meeresfische, die aus der Umgebung von Madagascar stammen, sind ihrer ganzen Lebensweise nach in der Mehrzahl im ganzen indischen Ocean zu finden, nur wenige sind auf die, die Insel umfluthenden Gewässer beschränkt. Ueber die Fischfauna der süssen Gewässer Madagascars theilt Dr. H. Lenz in Lübeck Folgendes brieflich mit: „Sie ist leider so gut wie unbekannt. Während man aus den der Insel benachbarten Meerestheilen gegen 800 verschiedene Arten Fische kennt, beläuft sich die Zahl der aus den Flüssen und Landseen bekannten auf noch nicht 20. Von diesen gehören über die Hälfte den Gobiiden, ein Viertel den Chromiden an; hierzu kommen noch zwei Arten der Gattung Alticus aus der Familie der Blenniden und zwei Arten Cyprinodontiden. Während Cypriniden und Siluriden, als ächte Süsswasserfamilien, auf dem Festlande Afrikas neben Characinen und Chromiden die Hauptrolle spielen, finden sich auf Madagascar und den benachbarten Inselgruppen nur die Chromiden durch wenige Arten vertreten. Dafür bilden hier die Gobiiden, welche mehr dem Meere als dem Süsswasser angehören, das Hauptcontingent. Daraus, dass die überwiegende Zahl der Chromiden und Cyprinodontiden dem tropischen Theile Südamerikas angehören, einen Zusammenhang auch dieses Theiles der Fauna Madagascars mit dem genannten Theil der neuen Welt folgern zu wollen, dürfte ebenso verfrüht sein, wie jede andere Schlussfolgerung aus den wenigen Arten, welche wir aus dem Innern Madagascars kennen. Hoffen wir, dass sich bald ein Reisender finden möge, der diesem Theil der Fauna seine ganz besondere Aufmerksamkeit schenkt; es darf nicht daran gezweifelt werden, dass alsdann nicht minder interessante Resultate sich ergeben werden, wie sie manche der übrigen Thierklassen bereits geliefert haben."

Die **Meeresmollusken** Madagascars gehören dem indo-pacifischen Conchylienreiche an: von ihm sagt Dr. Kobelt in den Jahresberichten der Senckenborg'schen Gesellschaft: „Auf diesem ungeheuren Raume ist die malakozoologische Bevölkerung eine so gleichmässige, dass es unmöglich ist, grössere Abtheilungen zu unterscheiden. Nur an den Grenzen lassen sich ein paar Provinzen abtrennen, im Norden die japanische, im Süden die von Südaustralien und Neuseeland und die des Caps der guten Hoffnung. In dem ganzen tropischen Theil ist eine Trennung unmöglich und wenn man mit Keferstein eine polynesische, eine indische und eine indo-afrikanische unterscheiden will, muss man sich mehr nach anderen Thierklassen als nach den Conchylien richten; die scharfe Grenze, welche den malayischen Archipel in anderen Thierklassen vom polynesischen sondert, existirt für die Conchylien nicht."

Die Binnenconchylien anlangend, sagt Dr. Kobelt in den Jahrbüchern der deutschen malakozoologischen Gesellschaft: „Madagascar ist gross genug, um seine eigene Schneckenfauna entwickeln zu können; sie hat uns schon die prachtvollsten Arten kennen lernen lassen, ohne uns nur annähernd genügend bekannt zu sein. Oder sollten wir vielleicht die Fauna einer Insel als bekannt ansehen, auf der noch in den letzten Jahren eine Helix von der Grösse einer Faust entdeckt wurde? Immerhin aber ist das, was wir von der Conchylienfauna Madagascars wissen, genügend, um zu erkennen, dass die Insel, wie auch sonst, ein eigenthümliches Ganze für sich bildet und von Afrika vielleicht weniger empfangen, als an dasselbe abgegeben hat. Ein afrikanischer Charakterzug ist eigentlich nur die Gegenwart einiger Achatinen und Enneaarten, welche letztere an der Westküste Afrikas zahlreich auftreten, doch ist diese Gattung nicht specifisch afrikanisch, da sie auch auf anderen ostafrikanischen Inselgruppen reich vertreten ist.

Charakteristisch für Madagascar Afrika gegenüber ist die reiche Entwickelung von Helixarten, die zu den grössten und schönsten der ganzen Gattung gehören, während das tropische Afrika arm an ihnen ist; ferner der Reichthum an ächten Cyclostomen, die sich hier ebenfalls durch Grösse, Schönheit und reiche Sculptur auszeichnen; sie sind auch auf die Nachbarinseln in geringerem Maasse verbreitet und diese wie die Cyclostomen des Festlandes von Südostafrika, die ohnehin in der afrikanischen Fauna fremd dastehen, auch weniger entwickelt erscheinen, sind als Ausstrahlungen des madagassischen Schöpfungscentrum zu betrachten. Die Gattungen Otopama und Lithidion verbreiten sich von Madagascar aus nord- und ostwärts.

Einige Bulimus bilden eine für Madagascar eigenthümliche Untergattung. Auffallend ist das geringe Hervortreten indischer Einflüsse. Allenfalls könnte man in dieser Beziehung die Naninen nennen, obschon diese Gattung ja auch in Afrika vertreten ist. Unter den Deckelschnecken finden wir den vielen Cyclostomen gegenüber nur einen Cyclotus und zwei Cyclophorus; auch die seltsame Euptychia hat ihren nächsten Verwandten von den Nicobaren. Am ersten lässt sich noch eine Verwandtschaft mit der indischen Fauna nachweisen in den gedeckelten Süsswasser-Conchylien; übrigens ist die Fauna der Binnengewässer noch bedeutend weniger bekannt wie die Landfauna.*

Von den Gliederthieren sind es besonders die Insekten, die ungemein reich an Arten und Individuen sind, ihnen scheint Vegetation und Klima besonders günstig zu sein und sie gelangen zu ihrer vollsten Blüthe, wie in allen tropischen Ländern während und kurz nach der Regenzeit. Am besten sind die Käfer, nächstdem die Schmetterlinge bekannt; die übrigen Ordnungen sind faunistisch zusammenhängend noch nicht bearbeitet worden; jedoch scheint es auch für diese wie für die beiden schon aufgeklärteren Ordnungen zu gelten, dass sie bei den zum grössten Theil Madagascar eigenthümlichen Formen, mit jedoch verhältnissmässig wenig neuen Familien und Geschlechtern sich am meisten an die Insektenfauna von Afrika anschliessen. Gerstäcker, der hauptsächlichste Vertreter dieser Ansicht wollte wenigstens in entomologischer Beziehung Madagascar als eine afrikanische Provinz betrachtet wissen.

Für die Käfer stellt Dr. von Heyden als Verhältniss auf, dass $^3/_4$ der auf der Insel vorkommenden Arten endemisch, $^1/_7$ gemeinsam mit dem afrikanischen Festlande und $^1/_{11}$ Kosmopoliten sind. Specieller über die Käferfauna von Madagascar schrieben Klug in den Sitzungsberichten der Königlichen Akademie der Wissenschaften, Berlin 1833 und Fairmaire bearbeitete die Coquerel'sche Ausbeute in den Annales soc. entomol. de France von 1868 bis in die neueste Zeit. Charakteristisch sind die vielen prachtvollen Cetoniden; von Harold führt in seinem Catalogus Coleopt. 1869 21 Gattungen mit 62 endemischen Arten an, welche Anzahl sich gewiss seitdem verdoppelt hat, besonders durch die Arbeiten von Thomson und Kraatz. Ebenso charakteristisch ist unter den Buprestiden die Gattung Polybothris mit im Jahre 1869 50 Arten, die nur dort vorkommen, eine Anzahl schmal parallel, andere von schildkrötenartiger Körperform, verbunden mit der schönsten metallischen Farbenpracht.

Wenn wir die Schmetterlingsfauna Madagascars im Grossen und Ganzen betrachten, so finden wir zunächst den Käfern gegenüber die verwandtschaftlichen Beziehungen mit der des afrikanischen Continentes noch grösser als bei jenen. Schmetterlinge können durch ihr grösseres Flugvermögen leichter mit benachbarten Ländern communiciren und werden häufig bei ihrer leichten Körperconstitution durch Luftströmungen weithin verschlagen. Bei der grossen Verwandtschaft mit der afrikanischen Fauna schliessen sich fast alle Arten, ohne besonders auffällig abweichende Formen aufzuweisen, den afrikanischen Gattungen an. Dieselben Familien, die dem Continente fehlen, sind auch in Madagascar nicht vertreten, so z. B. die Morphiden, Heliconiden, Brassoliden, die Argynnis-, Melitaea- und die Ageronia-Arten, die eigentlichen Castnien. Die Insel besitzt nur wenige eigenthümliche Gattungen; unter den Tagschmetterlingen eine etwas abweichende, von der man bis jetzt in dem verhältnissmässig auf Insekten noch lange nicht erschlossenen Afrika keinen Vertreter fand. Es ist dies die Gattung Heteropsis Westw., aus der Familie der Satyriden, mit nur einer bekannten Art, die durch ihre verlängerten Spitzen der Vorderflügel sich kennzeichnet. Eine Sphingiden-Gattung Maassenia m., zu den Smerinthiden gehörig, mit ebenfalls nur einer Art (M. Heydeni m.) steht mit keiner andern Gattung in näherer verwandtschaftlicher Beziehung. Unter den Bombyciden, die im Allgemeinen durch ihr geringes Flugvermögen und schweren Körper der Weiber, sowie durch den meist gänzlich fehlenden Ernährungsapparat in beiden Geschlechtern, auf sehr beschränkte Lokalitäten angewiesen sind, scheint die Gattung Borocera B., die ihrer seidenspinnenden Arten wegen für die Industrie wichtig ist, keine Vertreter in Afrika zu haben. Die Noctuen-Fauna Afrikas, die mit der südasiatischen in naher Beziehung steht, hat bis jetzt noch keine Art der Gattung Phyllodes aufzuweisen, während eine schöne, grosse Species derselben die Insel Nossi-Bé bewohnt.

Dass Madagascar zur indischen Region und dem malayischen Archipel eine grössere Verwandtschaft in seiner Lepidopterenfauna habe als zu Afrika, wie einzelne Autoren behaupteten, ist zweifellos unrichtig. Würde dies der Fall sein, so wäre es doch zu verwundern, dass beispielsweise Madagascar gar keine Art des für jene Länderstriche so charakteristischen Genus Ornithoptera B. und ebenso einiger Morphiden Gattungen hat. Dagegen findet man in der indo-malayischen Region wieder keine einzige Species, die zu der für Afrika und Madagascar so eigenthümlichen Papilio Nireus-Gruppe gerechnet werden könnte. Die Lepidopterenfauna Madagascars ist viel besser bekannt, als diejenige aller der Gegenden Afrikas, die bis jetzt naturwissenschaftlich erforscht wurden, abgesehen von dem zur paläarktischen Region gehörigen nördlichen Theile. Diese bekannteren Gebiete sind die Küstenländer Senegambien, Liberia, Theile von Guinea, Gabun, Congo, Angola, Capland, Cafferland und Natal, Transvaal und ein kleiner Theil der Küste von Mossambique und Sansibar. Die Nilländer mit Sennaar, Kordofan und Abyssinien ausgenommen, sind nur äusserst wenig Insekten in dem Binnenland gesammelt geworden. Gerade die Madagascar zunächst liegenden Länderstrecken Afrikas sind mit am wenigsten erforscht, jedoch kann man jetzt schon annehmen, dass nur der durch den Oranjefluss abgetrennte, südliche Theil Afrikas eine mehr eigenthümliche Fauna besitzt im Vergleich zu der grossen Ländermasse südlich des Atlas; daher auch die grosse Uebereinstimmung zwischen den Lepidopteren der westlichen und östlichen Küste des Continentes. Tritt jetzt schon die nahe Beziehung der Insektenfauna Madagascars zu Afrika deutlich hervor, so lässt sich annehmen, dass dies noch auffälliger sein wird, wenn die afrikanischen Nachbarländer mehr erforscht sein werden. Von näheren Beziehungen zu Südamerika und Westindien kann nicht die Rede sein; wenn auch der überaus prächtige Urania Rhipheus Dr. mit dem afrikanischen Genus Cydimon Dalm. in eine Familie gehört, so sind die Arten beider Gattungen in ihrer äusseren Form doch wesentlich verschieden: durch die Entdeckung des Urania Croesus Gerst. an der Sansibarküste, steht Urania Rhipheus aber für die äthiopische Region nicht mehr isolirt da.

Madagascar besitzt neben einer grossen Zahl eigenartiger Species von Schmetterlingen eine Reihe von Kosmopoliten, unter denen es folgende Arten gemeinsam mit Europa, besonders mit dessen südlichem Theile hat: Lycaena Boetica L., Telicanus Lg. und Lysimon Hb., Danais Chrysippus Cr., Pyrameis Cardui L., Acherontia Atropos L., Protoparce Convolvuli L., Chaerocampa Osyris Dalm. und Celerio L., Daphnis Nerii L., Deilephila Lineata L. (Mabille), Earias Insulana B., Deiopeia Pulchella L., Phragmatoecia Castaneae Hb. (Mabille), Brithys Pancratii Cyr., Prodenia Littoralis B., Eurhipia Adulatrix Hb., Plusia Aurifera Hb. und Chalcytes Esp., Heliothis Armiger Hb., Xanthodes Graëllsii Feisth., Leucanitis Stolida F., Grammodes Bifasciata Petg. und Algira L., Nomophila Noctuella Schiff., Zinckenia Recurvalis F. (Syrien), Spanista Ornatalis Dup., Etiella Zinckenella Tr.

Mit Afrika und der indo-malayischen Region hat die Insel gemeinsam, (wobei hier und den folgenden Angaben von den Kosmopoliten abgesehen ist, und die mit * bezeichneten Arten sich mit Sicherheit nur auf die letztere Region beziehen): z. B. Pieris Mesentina Cr., Melanitis Leda L., Atella Phalanta Dr., Hypanis Ilithyia Dr., Hypolimnas Misippus L., Lycaena Theophrastus F., ? *Hesperia Naso F. (nur Mauritius mit Indien), Macroglossa Hylas L., *Chaerocampa Theylia L. (Mabille), Nephele Hespera F., Argina Cribraria Clk., *Alamis Ligilla Gu. und *Umbrina Gu., Ophideres Materna L. und Fullonica L., Archiva Hieroglyphica Dr., Lagoptera Magica Hb., *Achaea Melicerta Dr., Remigia Frugalis F. und Archesia Cr., *Lacera Capella Gu., Thermesia Rubricans B., Rivula Terrosa Snell., Nodaria Nodosalis H. S., *Hydrillodes Lentalis Gu., Hyperythra Limbolaria Gu., *Asopia Gerontesalis Walk., Botys Sinuata F., *Tridentalis Snell. und *Testudinalis m., *Sameodes Thrithyralis Snell., *Pachyarches Vertumnalis Gu., *Stenurges Ostensalis Hb., Siriocauta Testulalis Hb., Hymenoptychis Sordida Zell., *Pleonectusa Tabidalis Led., *Coptobasis Cataleucalis Snell., *Myelois Stibiella Snell., *Euzophera Subterebrella Snell.

Mit Afrika nur allein gemeinsame Arten sind unter anderen: Papilio Demoleus L. und Delalandii God., Pontia Alcesta Cr., Eurema Pulchella B. und Desjardinsii B., Tachyris Saba F. und Phileris B., Callidryas Florella F. und Rhadia B., Euploea Goudotii B., Gnophodes Betsimena B., Leptoneura Cassus L., Mycalesis Narcissus F., Acraea Rahira B., Lycia F., Serena F. und Punctatissima B., Hypanartia Hippomene Hb., Precis Rhadama B., Eurytela

Dryope Cr., Crenis Drusius F., Cyrestis Elegans B., Neptis Saclava B., Charaxes Cinadon Hew. (Butler), Lycaena Lingeus Cr., Pulchra Murray und Cissus God., Hypolycaena Philippus F., Ismene Forestan Cr. und Ratek B., Pamphila Borbonica B. und Poutieri B., Thymelicus Havei B., Cyclopides Malgacha B., Tagiades Sabadius B., Diodosida Murina Walk., Chaerocampa Eson Cr., Charris Walk., Balsaminae Walk. und Idreus Dr., Protoparce Solani B., Nephele Accentifera Beauv. und Oenopion Hb., Euchromea Formosa B. und Madagascariensis B., Ovios Eumela Cr., Leocyma Appolinis Gu., Eurhipia Bowkeri Feld., Plusia Limbirena Gu., Cosmophila Auragoides Gu. und Xanthyndima B., Polydesma Landula Gu., Cyligramma Latona Cr., und Argillosa Gu., Hypopyra Capensis H. S., Ophiodes Hopei B., Ophisma Limbata Feld. und Finita Gu., Achaea Chamaeleon Gu., Dejeanii B. und Lienardi B., Thermesia Marchalii B., Thalassodes Vermicularia Gu., Spilomela Podalirialis Gu., Ancylolomia Sansibarica Zell.

Diesen gegenüber stehen eine Anzahl Arten, die mit afrikanischen eine innige Verwandtschaft haben, aber jedenfalls durch die lange Trennung der beiden Ländermassen derart modificirt worden sind, dass sie als besondere Formen betrachtet werden müssen; meist bezieht sich diese nahe Verwandtschaft auf solche Arten, die in Afrika selbst ungemein dem Variiren ausgesetzt sind, aber auf Madagascar als wenig abändernde, bestimmte Formen auftreten. So z. B. Papilio Merope Cr., Panopea Dubia Beauv., Miniodes Discolor Gu. Wir stehen hier vor einer grossen Schwierigkeit, sollen wir diese so nahestehenden Thiere als besondere Arten oder als Lokalformen betrachten? Auch die Entwicklungsgeschichte wird uns hierüber wenig Aufschluss geben können, denn bei der wahrscheinlich schon sehr lange stattgefundenen Abtrennung der Insel vom Festlande sind durch die veränderte Lebensweise, Klima u. s. w. sicher auch die früheren Stände modificirt worden. Leider liegen uns hierüber noch gar keine Erfahrungen vor. Eine weitere Schwierigkeit entsteht durch die Frage: Welches ist nun bei Annahme einer Lokalform die eigentliche Stammart? Vollständig ungerechtfertigt wäre es, wollte man diese stets nach dem Continente verlegen; weshalb können nicht Arten von dem früher vielleicht viel grösseren Lemurenlande an den jetzigen Continent, der zur Zeit der Abtrennung möglicherweise geringeren Umfang hatte, ebenfalls abgegeben worden sein? So bietet Papilio Meriones Feld., den Boisduval in seinem „Species général" als blosse Varietät (B) von Papilio Brutus F. (P. Merope Cr.) aufführt, ein merkwürdiges Beispiel. Hier muss man doch wohl Papilio Meriones mit seinem ihm so ähnlichen Weibe als die Stammart ansehen, während P. Merope, dessen durch die Zucht aus Eiern festgestellten, dem Manne ganz unähnlichen, mehr einer Danais- als Papilioform gleichenden Weibern (deren gewöhnlichste Formen sind Papilio Cenea Cr., Hippocoon F., Dionysus Dbld. und Trophonius Westw.) als von ersteren abstammend zu betrachten ist. Trimen nimmt, veranlasst durch die weite Verbreitung von P. Merope über den grössten Theil von ganz Afrika an, dass die typische Form afrikanischen Ursprungs sei (Transactions of the Linnean Society of London vol. 26, 3. 1868—1869).

Sehr bezweifeln möchte ich, dass neben der modificirten Art noch die Stammform in demselben Länderstriche zugleich vorkommt, so z. B. Junonia Oenone L. (Clelia Cr.) neben Epiclelia B., Panopea Lucretia Cr. und Apaturoides Feld., Panopea Dubia Beauv. und Drucei Butl., Charaxes Candiope God. und Antamboulou Luc., Tagiades Flesus F. und Insularis Mab., Bunnaea Alcinoe Cr. und Aslanga Kirb.; die bezüglichen Angaben mögen für Madagascar darauf begründet sein, dass die Lokalform noch nicht abgetrennt, und seither nur für Varietät gehalten wurde.

In Betreff der Artfrage scheint mir ganz richtig zu sein, was Dr. W. Kobelt in der Einleitung seines „Cataloges der im europäischen Faunengebiete lebenden Binnenconchylien (2. Auflage 1881)" sagt: „Mit dem Durchdringen der Darwin'schen Lehre ist mir die Artumgrenzung unendlich weniger wichtig geworden. Die Art ist eben ein Concretum, keine wirklich in der Natur existirende Sache; die Natur kennt nur Individuen, von denen kaum zwei einander völlig gleich sehen. Arten und Gattungen sind nur wie die Kasten und Schiebladen einer Sammlung, zur Bequemlichkeit des Forschers, dem sonst eine Uebersicht unmöglich ist; er bestimmt also auch ihre Grösse nach seiner Bequemlichkeit und nach dem Zwecke zu dem sie dienen sollen. Legt er besonderes Gewicht auf die geographische Verbreitung, so wird er die Arten weit fassen, will er besonders die Einflüsse der Lokalität, die Uebergänge einer Form in die andere und deren Bedingungen studiren, so thut er vielleicht zweckmässiger, den Artbegriff enger zu fassen."

Ich halte das Benennen ziemlich gleichmässig abweichender Lepidopterenformen einer Lokalfauna für wichtig. Mögen dann auch die so als Arten aufgestellten Formen, später von einem besonders befähigten Systematiker, dem ein umfangreiches Vergleichsmaterial zu Gebote steht, mit andereren zu einer weit verbreiteten Art zusammengezogen werden, so hat die Wissenschaft dadurch noch lange keinen Schaden erlitten und ist deswegen die beschwerliche Synonymik nicht vermehrt, da man auffallende Varietäten und Abänderungen, die gleichmässig in einer Gegend wiederkehren, doch mit Namen bezeichnen muss.

Von den übrigen Insekten-Ordnungen lässt sich nur wenig sagen. Die Sammlung der Senckenberg'schen Gesellschaft enthält an Hymenopteren: Ichneumoniden, Wespen, Ameisen, von denen gewisse Arten bis zu 1 m Höhe Bauten ausführen, verschiedene Hummel- und Bienenarten. Die Gewinnung von Wachs und Honig spielt unter den Landesprodukten eine nicht unbedeutende Rolle, und gelangen beide zur Ausfuhr.

Von Neuropteren enthält die Sammlung Myrmeleon- und Ascalaphus-Arten. Orthopteren sind derselben reichlich zugegangen. Sie sind Henri de Saussure in Genf für ein grösseres Werk über Madagascar zur Verfügung gestellt. Es sind Blattiden, verschiedenartige Formen von Mantiden, darunter auch ziemlich kleine Arten, die sowie die Heuschrecken, von denen verschiedene Arten, wie auch die Raupen einiger Schmetterlinge, als Nahrungsmittel dienen, mit den afrikanischen Formen vielfach übereinstimmen. Eine Grille Prodocircus Crocinus Serville ist generisch und specifisch Madagascar eigenthümlich. Von den Acridien sind wie in Afrika Pamphagus-, von den Locustiden Eugaster-Arten reichlich vertreten.

Dipteren befinden sich nur wenige in der Sammlung und ist es noch nicht festgestellt, ob von Bigot beschriebene Arten sich darunter befinden. Dem Europäer sind sie auf Madagascar mehr als eine Plage als durch ihre Naturgeschichte bekannt. Des Tags über quält ihn nach Sibree eine kleine Stechfliege, die nach Sonnenuntergang durch die zahlreichen Mosquitos abgelöst wird.

Von den Hemipteren ist eine Anzahl hauptsächlich von Signoret, Stal und Distant beschrieben. Das Genus Ulpius ist Madagascar eigenthümlich. Auch hier finden die meisten Beziehungen zu Afrika statt, während die äthiopische wieder Gemeinschaft zeigt mit der orientalischen, australischen und neotropischen Region. Die Familie der Cicaden ist reich vertreten und von ihnen stellen die Fulgorinen das Hauptcontingent zu den zahllosen des Nachts leuchtenden Insekten. Eine auffällige, schöne Art mit scharlachrothen Vorderflügeln ist die Flata rubra Sign. Unter den Stridulantien scheinen zwei grössere Arten Platypleura guttulata Sign., auch in Südafrika vorkommend und Madagascariensis Dist. besonders häufig zu sein. Von den Wanzen ist die Thyreicoris cocciformis Guèr. eigenthümlich kugelich gestaltet, Mictis-Arten wie curvipes Sign. mit starken, innen zackigen Hinterbeinen. Von Wasserwanzen besitzt die Sammlung eine 80 mm lange Belostoma.

Ueber die Spinnen besitzen wir ein Werk mit 118 vortrefflichen Abbildungen und interessanten Beobachtungen: Vinson, Aranéides des îles de la Réunion, Maurice et Madagascar. Paris 1863. Es sind 75 Arten aufgenommen, von denen jedoch eine Anzahl älteren Namen weichen mussten, da der Autor nur die Werke französischer Schriftsteller, so besonders Walckenaer berücksichtigt hat. Allen drei Inseln gemeinsam führt er 11, nur auf Mauritius und Bourbon (Réunion) 22 an, nur auf einer der Inseln vorkommend: Madagascar mit 21, Mauritius mit 7, Bourbon mit 17 Arten. Bei grosser Mannigfaltigkeit der Formen, sind einzelne Arten durch besondere Grösse, andere durch die glänzendsten Farben ausgezeichnet. Viele dieser Thiere besitzen äusserst lange Beine. Das Klima gestattet allen Arten stets im Freien zu leben. So gefürchtet bei den Eingeborenen zwei Arten Latrodectus Menavodi Vins. und Thomistus (Phrynarachne Thorell) Foka Vins., von denen letztere das Aussehen einer Krabbe hat, wegen ihres für giftig gehaltenen, schmerzhaften Bisses sind, so praktisch wird die Epeira Madagascariensis Vins., die grösste malgassische Spinne verwendet, sie dient als Nahrungsmittel. Bei der grossen Häufigkeit vieler Weberspinnen, sieht man überall die oft sehr grossen Netze zwischen Bäumen, Agaven, Cacteen etc. angespannt. Dasjenige der Epeira Mauritia Walcken. mehr zwischen niederen Pflanzen, die auf feuchtem Boden stehen, angebracht, bietet eine besondere Eigenthümlichkeit. In der Mitte quer durch das Netz verläuft ein silberweisser, von der Farbe des eigentlichen Netzes abstechender Faden, der unter einem spitzen Winkel gebrochen ist, und der dazu dient, grössere Thiere, wie Heuschrecken, die in das Netz gerathen, damit zu fesseln und zu umwickeln, während er für kleinere, schwächere nie verwendet wird. Epeira tuberculosa Vins. zieht Fäden quer über Bäche in denen sich zahlreiche Libellen fangen. Einige Arten verstärken die Befestigungsfäden ihrer Netze durch Anschwellungen, die sie von Zeit zu Zeit in denselben anbringen. In grossen, aus goldgelben Fäden bestehenden Netzen der Epeira (Nephila) inaurata Walckn. und nigra Vins., (letztere mit einer Körperlänge von 45 mm und 15 Cm Länge von den Klauen der Vorderbeine bis zu denen der Hinterbeine, wenn beide ausgestreckt sind, erstere wenig kleiner), die oft auf mehrere Meter Entfernung ausgespannt sind, leben Spinnen von allen Grössen und verschiedenem Alter gesellig. Kleine Arten der Gattung Linyphia leben in Commensalismus mit jenen, um sich gegen Verfolgung kleiner Vögel zu schützen, denen die stärkeren Netze gefährlich werden, und nähren sich vom Abfall und kleineren Insekten. Die Männchen dieser beiden Epeira-Arten sind im Verhältniss zum grossen Weibchen winzig klein, 1/6 deren Körperlänge, 1/4 der Breite. Unter den Nachtspinnen befinden sich ebenfalls Webespinnen, die ihr Netz jeden Abend von Neuem spinnen, es bei Sonnenaufgang stets wieder zerstören und sich zwischen Blättern verbergen. Vinson stellt eine neue und höchst eigenthümliche Gattung der Insel Réunion auf: Arachnoura, die sich durch den verlängerten Hinterleib auszeichnet. Vinson gibt nicht an, wie sich die Fauna zu derjenigen der Nachbarländer verhält, aber ein Vergleich mit Gerstäckers Spinnen des Sansibargebietes zeigt auch hier die grosse Verwandtschaft, die zwischen diesen und derjenigen Madagascars und der Mascarenen besteht. Neben einigen identischen Arten, finden wir auch mehrere sich sehr nahestehende. Am zahlreichsten sind die Epeiriden vertreten, durch besonders originelle Formen das weit über die Erde verbreitete Genus Gastracantha; überhaupt sind die Gattungen der beschriebenen Arten fast alle kosmopolitisch. Zunächst der afrikanischen Verwandtschaft scheinen Analogien mit der indischen und theilweise auch mit der südamerikanischen zu bestehen.

Ein Scorpion von mittlerer Grösse scheint in Madagascar ziemlich häufig zu sein.

Die Spinnen, welche die Museen in Lübeck und Frankfurt am Main erhalten haben, liegen zur Bearbeitung Dr. H. Lenz vor, welcher schon jetzt übersehen kann, dass besonders unter den vielen kleinen sich neue Arten befinden, während die bis jetzt beschriebenen grösseren einer kritischen Sichtung nothwendig unterworfen werden müssen. Es wäre desshalb auch hier verfrüht allgemeine Schlüsse aus dem so ungenügend bekannten Material ziehen zu wollen.

Nach Dr. H. Lenz sind die Myriopoden Madagascars noch weniger als die Spinnen bekannt. Ein schon von Ida Pfeiffer gesammeltes einzelnes Sphaerotherium ist im Museum in Berlin in zwei Exemplaren vorhanden, während diejenigen von Lübeck und Frankfurt am Main neben einer Anzahl weiblicher, die einzigen bekannten männlichen Thiere besitzen; ausserdem zwei Spirostreptus- und einige Scolopender-Arten. Die wenigen bekannten Formen haben ihre Verwandten im südlichen Afrika und Asien.

Die Crustaceen Madagascars wurden im Jahre 1868 von Milne-Edwards bearbeitet, herausgegeben, weitere Arbeiten lieferte 1874 Hoffmann und in neuester Zeit (1881) gaben die in den Museen von Lübeck und Frankfurt am Main befindlichen Arten Dr. H. Lenz und

Dr. F. Richters Veranlassung, dieselben in den Abhandlungen der Senckenberg'schen Gesellschaft zu veröffentlichen. Letzterer spricht sich über die Crustaceenfauna wie folgt aus: „Die Mehrzahl der auf Madagascar gefundenen Krebsthiere hat ein weites Verbreitungsgebiet, von der Ostküste Afrikas bis zu den Südseeinseln, eine Erscheinung, die ja darin ihre Erklärung findet, dass die Larven der Decapoden, denn nur solche sind bis jetzt bekannt, nach Verlassen des Eies das hohe Meer aufsuchen und nun durch die Meeresströmungen über weite Strecken verstreut werden. Eine endemische Gattung ist bis jetzt nicht gefunden; ob eine von den auf Madagascar neu entdeckten Arten nur dort vorkommt, ist bei dem grossen Verbreitungsgebiet der meisten Seekrebse mindestens sehr zweifelhaft. Hoffmann beschreibt mehrere Palaemon-Arten (wenn es überhaupt gute Arten sind); diese könnten ein grösseres thiergeographisches Interesse haben, wenn darunter Süsswasserformen wären; darüber ist aber nichts bekannt. Unter den Landkrabben begegnen wir auch nur altbekannten, weit verbreiteten Arten und dies sicherlich auch wegen der pelagischen Lebensweise der Larven. Besondere Erwähnung verdient vielleicht Callianassa madagassa Richt., eine durch ihre merkwürdige Handbildung ausgezeichnete Form."

Ueber die übrigen Klassen der niederen Thiere Madagascars ist bis jetzt so gut wie gar nichts bekannt, auch sind solche in den Museen nur in ganz vereinzelten Stücken vorhanden. Inwiefern das in neuester Zeit mehrfach erwähnte rasche Wachsen der Korallenriffe an der Südost-, West- und Nordküste Einfluss auf die Küstengestaltung Madagascars haben wird, muss dahin gestellt bleiben. Möglicherweise ist diese Riffbildung in früherer Zeit nur übersehen worden.

Nahe der Küste Madagascars liegen eine Anzahl Inseln, von denen die beiden grössten Nossi-Bé auf der Nordwest-, Nossi-Ibrahim (St. Marie) auf der Ostseite liegen; letztere, gänzlich von einem Korallenriff umgeben, ist bergig, sumpfig und wenig fruchtbar. Nossi-Bé dagegen ist von der Natur mehr begünstigt; geognostisch wie auch jene mit Madagascar übereinstimmend, ist Buntsandstein nur in deren nördlichstem Theile vorherrschend. Im Innern gebirgig und vulkanisch, mit zahlreichen erloschenen Kratern und mit dem höchsten Punkte Lukubé (600 m), ist das Eiland stark bewaldet. Fauna und Flora beider Inseln können als zu Madagascar gehörig angesehen werden. Obgleich nun im Nachstehenden eine grössere Anzahl Lepidopteren als bis jetzt nur auf Nossi-Bé und noch nicht auf Madagascar gefunden, angeführt werden und dadurch zugleich eine Fauna der kleinen Insel aufgestellt wird, so ist es doch kaum anzunehmen, dass diese Arten wenigstens in den grösseren Formen und der allergrössten Mehrzahl nach bei der Lage der Insel nur allein dieser eigenthümlich seien; es ist im Gegentheil höchst wahrscheinlich, dass diese Arten später wohl auch auf der Hauptinsel noch aufzufinden sind. Eine Zusammenstellung dieser neuen Schmetterlinge kann uns nur als Fingerzeig dienen, wie viel Interessantes wohl noch auf Madagascar selbst zu entdecken ist. Dass dagegen über

Madagascar weit verbreitete Arten auf den beiden genannten Inseln fehlen, kann uns nicht in Erstaunen setzen.

Weiter ab von Madagascar liegen eine Reihe von Inselgruppen, die man gewöhnlich unter dem gemeinsamen Namen der Mascarenen zusammenfasst, obgleich sich dieser Name richtiger nur speciell auf die von dem Portugiesen Mascarenhas entdeckten zwei Inseln Mauritius, Bourbon oder Réunion bezieht, zu denen man später noch die Insel Rodriguez hinzuzog. Alle diese Gruppen vertheilen sich auf einen Bogen, der nordwestlich, nördlich und östlich die Hauptinsel umspannt. Durch die Aehnlichkeit in Bezug auf Fauna und Flora wird man zu dem Schluss geleitet, dass diese Gruppen früher wohl mit Madagascar zusammengehangen haben, aber weil sie theilweise eigenartige jedoch mit denen auf Madagascar verwandte Geschöpfe besitzen, ihre Abtrennung schon vor sehr langer Zeit stattgefunden haben muss und dies bestätigen auch die dazwischen liegenden bedeutenden Meerestiefen. Würden wir diese als massgebend annehmen, so finden wir, dass die Abtrennung der Mascarenen, Seychellen und Amiranten zu einer viel früheren Zeit stattgefunden hat, als die der Comoren, der Aldabra- und Providentia-Gruppe. Untiefen, die zwischen den Seychellen und Mascarenen hinziehen und aus denen nur kleine flache Inseln heraustreten, lassen darauf schliessen, dass der Zusammenhang zwischen diesen Gruppen vor noch nicht gar zu langer Zeit aufgehoben wurde. Wollen wir uns ein wahrscheinliches Bild aus früherer Zeit veranschaulichen und denken uns das Meer etwa bis zu 1000 Faden zurückgetreten oder das Land um ebenso viel gehoben, so würden die Amiranten und Seychellen als grosse Inseln erscheinen und mit den beiden grösseren Mascarenen nahezu verbunden sein. Beim Weitergreifen dieser Veränderung würden die Seychellen und Amiranten durch Verschmelzen mit der Aldabra- Providentia- und Farquhar-Gruppe sich mit der Nordspitze Madagascars verbinden, welches sich seinerseits ostwärts noch über die Tromelin-Inseln ausdehnen würde. Hier verbliebe aber immer noch ein tiefer Meereskanal, nach den Mascarenen zu, bestehen, die ihrerseits jedoch nordwärts bereits mit der Hauptinsel verbunden wären. Rodriguez allein würde noch isolirt bleiben, während die Agalega-Inseln bereits mit dem übrigen Mascarenen- und Seychellen-Lande in Verbindung getreten wären. Westwärts würde Madagascar mit dem Continente Afrika verbunden worden sein. Eine Verbindung dieser so gedachten Ländermasse mit Indien an der Ostküste Afrikas entlang über Sokotora und Arabien ist sehr leicht annehmbar, um so mehr als wir auf diesem Wege in einzelnen Gruppen von Landthieren entschiedene Verwandtschaft antreffen; dagegen ist eine ehemalige Länderbrücke über die Chagos- oder Malediven-Inselgruppen mit Indien und der Sundawelt sehr zu bezweifeln.

Keine dieser sämmtlichen Inseln überschreitet die Grösse von 45 Quadratmeilen. Die grösseren, die Seychellen, die granitischen Ursprunges und schon dadurch auf einen Zusammenhang mit Madagascar schliessen lassen, die Comoren und Mascarenen die bei Vorherrschen des Basaltes vulkanisch sind, heben sich hoch aus dem Meere heraus, während die meisten übrigen, zwischen jenen liegenden, nur aus Korallen und Sand bestehend, niedrig sind. Die Korallen spielen überhaupt in diesem Meerestheile eine wichtige Rolle. Einzelne der Inseln wie Mayotte, Mauritius und Rodriguez, welches letzteres im Innern des Landes granitisch ist, sind vollständig von einem Korallenriff eingeschlossen. Thätige Vulkane befinden sich auf Comoro und Réunion. Der grösste Theil der Inseln ist wasser- und waldreich und sehr fruchtbar, durch gesundes Klima zeichnen sich Mauritius und Réunion aus, doch sind beide sowie auch Rodriguez häufig, besonders während der Regenzeit, durch furchtbare Stürme heimgesucht. Weniger fruchtbar sind die Seychellen, obgleich auch diese bewaldet sind. Einige, so die Amiranten sind von Menschen unbewohnt; dagegen haben die zum Theil stark bevölkerten Eilande durch die Kultur und Entholzung viel von ihrer ursprünglichen Eigenthümlichkeit eingebüsst, so ganz besonders Réunion. Unter diesen Einflüssen hat denn auch die einheimische Thierwelt, in geringerem Maasse auch die Vegetation, gelitten. Noch in allerneuester Zeit sind einzelne höhere Thiere ausgestorben. Vor etwa 200 Jahren auf den Mascarenen die Dodos (Didus ineptus L. und solitarius Lath.) des Fluges nicht fähige, grosse taubenartige Vögel, die den besten Beweis liefern, dass sie sich selbstständig auf der Insel entwickelten, und Zeugniss von dem grossen Alter und der Isolirung geben. Säugethiere sind meist nur durch Fledermäuse vertreten. Während die Comoren ausser diesen noch einige andere besitzen, sollen nach Wallace's Ansicht die auf den Mascarenen sich findenden von Madagascar eingeführt sein. Die Vögel liefern einige endemische Arten madagassischer oder afrikanisch-indischer, auf den Mascarenen auch einiger eigenthümlicher Gattungen. Bei den Reptilien zeigen letztere Inseln bei einiger madagassischer Verwandtschaft schon eine grosse Hinneigung zur orientalischen und australischen Region. Von den Riesenschildkröten, die früher wohl alle diese Inseln bewohnt haben mögen, sind nur noch welche auf den kleinen, von Menschen unbewohnten Aldabra-Inseln lebend vorhanden. Im Allgemeinen kann man annehmen, dass die Comoren mehr von Afrika und Indien beeinflusst sind als von Madagascar, was sich durch die grosse Meeresströmung zwischen diesem und ersteren erklären lässt. Auf den Seychellen tritt schon bedeutend die indische Verwandtschaft hervor, die bei den Mascarenen ganz untergeordnet ist, während die afrikanische bereits zurücktritt. Die eigentlichen Mascarenen, deren Insekten schon Bearbeiter gefunden haben, sind es nun auch, die wir in der Folge nach dem Vorgange von Boisduval mit zu der Lepidopterenfauna von Madagascar hinzuziehen, was durch die grosse Verwandtschaft gerechtfertigt wird. Sie haben einige endemische Arten, die aber in nächster Beziehung zu solchen aus Madagascar oder Afrika stehen: Mauritius mit Papilio Phorbanta L., Pamphilus Marchalii B. und Libythea Cinyras Trim. Réunion mit Papilio Disparilis B. und Lycaena Mylica Gu. Wenn wir diese beiden Papilio als vikariirende Arten des nur auf Madagascar fliegenden Papilio Epiphorbas B. ansehen, so liefern uns zwei andere Gattungen noch ein Paar solcher Beispiele: Euploea Goudotii B. auf Réunion und Euploea Euphon F. auf Mauritius, Rodriguez und Madagascar; Neptis Dumetorum B. auf Réunion vertritt Neptis Frobenia F. auf letzterer Insel und Mauritius. Noch sei hier die Einwanderung eines Schmetterlings von Madagascar erwähnt: Precis Rhadama B., der nach

Trimen früher auf Mauritius unbekannt war, gegen Ende der fünfziger Jahre in verschiedenen Theilen der Insel gleichzeitig und nicht selten auftrat. Das Gleiche führt Coquerel (1866) von Réunion an und zwar, dass dieser Schmetterling jetzt daselbst häufiger sei als in Madagascar selbst, wo er herstamme.

So ist der jetzige Stand unserer Kenntnisse von der Flora und Fauna von Madagascar. Wunderbar ist ihr Reichthum, obgleich das Material nur von wenigen Forschern herstammt, die auf ihre eigenen Hülfsmittel angewiesen waren. Keine andere Insel ist so mit mannigfachen Pflanzen- und Thierarten ausgestattet, wie dieses Wunderland! Aber wie ganz anders würde unsere Kenntniss von demselben bereichert werden, wenn eine Regierung sich entschlösse, eine Expedition auszurüsten, um die dort schlummernden naturhistorischen Schätze zu heben. Hoffen wir, dass bald ein Schiff unter der Flagge des deutschen Reiches die geeigneten Naturforscher zur Lösung dieser belohnenden Aufgabe nach Madagascar tragen möge!

Literatur.

Selbstständige Werke.

Linné, Mantissa Plantarum altera generum editionis VI et specierum editionis II. Holmiae 1771.

Enthält auf p. 529—543 Beschreibungen von Insekten, auf p. 534—540 von Schmetterlingen und unter diesen Papilio Phorbanta *L.* p. 535.*)

Drury, Illustrations of Natural History, wherein are exhibited upwards of two hundred and forty figures of exotic insects, according to their different genera; etc. London Vol. I. 1770; II. 1773; III. 1782.

Drury führt in diesem Werke, dessen Text englisch und französisch ist, Madagascar nicht als Vaterland einer seiner Arten an: nur wird bei Idaea Lincea *Dr.* T. II. t. 7 f. 1 von der Insel Johanna (Comoren) kommend, letztere im indischen Ocean nahe bei Madagascar liegend, erwähnt. Jedoch bildet er T. II. t. 3. f. 1. Papilio Antenor *Dr.*, dessen Herkunft er nicht anzugeben weiss und in T. II. t. 23. f. 1. 2. Urania Rhipheus *Dr.* als von China stammend ab, von beiden Schmetterlingen ist als sicheres Vaterland nur Madagascar bekannt. Die Abbildung des U. Rhipheus ist wohl nach einem verstümmelten Exemplare mit angesetztem fremden Kopfe angefertigt, und so ist sie auch in andere Werke übergegangen. (Swainson Zoological Illustrations. London 1829. 2. Ser. Pl. 131 im Texte als Rhipheus Dasycephalus *Sw.* aufgeführt).

Ausser diesen beiden Schmetterlingen sind nach Originalen, die anderen Gegenden entstammen, aber gleichfalls der Fauna von Madagascar angehören, noch folgende abgebildet:

T. I. Melanitis Leda *L.* [China] t. 15. f. 5. Atella Phalanta *Dr.* [China] t. 21. f. 1, 2. Achaea Melicerta *Dr.* [Bombay] t. 23. f. 1.

T. II. Archiva Hieroglyphica *Dr.* [Madras] t. 2. f. 1. Stemorrhages Sericea *Dr.* [Goldküste] t. 6. f. 1. Archina Astrea *Dr.* (Cribraria *Clk.*) [Goldküste] t. 6. f. 3. Ophideres Materna *L.* [Bengalen] t. 13. f. 4. Hypanis Ilithyia *Dr.* [Senegal] t. 17. f. 1. 2.

T. III. Chaerocampa Idricus *Dr.* [Afrika] t. 2. f. 2.

---

*) Die Diagnose in dem seltenen Buche lautet: »Alis caudatis nigris supra caeruleo maculatis posticarum fascia interrupta subtus alba. Habitat in Cayenna.«

Cramer, De Uitlandsche Kapellen, voorkomende in de drie Waereld-deelen Asia, Africa en America etc. Amsteldam en Utrecht. 4 Bände 1779—1782 mit 400 Tafeln.

Im Texte, der holländisch und französisch ist, finden wir nur zweimal die Angabe des madagassischen Faunengebietes für Amblythyris Mauritia *Cr.* und die zweite im Anhang von Stoll wohl irrthümlich für Hestia Idea *Stoll*.

Alle übrigen dieser Fauna angehörigen entstammen meist afrikanischen Küstenländern.

T. I. Cyligramma Latona *Cr.* [Guinea-Küste] t. 13. f. B. Pyrameis Carduelis *Cr.* (Cardui *L.*) t. 26. f. E. F. Hypolimnas Diocippus *Cr.* (Misippus *L.* ♂) t. 28. f. B. C. Achaea Melicerta *Dr.* [Coromandel] t. 62. f. C. D. Hypolimnas Bolina *Dr.* (Misippus *L.* ♂) t. 65. f. E. F. Ophideres Pomona *Cr.* (Fullonica *L.* ♀) [Corom.] t. 77. f. C. Eurytela Dryope *Cr.* [Guinea, S. Leone] t. 78. f. E. F.

T. II. Hyblaea Puera *Cr.* [Surinam] t. 103. f. D. E. Danais Chrysippus *L.* [Corom. etc.] t. 118. f. B. C. Macroglossa Picus *Cr.* (Hylas *L.*) [Corom.] t. 148. f. B. Nephele Morpheus *Cr.* (Hespera *F.*) [Corom.] t. 149. f. D. Nyctipao Crepuscularis *L.* [Bengalen] ♂ t. 159. f. A. ♀ t. 160. f. A. Patula Macrops *L.* [Corom. etc.] t. 171. f. A. B. Argiva Mygdonia *Cr.* (Hieroglyphica *Dr.*) [Corom.] t. 174. f. F. Argiva Hermonia *Cr.* (Hieroglyphica *Dr.* ♂) [Corom.] t. 174. f. E. Pieris Hedyle *Cr.* [Ind.] t. 186. f. C. D.

T. III. Melanitis Leda *L.* [Corom.] t. 195. f. C. D. Euchromia Eumolphus *Cr.* [Guinea-Küste] t. 197. f. D. Argina Cribraria *Cl.* (Astrea *Dr.*) [Corom. etc.] t. 208. f. C. G. Hypanis Ilithyia *Dr.* [Afrika] t. 213. f. A. B. t. 214. f. C. D. Hypolimnas Misippus *L.* var. ♀ Inaria *Cr.* [Amboina, Java] t. 214. f. A. B. Daphnis Nerii *L.* [Corom.] t. 224. f. D. Chaerocampa Eson *Cr.* [Cap, Corom.] t. 225. f. C. Chaerocampa Theylia? *L.* [Corom.] t. 226. f. E. F. Papilio Demoleus *L.* [Cap] t. 231. f. A. B. Atella Columbina *Cr.* (Phalanta *Dr.*) [Corom.] t. 238. f. A. B. ? Achaea Ezea *Cr.* (? Dejeanii *B.*) [Guinea] t. 239. f. D. Dichroma Trofonia *Cr.* [Cap] t. 247. f. F. Grammodes Ammonia *Cr.* (Bifasciata *Ptg.*) [Corom.] t. 250. f. D. Pieris Mesentina *Cr.* [Corom.] t. 270. f. A. B. Remigia Archesia *Cr.* [Corom.] t. 273. f. F. G. R. Virbia *Cr.* (var. Archesia *Cr.*) [Corom.] t. 273. f. H. Archina Cribraria *Cl.* S. oben [Corom.] t. 288. f. D.

T. IV. Achaea Melicerta *Dr.* [Corom.] t. 323. f. C. D. E. Atella Columbina *Cr.* (Phalanta *Dr.*) t. 337. f. D. E. Amblythyris Mauritia *Cr.* [Mauritius] t. 345. f. B. Ovios Eumela *Cr.* [Cap] t. 347. f. G. Hyperythra Lutea *Cr.* [Java] t. 370. f. C. D. Plakellura Marginalis *Cr.* (Hyalinata *L.*) [Surinam] t. 371. f. D. Pontia Alcesta *Cr.* [Guinea] t. 379. f. A. Lycaena Lingeus *Cr.* t. 379. f. F. G. ? Spilomela Phenice *Cr.* [Surinam] (Podaliriralis *Gn.*?) t. 382. f. G. Urania Rhipheus *Dr.* [Chandernagor an der Bengalischen Küste ist jedenfalls ein Irrthum.] t. 385. f. A. B. Ismene Forestan *Cr.* [Bengalen] t. 391. f. E. F. Zinckenia Fascialis *Cr.* (Recurvalis *F.*) t. 398. f. O.*) Botys Marginata *Cr.* (Sinuata *F.*) [Corom.] t. 400. f. I.

---

*) Ob die auf t. 288 f. H. abgebildete Phalaena Noctua Dominica *Cr.* identisch mit Brithys Pancratii *Cyr.*, ist sehr zweifelhaft.

Als Fortsetzung hierzu:

Stoll. Aanhangsel van het Werk de Uitlandsche Kapellen etc. Amsteldam 1791.

Zinckenia Fascialis *Cr.* (Recurvalis *F.*) [Surinam] t. 36. f. 13. Ovios Sylviana *Stoll* (Eumela *Cr.*) [Cap] t. 40. f. 4. 4. B. Hestia Idea *Stoll* (var. Lynceus *Dr.*) [Madagascar?] t. 42. f. 1.

Herbst und **Jablonsky.** Natursystem aller bekannten in- und ausländischen Insekten etc. Schmetterlinge Bd. 1—11. tab. 1—327. Berlin 1783—1804.

T. II. (1784) t. 12. f. 3. ist unter dem Namen Papilio Phorbanta *L.*, P. Disparilis *H.* ♂ nicht nach der Natur, sondern nach einer Handzeichnung dargestellt.

Die übrigen Abbildungen von Lepidopteren Madagascars sind Copien von *Drury*, *Cramer* etc. (Das Gleiche gilt für Esper, die ausländischen oder die ausserhalb Europa zur Zeit in den übrigen Welttheilen vorgefundenen Schmetterlinge in Abbildungen nach der Natur mit Beschreibungen Theil I oder 16 Hefte mit illum. Kpfrtaf. 1—63. Erlangen 1785—1798.)

Fabricius, Supplementum Entomologiae Systematicae. Hafniae 1798.

Führt drei der Fauna eigenthümliche Arten als von Isle de France stammend an. Euploea Euploea *F.* p. 423. E. Phaedon *F.* p. 423. und Neptis Frobenia *F.* p. 425.

Godart, Encyclopédie Méthodique. Histoire naturelle. Insectes par Olivier. Paris.

T. 5. article Bombyx (1790). T. 8. article Noctuelle (1811). T. 9. par Latreille (1819) article Papilio: Papilio Phorbanta *L.* p. 47 wird mit richtiger Vaterlandsangabe Isle de France anstatt Cayenne aufgeführt und in beiden Geschlechtern beschrieben. Nymphalis Candiope *God.*, einer Form der Fauna Madagascars nahestehend, wird p. 353 zuerst beschrieben, im Suppl. (1823) p. 811 Papilio Delalandii *God.* mit dem Vaterlande Caffraria. Für Idea Lyncea *Dr.* p. 195 wird Madagascar als Heimath angegeben. T. 10. article Phalaena (1825). Im Uebrigen sind, wesentlich angeschlossen an die Werke von Fabricius, der grösste Theil der bis dahin beschriebenen Lepidopteren unter den verschiedenen Artikeln aufgeführt; article Sphinx bringt nur ein Verzeichniss.

Hübner. Sammlung exotischer Schmetterlinge. 3 Bände mit 491 illum. Kupfertafeln. Augsburg 1806—1841.

T. I. Danais Chrysippus *L.* ♂ ♀ 4 f. Melanitis Leda *L.* ♂ ♀ 4 f. Papilio Demoleus *L.* 2 f. Argina Pylotis *F.* (Cribraria *Cl.*) 4 f.

T. II. Hypanartia Hippomene *Hb.* 2 f. Nephele Oenopion *Hb.* 2 f.

T. III. (von Geyer) Aterica Rabena *B.* ♂ ♀ 4 f.

Hübner, Zuträge zur Sammlung exotischer Schmetterlinge etc. mit 172 col. Kpftf. und Text. Band I—III. 1818—1825. von Hübner. Band IV. 1832 und V. 1837 von Geyer.

Der Fauna von Madagascar gehören an:

Deiopeia Venusta *Hb.* f. 521. 522; Lagoptera Magica *Hb.* f. 535. 536; Siriocauta Testulalis *Hb.* f. 629. 630; Eurema Pulchella *B.* f. 815. 816; Remigia Lycopodia *Hb.* (Frugalis *F.*) ♂

f. 897. 898; Cyrestis Elegans *B.* ♀ f. 923. 924: Acraea Ranavalona *B.* ♂ f. 925. 926; Amaura Phaedon *F.* ♀ f. 957. 958.

Guérin-Méneville, Iconographie du règne animal de Cuvier etc. Atlas et texte explicatif. Paris 1829—1844. Lépidoptères: Tome II. pl. 76—91. Tome III, Texte p. 466—530.

Von den wenigen angeführten Lepidopteren gehören verhältnissmässig viele der Fauna von Madagascar an:

Danais Desjardinsii *Guér.* von der Insel Rodriguez (Euploea Euphon *F.*) p. 474. Vanessa Musa *Guér.* Madagascar (Precis Andremiaja *B.*) p. 474. Hesperia (Tagiades) Sabadius *B.* p. 492. t. 82. f. 2. Agarista Pales *B.* p. 493. t. 83. f. 1. Anaphila Stellata *Guér.* (Lactifera *B.*) p. 493. Macroglossa Cynniris *Guér.* von der Insel Mauritius wohl zu M. Hylas *L.* gehörig. p. 495. Syntomis Myodes *B.* p. 500. t. 84 bis. f. 6. Glaucopis Formosa *B.* (Folletii Feisth. vid. Boisd. Faun. Mad. p. 82.) p. 501. t. 84 bis. f. 10. Bombycera Marginepunctata *Guér.* p. 508. Latoia albifrons *Guér.* (Limacodes Florifera *H. S.*) p. 512. Chelonia Evidens *B.* (Orvies Eumela *Cr.*) p. 513. t. 88. f. 1. Lithosia Marginata *Guér.* p. 519. Ophideres Imperator *B.* ♂ p. 520. t. 89. f. 1. Erebus (Cyligramma) Magus *Guér.* ♂ p. 521.

Cuvier, Le règne animal distribué d'après son organisation. Tome II. Les insectes. Avec un atlas par Audouin, Blanchard, Doyère et Milne Edwards. Paris 1836.

Enthält: Urania Rhipheus *Dr.* ♀ t. 144. f. 3, a. b.

Boisduval, Faune entomologique de Madagascar, Bourbon et Maurice. Lépitoptères. Avec 16 planches coloriées. Paris 1833.

Unter diesem Titel als Separatabdruck der Nouvelles Annales du Mus. d'histoire naturelle II. 1833 (p. 149—270) erschienen.

Die erste Zusammenstellung einer grösseren Anzahl von Species durch diesen bedeutenden Lepitopterologen, die bereits geeignet war, den Charakter der Fauna auszudrücken, stützte sich vorzugsweise auf die an der Ostküste Madagascars, auf Mauritius und Bourbon gesammelten Schmetterlinge, auf Angaben französischer Officiere und des Reisenden Goudot. Von den 161 aufgeführten Arten sind 114 Madagascar und den Mascarenen eigenthümlich, von denen 106 als neu beschrieben und die charakteristischen Formen abgebildet sind.

Die neuen Arten sind: Papilio Epiphorbas *B.* p. 13. t. 1. f. 1. ♂ Disparilis *B.* p. 15. t. 1. f. 2. ♀ Pieris Helcida *B.* p. 17. t. 2. f. 1. 2. Phileris *B.* p. 17. t. 2 f. 3—5. ♂♀ Leucophasia Sylvicola *B.* p. 20. Xanthidia Pulchella *B.* p. 20. t. 2. f. 7. ♂ Floricola *B.* p. 21. Desjardinsii *B.* p. 22. t. 2. f. 6. ♂ Lycaena Batikeli *B.* p. 24. t. 3. f. 5. Rabe *B.* p. 25. Tsiphana *B.* p. 25. Malathana *B.* p. 26. Tintinga *B.* p. 27. Emesis Tepahi *B.* p. 27. t. 3. f. 4. Acraea Hova *B.* p. 29. t. 4. f. 1. 2. Igati *B.* p. 29. t. 4. f. 3 ♂ t. 5. f. 3. ♀ Ranavalona *B.* p. 30. t. 6. f. 3—5. ♂♀ Mahela *B.* p. 31. t. 6. f. 1. Punctatissima *B.* p. 31. t. 6. f. 2. Rakeli *B.* p. 32. t. 5. f. 1. 2. Zitja *B.* p. 32 t. 4. f. 4. 5. ♂ Rahira *B.* p. 33. t. 5. f. 4. 5. Manjaca *B.* p. 33. t. 4. f. 6. ♀ t. 5. f. 6. 7. ♂

Sganzini *B.* p. 34. t. 6. f. 6. 7. ♂ Euploea Goudotii *B.* p. 36 t. 3. f. 2. Cyrestis Elegans *B.* p. 42. t. 7. f. 4. Vanessa Epiclelia *B.* p. 44. t. 7. f. 3. ♀ Rhadama *B.* p. 44. t. 7. f. 2. ♂ Goudotii *B.* p. 45. t. 7. f. 1. Andremiaja *B.* p. 45. n. g. Salamis *B.* p. 46. S. Augustina *B.* p. 47. t. 8 f. 1 ♂ n. g. Aterica *B.* p. 47. A. Rabena *B.* p. 47. t. 8. f. 2. ♂ n. g. Crenis *B.* p. 48. C. Madagascariensis *B.* p. 48. Limenitis Saclava *B.* p. 49. Kikideli *B.* p. 50. Dumetorum *B.* p. 50. t. 7. f. 6. Libythea Fulgurata *B.* p. 52. t. 8. f. 5. n. f. Biblides *B.* p. 53. n. g. Eurytela *B.* p. 54. n. g. Hypanis *B.* p. 55. H. Anvatara *B.* p. 56. t. 7. f. 5. Cyllo Betsimena *B.* p. 58. Satyrus Tamatavae *B.* p. 60. t. 8. f. 6. 7. ♀ Thymele Ratek *B.* p. 61. t. 9. f. 1. ♂ Ramanatek *B.* p. 62. t. 9. f. 3. Hesperia Havei *B.* p. 64. Poutieri *B.* p. 65. Borbonica *B.* p. 65. t. 9. f. 5. 6. Coroller *B.* p. 66. t. 9. f. 8. ♀ Marchalii *B.* p. 66. Andracne *B.* p. 67. Steropes Malgacha *B.* p. 67. Bernieri *B.* p. 68. t. 9. f. 9. Rhadama *B.* p. 69. t. 9. f. 10. 11. ♂

Agarista Pales *B.* p. 70. t. 10. f. 1. 2. Deilephila Saclavorum *B.* p. 71. t. 10. f. 6. Lacordairei *B.* p. 70. t. 11. f. 1. Sphinx Solani *B.* p. 76. t. 11. f. 2. Macroglossa Milvus *B.* p. 78. t. 10. f. 3. Apus *B.* p. 79. t. 10. f. 4.

Syntomis Myodes *B.* p. 80. t. 11. f. 5. Minuta *B.* p. 80. t. 11. f. 6. Glaucopis Formosa *B.* p. 82. t. 11. f. 3. Madagascariensis *B.* p. 83. t. 11. f. 4. Leptosoma Insulare *B.* p. 84. t. 12. f. 1. Cypra Crocipes *B.* p. 87. t. 12 f. 2. Bombyx Annulipes *B.* p. 87. t. 12. f. 3. ♂ n. g. Borocera *B.* p. 87. B. Madagascariensis *B.* p. 88. t. 12. f. 5. 6. ♂ ♀ Saturnia Mangiferae *Sganzin* p. 89. Suraka *B.* p. 89. t. 12. f. 4. ♂

Hadena Littoralis *B.* p. 91. t. 13. f. 8. Mauritia *B.* p. 92. t. 13. f. 9. Apamea Litigiosa *B.* p. 93. t. 16. f. 3. Basimacula *B.* p. 93. n. g. Cosmophila *B.* p. 94. C. Xanthindyma *B.* p. 94. t. 13. f. 7. n. g. Aganais *B.* p. 96. A. Borbonica *B.* p. 96. t. 15. f. 1. Insularis *B.* p. 97. t. 15. f. 2. Heliothis Apricans *B.* p. 98. t. 15. f. 7. n. g. Ophideres *B.* p. 99. Ophiusa Hopei *B.* p. 101. t. 15. f. 3. Dejeanii *B.* p. 102. t. 15. f. 4. Lienardi *B.* p. 102. t. 15. f. 5. Klugii *B.* p. 103. Angularis *B.* p. 103. t. 13. f. 2. Mayeri *B.* p. 104. (Archesia *Gr.*) Anfractuosa *B.* p. 104. t. 15. f. 6. Delta *B.* p. 105. t. 13. f. 1. Marchalii *B.* p. 105. t. 13. f. 4. Rubricans *B.* p. 106. t. 16. f. 1. n. g. Polydesma *B.* p. 108. P. Umbricola *B.* p. 108. t. 13. f. 5. Nycterina *B.* p. 109. t. 13. f. 6. n. g. Cyligramma *B.* p. 109. C. Joa *B.* p. 110. t. 16. f. 2.

Geometra Madecassaria *B.* p. 114. Mangiferaria *B.* p. 114. Distrigaria *B.* p. 115. Diospyrata *B.* p. 115. Minorata *B.* p. 115. Boarmia Acaciaria *B.* p. 116. t. 16. f. 4.

Botys Quinquepunctalis *B.* p. 117. t. 16. f. 5. Childrenalis *B.* p. 118. Pocyalis *B.* p. 118. Asopia Mauritialis *B.* p. 119. t. 16. f. 8. Pyrausta Nerialis *B.* p. 119. Tortrix Neriana *B.* p. 121. Insulana *B.* p. 121. t. 16. f. 9. n. g. Sindris *B.* p. 122. S. Sganzini *B.* p. 122. t. 16. f. 10. Tinea Borboniella *B.* p. 122.

Von schon beschriebenen Arten sind folgende abgebildet:

Pieris Saba *F.* (Orbona *B.* ♂ Malatha *B.* ♀) t. 1. f. 3—5. Euplaea Euphon *F.* t. 3. f. 1. Phaedon *F.* t. 3. f. 3. Vanessa Hippomene *Hb.* t. 8. f. 3. 4. ♀ Thymele Sabadius *B.* (Guér.)

t. 9. f. 2. ♀ Deilephila Idricus *Dr.* t. 10 f. 5. Ophiusa Repanda *F.* t. 13. f. 3. Urania Rhipheus *Dr.* t. 14. f. 1. 2. ♂ Ophideres Imperator *B.* (*Guér.*) t. 14. f. 3. ♂ Botys Sericea *Dr.* (Thalassinalis *B.*) t. 16. f. 6. Recurvalis *F.* (Albifascialis *B.*) t. 16. f. 7.

Boisduval, Histoire Naturelle des Insectes. Species général des Lépidoptères. Tome I. Ouvrage accompagné de 24 planches. Paris 1836.

Nach einer längeren Einleitung, enthaltend die allgemeine Naturgeschichte der Schmetterlinge und deren Systematik p. 1—170, folgt neben der Charakterisirung der Familien und Gattungen die Beschreibung der bis dahin bekannten Papilioniden und Pieriden.

Als neue Arten für Madagascar treten ergänzend zu seiner 1833 veröffentlichten Fauna hinzu: Papilio Oribazus *B.* p. 223. P. Cyrnus *B.* p. 239. P. Endochus *B.* p. 243. P. Evombar *B.* p. 254. Anthocharis Evanthe *B.* p. 567. Callidryas Rhadia *B.* [Senegal, Mauritius] p. 617.

Boisduval, Histoire Naturelle des Insectes. Species général des Lépidoptères. Hétérocères: Tome I. Sphingides, Sesiides, Castnides. Ouvrage accompagné de 11 planches. Paris 1874.

Dieses Werk des verdienstvollen Entomologen wurde vor länger als 20 Jahren begonnen und mit Hülfe des nur denkbar reichhaltigsten Materials 6 Jahre vor der Herausgabe vollständig fertig gestellt. Es enthält die Beschreibung von 685 Arten, unter denen als neu für Madagascar aufgeführt sind: Smerinthus Meander *B.* p. 22. t. 4. f. 1. Sphinx Jasmini *B.* p. 114. Zonilia Rhadama *B.* p. 146. t. 6. f. 1. Ambulyx Coquerelii *B.* p. 191. t. 4. f. 2. Chaerocampa Geryon *B.* p. 241. t. 7. f. 3. Oxyton Tyrrhus *B.* [Natal, Caffraria]. p. 303.

Guenée, Histoire Naturelle des Insectes. Species général des Lépidoptères. Tome V—VII. Noctuélites T. 1—3. Ouvrage accompagné de 24 planches. Paris 1852.

Der einleitende Theil bespricht in den »Généralités« den Bau der Noctuen in ihren verschiedenen Ständen, in der »Classification et Bibliographie« gibt er eine Uebersicht der früheren systematischen und faunistischen Werke in chronologischer, in den »Abréviations« eine solche nach den Titeln in alphabetischer Reihenfolge. In dem Werke sind nahezu 2000 meist exotische Arten beschrieben. Das System hat jedenfalls seine grossen Mängel; schon die erste Eintheilung der Noctuen in Trifidae und Quadrifidae ist nicht stichhaltig, und die Familien und Gattungen trennen sich zu wenig scharf von einander ab. Trotzdem ist man, da bis jetzt kein anderes Werk existirt, welches alle Noctuen der Erde zusammenfasst, auf dasselbe ausschliesslich angewiesen. Walker folgt demselben in seinem Buche »List of specimens« vollständig, und das später von Lederer veröffentlichte bezieht sich nur auf die europäischen Arten.

Neu für die Fauna Madagascars sind:

T. I. Leucania Insulicola *Gn.* p. 82. L. Torrentium *Gn.* p. 88. Prodenia Testaceoides *Gn.* p. 165. t. 6. f. 7. ♂ Caradrina Ignava *Gn.* p. 247. C. Pigra *Gn.* p. 248.

T. II. Micra Cochylioides *Gn.* p. 245. Plusia Florina *Gn.* p. 336. Pl. Signata *F.* var. A. p. 345. Pl. Limbirena *Gn.* p. 350. Pl. Anargyra *Gn.* p. 351. Polydesma Landula *Gn.* p. 441.

T. III. Catephia Pilipes *Gn.* p. 44. Cyligramma Argillosa *Gn.* p. 186. C. Duplex *Gn.* p. 187. t. 20. f. 2. ♀ C. Acutior *Gn.* p. 187. C. Goudotii *Gn.* p. 189. Ophisma Praestans *Gn.* p. 241. t. 22. f. 2. ♀ O. Finita (Infinita Gu.) *Gn.* p. 242. Ophiusa Torrida *Gn.* p. 269. Remigia Latipes *Gn.* p. 314.

Guenée, Histoire Naturelle des Insectes. Species général des Lépidoptères. Tome VIII. Deltoïdes et Pyralites. Ouvrage accompagné de 10 planches. Paris 1854.

Ohne eine besondere Einleitung führt dies Werk 698 Arten auf. Die systematische Zusammenstellung aller bekannten Pyraliden-Arten ist durch Lederer (1863) überholt.

Simplicia Inflexalis *Gn.* p. 52. Hydrillodes Lentalis *Gn.* [Indien] p. 66. t. 5. f. 3. ♂ H. Uliginosus *Gn.* [Cap] p. 66, t. 6. f. 6. Asopia Fibdis *Gn.* p. 204. Cataclysta Coloralis *Gn.* p. 265. Spilomela Podalirialis *Gn.* [W.-Afrika] p. 281.

Guenée, Histoire Naturelle des Insectes. Species général des Lépidoptères. Tome IX et X. Uranides et Phalénites. Ouvrage accompagné de 24 planches. Paris 1857.

Diese beiden Bände sind in Bezug auf Einleitung ganz ähnlich arrangirt wie V—VII, welche die Noctuen umfassen. Den eigentlichen Phalaeniden mit 178, sind die Uraniden mit 20 Arten vorausgeschickt. Die auf der letzten Tafel abgebildeten Siculiden sind im Texte nicht berücksichtigt. Zur Fauna von Madagascar gehören:

T. IX. Hyperythra Limbolaria *Gn.* (Lutea Cr.) p. 101. t. 3. f. 3—4 [Ostindien]. Hypochroma Rhadamaria *Gn.* p. 277. Thalassodes Vermicularia *Gn.* p. 359 [Afrika] und Hyraria *Gn.* p. 360. Acidalia Lophopterata *Gn.* p. 470. Luculata *Gn.* p. 472.

T. X. Cidaria Borbonicata *Gn.* p. 469.

Doubleday and **Westwood,** The Genera of Diurnal Lepidoptera, illustrated with 86 plates by Hewitson. 2 vols. London 1846—1852.

Den ausführlich gekennzeichneten Gattungen der Tagschmetterlinge folgen catalogartig mit Synonymie und Vaterlandsangabe die bekannten Arten, unter denen sich viele befinden, die hier zuerst aufgeführt werden. Die Abbildungen, wie der Text in Folio-Format, sind sehr gut ausgeführt.

Das Werk enthält an Arten von Madagascar abgebildet:

vol. I. 1846—1850. Papilio Eudochus *H.* t. 3. f. 2.

vol. II. 1850—52. Aterica Rabena *H.* t. 43. f. 3. Kallima Eurodoce *H.* t. 54*. f. 1. Heteropsis Drepana *H.* t. 63. f. 5. n. g. Heteropsis *H.* p. 323. Hypanis Ilithyia *Cr.* t. 68. f. 1 stellt die indische und afrikanische Form dar.

Herrich-Schäffer. Sammlung neuer oder wenig bekannter aussereuropäischer Schmetterlinge. 120 color. Kupfertafeln. Regensburg 1850—58.

Neben den vortrefflichen 653 Abbildungen enthält das Werk das Verzeichniss der abgebildeten 528 meist neuer, jedoch nicht beschriebener Arten, deren Unterbringung im System, und eine die Systematik betreffende, höchst inhaltreiche Einleitung auf 84 Seiten.

Der Fauna von Madagascar angehörig sind:

Rhopalocera f. 1—102. Papilio Phorbanta *L.* f. 61. 62. P. Disparilis *B.* f. 63. 64. Heterocera f. 1—551. Macrosila Solani *B.* f. 101. [Port Natal]. Sibine Florifera *H.S.* f. 178. Antheraea Dione *Wstw.* var. Wahlbergii *B.* f. 95. Agannis Borbonica *H.S.* f. 120. Agarista Eriopus *H.S.* f. 31. A. Pelasus *H.S.* f. 32. A. Agrius *H.S.* f. 33. A. Zea *H.S.* f. 34. 35.

Chenu. Encyclopédie d'Histoire Naturelle. Paris. I. Papillons. 1852. II. Nocturnes. 1857.

Die Holzschnitte im Text und auf besonderen Tafeln meist Copien aus französischen und englischen Kupferwerken enthalten eine verhältnissmässig grosse Zahl von Madagassischen Lepidopteren:

T. I. Acraea Hova *B.* f. 6 und t. 27. f. 3. Papilio Disparilis *B.* t. 5. f. 2. P. Delalandii *God.* t. 7. f. 2. P. Demoleus *L.* t. 8. f. 1. Danais Chrysippus *L.* f. 154. Acraea Rakeli *B.* f. 177. Pieris Philoris *B.* t. 18. f. 4. Junonia Epiclelia *B.* f. 214. Athyma Saclava *B.* f. 248. Aterica Rabena *B.* f. 256. Libythea Fulgurata *B.* f. 285. Mycelia (Crenis) Madagascariensis *B.* t. 27. f. 1. und f. 494. Eunosis Tepahi *B.* f. 367. Steropes Rhadama *B.* f. 378 (nicht 379). Hesperia Borbonica *B.* t. 385. Agarista Pales *B.* f. 398. Godartia (Euxanthe) Madagascariensis *Luc.* t. 34. f. 1. Glaucopis Formosa *B.* f. 414. G. Madagascariensis *B.* f. 415. Junonia Rhadama *B.* f. 492. Heteropsis Drepana *B.* f. 495. Eurytela Dryope *Cr.* f. 517.

T. II. Cypra Crocipes *B.* t. 7. f. 4. Heliothis Apricans *B.* t. 13 f. 2. Polydesma Nycterina *B.* t. 15. f. 1. Cyligramma Joa *B.* f. 2. Ophiusa Lienardi *B.* f. 3. und O. Hopei *B.* f. 4. Ophideres Imperator *B.* t. 14. f. 1. Polydesma Umbricola *B.* f. 98. Miniodes Discolor *Gn.* f. 112. Borsera Madagascariensis *B.* t. 21. f. 5. Leptosoma Insulare *B.* f. 6. Urania Rhipheus *Dr.* f. 117. u. 118. Boarmia Acaciaria *B.* f. 122. Sindris Sganzini *B.* t. 28. f. 5. Cosmophila Xanthindyma *B.* t. 28. f. 6. Botys Thalassinalis *B.* t. 29. f. 6.

Hewitson. Illustrations of new Species of exotic Butterflies etc. London 1851—1876. Vol. I—V.

T. I. 1851—1857. T. II. 1857—1861. T. III. 1862—1866. Letzterer enthält von Madagascar: Charaxes t. 3. Charaxes Cacuthis *Hew.* f. 12. 13. Diadema t. 2. Diadema Imerina *Hew.* f. 5. 6. (1865) sicher identisch mit der Panopea Glaucina *Gn.* Vinson Voy. Mad. Lep. p. 38. t. 6. f. 1. 2. (1865).

T. IV. 1867—1871. Ismene t. 1. Ismene Pansa *Hew.* f. 1. 2. — Callidryas and Eronia t. 1. Callidryas Fiaduna *Hew.* (1867) f. 1—4. (Thaurums *Reakirt* (1866)).

T. V. 1872—1876. Cyclopides t. 1. Cyclopides Carmides *Hew.* f. 1. C. Cariate *Hew.* f. 8. Papilio t. 15. Papilio Mangoura *Hew.* f. 49. 50.

Hewitson, Descriptions of one hundred new Species of Hesperidae. Part I—II. London 1867, 1868.

Cyclopides Carmides *Hew.* p. 41 und C. Cariate *Hew.* p. 44 von **Madagascar.**

Maillard, Notes sur l'île de la Réunion (Bourbon). Paris 1862.

Annexe G.: Guenée Lépidoptères. p. 1—72. Die sehr schönen, colorirten Abbildungen befinden sich auf t. 22 und 23. In der Einleitung bespricht der Verfasser den geringen Reichthum an Lepidopteren, die jedoch durch Einwanderung einzelner Arten vermehrt wurden. Grosse Lücken in der systematischen Verwandtschaft bestehen in dieser Inselfauna. Die eigentlichen Pieriden und Acraeiden fehlen gänzlich; bei den Nymphaliden einige ächt afrikanische Geschlechter; Satyriden, Lycaeniden und Hesperiden, sonst so reichlich vertreten, zählen nur wenige Arten. Die Sphingiden sind verhältnissmässig zahlreich; den übrigen Heteroceren ergeht es wie den Tagschmetterlingen; Syntomiden und Glaucopiden fehlen, nur einige Euchelidén und Lithosiden vertreten das grosse Reich der Bombyciden. Reichlicher bedacht sind die Noctuen durch die den tropischen Regionen eigenthümlichen Ophiusiden, Remigiden, Thermesiden und einige der sonst über die ganze Erde verbreiteten Plusiden. Sparsamer treten die Geometriden, besonders mit einigen Boarmiden, auf. Die Deltoiden scheinen auf der Insel die bevorzugte Familie zu sein. Ueber die Microlepidopteren lässt sich wohl noch kein bestimmtes Urtheil abgeben. Guenée sagt über die Physiognomie der Arten, dass die Fauna gleichzeitig indische wie amerikanische Typen enthalte, aber besonders merkwürdig sei es, dass die Fauna sich am meisten dem europäischen Typus nähere, comme si Dieu avait destiné cette belle terre à être française! Es folgen eine Reihe von Beispielen.

Der Insel eigenthümlich sind Papilio Disparilis *B.*, welche Art sie mit den Nachbarfaunen nicht ausgetauscht hat. Es werden als endemisch noch andere Arten angeführt, die aber seither meist auch auf Madagascar gefunden wurden.

In diesem Werke werden sämmtliche auf Bourbon gefundene Arten (138) aufgeführt, unter denen als neu zum erstenmal folgende beschrieben und theilweise abgebildet werden:

Lycaena Mylica *Gn.* p. 18. Lithosia Squalida *Gn.* p. 23. Boarmia Incompletaria *Gn.* p. 27. B. Orygaria *Gn.* p. 28. n. g. Hypopalpis *Gn.* p. 29. H. Terebraria *Gn.* p. 29. t. 23. f. 3. ♂ H. Perforaria *Gn.* p. 30. t. 23. f. 4. ♀ Hypochroma Hypoleucaria *Gn.* p. 31. Thalassodes Cellularia *Gn.* p. 32. und Ricinaria *Gn.* p. 32. Collix Inaequata *Gn.* p. 34. Mamestra Rubiana *Gn.* p. 35. Perigea Decolorata *Gn.* und P. Nigrita *Gn.* p. 36. Amyna Colon *Gn.* p. 37. Erastria Blandula *Gn.* und Anthophila Augusta *Gn.* p. 38. Eriopus Maillardi *Gn.*

p. 39. t. 22. f. 8. Plusia G. roseum *Gn.* p. 42. t. 22. f. 9. n. g. Odontina *Gn.* p. 42. O. Excavata *Gn.* p. 43. t. 22. f. 10. Homoptera Vinsonii *Gn.* p. 45. t. 22. f. 5—7. Hulodes Sandii *Gn.* p. 46. Ophisma Trapezoides *Gn.* p. 47 t. 23. f. 2. Hypospila Thermesina *Gn.* p. 53. Hypena Nasutalis *Gn.* und H. Senectalis *Gn.* p. 55. H. Inextensalis *Gn.* und H. Frappieralis *Gn.* p. 56. H. Longipalpalis *Gn.* p. 57. Simplicia Pannalis *Gn.* p. 57. Hydrillodes Aviculalis *Gn.* p. 58. n. g. Arsina *Gn.* p. 58. A. Silenalis *Gn.* und Physula Synnaralis *Gn.* p. 59. Salbia Achatinalis *Gn.* p. 61. Stenia Viperalis *Gn.* p. 62. Cymoriza Upupalis *Gn.* p. 63. t. 23. f. 6. Phakellura Cucurbitalis *Gn.* p. 64. Filodes Costivitralis *Gn.* p. 65. Botys Pastrinalis *Gn.* p. 66. B. Dorsalis *Gn.* p. 67. n. g. Borer *Gn.* p. 68. B. Saccharellus *Gn.* (Saccharalis *F.*) p. 70. Crambus Paphiellus *Gn.* p. 71. Phycis Irisella *Gn.* p. 71. t. 23. f. 7. Ph. Semipectinella *Gn.* und Rhamphodes Heraldella *Gn.* p. 72. Ausserdem enthalten die Tafeln Callidryas Florella *F.* var. ? t. 22. f. 1. 2. Raupe von Hesperia Borbonica *B.* t. 22. f. 3. 4. Ophisma Klugii *B.* var. t. 23. f. 1. Boarmia Acaciaria *B.* var. ? t. 23. f. 5.

Lucas, Histoire naturelle des Lépidoptères exotiques avec 80 planches coloriées. Paris 1877. (Ed. I. 1835).

Enthält folgende Arten der Fauna von Madagascar in Abbildung und Beschreibung: Papilio Demoleus *L.* p. 16. t. 9. P. Phorbanta *L.* p. 18. t. 10. P. Disparilis *B.* p. 19. t. 10. P. Delalandii *God.* p. 39. t. 20.

Peters, Naturwissenschaftliche Reise nach Mossambique. Zoologie. V. Insecten und Myriopoden. 4°. Berlin 1862.

Lepidoptera bearbeitet von Hopffer. Mit No. 21—28 der 34 vortrefflichen, colorirten Tafeln.

Der Text umfasst die Seiten 349—438 und nimmt vielfach Rücksicht auf das gleichzeitige Vorkommen der Arten in Madagascar oder auf daselbst lebende verwandte Species.

Trimen, Rhopalocera Africae Australis; a Catalogue of South African Butterflies; comprising Descriptions of all the known Species etc. Part I, II with 6 plates. Cape Town and London 1862 and 1866.

Von den 222 sorgfältig beschriebenen, südafrikanischen Tagschmetterlingen führt Verfasser bei 38 Arten das gleichzeitige Vorkommen auf Madagascar, Mauritius oder Bourbon an, wobei Papilio Nireus *L.* ausser Betracht gelassen, für P. Merope *Cr.* — Meriones *Feld.* und für Diadema Anthedon *Dbld.* — Drucei *Butl.* substituirt wird.

Felder, Caj. und Rud. Reise der österreichischen Fregatte Novara um die Erde in den Jahren 1857—1859. Zoologischer Theil. II. Band. 2. Abth. Lepidoptera. Rhopalocera. Text (548 S.) Wien 1864—1867.

Felder, Caj., Rud. und **Rogenhofer**, Lepidoptera. Atlas von 140 Tafeln mit 2500 Abbildungen. Wien 1864—1867.

Zu den Heteroceren ist kein Text vorhanden, sondern blos Tafelerklärungen mit Vaterlandsangabe. Unter den Beschreibungen befindet sich Papilio Meriones *Feld.* p. 95. (Pap. Brutus *B.* F. d. Mad. und von dieser Art als var. B. in Sp. gén. p. 222 angeführt). Panopaea Apaturoides *Feld.* p. 416. Yphthima Batesii *Feld.* p. 486. t. 68. f. 10. 11. Ohne Beschreibung: Zonilia Malgassica *Feld.* (var. Accentifera *Pal̈is.*) ♂ t. 76 f. 2. Actias Idae *Feld.* (var. Cometes (*B.*) *Gn.*) ♂ t. 88 f. 1. Ophisma Limbata *Feld.* [Natal] t. 116. f. 6. Achaea? Leona *Feld.* (Dejeanii *B.*) [Sierra Leone] t. 116. f. 13. Achaea Radama *Feld.* (Praestans *Gn.*) t. 116 f. 17. Apiletria? Haematella *Feld.* [Mauritius]. t. 138. f. 61.

Vinson, Voyage à Madagascar au couronnement de Radama II. Avec 7 planches. Paris 1865.

Bei Schilderung der Sitten der Eingebornen wird auch ihrer praktischen Entomologie Erwähnung gethan. Ausser einigen Heuschreckenarten, die getrocknet als Nahrung dienen, werden die eben eingesponnenen Raupen der Euphaga Florifera *H.S.* in Menge gesammelt und mit Oel, Käse und Eiern zu einer von den Vornehmen des Landes sehr gesuchten Delikatesse zubereitet. Auch die Puppen grösserer Seide spinnender Raupen werden für die Küche verwendet, nachdem die Seide des Cocons abgewickelt ist. Der Seidenfabrikation wird in der Abtheilung III der »Documents pour servir à l'histoire naturelle de Madagascar« speciell gedacht und als hauptsächlichste Seidenraupen Borocera Madagascariensis *B.*, B. Cajani *Vins.*, Bombyx Radama *Coq.* und B. Diego *Coq.* angeführt, von denen letztere ihre Cocons in bedeutender Zahl in grossen taschenähnlichen Gespinnsten zusammenfügen. Als dem Zuckerrohr sehr schädlich wird die Raupe der Pyralide Borer Sacchardlus *Gn.* angegeben (Pyralis Saccharalis *F.*). In IV p. 573 beschreibt *Vinson* eine neue Salamis Duprei (t. 5.). In dem Anhange p. 25—48 gibt Guenée ein Verzeichniss sämmtlicher bis dahin bekannten Schmetterlinge von Madagascar, jedoch mit Ausschluss der Mascarenen, im Ganzen 178, davon 88 Rhopalocera, 90 Heterocera.*) In den angeschlossenen »Notes« sind ausser Bemerkungen zu schon bekannten Arten als neu beschrieben: Panopea Glaucina *Gn.* p. 38. t. 6. f. 1. 2. Ypthima Vinsoni *Gn.* p. 39. Hesperia Mango *Gn.* p. 40. n. g. Euphaga *Gn.* und hierzu als bis dahin einzige Art Florifera *H.S.* p. 40. Bizone Hova *Gn.* p. 42. n. g. Napta *Gn.* N. Serratilinea *Gn.* p. 43. Lasiocampa Tamatavae *Gn.* p. 44. Borocera Cajani *Vins.* p. 45. t. 4. f. 1. 2. Actias Cometes *B.* p. 46. t. 7. Plusia Orbifer *Gn.* p. 47. t. 6. f. 3.

---

*) Sphinx Jasminearum *Gdr.* als zur Mad. Fauna gehörig beruht auf Irrthum, und ist wohl verwechselt mit Jasmini *B.*

Pollen et **van Dam,** Recherches sur la Faune de Madagascar et de ses Dépendances. V. Part. 1. Livr. Insectes par Snellen van Vollenhoven et de Selys-Longchamps. 2 Planches. Leyden 1869.

Die 40 aufgeführten Arten sind der Mehrzahl nach auf den Inseln Nossi-Bé und Mayotta gesammelt; darunter sind als neu aufgeführt: Pieris Elisa *Voll.* p. 12. t. 2. f. 3. ♂ ♀ Acraea Dammii *Voll.* p. 12. t. 2. f. 4. und Deiopeia Occultans *Voll.* (D. Laymerisa *Grand.*) p. 13. t. 2. f. 5. Das Vorkommen von Papilio Disparilis *B.* auf Nossi-Bé ist zu bezweifeln und liegt wohl hier eine Verwechselung mit dem dort häufigen P. Epiphorbas *B.* vor. Callidryas Hyblaea *B.*, Callosune Theogone *B.*, Neptis Agatha *Cr.* und Cyligramma Acutior *Gn.* von der Insel Mayotta stammend, sind bis jetzt in Madagascar noch nicht beobachtet worden.

Butler. Lepidoptera Exotica or Descriptions and Illustrations of Exotic Lepidoptera. 4°. London 1869—1874.

Enthält auf 190 Seiten Text und 94 chromolith. Tafeln meist Rhopaloceren, von denen folgende aus Madagascar sind:

Charaxes Phraortes *Dbld.* p. 26. t. 10. f. 6. Callidryas Florella *F.* (als C. Pyrene *Sw.* aufgeführt) p. 44. t. 16. f. 8–10. Ptychopteryx Lucasii *Grand.* p. 45. Callidryas Thaurama *Reakirt* p. 56. t. 22. f. 3—6. Callidryas Florella *F.* p. 56. t. 22. f. 1. 2. 2a.

Gerstäcker. Die Gliederthier-Fauna des Sansibar-Gebietes. Mit 18 col. Kupfertafeln. Leipzig und Heidelberg 1873.

p. 438. »Ueber den Charakter der Insektenfauna des Sansibar-Gebietes« finden wir p. 455 10 Arten dieses Gebietes aufgeführt, welche auch auf Madagascar einheimisch sind. Von den gesammelten Arten werden 5 als gemeinsam bezeichnet.

p. 456—460. Ueber den Charakter der Insektenfauna Madagascars.

Ward. African Lepidoptera. Descriptions and Illustrations of new Species of Lepidoptera from Afrika. 4°. Part I, II with 12 beautiful coloured plates. London 1873—1874.

Das Werk hat nicht vorgelegen. Es enthält folgende Arten von Madagascar in Beschreibungen und Abbildungen, die jedoch in »The Entomologist's Monthly Magazine« bereits veröffentlicht sind.

Teracolus Mananhari *Wrd.* p. 2. t. 2. f. 1—4. Eronia Antsianaka *Wrd.* p. 2. t. 2. f. 5. 6. E. Voheman *Wrd.* p. 4. t. 4. f. 3. 4. Amauris Nossima *Wrd.* p. 5. t. 5. f. 1. Salamis Anteva *Wrd.* p. 5. t. 5. f. 2—4. Acraea Manandaza *Wrd.* p. 9. t. 7. f. 1. 2. A. Masamba *Wrd.* p. 10. t. 7. f. 3. 4. A. Masanola *Wrd.* p. 10. t. 7. f. 5. Mycalesis Vola *Wrd.* p. 15. t. 12. f. 1. 2. M. Ankova *Wrd.* p. 15. t. 12. f. 3. 4. M. Iboina *Wrd.* p. 16. t. 12. f. 5. 6. M. Avelona *Wrd.* p. 16. t. 12. f. 7. 8.

Kataloge.

Hübner, Verzeichniss bekannter Schmetterlinge. Augsburg 1816.

Stellt in ein, durch eine grosse Anzahl neuer, höchst oberflächlich gekennzeichneter und schlecht zusammengefügter Gattungen, weit verzweigtes System, die Artnamen mit Citat, jedoch ohne Vaterlandsangabe zusammen, unter denen sich auch der grössere Theil der von Madagascar beschriebenen und abgebildeten Arten befindet.

Doubleday, List of the Specimens of Lepidopterous Insects in the Collection of the British Museum. London. Part. I. 1844. P. II. 1847. Appendix 1848.

Gibt ein Verzeichniss der Tagschmetterlinge excl. Hesperiden des British Museum mit Citaten, Synonymen und Angabe der Fundorte; darunter befinden sich verhältnissmässig nur wenige Arten von Madagascar.

Vorzugsweise auf die Sammlung des British Museum gegründet, ist das Verzeichniss aller bekannten Tagschmetterlinge in dem schon oben angeführten Werke:

Doubleday and Westwood. The Genera of Diurnal Lepidoptera. London 1846—1852.

Walker, List of the Specimens of Lepidopterous Insects in the Collection of the British Museum. Lepidoptera Heterocera. Part 1—35. London 1854—1866.

Dieses bändereiche Werk soll alle im British Museum befindlichen und überhaupt bekannten Heteroceren enthalten und sind dieselben mit einer kurzen Diagnose (bei den Microlepidopteren nur theilweise), mit Citaten, Synonymen, Vaterland resp. Fundort und Namen des Gebers versehen, in einer grossen Zahl meist neuer Gattungen untergebracht. Den vielen neuen Arten, von denen auch einige unter verschiedenen Namen mehrfach beschrieben sind, fügt der Verfasser ausser der Diagnose noch eine Beschreibung in englischer Sprache bei. Einzelne ganz bekannte Arten sind ausgelassen, so z. B. für die sonst reichlich vertretene Fauna von Madagascar: Nephele Accentifera *Pal.* Dagegen ist die *Cramer*'sche Bombyx Mauritia in den zwei verschiedenen Gattungen Hypsa II. p. 455 und Amerila III. p. 726 untergebracht.

Zu Ende des letzten Bandes befindet sich eine Zusammenstellung der geographischen Verbreitung der Heteroceren; es wird angegeben, dass im Ganzen zwischen 20 und 21 Tausend Arten aufgeführt sind, darunter 79 der Fauna Madagascars angehörig, die sich auch als gemeinsam mit andern Faunen wie folgt vertheilen: Süd-Afrika und Madagascar 8; S.-Afr., Mauritius, Indien und Australien 1; S.-Afr., Maur., Ind. 1; Madagascar 68; Mad., Ind., Austr. 1. In Wirklichkeit aber ist bei 109 Arten die Zugehörigkeit zur Madagascar- und Mascarenen-Fauna angeführt.

Aus dem Folgenden ist die Eintheilung des Werkes ersichtlich, ebenso wie die für die Fauna von Madagascar zum ersten Mal aufgeführten Arten.

T. I—VII. 1854—1856. **Lepid. Heter.** Anaphela Lactifera *B. (Wlk.)* (Stellata *Guér.*) p. 751.

T. VIII. 1856. **Sphingidae.** Deilephila Biguttata *Wlk.* p. 172.

T. IX—XV. 1856—1858. **Noctuidae.** Nyctipao (Cyligramma) Disturbans *Wlk.* ohne Vaterlandsangabe p. 1307 und Conturbans *Wlk.* [Indien] p. 1308.

T. XVI. 1858. **Deltoides.**

T. XVII—XIX. 1859. **Pyralides.** Botys Nebalis *Wlk.* p. 643.

T. XX—XXVI. 1860—1862. **Geometrites.**

T. XXVII—XXX. 1863—1864. **Crambites, Tortricites et Tineites.** Chilo Mauriciellus *Wlk.* p. 141. — Batodes Incultana *Wlk.* p. 316. — Tinea Subcervinella *Wlk.* p. 477. T. Acquisitella *Wlk.* p. 478.

T. XXXI—XXXV. 1864—1866. **Supplement 1—5.** Lymantria Detersa *Wlk.* p. 365. Agrotis Aliena *Wlk.* p. 694. Erastria Pardalina *Wlk.* p. 794. Remigia Inconcisa *Wlk.* p. 1013.

Gray. Catalogue of Lepidopterous Insects in the Collection of the British Museum. Part. I. Papilionidae. gr. 4°. London 1852.

Mit 13 color. und 1 schwarzen (Rippenverlauf-) Tafel. Im Texte werden die bekannten Arten von Madagascar aufgeführt.

Lederer. Beitrag zur Kenntniss der Pyralidinen. Mit 17 Tafeln in der »Wiener entomologische Monatsschrift. VII. Band. Wien 1863«.

N. 8. p. 243—280. N. 10. p. 331—378. N. 11. p. 379—426. N. 12. p. 427—501. Die Arbeit hat das grosse Verdienst correcte Gattungen aufgestellt zu haben, denen dann die bis dahin bekannten Arten mit Synonymen, Citaten und Vaterlandsangabe folgen. Die grosse Zahl neuer Arten, die aufgestellt werden, sind am Schlusse mit Beschreibungen und theilweise auch mit Abbildungen versehen, unter denen jedoch keine zur Fauna Madagascars gehörigen sich befinden.

Herrich-Schäffer. Prodromus Systematis Lepidopterorum. Versuch einer systematischen Anordnung der Schmetterlinge. In dem »Correspondenzblatt des zoologisch-mineralogischen Vereines zu Regensburg 1864—1871«.

Es ist sehr zu bedauern, dass diese höchst gründliche Arbeit nur bei einem Versuche blieb, der noch nicht einmal alle Familien der Tagschmetterlinge vollständig umfasst.

Kirby. A Synonymic Catalogue of Diurnal Lepidoptera. London 1871. Supplement 1871—1877.

Verfasser führt in dem für jeden Lepidopterologen unentbehrlichen Werke die sämmtlichen bis jetzt veröffentlichten Tagschmetterlinge in der Zahl von 7740 Arten auf, bei denen von 125 das Vorkommen auf Madagascar und den Mascarenen angegeben ist.

Kirby. Catalogue of the Collection of Diurnal Lepidoptera formed by the late W. Ch. Hewitson and bequeathed by him to the British Museum. Under the Directions and by the

Authority of the Executors of the will of Mr. Hewitson. Printed for Private Circulation. London 1879.

Der Katalog in Quart enthält auf seinen 246 Seiten 5764 Arten in 24746 Exemplaren angegeben: reichlich vertreten ist die Fauna von Madagascar mit einer Anzahl Species, deren Vorkommen auf der Insel zum ersten Mal gemeldet wird; da aber in der Vorrede die Vaterlandsangaben nicht durchweg als correct bezeichnet werden, so ist auch für diese Arten die Sicherheit nicht unumstösslich.

Butler, Revision of the Heterocerous Lepidoptera of the family Sphingidae. S. Zeitschriften: Transactions of the Zoological Society of London. 1877.

Oberthür. Etudes d'Entomologie. IV. Catalogue raisonné des Papilionidae de la Collection de Ch. Oberthür. Rennes 1879.

117 Seiten und 6 schön colorirte Tafeln in gr. 8°. In der grossen Sammlung sind die Papilioniden Madagascars reich vertreten (11 sp.), unter denen sich die typischen Stücke zu den Boisduval'schen Beschreibungen befinden. Papilio Disparilis *B.* var. Nana *Oberth.* von den Seychellen, um die Hälfte kleiner als die Exemplare von Bourbon, ist p. 54 angeführt.

(Etudes d'E. III: Faune des Lépidoptères de la côte orientale d'Afrique enthält Bemerkungen über Papilio Merope *Feld.* p. 12. Acraea Serena *F.* var. Manjaca *B.* p. 25, Hypanis Ilithyia *Cr.* var. Anvatara *B.* p. 26 von Madagascar.)

Zeitschriften.

a. Amerika.

Proceedings of the Academy of Natural Sciences of Philadelphia. I. Philadelphia 1842. Jahrgang 1866 enthält:

Reakirt, Descriptions of some new Species of Diurnal Lepidoptera. p. 238—249. Callidryas Thaurama *Reak.* von Madagascar p. 238.

b. Belgien.

Comptes-rendus de la Société Entomologique de Belgique. I. Bruxelles 1857. T. 23 (7. 2. 1880).

Mabille, Diagnoses Lepidopterorum Malgassicorum. p. XVI—XXVII. Folgende 42 neue Arten sind aufgeführt:

Crenis Amazonia, Lycaena Artemenes, Spilosoma Melanimon, Sarrothripa Virgulana, Porthesia Depauperata, Boroceras Punctifera, Notodonta Marmor, Odontina Pierronii, Thalpochares Partita, Erastria Apicimacula, E. Leucoglene, Micra Lacteola, Achaea Sinistra, Hypena Lyperalis, H. Glyptalis, H. Angulalis, H. Contortalis, H. Hemigrammalis, Herminia Periplocalis, Helia Serralis, Madopa Parallelalis, Thallasodes Pallidulata, Phorodesma Leucochloraria, Thalera Atroviridaria, Epione Malefidaria, Caberodes Insularia, Acidalia Faeculentaria, A. Punctistriata, Macaria Crassilimbaria, Tephrina Malesignaria, T. Univirgaria, Psamatodes

Arenularia, Scotosia Syngrammata, Eupithecia Hemileucaria, Margarodes Septempunctalis, Botys Bifenestralis, B. Stenopalis, B. Venilialis, Nymphula Luteivittalis, Phycis (Myelois?) Saturatella, Euplocamus Foedellus, Crambus Punctistrigellus.

(3. 7. 1880).

Mabille, Note sur une Collection de Lépidoptères recueillis à Madagascar. p. CIV—CIX. Die Sendung enthielt gegen 100 Schmetterlinge, bei Foulepointe im nordöstlichen Theile von Madagascar gesammelt, derselben Gegend, aus der auch Boisduval seiner Zeit viele gute Arten, von denen einzelne seitdem nicht wieder aufgefunden wurden, erhalten hatte. Nach einer Liste der hervorragendsten Arten folgt die Beschreibung von 15 seither unbeschriebenen Species.

Strabena Dyscola, Mycalesis Difficilis, M. Cingulina, Pieris Hecyra, Acraea Zitja var. Fumida, Neptis Gratilla, Idmaïs Philumene, Arctia (Areas) Galactina, Liparis Bimotata, Agrotis Consentanea, n. g. Stenopis, S. Reducta, Siculodes Terreola, Herminia Campanalis, Spilomela Trivirgalis, Botys Chrysotalis.

T. 25. (2. 4. 1881.)

Mabille, Notes sur plusieurs envois de Lépidoptères provenant de Madagascar. pl. LV—LXII.

Dass in verschiedenen Sendungen, selbst aus dem waldreichen Innern Madagascars fast nichts Neues an Rhopaloceren sich vorfand, will der Verfasser dahin erklären, dass vielleicht die zahlreiche Liste der madagassischen Tagschmetterlinge nahezu geschlossen sei. An neuen Arten werden beschrieben:

Diadema Madagascariensis, Hypsa Ambusta, Notodonta Angustipennis, Orthosia? Arcifera, O. Ochroglene, Ophiodes Pelor, Athyrma Saalmülleri, Achaea Orea, Cyligramma Concors. — Es folgt eine Zusammenstellung und mehrfache Zusammenziehung der bis jetzt bekannten Cyligramma-Arten Madagascars. — Acontia Malgassica, Xanthodes Mariae, Anthophila J-graecum, Stenia Balteolis, Botys Holoxanthalis, Phakellura Imparivirgalis, Parapony x Minoralis.

e. Deutschland.

Jahrbücher der Königlichen Akademie gemeinnütziger Wissenschaften zu Erfurt. I. Erfurt 1757.

Neue Folge Heft VI. 1870.

Keferstein, Entomologische Notizen aus dem Tagebuch des zu Madagascar verstorbenen Herrn Tollin. p. 17. t. col. 3.

Das Wichtigste der Ausbeute wird tageweise aufgezählt und durch charakteristische Andeutungen kenntlich gemacht. Unter einigen Raupenbeschreibungen befindet sich auch diejenige von Urania Rhipheus, der nach der Angabe Tollins nur gegen Abend (Juni) fliegt.

Die Sammelorte waren Tamatave und Vohidotia.

Hieran schliesst sich die Aufzählung von 39 Arten, von denen 8 als neu beschrieben p. 13—16 und abgebildet sind:

Acraea Percussa f. 1. 2. Glaucopis Tollinii f. 3. Chaerocampa Batschii f. 4. Zonilia Densoi (Accentifera *Pulis*.) f. 5. Saturnia Dura f. 6. Cyligramma Importuna (Argillosa *Gn*.) f. 7. C. Intellecta f. 8. Pyralis (Siculodes) Werneburgialis f. 9.

Entomologische Zeitung, herausgegeben von dem entomologischen Verein zu Stettin. I. Stettin 1840.

1863. Keferstein, Lepidopterologische Notizen p. 164 enthalten den Inhalt eines Briefes von C. Tollin aus Foulepointe auf Madagascar, auf welcher Insel der Berliner Reisende sich seit dem 22. Mai 1862 befindet. Nach einer kurzen Schilderung der herrlichen Vegetation, deren richtige Ausnutzung zu grossen Reichthümern führen würde, drückt er seine grosse Zufriedenheit über den Arten-Reichthum und die Pracht der dortigen Lepidopteren aus. Es wird das Vorkommen europäischer und südafrikanischer Arten besprochen. Durch Zucht aus Raupen erhielt er eine Anzahl Schmetterlinge, aber auch Ichneumoniden. Urania Rhipheus *Dr.* beobachtete Tollin häufig, jedoch unerreichbar durch den hohen Flug; er zieht später den prächtigen Schmetterling ebenso wie Ophideres-Arten aus Raupen, deren Beschreibung er liefert. Ferner gibt der Reisende die Beschreibung einer Raupe, aus der sich die Lokalform von Miniodes Discolor *Gn.* entwickelte. Kurze Skizzirung von Papilioniden-, einer Bombyciden-Raupe, desgleichen von einem Sphingiden, welcher Nephele Accentifera *Palis.* sein könnte. Auffällig erscheint es Tollin, dass die Sphingiden-Raupen zur Verwandlung nicht in die Erde kriechen.

1879. Maassen, Bemerkungen über Urania Rhipheus *Dr.* p. 113—115.

Es wird die Trennung von Urania Rhipheus *Dr.* und der *Cramer*'schen Art gleichen Namens, letztere als U. Crameria, vorgeschlagen.

1881. Saalmüller, Zwei neue Noctuen aus Madagascar p. 214—218.

Ophisma Imperatrix und Megacephalon Stygium.

Saalmüller, Neue Lepidopteren aus Madagascar. p. 433—444.

Ingura Snelleni, Ophiusa Lenzi, Azeta Reuteri, Selenis Affulgens, Phyllodes Dux, Siculodes Mellea.

Bericht über die Senckenbergische naturforschende Gesellschaft. Frankfurt a. M. I. 1850.

1877—1878. Saalmüller, Mittheilungen über Madagascar, seine Lepidopteren-Fauna, mit besonderer Berücksichtigung der dieser angehörigen, im Senckenbergischen Museum befindlichen Arten. p. 71—96.

Von den 78 aufgeführten Arten sind ein Theil beschrieben, darunter eine Anzahl nov. spec., über die im Verlauf dieses Werkes noch berichtet wird.

1878—1879. **Saalmüller**, Bemerkungen und Nachträge zu den »Mittheilungen über Madagascar und seine Lepidopteren-Fauna« des Jahresberichtes 1877—1878. p. 122—126.

Die Zahl der Arten ist bis zu No. 89 fortgesetzt, davon 2 beschrieben.

1879—1880. **Saalmüller**, Neue Lepidopteren aus Madagascar, die sich im Museum der Senckenbergischen naturforschenden Gesellschaft befinden. p. 258—310.

Die Arbeit weist 93 Nummern auf, deren in der Folge Erwähnung geschehen wird.

d. England.

Philosophical Transactions of the Royal Society of London. I. London 1665. vol. 168. (Extra vol.) 1879.

Butler, Lepidoptera of Rodriguez. p. 541—544.

Es werden 21 Arten (7 Rhop. 14 Heter.) aufgeführt, die während einer astronomischen Expedition erbeutet wurden; davon kommen 12 auch auf Mauritius und Réunion, von diesen 8 auch auf Madagascar vor. Die 4 neuen Arten, die der Verfasser auch als endemisch vermuthet, hat er bereits in den »Annals and Magazine« 1876 p. 407 ff.« beschrieben. Rodriguez wird für das Vorkommen von Acherontia Atropos *L.* als äusserste beobachtete Grenze nach Osten zu bezeichnet.

The Transactions of the Linnean Society of London. vol. I. London 1791. vol. 26. pt. 3. 1868—1869.

Trimen, On some remarkable Mimetic Analogies among African Butterflies. p. 497—522. 2 col. plates.

Unter den angeführten Beispielen wird auch Papilio Meriones *Fehl.* von Madagascar einer näheren Betrachtung unterworfen, von dem das ♀ t. 42 f. 1 abgebildet ist; es werden die Unterschiede vom afrikanischen Papilio Merope *Cr.* dargelegt, die sich wesentlich auf die Aussenlinie der Flügel, auf die verschiedene Weite der Discoidal-Zelle der Hinterflügel und ganz besonders auf die gänzliche Verschiedenheit des ♀ basiren. Es würde naturgemässer erscheinen, anzunehmen, dass Madagascar der Ausgangspunkt für diese beiden Arten von einem gemeinsamen Stamm sei und dass die rauheren und schwierigeren Verhältnisse der afrikanischen Lebensweise eine stärkere Verfolgung und die Annahme der geschützteren Danaidenform für das ♀ zur Folge hatten. Doch die weite Verbreitung von Merope über ganz Afrika scheint anzudeuten, dass die ursprüngliche Form von Merope afrikanischen Ursprungs ist; sie hat sich von hier aus nach Madagascar, zu einer Zeit, wo dies vielleicht noch keine Insel war, verbreitet und hat, da hier die Existenzbedingungen günstig waren, die ursprüngliche Form beibehalten. Einige gemeinsam verbliebene Zeichnungen auf den Flügeln der so verschiedenen weiblichen Formen werden nachgewiesen.

Journal of the Linnean Society. Zoology. vol. I. London 1857.

vol. XV. 1880.

Butler, Description of a new Genus of Moth of the Family Liparidae from Madagascar. p. 84. n. g. Pyramocera. P. Fuliginea *Butl.*

Das Genus wird zu Lymantria *Hb.* gestellt; der Kopf mit den eigenthümlichen Fühlern, die gekämmt, an der Basis am breitesten erscheinen und nach der Spitze zu pyramidalisch abnehmen, ist durch einen Holzschnitt vergrössert dargestellt.

The Transactions of the Entomological Society of London. London. I—III. 1810—1812 by Haworth. vol. I—V. 1834—1847.

New Series vol. I—V. 1850—1861. Third Series vol. I—V. 1862—1867. Continuation: for the year.

1865. vol. II. ser. 3.

Hewitson, a Monograph of the genus Yphthyma p. 283—293 enthält die Beschreibung der schon durch Boisduval bekannten Y. Tamatavae *B.*

1866. vol. V ser. 3.

Trimen, Notes on the Butterflies of Mauritius. p. 329—344.

Trimen hielt sich während der ersten 3 Wochen des Monat Juli 1865 auf der Insel auf und erlangte daselbst 20 Tagschmetterlinge, unter denen 4 von Boisduval nicht aufgeführte sich befinden. In dem aufgestellten Verzeichniss aller bis jetzt auf der Insel beobachteten sind 26 aufgenommen, unter denen eine neue Art: Libythea Cinyras *Trim.* p. 337 und 2 Arten als endemisch bezeichnet werden. Eine vergleichende Tabelle der geographischen Verbreitung der Mauritius-Rhopaloceren nebst Erläuterung dazu folgt nun.

In einer Anmerkung p. 343 ist auf einen Aufsatz (Trimen, On the Butterflies of Madagascar in the Quarterly Journal of Science 1864, p. 648) verwiesen. Die Arbeit ist mir unzugänglich geblieben.

Die Fortsetzung der Zeitschrift folgt nun nicht mehr in Serien, sondern jahrweise: for the year 1868 etc.

1870. **Trimen**, Notes on Butterflies collected in Basutoland p. 341—390.

Der Verfasser bezieht sich mehrfach bei Arten auf deren Vorkommen in Madagascar, so z. B. will er die Callidryas Rhadia *B.* vereinigt wissen mit C. Florella *F.*

1872. **Kirby**, Notes on the Diurnal Lepidoptera described by Jablonsky and Herbst p. 120.

Die auf t. 12. f. 3 abgebildete und p. 125 als Papilio Phorbanta beschriebene Art wird auf diese von Linné zuerst aufgestellte Species bezogen, während das wenig charakteristische Bild sich wohl mehr als Papilio Disparilis *B.* ♂ deuten lässt.

Zur Aufklärung der Papilio Merope *Cr.*- und Meriones *Fdr.*-Frage tragen wesentlich die beiden Aufsätze bei:

1874. Weale, Notes on the habits of Papilio Merope with Description of its Larva and Pupa. p. 131.

Trimen, Observations on the case of Papilio Merope with an account of the various known forms of that Butterfly. p. 137—153. t. 1, worin die von Pap. Meriones *Fdd.* ♀ ganz verschiedenen weiblichen Formen des P. Merope *Cr.* festgestellt werden.

Butler, Descriptions of some new Species and a new Genus of Diurnal Lepidoptera. p. 423. Panopea Drucei *Butl.* von Madagascar. p. 426. t. 6. f. 3.

Butler, A List of the Lepidoptera referable to the genus Hypsa *(Hb.) Wlk.* p. 316. Hypsa Insularis *B.* (Walk. Het. II. 459) wird mit Aganais Borbonica *H.S.* , (f. 118) von Bourbon zusammengezogen, ebenso Aganais Borbonica *B.* mit A. Jodamia *H.S.* (f. 119).

1877. Kirby, Notes on the African Saturniidae in the Collection of the Royal Dublin Society. p. 15.

Als neue Art von Madagascar wird Bunaea Aslauga *Kirb.* aufgestellt. p. 18.

Kirby, Notes on the new or rare Sphingidae in the Museum of the Royal Dublin Society, and Remarks on Butler's recent revision of the family. p. 223.

Die Artrechte von Hemaris Cyaniris *Guér.* von Sylhet und Mauritius werden bestätigt. Nach Besprechung noch einiger Arten von Madagascar wird als neue Art Nephele Charoba *Kirb.* p. 243 beschrieben.

Butler, On the Lepidoptera of the Family Lithosiidae in the Collection of the British Museum. p. 325.

Lithosia Kingdoni *Butl.* wird als neue Art von Madagascar beschrieben.

1880. Butler, On the Genus Sypna *Gn.* p. 201.

Madagascar liefert zu diesem Genus nur eine Art, die schon früher beschriebene S. Complicata *Butl.*

1881. t. 9. f. 3. 4. Pieris Saba *F.* ♂ (Orbona *H.*) und ♀.

Transactions of the Zoological Society of London. I. London 1833.

1877. (IX.) Butler, Revision of the Heterocerous Lepidoptera of the family Sphingidae p. 511—644. Pl. col. XC—XCIV.

Enthält eine systematische Zusammenstellung der bekannten Sphingiden. Unter den beschriebenen neuen Arten befindet sich Protoparce Mauritii *Butl.?* abgetrennt von P. Solani *B.* p. 606 und im Appendix II: Diodosida Peckoveri *Butl.* p. 637 von Madagascar.

1879. (X.) Westwood, Observations on the Uraniidae, a family of Lepidopterous Insects with a Synopsis of the family etc. p. 507—542. Plates LXXXV—LXXXVIII.

Verfasser bespricht die allgemeinen Verhältnisse der Familie und ihre Stellung im System und will dieselbe bei den Bombyciden den Saturnien anschliessen. Den seither gebräuchlichen Genus-Namen Urania ändert er für die amerikanischen Arten in Uranidia um, weil ersterer bereits in der Botanik vergeben und führt für Rhiphens den in Hübner's Verzeichniss p. 289 verwendeten Genus-Namen Chrysaridia wieder ein. t. 85. f. 15. 16 stellt den Rippenverlauf dieser Art dar.

1881. (XI.) Moore, On the Genera and Species of the Lepidopterous Subfamily Ophiderinae inhabiting the Indian Region. p. 62–76. Pl. col. XII—XIV.

Das Genus Ophideres *B.* wird in 8 neue Genera für die indische Region zersplittert, wobei 3 alte *Hübner*'sche Verwendung finden. Die beiden Arten, die auch der Fauna Madagascars eigen sind, deren Entwickelungsgeschichte beschrieben und von denen Raupe, Puppe und Schmetterling abgebildet sind, erscheinen nun als Othreis Fullonica *L.* p. 64. t. 12. f. 1, 1a. t. 13. f. 1 (♂), f. 1a (♀), und Argadesa Materna *L.* p. 74. t. 12. f. 1a–d, t. 14. f. 3 (♂), 3a (♀).

Proceedings of the Scientific Meetings of the Zoological Society of London. I. London 1830.

1847. Doubleday, On some undescribed Species of Lepidoptera in the Society's Collection. p. 58–61.

Charaxes Phraortes *Dbld.* von Madagascar. p. 60.

1863. Hewitson, A list of Diurnal Lepidoptera taken in Madagascar by Caldwell. p. 64.

Neue Arten: Acraea Obeira *Hew.* p. 65. Diadema Dexithea *Hew.* p. 65. t. 40.

Walker, On some Insects collected in Madagascar by Caldwell. p. 165.

Neue Arten: Bizone Amatura *Wlk.* (B. Hova *Gn.* 1865.) p. 167. Artaxa Fervida *Wlk.* (♂) und Euproctis Producta *Wlk.* (♂) p. 168.

Bates, On some Insects collected in Madagascar by Caldwell. p. 472.

Der Verfasser gibt einen kurzen geschichtlichen Ueberblick der Entomologie Madagascars, die aus dem Ende vorigen Jahrhunderts datirt, zu welcher Zeit Dr. Commerson dort sammelte. 1830 sandte der Reisende Goudot seine Ausbeute nach Europa, deren Resultate durch Klug und Boisduval veröffentlicht wurden. Hierauf folgten nur kleinere Sendungen. Es heisst dann: »Die Wiedereröffnung der Insel für die Europäer hat den Entomologen nicht die gewünschten Erfolge gegeben, als höchstens die Wiederentdeckung der Goudot'schen Arten.« Einer Besprechung der allgemeinen faunistischen Verhältnisse Madagascars, besonders den Ansichten Hartlaub's gegenüber, folgt eine Aufzählung der durch Caldwell gesammelten Insekten aller Ordnungen, darunter 16 bereits bekannte Lepidopteren.

1873. Bartlett, Description of a new Moth belonging to the family Saturniidae p. 336. Tropaea Madagascariensis *Bart.* (Actias Cometes *B.*).

1876. Butler, Revision of the Lepidopterous genus Teracolus *Swains.* p. 126. Pieris Mananhari *Wrd.* wird in der 4. Abtheilung dieses Genus untergebracht. p. 133.

1877. **Butler**, Description of new Species of Heterocerous Lepidoptera in the British Museum. p. 168.

Zwei Sphinges von Madagascar sind beschrieben:

Diludia Chromapteris *Butl.* und Protoparce Lingens *Butl.*

The Annals and Magazine of Natural History including Zoology, Botany and Geology. 1. London 1838. (vol. I—V, 1838—1840 sind unter dem Titel »Annals of Natural History or Magazine of Zoology, Botany and Geology« erschienen, und waren selbst eine Fortsetzung von »The Magazine of Zoology and Botany« und dem »Botanical Companion.«)

1874. vol. XIV. (4. ser.)

Hewitson, Description of a Butterfly from Madagascar forming a new genus p. 359. n. g. Smerina *Hew.* S. Vindonissa *Hew.* (Nymphalidei).

1876. vol. XVII. (4. ser.)

Butler, Preliminary Notice of new Species of Lepidoptera from Rodriguez. p. 407.

n. sp. Caradrina Expedita *Butl.* p. 407. Dianthoecia Dryphiloides *Butl.* p. 408. Homoptera Turbida *Butl.* p. 408. Laverna Plumipes *Butl.* p. 409.

1878. vol. II. (5. ser.)

Butler, On a Collection of Lepidoptera recently received from Madagascar p. 283—297.

Von den 56 aufgeführten Arten sind folgende unter Aufnahme dreier neuen Gattungen und Angabe des Fundortes als neu mit kurzen Beschreibungen versehen:

Mycalesis Perdita, n. g. Coryphaeola (für Eurodoce *Westw.*), Charaxes Cowani, Acraea Calida, n. g. Saribia (für Tepahi *B.*), Lampides Aberrans, Lycaena Astigmmata, Pseudonacelia Sylvicolens, n. g. Hylemera, H. Tenuis, Dasychira Mascarena, Dianthoecia Graminicolens, Anden Ochreipennis und Botys Phyllophila.

Butler, Descriptions of some new Genera and Species of Lepidoptera from Old Calabar and Madagascar. p. 455—465.

Von Madagascar: Areas Virginalis, n. g. Daphaenura, D. Fasciata, Sozuza Argentea, n. g. Heliconitra, H. Pulchra, Gogane Ochrea, Dasychira Ampliata; n. g. Ceranchia, C. Apollina, Zeuzera Cretacea.

1879. vol. III. (5. ser.) **Butler**, On a collection of Lepidoptera from the Island of Johanna. p. 186—192.

Von den 27 angeführten Arten (dabei 3 Heter.) tragen 20 den Charakter der Mascarenenfauna, 14 sind auch auf Madagascar und 12 kommen auch im tropischen Afrika vor. 10 nov. spec. sind beschrieben.

1879. vol. IV. (5. ser.)

Butler, Descriptions of new Species of Lepidoptera from Madagascar, with notes on some of the forms already described. p. 227—246.

Enthält die Diagnosen folgender Gattungen und Arten:

Strabena Mabillei, Culapa Parva, Pseudonympha Subsimilis und Angulifascia. n. g. Henotesia, H. Anganavo? *Wal.*, Ypthima Niveata, Salamis Definita, Acraea Fornax, Castalius Azureus, Jolaus Argentarius, Bebonois Albipennis, Tapezites? Kingdoni, Cyclopides Pardalina.

Gnathostypsis Laticornis, Diodosida Grandidieri, Choerocampa Humilis, Rothia Micropales, R. Westwoodii, Pseudonaclia Simplex, Hylemera Puella, H. Fragilis, Leucoma Pruinosa, Gogane Turbata, Euproctis Titania, n. g. Laelapia, L. Notata, n. g. Numenoides, N. Grandis, Lymantria Rosea, Dasychira Vibicipennis, D. Gentilis, Mardara Viola und Peculiaris; n. g. Chrysotypus, C. Dives; n. g. Argyrotypus, A. Locuples, Nisda Lignea, Parasa Valida; n. g. Synclysmus, S. Niveus, Caradrina Spaelotidia, Pandis Notabilis, Eremobia Virescens, Euplexia Debilis; n. g. Crocinis, C. Fenestrata, Ochracea und Plana, Eubolia Dulcis, Singara Hypsoides, Botys Kingdoni.

1880, vol V. (5. ser.)

Butler, On a Collection of Lepidoptera from Madagascar, with Descriptions of new Genera and Species. p. 333—344 und p. 384—395.

Enthaltend 59 Arten, davon für die Fauna neu:

Pseudonympha Cowani und Turbata; n. g. Callyphthima (für Pseudonympha Wardii *Butl.*), Panopea Diffusa, Castalius Auratus, Terias Aliena, Catopsilia Decipiens, Hesperia Fervida. — Euxemia Metagrias und Tranquilla; n. g. Mydrodoxa, M. Splendens; n. g. Epicausis, E. Lanigera; n. g. Isorropus, I. Tricolor, Sommeria Extensa.

n. g. Xanthodura, X. Trucidata; n. g. Lechriolepis, L. Anomala; n. g. Rapdipeza (für Gogane Turbata *Butl.*); n. g. Chrysopsyche (für Chaerotriche Mirifica *Butl.* von Old Calabar), Copaxa Subocellata; n. g. Crothaema, C. Sericea, Sypna Complicata, Marcala? Modesta, Thalera Cowani, Thalassodes Glacialis, Zanclopteryx Puella, Panagra Rachicera; n. g. Rhodophthitus, R. Formosus, Emmelesia Sublutea, Agamana Insignis, Actenia? Signata, Gelechia Insularis, Cryptolechia Argillacea.

Aus der Hewitson'schen Sammlung sind drei seither unbeschriebene Tagschmetterlinge angeschlossen:

Charaxes Relatus *Butl.*, Jolaus Argentarius *Butl.* ♂ (S. Ann. Mag. Nat. Hist. 1879. IV. (5.) p. 231.), Catopsilia Rufosparsa *Butl.*

The Entomologist's Monthly Magazine. I. London 1864.

Ward, veröffentlicht eine Reihe neuer Tagschmetterlinge, die Crossley in Madagascar für ihn gesammelt hatte.

T. VI. 1869—1870. p. 224—225. Pieris Mananhari ♂, Eronia Voleniari ♂ ♀ (Lawsi *Grand.*), Danais Nossima ♂ ♀, Junonia Anteva ♂ ♀.

T. VII. 1870—71. p. 30—32. Pieris Antsianaka ♂, Erebia Rakoto, Erebia Ankaratra, Mycalesis Vola ♂, Mycalesis Ankova ♂, Mycalesis Iboina ♂, Mycalesis Avelona.

T. VIII. 1871—1872. p. 121—122. Atella Manore, Erebia Passandava, Mycalesis Anganova.

T. IX. 1872—1873. p. 2—3. Acraea Maransetra, A. Masamba, A. Masaonda, Charaxes Analava; p. 147—148. Acraea Manandaza, Eurytela Narinda, Mycalesis Antahala, Diadema Usambara; p. 209—210. Charaxes Andara, C. Andriba.

T. X. 1873—1874. p. 59—60. Acraea Sambavae, Mycalesis Ibitina.

T. XI. 1874—1875. Distant, Description of a new Papilio from Madagascar. p. 129. Papilio Lormieri.

Hewitson, Descriptions of Rhopalocera from Madagascar. p. 226—227. Papilio Mangoura, Melanitis Masoura und Heteropsis Drepana (Bt.) Ibid. (1850).

T. XIX. 1882—1883. p. 57—58. Butler, On Nyctemera Biformis, of Mabille and two other forms of Nyctemeridae from Madagascar n. sp. Leptosoma Mabillei (von Mabille irrthümlich als Biformis beschrieben); Hylemera Candida und H. Nivea.

Cistula entomologica. Vol. I with 10 plates. London 1869—1876.

Druce, Descriptions of new Species of Diurnal Lepidoptera. p. 361.

Als eine für Madagascar neue Art befindet sich dabei: Miletus Decus *Druce*.

vol. II with plates. 1877—1882.

Butler, On a Collection of Lepidoptera from Madagascar. (1879). p. 389—394.

n. sp.: Pseudonympha Wardii *Butl.* Belenois Conista *Butl.* Hesperia Marginata *Butl.* Hypochroma Grandidieri *Butl.* Comibaena Stibolepida *Butl.*

vol. III. pars 26. (10. 1882).

Butler, Descriptions of new Species of Heterocerous Lepidoptera from Madagascar. p. 1—27.

Die 53 beschriebenen neuen Arten sind bis auf eine Ausnahme von Ankafana aus dem Betsileo-Lande im Innern der südlichen Hälfte Madagascars.

n. g. Hypsoides, H. Bipars, Hydrusa Kefersteinii; n. g. Callicereon, C. Affine, Daphaenura Minuscula, Euchaetes Madagascariensis, Bizone Saalmülleri, Coracia Plumicornis, Sozuza Punctistriata, S. Mabillei, S. Albicans, S. Sordida, S. Aspersa, Prabhasa Carnea, P. Ardens, P. Nigrosparsa, P. Flexistriata, P. Fasciata, P. Angustata, P. Insignis, Lyseria Parvula, Eugoa Marmorea, E. Placida, Nola Bryophiloides, Chaerotriche Limonea, Artaxa Incommoda; n. g. Pachycispia, P. Picta, Lymantria Dulcinea, Callitears Elegans, C. Grandidieri, C. Moerens, C. Pastor, C. Prasina, Dasychira Pumila, D. Pallida, Parorgyia Plusiana, P. Maligna, Bunaea Plumicornis, Ceranchia Reticolens, C. Cribrelli, Copaxa Vulpina, Lasiocampa Leonina, Lebeda Cowani, Eutricha Nitens, Borocera Arenicoloris, Ocha Flava, Miresa Pyrosoma, M. Gracilis, Anzabe Micacea; n. g. Macrosemyra, M. Tenebrosa; n. g. Zelomera, Z. Imitans, Cossus Fulvosparsus, C. Pavidus, C. Senex.

e. Frankreich.

Bulletin de la Société Philomathique de Paris. Paris I. 4°. 1797. I. 8°. 1836. T. III. (7. série.) 25. 1. 1879.

Mabille. Lepidoptera Madagascariensia: species novae: p. 132—144.

Die 28 beschriebenen neuen Arten sind:

Acraea Lia, Lycaena Sanguigutta, Pieris Smithii, P. Affinis, Anthocharis Ena, Cyclopides Malchus, Endagria Locuples, Ambulyx Grandidieri, Chaerocampa Argyropeza, Bizone Grandis, Eusemia Virguncula, Amblythyris Radama, Arctia Bicolor, Liparis Rhodophora, Bombyx Sordida, Borocera Pelias, Lanassodes Strigatus, Saturnia (Bunaea) Fusicolor, S. Auricolor, Ophiodes Orthogramma, Achaea Oedipodina, Ophiusa Digona, Grammodes Rhodotaenia, Thermesia Anceps, Hypaena Ophiusinalis, Alyta Calligrammalis, Pyralis Cyanealis, Botys Acosmialis.

Annales des Sciences Naturelles, Zoologie et Paléontologie. 5. série. I. Paris 1864.

Die erste Serie, die als Fortsetzung der beiden 1792 als »Journal d'Histoire Naturelle« erschienenen Bände gilt, wurde unter dem Titel »Annales des Sciences Naturelles« I. 1824 veröffentlicht. Mit Beginn der 2. Serie 1834 erscheint Zoologie und Botanique getrennt, und mit der 5. Serie wird der Zoologie im Titel Paléontologie zugefügt.

1872. T. XV.

Lucas. Description de quelques Lépidoptères provenant du voyage de Grandidier à Madagascar. Article No. 22.

Charaxes Antambouloa ♂, C. Antanala ♂, C. Betsimisaraka ♂, C. Betanimena ♂, Cyligramma Rabondou ♂ ♀ (Centurians *Walk.*)

Revue et Magasin de Zoologie, par Guérin-Méneville. Paris I. 1849 als Fortsetzung des Magasin de Zoologie etc. par Guérin-Méneville. Paris 1831—1838 und Magasin de Zoologie, d'Anatomie comparée et de Paléontologie par Guérin-Méneville. Paris 1839—1848.

1862. Guérin-Méneville, Note provisoire sur un nouveau ver à soie observé par Fleuriot de Langle pendant une station à Madagascar. p. 344. t. 14. f. 2.

Beschreibung und Abbildung von Bombyx (Artaxa?) Fleuriotii *Guér.*

1863. Vinson, Entomologie utile à Madagascar. p. 45.

Auszug aus »Vinson et Coquerel im Bulletin de la Société d'acclim. et d'histoire naturelle de l'île de la Réunion T. I. p. 16—24. t. 1.« Für Beides S. Vinson voy. à Mad.

1867. Grandidier. Description de quatre espèces nouvelles de Lépidoptères découvertes sur la côte sud-ouest de Madagascar. p. 272.

Anthocharis Zoe *Grand.* Callidryas Lucasi *Grand.*, Hesperia Ernesti *Grand.* (Ismene Pansa *Hew.*) und Lithosia Laymerisa *Grand.*

1874. Boisduval, Monographie des Agaristidées. p. 26—110.

Die Arbeit enthält die Beschreibungen der bereits bekannten Arten Madagascars.

Revue Zoologique par la Société Cuvierienne; par Guérin-Méneville. Paris 1838—1848.

1847. Guérin-Méneville, Description d'un Bombyx (Mittrei) nouveau découvert par M. Mittre à Nossi-Bé, île de Madagascar. p. 229—230.

Bombyx (Actias) Mittrei (A. Cometes *B.* 1847).

Nouvelles Annales du Muséum d'Histoire Naturelle. I—IV. Paris 1832—1835.

T. II. 1833. Boisduval, Descriptions des Lépidoptères de Madagascar. p. 149—270. 16 t. S. Boisduval, Faune Ent. de Madagascar etc.

Annales de la Société Entomologique de France. I. Paris 1832.

1833. Boisduval, Anomalie du genre Urania. p. 248.

1842. Lucas, Observations sur un nouveau genre de la tribu des Nymphalites. p. 295—307. Godartia (Euxanthe *Hb.*) Madagascariensis *Luc.* p. 299. t. 12. n. 2. f. 1 2.

1863. Vinson, Lépidoptère nouveau de Madagascar. Salamis Duprei *Vins.* p. 423. t. 10.

1865. Coquerel, Faune de Bourbon. p. 293.

Allgemeine Verhältnisse in interessanter Weise geschildert.

Coquerel, Des différentes espèces de Bombyx qui donnent de la soie à Madagascar. p. 341. t. 5. 6.

1. Bombyx Radama *Coq.* t. 5. f. 1.

2. Bombyx Diego *Coq.* Die Raupen dieser beiden Spinner fertigen zu ihrer Verpuppung gemeinsame grosse, taschenförmige Gespinnste an, in denen die einzelnen Cocons dicht neben einander liegen. t. 6. (B. Radama *Coq.*).

3. Borocera Cajani *Vins.* (var. B. Madagascariensis *B.*) fertigt isolirte Cocons. t. 6.

4. Bombyx (Artaxa) Fleuriotii *Guér.* gehört wohl auch zu Bor. Madagascariensis *B.*

1869. Lucas, Remarques sur l'Urania Rhipheus. p. 426.

1873. Boisduval veröffentlicht eine aus dem Jahre 1831 von Sganzin stammende Angabe über die früheren Stände von Urania Rhipheus *Dr.* Bulletin p. CCXX.

1875. Mabille, Diagnose von Cyclopides Howa *Mab.* Bull. p. CCXV.

1876. Mabille, Sur la Classification des Hespériens avec la description de plusieurs espèces nouvelles. p. 251.

Cyclopides Howa *Mab.* p. 270. Tagiades Insularis *Mab.* p. 272.

Lucas, Urania (Thaliura) Croesus *Gerst.* als identisch betrachtet mit U. Rhipheus *Cr.* Bull. p. CXXVI.

1877. Guenée, Note sur l'Urania Rhipheus *Dr.* p. 105.

Bespricht die Gattung Urania, die nur eine Species Rhipheus *Dr.* hat und mit welcher Croesus *Gerst.* hier zusammengezogen wird, ihre Stellung in der Familie der Uraniden, die vereinigt bleiben muss. Die Angaben S g a n z i n s über die Entwickelungsgeschichte von U. Rhipheus *Dr.* hält der Verfasser für unwahrscheinlich und auf Verwechselung beruhend.

G u e n é e, Ebauche d'une Monographie de la famille des Siculides. p. 275, die er zwischen die Thyriden und Hepialiden gestellt wissen will.

Siculodes Plagula *Gn.* p. 300 von Madagascar ist S. Werneburgalis *Kef.*

M a b i l l e beschreibt folgende neue Arten von Madagascar:

Anthocharis Flavida, A. Guenei, Eronia Grandidieri, Bulletin p. XXXVII. Lycaena Ralsefaner ♀, L. Delicatula ♀, L. Smithii ♀, L. Scintilla ♂, L. Reticulum ♂, L. Antanossa ♂, Cyclopides Leucopyga ♀, C. Dispar ♂ ♀, Mycalesis Wardii ♂, p. LXXI.

1878. M a b i l l e, Strabena Argyrama, Mycalesis Ankoma, M. Strato, Satyrus Mopsus, Pieris Grandidieri, Bulletin p. LXXV.

1879. M a b i l l e, Recensement des Lépidoptères hétérocères observés jusqu'à ce jour à Madagascar, p. 291—341.

Die Zusammenstellung der Heteroceren, die übrigens einige Lücken enthält, ist vorläufig in Aussicht des von demselben Verfasser in Arbeit befindlichen grösseren Werke »Faune générale des Lépidoptères malgaches« vorausgeschickt, hauptsächlich um Sammler zu veranlassen, ihre madagassischen Arten zur Verfügung zu stellen.

An neuen Arten sind in dieser Arbeit aufgenommen:

Macroglossa Aesalon p. 299. Lithosia Erythropleura p. 302. Nyctemera Rasana p. 304. Deiopeia Diva p. 305. Argina Serrata p. 307. Lasiocampa Gueneana p. 314. L. Plagiogramma p. 314. Anchirithra Punctuligera p. 315. Saturnia Diospyri p. 316. Perisomena Cincta p. 317 Acontia Microptera p. 321. Hypsoala Florens p. 324. Ophisma Saalmülleri p. 328. Scrodes Leucocelis p. 330. Nemoria Pallidularia p. 333. Micronia Semifasciata p. 335. Stenia Uniflexalis p. 336. S. Pulchellalis p. 337. Pionea Terminalis p. 338. Botys Minutalis p. 339. B. Monostictalis p. 339. n. g. Metoeces p. 340. M. Lepidocerella p. 341.

Hieran schliessen sich von demselben Verfasser eine Reihe neuer Arten an. p. 341—348.

Acraea Smithii p. 341. Mycalesis Parvidens ♀ p. 342. M. Excellata ♂ p. 343. M. Irrorata ♂ p. 343. Butleri ♂ ♀ p. 343. Satyrus Albivittula ♂ p. 344. Cossus Breviculus ♂ p. 344. Pterygon Obscurus ♂ p. 344. Chaerocampa Bifasciata ♂ p. 345. Orgyia Aurantia ♂ p. 345. Asthenia? Flavicapilla ♀ p. 345. Bolina Agrotidea ♂ p. 346. Hypopyra Megalesia ♂ p. 346. Ophiodes Ponderosa ♀ p. 346. Ophiusa Nigrimacula ♀ p. 347. Siculodes Opalina ♂ p. 347. Hyposbroma Eugrapharia ♀ p. 347. Macroglossa Bombus ♂ p. 347. Aglaope? Perpusilla ♂ p. 348. Euclidia Ragonoti ♂ p. 348.

M a b i l l e, neue Schmetterlinge, darunter Eurostis Albicornaria von Nossi-Bé. Bulletin p. CLV.

Mabille, neue Schmetterlinge von Madagascar:

n. g. Smithia, S. Paradoxa (Satyridae), Idmais Eucharia und Daphaenura Smithii, Bulletin p. CLXXIII.

Petites Nouvelles Entomologiques. Paris 1869—1878.

II. vol. No. 178. (15. 8. 1877) enthält:

Mabille, Diagnoses de Lépidoptères de Madagascar. p. 157—158.

Strabena Smithii, Mycalesis Andriveda, Masikora, Narova, Strigula, Menamena und Acraea Turna.

No. 210. (15. 12. 1878).

Mabille, Diagnoses de Lépidoptères de Madagascar. p. 285.

Cyclopides Empyreus, Cataleuicus, Pamphila Ariel, Gillias und Sinnis.

No. 211. (1. 1. 1879).

Mabille, Diagnoses de Lépidoptères de Madagascar. p. 289.

Lycaena Lemon und Hypolycaena Vittigera.

No. 213. (1. 2. 1879).

Saalmüller, Diagnose d'un Lépidoptère nouveau du groupe des Ophiusides. p. 297.

Ophisma Mabillei.

Le Naturaliste. Paris I. 1879. Fortsetzung der Pet. Nouv. Beides redigirt von Deyrolle.

I. année. No. 1. (1. 4. 1879.)

Mabille, Note sur une petite collection de Lépidoptères de Madagascar. p. 3.

Enthält nur die Aufzählung schon bekannter Arten.

No. 3. (1. 5. 1879.) Fortsetzung hiervon. p. 4 als n. sp. Deiopeia Serrata *Mab.* in den Ann. S. Fr. 1879. p. 307 unter Genus Archina wiederholt.

IV. année. No. 13. (1. 7. 1882.)

Mabille, Description de Lépidoptères de Madagascar p. 99.

Neptis Sextilla, Terias Hapale, Anthocharis Siga, Eusemia Vestigera, Hylemera Fadella, Homoeptera Terrena.

No. 17. (1. 9. 1882.)

Mabille, Description de Lépidoptères de Madagascar. p. 134.

Syntomis Butleri und Quinquemaculata, Liparis Nolana, Acontia Miegii, Phyllodes Praetextus (Dax *Saalm.*) Hyperythra Miegii.

Bulletin de la Société Zoologique de France.

Pour l'année 1877.

Mabille beschreibt p. 234 Hesperia Amygdalis von Madagascar.

1878. (15. 4.)

Mabille, Lepidoptera Africana p. 87—95.

Aus Madagascar befinden sich folgende neue Arten dabei:

Strabena Smithii, Mycalesis Bicristata, Fuliginosa, Andravahana und Maeva, Hypolycaena Wardii und Mermeros, Thecla Licinia und Rutila. Hierauf folgt p. 84 eine Bestimmungstabelle der Syntomis- und Naclia-Arten, von denen Syntomis Reducta, Anspera und Culiculina sowie Naclia Quadrimacula, Tenera und Trimacula als neu für die Fauna zu nennen sind. Ferner Caloschemia Monilifera, Nyctemera Biformis, Lithosia Sanguinolenta, Deiopeia Heterochroa, Chelonia Rubriceps, Eusemia Obryzos, Spilosoma Aspersa, Liparis Melanocera, Vitrina, Heptasticta und Barica, Orgyia Velutina; n. g. Clostherothrix, C. Gambeyi, Micronia (Fasciata) Lobularia, Malgassaria, Hypopyra Malgassica, Ophiusa Daedalea, Acontia Microcycla; Cataclysta Callichromalis.

f. Russland.

Horae Societatis Entomologicae Rossicae. I. Petropoli 1861.

1877. T. XIII. 1—4.

Zeller, Exotische Microlepidoptera. p. 1—493. t. I—VI. (172 col. Abbildungen).

Es sind 11 neue Gattungen aufgestellt und 342 Arten beschrieben, unter denen sich Schoenobius Terrens Z. p. 10. t 1, f. 1 a, b. als neue Art von Madagascar befindet.

Erklärung der Abkürzungen der Autornamen und der entomologischen Werke.

Beauv. Palisot de Beauvais, Ambroise Marie François Joseph, 1752—1820.

Bert. Bertoloni, Giuseppe, 1804—1878, Professor in Bologna.

B. Boisduval, Jean Alphonse, Dr. med. Paris, 1801—1879. F. Mad.: Faune entomologique de Madagascar. — Sp. gén.: Species général des Lépidoptères.

Butl. Butler, Arthur Gardiner, geb. 1844, Assistent-Keeper bei der zoologischen Abtheilung des British Museum in London. Lep. ex.: Lepidoptera exotica.

Clk. Clerck, Carl Alexander, † 1765. Ic. Ins.: Icones Insectorum etc.

Coq. Coquerel, Charles, Chirurgien de la marine, geb. 1822 zu Amsterdam, seit 1846 zu verschiedenen Malen auf Reunion und Madagascar; 1853 nach mehrfach wechselndem Aufenthalt krank nach Reunion zurückgekehrt, wo er bald darauf starb.

Cr. Cramer, Pieter, † De Uitlandsche Kapellen etc.

Cyr. Cyrillo, Dominico, 1734—1799, Professor der Botanik und Medicin in Neapel.

Dalm. Dalman, Joh. Wilh., 1787—1828, Professor und Inspector des Museums in Stockholm.

Dist. Distant, Will. Lucas, Director des anthropologischen Instituts in London.

Dbld. Doubleday, Edward, 1810—1849, Assistent im British Museum zu London. Dbld. Wstw. Gen. Diurn. Lep.: Doubleday & Westwood, The genera of Diurnal Lepidoptera.

Druc. Druce, Herbert, in London.

Dr. Drury, Drew, Goldschmied in London. † Anfang dieses Jahrhunderts. Exot. Ins.: Illustrations of Natural History etc.

Dup. Duponchel, Philogène Auguste Joseph, 1774—1846, Paris.

Esp. Esper, Eugen Joh. Christoph. 1742—1810, Professor in Erlangen.

F. Fabricius, Joh. Christian, 1745—1808, Professor in Kiel.

Feld. Felder, Cajetan, Wien. — Rudolf † 1871. Nov. Lep.: Reise der Fregatte Novara, Lepidoptera.

Gerst. Gerstäcker, Carl Eduard Adolph, geb. 1828 zu Berlin, Professor in Königsberg.

God. Godart, Jean Baptiste, 1775—1825. Enc. méth.: Encyclopédie méthodique.

Grand. Grandidier, Alfred, in Paris, reiste längere Zeit in Madagascar.

Gn. Guenée, Achille, Advokat zu Châteaudun, 1809—1880. Sp. gen.: Species général des Lépidoptères. — Gn. Vins. Voy. Mad.: in Vinson Voyage à Madagascar. — Gn. Maill. Réun.: in Maillard Notes sur l'île de la Réunion.

Guér. Guérin-Méneville, Felix Eduard, 1799—1874. Ic. R. An.: Iconographie du règne animal.

H.S. Herrich-Schäffer, Gottlieb August Wilhelm, 1799—1874, Kreis- und Stadtgerichts-Arzt zu Regensburg. Lep. exot. auch unter dem Titel: Sammlung neuer oder wenig bekannter aussereuropäischer Schmetterlinge.

Hew. Hewitson, William Chapman, 1806—1878. Ex. Butt.: Illustrations of new species of exotic Butterflies.

Hoev. van der Hoeven, Jan, 1801—1868, Professor in Leyden.

Hpff. Hopffer, Heinrich Carl, 1810—1876, Custos am K. Museum in Berlin. Hpff. Peters Moss.: in Peters Reise nach Mossambique.

Hb. Hübner, Jacob, 1761—1826, Zeichner in einer Kattun-Fabrik zu Augsburg; sein Gehülfe war Carl Geyer. Verz.: Verzeichniss. — Samml. ex. Schm.: Sammlung exotischer Schmetterlinge. — Zutr.: Zuträge.

Kef. Keferstein, Adolf, Gerichtsrath in Erfurt.

Kirb. Kirby, W. F., Naturalist am British Museum.

Klg. Klug, Joh. Christoph Friedrich, 1775—1856, Professor in Berlin.

Led. Lederer, Julius, 1821—1870, Kaufmann in Wien. Pyr.: Beitrag zur Kenntniss der Pyralidinen.

L. Linné, Carl von, 1707—1778, Professor in Upsala.

Luc. Lucas, Hippolyte, aide-naturaliste au Muséum, Paris. Lep. exot.: Histoire naturelle des Lépidoptères exotiques.

Mab. Mabille, Paul, Professor in Paris.

Maill. Maillard, L., Réun.: Notes sur l'île de la Réunion.

O. Ochsenheimer, Ferdinand, Dr. phil., geb. 1767 zu Mainz † 1822, Hofschauspieler in Wien.

Palis. Palisot de Beauvais, S. Beauv.

Pag. Petagna, Vincenz, 1734—1825, Professor der Botanik in Neapel.

Reak. Reakirt, Tryon, in Philadelphia.

Schif. Schiffermüller, Ignaz, 1727—1806, Professor am Theresianum in Wien.

Snell. Snellen, P. C. T., Rotterdam. In Tijd. v. Ent.: Tijdschrift voor Entomologie.

Stoll. Stoll, Caspar, † 1795.

Swains. Swainson, Williams, † 1856 auf Neu-Seeland.

Tr. Treitschke, Friedrich, geb. 1776 zu Dresden, † 1842, Hofschauspieler in Wien.

Trim. Trimen, Roland, Curator des Süd-Afrikanischen Museums in Cape Town. Rhop. Afr. austr.: Rhopalocera Africae australis.

Vins. Vinson, Auguste, Voy. Mad.: Voyage à Madagascar.

Voll. Snellen van Vollenhoven, Samuel Constantinus, 1816—1880, Direktor des Museums in Leyden.

Wllgr. Wallengren, H. J. D., Pfarrer in Fahrhult in Skåne (Schonen).

Wlk. Walker, Francis, 1809—1874. Cat. Br. Mus.: List of the Specimens of Lepidopterous Insects of the British Museum.

Wrd. Ward, Christopher, in Halifax. Afr. Lep.: African Lepidoptera.
Wstw. Westwood, John Obadiah, geb. 1805, Professor in Oxford.
Z. Zeller, Phil. Christoph, geb. 1808, Professor, jetzt wohnhaft in Grünhof bei Stettin.

Ann. S. Fr. Annales de la Société entomologique de France.
Ann. & Mag. The Annals and Magazine of Natural History.
Ann. Sc. nat. Annales des Sciences naturelles.
Ber. S. G. Bericht über die Senckenbergsche naturforschende Gesellschaft.
Bull. S. phil. Bulletin de la Société philomathique de Paris.
Bull. S. z. Bulletin de la Société zoologique de France.
Cist. ent. Cistula entomologica.
C. r. S. Belg. Comptes-rendus de la Société entomologique de Belgique.
Guér. Rev. Mag. Guérin, Revue et Magasin de Zoologie.
Guér. Rev. z. Guérin, Revue zoologique par la Société Cuvierienne.
Hor. Horae Societatis Entomologicae Rossicae.
Jahrb. Ak. Erf. Jahrbücher der K. Akademie zu Erfurt.
J. Linn. S. Journal of the Linnean Society.
Monthl. Mag. The Entomologist's monthly Magazine.
Natural. Le Naturaliste.
Pet. Nouv. Petites Nouvelles Entomologiques.
Proc. Ac. Philad. Proceedings of the Academy of Natural Sciences of Philadelphia.
Proc. z. S. Proceedings of the zoological Society of London.
Stett. e. Z. Stettiner entomologische Zeitung.
Trans. ent. S. Transactions of the entomological Society of London.
Trans. Linn. S. The Transactions of the Linnean Society of London.
Trans. z. S. Transactions of the zoological Society of London.

Erklärung der Abkürzungen der Fundorte.

Amb. Ambohimambowrna.
Ank. Ankafana im Betsileo-Lande.
Ant. Antananarivo, Hauptstadt des Hova-Reiches, Provinz Imerina, im Innern von Madagascar.
Bets. Betsileo-Land, im Innern der südlichen Hälfte von Madagascar.
Bourb. Bourbon (Réunion), Insel.
Ell. Ellonga.
Fen. Fenerife, an der Ostküste Madagascars, nördlich von Tamatave gelegen.
Fian. Fianarantsoa, Hauptstadt vom Betsileo-Lande.
Flpt. Foulepointe auch Mahavelona, Ostküste, nördlich von Tamatave.
Luc. Lucubé, Stadt und Berg auf der Insel Nossi-Bé.
Masc. Mascarenen, die Inseln Mauritius, Bourbon und Rodriguez.
Maur. Mauritius (Ile de France), Insel.
N.-B. Nossi-Bé, kleine Insel, nahe der N. W. Küste Madagascars.
Réun. Réunion (Bourbon), Insel.

Rodr. Rodriguez, Insel.
St. Mar. Sainte Marie, kleine Insel nahe der Ostküste Madagascars.
Sur. Surakarl.
Tak. Takarana.
Tamt. Tamatave, Haupthafen an der nördlichen Hälfte der Ostküste Madagascars gelegen.
Tan. Tanala-Land, östlich vom Betsileo-Land liegend.
Tint. Tintingue, ein zerstörter Ort, der nahe bei Tamatave lag.

Erklärung der angewendeten Zeichen und sonstigen Abkürzungen.

♂ Männchen.
♀ Weibchen.
[ ] enthält den Fundort des Autors, aber nicht zum Madagassischen Faunengebiete gehörig.
ab. aberratio, Abänderung.
ed. editus, herausgegeben.
exp. al. expansio alarum, Flügelausspannung, die Entfernung der Vorderflügelspitzen von einander, wenn bei dem aufgespannten Schmetterling der Innenrand dieser Flügel etwa rechtwinkelig zur Mittellinie des Körpers zu stehen kommt.
f. figura, Figur der citirten Werke.
Fig. Figura, Figur der beigegebenen Tafeln.
g. genus, Geschlecht. — n. g., novum genus, neues Geschlecht.
Het. Heterocera.
l. c. loco citato, an der angeführten Stelle.
mm Millimeter.
Mus. Museum. — Mus. F., Museum Frankfurt a. M. — Mus. L., Museum Lübeck.
No. Numerus, (Numero), Nummer.
p. pagina, Seite.
Pl. Planche, Plate, Tafel.
Rhop. Rhopalocera.
sp. species, Art. — n. sp., nova species, neue Art.
T. Tomus, Band.
t. tabula, Tafel.
var. varietas, Varietät.
vol. volume, Band.

Bemerkung: In Beziehung auf Nomenclatur folge ich genau der von Dr. O. Staudinger in seinem Cataloge der Lepidopteren des europäischen Faunengebietes (1871) p. X—XXII aufgestellten Grundsätzen. Von den Citaten sind nur die wichtigsten aufgeführt.

LEPIDOPTERA MADAGASCARIENSIA.

Rhopalocera.

Papilionidae.

Papilio L.

1. Papilio Oribazus *Boisduval.*

Fig. 30.

P. niger, holosericeus. Fascia caerulea communis alarum, marginem interiorem alarum anteriorum solum attingente, costis nigris intersectis; macula apicalis alarum anteriorum seriesque macularum marginis externi alarum posteriorum caudatarum colore caeruleo. Subtus diverse brunneus. Exp. al. 86 mm.

B. Sp. gén. I. p. 223.

Körper schwarz, nach dem Afterende zu in's Braune übergehend; auf der Unterseite braun. Palpen mit je drei gelben Flecken.

Vorderrand der Vorderflügel stark gerundet; Aussenrand derselben mässig gewellt, auf Rippe 6 etwas eingezogen. Derjenige der Hinterflügel zwischen den Rippen stark eingebuchtet, auf Rippe 3 mit mässig langem spatelförmigem Schwanze.

Ueber die sammetschwarzen Flügel zieht eine breite seidenglänzende lasurblaue Binde, die von den Rippen schwarz durchzogen wird; ihre innere Begrenzung ist ziemlich geradlinig, während die äussere, besonders auf den Vorderflügeln ausgezackt ist. Auf diesen zieht sie vom Innenrande bis in die Mittelzelle, dann folgen abgetrennt als Fortsetzung ein Fleck, der die vordere Ecke der Mittelzelle ausfüllt, dicht bei diesem ein zweiter grösserer, hinter der Mittelzelle durch die Rippen in drei bis vier ungleiche Theile zerlegt, reicht nur bis an die Subcostale. Vor der Flügelspitze befindet sich in Zelle 7 ein blauer alleinstehender, kleinerer Fleck. Die Binde selbst bildet in Zelle 2, 3 und 4 einen regelmässigen Zacken nach aussen. Auf den Hinterflügeln erreicht die sich etwas verbreiternde Binde nicht ganz den Vorder- und Innenrand, bedeckt nahezu die Hälfte der Mittelzelle und überschreitet dieselbe nach aussen noch um einen schmalen Streifen. Die äussere Begrenzung ist unregelmässig ausgezackt. Vor dem Aussenrande steht eine blaue Fleckenreihe: in Zelle 2 und 6 je ein kleiner, in Zelle 3 und 4 je zwei grössere, ziemlich gleich grosse, in Zelle 5 ein grösserer und ein kleinerer Fleck. Ausserdem befinden sich in der Nähe des Vorderwinkels und am Aussenrande der

Zelle 6 noch einzelne blaue Schuppen zusammengefügt. Alle Einbiegungen des Aussenrandes sind fein weiss gesäumt.

Unterseite schwarzbraun, auf den Vorderflügeln ist das äussere Drittel heller angelegt und in diesem zieht mit dessen ganzer Breite am Vorderrande beginnend eine silberweiss bestäubte Binde, die geschwungen verlaufend sich verschmälert bis zu Rippe 2, diese noch mit einigen Schuppen überschreitend. Die Zacken an ihrer inneren Begrenzung entsprechen der äusseren der Oberseitsbinde. Am Vorderrande befinden sich in ihrer Mitte zwei verschieden gross auftretende schwarzbraune durch Rippe 8 getrennte Flecken. Der untere, kleinere endet mit einer Spitze. Die Hinterflügel sind reichlich mit silberweissen Schuppen besäet, mit Ausnahme des dunkelbraunen Basaltheiles, der das erste ⅓ der Flügelfläche einnimmt und einer etwas hinter der Mitte verlaufenden Binde, die sich nach dem Innenrande zu verbreitert. Die übrigen Theile des Flügels sind heller braun und abgesehen von der ziemlich scharf abgegrenzten Saumbinde wolkig verdunkelt. Auf letztere sind mit hellerem Zwischenraum verwaschene dunklere Mondflecken zwischen den Rippen aufgesetzt. Auch auf der Unterseite sind die Einbuchtungen des Aussenrandes weiss gesäumt.

Hellere scharf begrenzte Flecken wie bei den verwandten Arten treten nicht auf. Die beiden Geschlechter sind in der Zeichnung gleich. Mad. (Ant.)

2. **P. Disparilis** *B.* F. Mad. p. 15. t. 1. f. 2. ♂ *B.* Sp. gén. I. p. 227. *Luc.* Lep. ex. t. 10. f. 2. ♂ *H. S.* Lep. exot. f. 63, 64. ♂ — P. Phorbanta, *Herbst* Natursys. II. t. 12. f. 3. — *Kirby* (1872) und *Oberthür* (1879) wollen letztere Abbildung auf Phorbanta *L.* bezogen haben; dieselbe gibt die grösseren Flecken auf den Flügelmitten wenig charakteristisch und würden sich diese auf beide Arten beziehen lassen. Dagegen stimmen die 3 Flecken vor der Spitze der Vorderflügel mehr mit einzelnen Exemplaren von Disparilis, ebenso wie die 12 Aussenrandsflecken der Hinterflügel, die bei Phorbanta in geringerer Zahl vorhanden und kleiner sind, überein. Bourbon.

var. Nana *Oberthür* Etudes d'Ent. IV. p. 54. Seychellen.

3. **P. Epiphorbas** *B.* F. Mad. p. 13. t. 1. f. 1. *B.* Sp. gén. I. p. 226. — Mad. (Fian.) St. Mar. N.-B. ziemlich häufig.

4. **P. Phorbanta** *L.* Mant. Plant. p. 535. *God.* Enc. méth. IX. p. 47. *Luc.* Lep. ex. t. 10. f. 1. ♀ *B.* Sp. gén. I. p. 225. *H. S.* Lep. ex. f. 61. 62. — Maur., in früherer Zeit hier nur allein beobachtet; nach neueren Angaben auch auf Bourb.

5. **P. Evombar** *B.* Sp. gén. I. p. 254. *Wrd.* Afr. Lep. t. 1. f. 3, 4. — Mad. N.-B. nur 1 Exemplar. Mus. L.

6. **Papilio Cyrnus** *Boisduval.*

Fig. 17. 18.

P. caudatus, niger, maculis flavo-viridibus; alis anterioribus maxima macularum novemdecim basi margineque interno proxima, ceterae versus marginem externum apicemque diminutae; macularum undecim alarum posteriorum maxima in basi et in cellula discoidali; maculae sub marginem anticum undulatum externe furcatae. Subtus rufofuscus maculis albidulis, alis anticis basi margineque externo sanguineis, medio obscurius; posterioribus inter maculas albidulas et nigras limitatas magis sanguineis. Exp. al. 75—80 mm.

B. Sp. gén. I. p. 239.

Kopf schwarz, auf dem Scheitel 4, auf den Palpen je 2 weissliche Flecken. Thorax und Hinterleib schwarzbraun, grau behaart, letzterer in der Seite mit zwei Reihen gelblich weisser Flecken, von welchen je zwei der 3 vorderen Leibesringe durch einen schmalen, ebenso gefärbten Strich mit einander verbunden sind. Auf der Unterseite ist die schwarze Brust ziemlich dicht gelblich weiss und ockergelb gefleckt. Beine gelblich braun, die Schenkel innen schwarz, aussen weiss behaart. Das Brustende und die ersten Hinterleibsringe sind in ihrer Mitte ockergelb behaart, über die übrigen weisslich gelben zieht eine schwarzfleckige Mittellinie. Das Leibesende ist graubraun behaart.

Vorderflügel am Vorderrande stark gebogen, die Mitte des Aussenrandes eingezogen, dadurch die Spitze breit abgerundet vortretend; nach dem Hinterwinkel zu wenig, der Aussenrand der dreieckigen Hinterflügel stark gewellt. Oberseite der Flügel schwarz mit einem Stich ins Bräunliche und mit hellgrünen Flecken. Auf den Vorderflügeln zieht, spitz beginnend, aus der Wurzel, an die Mittelzelle angeschlossen und begrenzt durch die Rippen 1 und 2, am letzten Flügeldrittel abgerundet, der grösste sämmtlicher Flecken. Nach der Flügelspitze zu sind in den Zellen 2, 3 und 4, ebenfalls an die Subdorsale angesetzt, drei länglich runde Flecken, die nach der Flügelspitze zu an Grösse abnehmen. Vor dem mittelsten befindet sich in der Mittelzelle ein schräg viereckiger, vor diesem etwas nach innen gerückt und die Subcostale berührend, ein dreieckiger, ebenfalls an letztere sich anschliessend vor dem Ende der Mittelzelle ein ovaler Fleck, mit einem weissen Strich davor auf der Subcostalen; ein kleineres weisses Strichelchen befindet sich zuweilen auch vor dem vorderen Fleck der Zelle 8. Hinter der Mittelzelle und im Anschluss an die an die Subdorsale angesetzte Fleckenbinde befinden sich zwei kleine rundliche Flecken in den Zellen 6 und 8, dahinter noch je ein kleiner Fleck in Zelle 7 und 8. (Bei einzelnen Exemplaren sind die beiden Flecken in Zelle 8 zu einem zusammengeflossen.) Nahe dem Saume und ziemlich gleichlaufend mit diesem befindet sich eine aus acht Flecken, die zwischen den Rippen liegen, bestehende Reihe, deren grösster sich in Zelle 1 befindet; der nächst kleinere in Zelle 6 ist etwas nach innen gerückt.

Einzelne weisse Haarschuppen befinden sich zwischen dem Vorderrand und der Subcostalen von der Wurzel bis zu der Flügelmitte, ebenso auf Rippe 1 und in geringem Masse in den Einbiegungen des Aussenrandes. Der grösste Fleck der Hinterflügel liegt in der Mittelzelle, diese jedoch nur zur Hälfte ausfüllend und nicht ganz die Basis erreichend. Um die Mittelzelle herum liegen vier rundliche Flecken in Zelle 1, 2, 3 und 5, letzterer, der grösste, dicht an diese herangeschoben. Dahinter befinden sich nahe dem Aussenrande und mit zwei Spitzen nach ihm zeigend, fünf Flecken, auf die Zellen 1 bis 5 vertheilt. Vor seiner Mitte ist an den Vorderrand ein weisser, dreieckiger mit zwei Spitzen nach aussen zeigender Fleck angehängt, dahinter ebenfalls in Zelle 6 sind zu zwei übereinander liegenden Streifen weisse Schuppen aufgehäuft. Der Vorderrand ist weiss, darunter die Zelle 6 matter als der Grundton gefärbt. Die Innenrandsfalte ist weiss, mit Grau und Gelb gemischt und mit gelblichen und weissen, die Subdorsale in der Nähe der Basis mit langen weissen Haaren besetzt. Die Mitten der Aussenrands-Einbiegungen sind fein weiss gezeichnet.

Die Unterseite der Vorderflügel ist rothbraun, nach der Basis zu am Vorderrande ins Rothe, nach dem Hinterwinkel zu ins Schwarzbraune übergehend. Die Flecken, von blasserem Grün als auf der Oberseite, sind etwas kleiner und erreichen die Conturen nach der Aussenseite zu nicht ganz, wodurch hier ein graulicher Rand entsteht. Sämmtliche hellen Flecken der Unterseite sind seidenglänzend.

Dicht an der Basis sind die Hinterflügel schwarz, weiss gefleckt; zu beiden Seiten ist lebhaftes Blutroth, welches die Zellen 7 und 1 durchzieht; der äussere, von den hellen Flecken freibleibende Theil der Mittelzelle ist dunkelbraun, auch über die Subdorsale hinaus; hierauf folgt rothbraune Färbung, die vor dem Saume in Rostbraun übergeht. Der Saum selbst ist schwarz, in den Einbuchtungen gelblich weiss. Die gelblichen Flecken entsprechen denen der Oberseite, jedoch tritt in Zelle 1 ein innerer, in Zelle 5 ein kleinerer in der Mitte liegender und in Zelle 7 noch ein äusserer Fleck hinzu, welch' letzterer als gabelförmiger Wisch erscheint. Von der Basis aus über der Rippe 8 ist der Vorderrand bis gegen die Mitte breit gelblich weiss, ebenso ist der Innenrand bis gegen seine Mitte schmal weiss, dicht an der Basis orange behaart. Ausser diesen hellen Zeichnungen haben die Hinterflügel tief schwarze, annähernd viereckige Flecken. In Zelle 1 ein langer Längsstrich an den hellen Fleck angesetzt, der bei einzelnen Exemplaren noch quer hell getheilt und an seinem Ende hell begrenzt oder auch sonst noch gefleckt ist. In Zelle 2 bis 5 hat jeder helle Fleck einen solchen schwarzen nach innen angesetzt, ein äusserer verbindet die beiden hellen. In der Mittelzelle steht nahe vor ihrem Ende ein solcher mit zwei Spitzen nach innen; zwischen den beiden Flecken in Zelle 6 und 7 ist je ein schwarzer, grösserer Fleck.

In beiden Geschlechtern in Zeichnung und Färbung übereinstimmend ist dieser Falter auf Mad. und N.-B. nicht selten.

7. Papilio Eudochus *Boisduval.*

Fig. 31.

P. brevissime caudatus, albus, alis extus late nigris: anterioribus intus dentatis, macula magna costali a basi intus griseo-pulverulenta, saepe cum macula minuta cellulari, posterioribus dentatis. Subtus maculis fasciisque similibus ut supra sed magis fuscis, in alis anterioribus autem maculis argenteis apicalibus 8—9, maculaque costali basi rufa, iisdem posterioribus in fascia maculis rufis et argenteis, fascia brunnea ante marginem abdominalem ad basin ducit. Exp. al. 70 mm.

B. Sp. gén. I. p. 243. *Dbld. Wstw.* Gen. Diurn. Lep. t. 3. f. 2.

Kopf und Brust schwarz, ersterer mit 4 weissen Punkten, die Palpen mit je 2 weissen Flecken, letztere weisslich behaart. Hinterleib weiss, seitlich mit einer schwarzen Fleckenreihe. Die Unterseite des Körpers gelblich weiss, schwarz gefleckt. Beine aussen weiss, innen schwarz.

Vorderrand der Vorderflügel gleichmässig gebogen, Aussenrand in der Mitte nach der Basis zu eingezogen. Hinterflügel stark gezähnt, besonders auf Rippe 3; in den Einbiegungen zwischen den Zähnen die Fransen weiss.

Die Oberseite der Flügel ist glänzend weiss, mit breitem, tief schwarzem Rande, der auf der Mitte des Vorderrandes der Vorderflügel beginnt und im Bogen nach deren Hinterwinkel zieht, auf den Rippen 1 bis 4 wurzelwärts mit einer Spitze vortretend, während zwischen diesen die abgerundeten Vorsprünge des Weissen nach dem Hinterwinkel zu geneigt sind. Aus der Wurzel zieht über das erste Drittel des Vorderrandes ein breiter, schwarzer, weiss bestäubter Streif, die Mittelzelle auf die Hälfte ihrer Breite oder auch mehr ausfüllend, und gegen den Aussenrand zu in eingehendem Bogen endigend, öfters auch mit einer vortretenden Spitze bis an die Subdorsale reichend. Dieser Streif ist mit der Aussenbinde durch den schmal schwarz angelegten Vorderrand und der ebenfalls schwarz gezeichneten Subcostalen verbunden; meist ist an letztere ein ovaler, in der Grösse wechselnder, schwarzer Fleck angehängt. Hinterflügel: der schwarze Rand, gleichlaufend mit dem Saume, ist nahezu ein Drittel der Flügellänge breit, wurzelwärts nach dem Innenrande zu verwaschen; dunkle Zeichnungen der Unterseite scheinen nach oben durch das Weisse durch.

Das Mittelfeld der Unterseite ist perlmutterweiss glänzend, darin die Rippen gelblich, die schwarze Randzeichnung wie oben, auf den Hinterflügeln etwas ausgedehnter: das Schwarze matter. Vorderflügel: nahe der Spitze 9 verschieden grosse, matt silbergraue Perlmutterflecken, davon am Vorderrande 3 in Zelle 8, 2 in Zelle 7, in den 4 nächstfolgenden je 1, bei einzelnen Stücken auch 2 in Zelle 6. Von der Wurzel aus ist nicht ganz die Hälfte der Mittelzelle rothbraun ausgefüllt, nach dem Aussenrande zu in einem gebogenen, mattschwarzen Querstreif, der über die ganze Breite der Mittelzelle hinweggeht und mit einem isolirten ebenso gefärbten ovalen Fleck dahinter, endigend. Hinterflügel an der Basis rothbraun, nach aussen schwarz begrenzt; an dem weissen stark behaarten Innenrande entlang läuft ein breiter, braunschwarzer, die Zelle 1 ausfüllender Streif nach der Aussenbinde, in der vor dem Saume, der selbst in seinen Einbiegungen weiss ist, 6 perlmutterglänzende Mondflecken stehen, von denen die 4 zunächst dem Vorderrande grösser und rundlich, die beiden folgenden schmal und eckig sind. Davor stehen 2 bis 3 gleichfarbige Flecken, in Zelle 5 und 4 je ein kleiner, runder Fleck, in Zelle 3 über der Spitze des Mondflecks ein gerader Strich; in Zelle 6 trennt ein hakenförmiger Vorsprung der inneren Bindenbegrenzung einen rundlichen oder selbst hakenförmigen Fleck von der Perlmutterfläche theilweise oder ganz ab. Von hier aus zieht eine stark nach aussen gebogene Reihe blutrother, nach innen zu in der hohlen Seite weiss gekernter Mondflecken um diese Bindenbegrenzung bis zum Innenrande herum, deren Zahl von 5 bis auf 2 reducirt sein kann; die dem Afterwinkel zunächst stehenden sind die deutlichsten und auch stets vorhandenen. Auf allen Flügeln verdunkelt sich das Schwarze der Binden nach dem Hinterwinkel zu.

Mad. (Ant.) N.-B. ziemlich häufig.

8. **P. Demoleus** *L.* Syst. Nat. ed. X. (1758.) p. 264. *Cr.* t. 231. A. B. *Hb.* Samml. ex. Schm. T. I. 2 f. *B.* Sp. gén. 1. p. 237. *Luc.* Lep. ex. t. 9. f. 2. -- In Senegambien und Aegypten und südwärts dieser Länder über ganz Afrika verbreitet. Mad. N.-B. häufig. St. Mar. Mayotta. Auf den Masc. scheint die Art nicht einheimisch zu sein.

9. **P. Lormieri** *Dist.* Monthl. Mag. XI. p. 129. - Die daselbst gegebene, kurze Beschreibung stimmt mit den Abbildungen des P. Menestheus *Dr.* Exot. Ins. II. t. 9. f. 1. *Cr.* t. 142. A. B., aber besonders mit derjenigen in *Trim.* Rhop. Afr. austr. t. 2. f. 1. und 1 Exemplare Mus. F. überein, so dass man versucht ist, die beiden Schmetterlinge für eine Art zu halten. Vielleicht findet hier durch geringe Abweichungen ein ähnliches Verhältniss statt, wie bei P. Delalandii *God.* von Madagascar zu den südafrikanischen Stücken. Mad.

10. Papilio Delalandii *Godart.*

Fig. 1.

P. fusco-niger, extus obscurior; fascia communi sulphurea intus compluries curvata, extus dentata, antice bifurcata, furca interna in cellula discoidali extus nigro-pulverulenta; ante marginem externum series macularum octo sulphurearum; alis posterioribus longe caudatis extus dentibus fasciae in costis extensis; inter costas in margine externo et in caudis postice maculis sulphureis; macula aurantia et supra caerulea in angulo anali. Subtus ferrugineo-fuscus signaturis similibus ut supra sed pallidioribus, dentibus fasciae nigro-adumbratis. Exp. al. 86 mm.

God. Enc. méth. IX. Suppl. p. 811. *B.* Sp. gén. 1. p. 326. *Westw.* Arcana Entom. I. t. 37. f. 1. 2. *Luc.* Lep. ex. t. 20. f. 2.

Körper braunschwarz mit mattgelben Flecken auf Kopf, Halskragen und Thorax; unten braun und braungrau; am Hinterleib mit drei wenig deutlichen gelben Streifen, Brust und

Beine schwefelgelb behaart, Palpen innen schwarz, aussen breit schwefelgelb gesäumt. Fühler schwarz.

Vorderflügel kurz und breit, Saum steil, auf den Rippen ein wenig eingekerbt. Hinterflügel lang mit tiefen Einbuchtungen am Aussenrande und langem, ziemlich schmalem, spatelförmigem Schwanze.

Flügel auf der Oberseite braunschwarz, nach dem Leibe zu etwas ins bräunlich Graue übergehend. Ueber beide Flügel zieht in der Mitte eine schwefelgelbe Binde. Unmittelbar hinter dem Vorderrand beginnend, umzieht sie das Ende der Mittelzelle, auf Rippe 6 sich sehr verschmälernd, von hier aus verbreitert sie sich besonders nach aussen zu ganz unregelmässig, in den Zellenmitten zackig ausspringend, am weitesten in Zelle 2. Die innere Begrenzung dieser Binde trifft auf die Mitte des Innenrandes. Die Rippen 5, 6, 7 und 9 treten dunkel in derselben hervor. Der Bindentheil der Zelle 4 setzt sich hinter der dunkel gefärbten Subdorsalen quer über die Mittelzelle in derselben Färbung fort, die schmälere an die Subcostale stossende Hälfte ist dicht schwarzbraun bestäubt. Vom letzten $^1/_3$ des Vorderrandes zieht eine Reihe von 8 ovalen in der Grösse wenig verschiedener, schwefelgelber Flecken nach dem Hinterwinkel, deren jeder einzelne zwischen je zwei Rippen von 1a bis 9 zu liegen kommt. Die Einkerbungen am Saume sind fein gelb gezeichnet. Auf den Hinterflügeln schliesst sich die Binde mit ihrer inneren Begrenzung an die der Vorderflügel an, überzieht noch ein Stück der Mittelzelle, biegt aber, an Rippe 3 angekommen und diese als Grenze benutzend, nach aussen, bis sie ziemlich schmal und schliesslich in eine Spitze endigend, nach Rippe 2 überspringt. Die äussere Begrenzung entspricht ziemlich der Saumrichtung. Das Anfangsstück in Zelle 7 ist schmäler als die Vorderflügelbinde am Innenrande, auch erscheint dieses Stück um einen Ton heller; in den nun folgenden Zellen bildet sie Bogen, die mit langen Spitzen an der innern Seite der Rippen entlang in das dunkle Saumfeld vorspringen. In Zelle 5 ist der Bogen am wenigsten regelmässig, da er in seiner Mitte eine kleine Ausbiegung hat. Die starken Einbuchtungen des Saumes haben sämmtlich breite gelbe Flecken, ebenso auch das Schwanzende. Der letzte über dem Afterwinkel hat einwärts in einer Verdunkelung zunächst einen orangegelben Fleck, über welchen ein aus blauen Schuppen bestehender breiter Bogen hinzieht.

Die Unterseite ist dunkelrostbraun, die gelben Zeichnungen entsprechen im Allgemeinen denen der Oberseite; auf den Vorderflügeln ist der Querast der Binde in der Mittelzelle nur äusserst wenig dunkler bestäubt. Die Aussenrandsflecken sind verwaschen vergrössert, so dass sie sich gegenseitig berühren. Der Innenrand ist von Rippe 3 ab bis an die Mittelzelle schwarzbraun verdunkelt; ebenso auf den Hinterflügeln das Schwanzende vor dem gelben Spitzenfleck, der Aussenrand zwischen den gelben Einbuchtungsflecken, der Afterwinkel, die äusseren Einbiegungen der Binde und die inneren zwischen dem Innenrande und Rippe 3, hier bis zum Sammetschwarzen, wovon der Theil in Zelle 2 sparsam fein orangegelb bestäubt ist; gleichfalls verdunkelt ist die äussere Begrenzung des blauen Bogens; der orangegelbe Fleck weniger lebhaft wie auf der Oberseite, hängt mit der Binde zusammen, während der Analfleck von dieser durch die bis zum Aussenrand rostbraun verlaufende Rippe 2 getrennt erscheint.

Der auch im südlichsten Afrika vorkommende Falter ist auf Mad. (Fian.) und N.-B. selten, von hier hat das Mus. F. nur ein ♂ erhalten, welches obiger Beschreibung und der Abbildung als Original diente. Es scheint übrigens von dem afrikanischen Typus in Folgendem abzuweichen: die schwefelgelbe Binde der Vorderflügel ist breiter, zusammenhangender und nur gegen den Vorderrand durch die dunkleren Rippen 5, 6, 7 und 9 unterbrochen. Der Querast in der Mittelzelle ist dagegen sehr schmal, von gleicher Farbe wie die Binde und nur gegen den Vorderrand zu etwas dunkler bestäubt. Auch scheint die Grundfarbe nach der Basis zu weniger stark ins Braune überzuziehen.

11. **P. Mangoura** *Hew.* Monthl. Mag. XI, p. 226. — *Hew.* Ex. Butt. V. Pap. t. 15. f. 49. 50. Diese schöne von Crossley auf Madagascar entdeckte Art scheint bis jetzt nur allein in der Sammlung von Henley Grose Smith vertreten zu sein. Die Zeichnungen der Oberseite dieser kleineren Art sind denen von P. Delalandii ähnlich, während jedoch statt gelb die über beide Flügel ziehende Binde blau, und die Flecken an und vor dem Aussenrande weiss, oder vom Blauen in das Weisse übergehend, sind, so ist die Zeichnung der Unterseite, violett auf braunem Grunde, von der jener Art vollständig verschieden.

12. Papilio Meriones *Felder.*

Fig. 2.

P. *albido-sulphureus; ♂ alis anterioribus costa fusca, fascia lata intus dentata in margine externo cum macula apicali parva; alis posterioribus longe caudatis margine externo nigro-fusco limbato, sed sinu et apice caudae flavis; fascia post medium interrupta maculis ante marginem externum e maculis tribus confluentibus ad marginem anticum adhaerentibus quartaque in margine interno. Subtus alis anterioribus fascia apice antice ferruginea postice nigro-fusca; posterioribus ochraceis, fascia mediana non interrupta et cauda ante apicem ferrugineis.*

♀ ut ♂, sed in alis anterioribus macula longa costali, antice subdiaphana a basi medium cellulae discoidalis superante. — Exp. al. 92 mm.

Feld. Nov. Lep. p. 95. *Trim.* Trans. Linn. S. T. 26 1869. t. 42. f. 1. ♀ — P. Brutus *B.* F. Mad. p. 12. — P. Brutus var. B. *B.* Sp. gén. I. p. 222.

♂. Körper schwarz, Palpen seitlich mit gelbbraunem Saume, von gleicher Farbe die Flecken auf Kopf, Halskragen und Schulterdecken; Hinterleib in den Seiten ockerbraun mit einer schwarzen Fleckenreihe. Die Unterseite des Körpers ist ockerbraun, nach hinten zu ins Gelbliche ziehend, die Beine werden nach den Fussenden zu dunkelbraun.

Flügel kurz und breit, der Vorderrand der Vorderflügel bildet einen Viertel-Kreisbogen; der kaum gezähnte Aussenrand steil, seine Länge ist gleich dem Innenrand, gleich $^2/_3$ des Vorderrandes. Hinterflügel mit ziemlich langem, spatelförmigem Schwanze, auf den Flügelfalten eingebuchtet.

Hellschwefelgelb. Vorderflügel: Vorderrand schmal, Aussenrand breit schwarzbraun, in letzterem tritt die Grundfarbe zwischen den Rippen spitzbogig und nach dem Vorderrande zu mit Ausnahme von Zelle 6 und 8, in denen er ziemlich gerade abschneidet, zackig hinein. Vor der Spitze liegt in Zelle 7 ein ovaler Fleck der Grundfarbe. Hinterflügel: Der ganz schmal schwarzbraun gezeichnete Vorderrand verbreitert sich um den Vorderwinkel herum zu einer ununterbrochenen, ziemlich gleich breit bleibenden Saumbinde, die Flügeleinbuchtungen mit etwas bräunlicher Schattirung der Grundfarbe überlassend, zieht in den Schwanz, ihn mit Ausnahme zweier bräunlich gelben, dicht an die dunkle Rippe angeschlossenen Flecken an seinem Ende, ganz dunkel ausfüllend; dann wieder heraustretend in zwei Bogen zum Afterwinkel. Auch diese beiden Bogen, von denen der zweite auf der Flügelfalte noch einen Zahn nach aussen bildet, lassen den Saum bräunlich gelb und zwar in Zelle 3 schmal, in Zelle 2 breiter erscheinen. Der letzte Bogen hat nach innen einen annähernd viereckigen, gleichgefärbten Fleck über sich, durch einen schmalen gelben Bogen, der von Rippe 3 bis in die Mitte der Zelle 2 reicht, getrennt, dagegen am Innenrande durch einen dunklen Bogen, der zwischen sich und dem grösseren Fleck wieder ein kleines gelbes Dreieck freilässt, verbunden, über welchem jener den Innenrand erreicht. Von hier geht eine etwas zackige Begrenzung gleichlaufend mit dem Aussenrande nach Rippe 3, die selbst bis zu dem hellen Bogen die weitere Begrenzung übernimmt. Zwischen Mittelzelle und Saumbinde läuft zwischen Vorderrand und Rippe 4 absatzweise eine schwarzbraune, fast schwarze Binde; sie besteht aus vier zusammenhängenden Flecken. In Zelle 7 und 6 je ein Fleck von deren Breite, nach innen durch eine gerade zu den Rippen senkrecht gestellte Seite begrenzt, der in Zelle 6 um die Hälfte des ersteren, entsprechend dem Saumverlaufe, nach aussen gerückt; er hat nur eine schwache Verbindung mit einem wieder etwas herausgerückten Bogen, der sich zwischen Rippe 6 und 5 nach aussen zu spannt und sich allmählig nach Rippe 5 zu verbreitert, wo er Verbindung mit einem herzförmigen grösseren Fleck findet, dessen sehr abgerundete Spitze sich der Basis zukehrt. Seine nach aussen gerichtete Seite hat auf der Zellenfalte einen vorspringenden Zahn.

Auf der Unterseite sind die Zeichnungen der Vorderflügel denen der Oberseite entsprechend; der nach unten umgebogene Vorderrand, sowie der grösste Theil der Aussenbinde ist rostbraun, nur der nach dem Innenwinkel zu liegende Theil, der durch eine etwas verwaschene Begrenzung, die von der innern Seite der Binde von Rippe 7 nach dem Rippenende 3 in gerader Richtung hinzieht, ist schwarzbraun. Der Spitzenfleck erscheint mehr rhombisch und ist innen und aussen schwarzbraun beschattet. Die Grundfarbe der Hinterflügel ist ockergelb, in der die äussere Hälfte der Mittelzelleneinfassung und der von dieser ausgehenden Rippen schwarzbraun gefärbt sind. Die Mittelzelle ist durch zwei braune Längslinien und durch einen abgezweigten Ast derselben in vier Theile getheilt. Von $^{2}/_{3}$ des Vorderrandes läuft eine breite, nach innen bis Rippe 6 gerade, dann bis zum Innenrand zwischen den Rippen bogig nach aussen begrenzte, dunkel rostbraune Binde. In Zelle 7 ist sie gleichartig dunkel gefärbt, in Zelle 6 und 5 folgen zwei hellere Theile, auf der Falte durch einen dunkleren Strich getheilt; der nach vorn liegende Theil, nach aussen bogig erweitert, legt sich an die Rippe an. Von Rippe 5 an hat die Binde eine gleichmässigere Breite und Färbung, die äusseren Begrenzungen dunkelbraun, ebenso die Rippen und Faltenstriche, zwischen denen die Färbung verwaschen hellbraun ist. Die Saumbinde entspricht der Oberseite, ist jedoch rostbraun, und tritt meist nur matt hervor; am dunkelsten ist sie an ihrer Vereinigung mit der Mittelbinde am Afterwinkel. Die freigebliebenen Bogen am Saum sind ockergelb. Die Stücke der Zellen 3, 4, 5 und 6, die zwischen der Mittelzelle und Mittelbinde liegen, sind gelblich weiss, an der Mittelzelle dunkelbraun abgegrenzt. Dieselbe hellere Färbung hat der der Binde zunächst liegende Theil der Zelle 2, der vorliegende der Grundfarbe zeigt einen dunkleren, verwaschenen Längsstrich.

zeigt vom ♂ folgende Unterschiede: Der Hinterleib ist bräunlich weiss mit einer grauen verwaschenen Rückenlinie, auf seinen beiden ersten Ringen mit gelblich weissen Haaren besetzt. Die Palpen schwefelgelb, innen schwarz. Die Flügel sind breiter, besonders die vorderen durch den etwas weniger gebogenen Vorder- und steileren Aussenrand, der auf Rippe 6 nur wenig eingezogen, aber in seinem Verlaufe mehr gewellt ist als beim ♂. Die Hinterflügelschwänze sind etwas kürzer, und an ihrem Anfange schlanker. Die braunschwarze Färbung der Oberseite ist mit Ausnahme der Schwänze und deren nächsten Umgebung dunkler. Die Mittelbinde der Hinterflügel und die Analflecken sind tiefschwarz.

Auf den Vorderflügeln setzt sich an die ersten $^{2}/_{3}$ des Vorderrandes ein breiter, nach innen etwas verwaschen begrenzter Streif, der nach aussen zu sich erweitert und hakenförmig und abgerundet bis über die Mitte der Mittelzellenbreite hinwegragt. Die dunkle Verbindung zwischen diesem Fleck und der Aussenrandsbinde ist nur äusserst schmal, dagegen wird sie durch einen bräunlich weissen Streifen begleitet, der noch als matter Strahl in Binde und Flecken eintritt. Die Auszackungen an der inneren Seite der Aussenrandsbinde sind tiefer und spitzer. Hinterflügel: Die Mittelbinde hat in jeder Zelle eine vorspringende Spitze auf der Falte; der ihr entsprechende Analfleck ist durch die helle Rippe 2 nach innen zu in zwei rundliche Flecken getheilt. Die hellere Trennung von dem letzten Bogen der Aussenrandsbinde ist breiter, in Zelle 2 der Grundfarbe entsprechend, am Aussenrande mehr ins Bräunliche ziehend, und dieser letztere Fleck nimmt an seiner inneren Seite noch einen zapfenartigen Vorsprung des vorliegenden dunklen Flecks auf. Die Aussenrandsbinde, die nach dem Schwanze zu abblasst, lässt von demselben nur ein kleines ockerbraunes Fleckchen in Zelle 4 vom Raume frei, das ockerbraune letzte ⅓ des Schwanzes ist durch die dunkelbraune, nach aussen zu breiter gefärbte Rippe 4 getheilt. Hinter dem Schwanze lässt der erste Bogen in Zelle 3 nur eine kleine Stelle, der nächste, von innen nach aussen etwas eingedrückte Bogen einen grösseren, ockerbraunen Fleck des Saumes frei.

Auf der Unterseite der Vorderflügel ist das Rostbraune mehr mit Grau gemischt, der Fleck vor der Spitze hat keine dunkle Begrenzung, in der Mittelzelle tritt nur der hakenförmige Theil des Fleckes tief braunschwarz und zackig begrenzt auf. Die Zeichnungen der Hinterflügel treten auf dem mehr hell violettbraunem Untergrunde weniger scharf hervor. Die braune Längstheilung der Mittelzelle und Färbung der Rippen (excl. des innern Theils der Rippe 7) ist dieselbe wie beim ♂. Die mehr gleichmässig gefärbt verlaufende nach hinten sich verbreiternde Mittelbinde ist hell rostbraun; ihre innere Begrenzung ein nur wenig durch Vorsprünge unterbrochener Bogen; die äusseren Einzackungen sind seichter. Nur die Zelle 6 zeigt sich innerhalb der Binde heller als der Grund, dagegen sind die Mittelzelle und die übrigen Zellen bis zum Innenrand und bis zu dieser Binde fein braun bestäubt. In Zelle 2, 5, 6 und 7 überschreitet die Oberseitenzeichnung die äussere Begrenzung der Mittelbinde und erscheint grauviolett auf der hier besonders zart angelegten Grundfarbe. Die nur matt auftretende Aussenrandsbinde ist braunviolett, am Saume und im Schwanze ockerbraun bis gelb.

Ueber die eigenthümlichen Beziehungen zu Papilio Merope *Cr.*, ein Falter des afrikanischen Festlandes vergl. p. 13 der Einleitung und p. 38 und 40 der Literatur.

Mad. (Tamt. Fian. Tan. Ambavaran).

13. **P. Antenor** *Dr.* Exot. Ins. II. t. 3 f. 1. *B.* Sp. gén. I. p. 189. — Mad., bis jetzt nur auf der Hauptinsel gefunden. Grandidier traf den Falter in der südlichen Region.

Pieridae.

Pontia F.

Nychitona Butl.

14. **P. Alcesta** *Cr.* var. **Sylvicola** *B.* F. Mad. p. 20. *B.* Sp. gén. I. p. 433. — Während P. Alcesta, die Snellen (Tijd. v. Ent. T. 25. p. 225.) mit der indischen Art P. Xiphia *F.* vereinigt, den grössten Theil des afrikanischen Continentes bewohnt, beschränkt sich Sylvicola, die hauptsächlich durch ihre Grösse abweicht, auf Mad. (Fian. Tamt.) N.-B. Ein sehr kleines Exemplar Mus. F. von N.-B. (32 mm gegen 50 mm) steht auch in der grösseren Ausdehnung der schwarzen Zeichnungen der Vorderflügel (die auch ganz fehlen können) der Xiphia sehr nahe; die schwarze Einfassung der Spitze springt stark in Zelle 5 hinein, der schwarze Fleck vor derselben ist sehr gross und viereckig und ist nahe an den Aussenrand gehoben, mit dem er durch zwei verwaschene Striche verbunden ist. Doch weicht es ab durch die grössere

Abrundung sämmtlicher Flügelwinkel und durch die rein weissere Färbung der Oberseite, während die der viel weniger zart gebauten Flügel der Xiphia einen Stich ins Grünliche haben. Von letzterer stehen nur wenige Exemplare zum Vergleich zur Verfügung, sie zeigen aber spitzer endende Fühler, einen einfach gerundeten Aussenrand der Hinterflügel, der bei Alcesta und Sylvicola auf den Falten etwas eingekerbt und nur hier fein schwarz gezeichnet, dagegen bei der indischen Art vom Afterwinkel bis zu Rippe 4 fein schwarz umzogen ist, welch' feiner Bogen sich auf der viel dichter besprenkelten Unterseite zu einer nur wenig unterbrochenen schwarzen Saumlinie ausdehnt.

Mylothris Hb.

15. **M. Phileris** *B.* (pars) F. Mad. p. 17. t. 2. f. 3, 4. *B.* Sp. gén. I. p. 512. — Süd-Afrika Mad. (Ant. Tamt. Fian.) N.-B. nicht selten.

16. **M. Hecyra** *Mab.* C. r. S. Belg. T. 23. p. CV. 1880. (Pieris). — In der Beschreibung ist angegeben, dass diese Art früher von Boisduval mit Phileris zusammengezogen war, es geht aber nicht aus derselben hervor, ob es die in der F. Mad. f. 5 der t. 2 abgebildete jetzige P. Confusa *Butl.* sci. Mad. (Flpt.)

17. **M. Smithii** *Mab.* Bull. S. phil. VII. 3. 1879. p. 133. (Pieris). — Mad.

18. **M. Grandidieri** *Mab.* Ann. S. Fr. 1878. Bull. p. LXXVII. (Pieris). — Mad.

Terias Swains.

Eurema Hb. pars.

19. **T. Pulchella** *B.* F. Mad. p. 20. t. 2. f. 7. *B.* Sp. gén. p. 677. *Trim.* Rhop. Afr. austr. p. 77. — Süd-Afrika. Maur. Mad. (Tamt. Bets.) St. Mar. Mayotta. N.-B. nicht selten.

20. **T. Floricola** *B.* F. Mad. p. 21. *B.* Sp. gén. p. 671. — Maur. Bourb. Mad. Mayotta. N.-B. sehr häufig.

21. **T. Desjardinsii** *B.* F. Mad. p. 22. t. 2. f. 6. *B.* Sp. gén. p. 671. *Hpff.* Peters Moss. p. 367. *Trim.* Rhop. Afr. austr. p. 78 & 333. — S.-Afrika. Mad. (Fian. Ost-Küste.) Mayotta.

22. **T. Allena** *Butl.* Ann. & Mag. V. 5. 1880. p. 337. — Mad.

23. **T. Hapale** *Mab.* Natural. 1882. No. 13. p. 99. — Mad.

Callidryas B.

24. **C. Florella** *F.* Syst. Ent. p. 479. *B.* Sp. gén. I. p. 608. *Trim.* Rhop. Afr. austr. p. 68. *Gn.* Maill. Réun. p. 5. t. 22. f. 1, 2. var. ♀ — C. Pyrene *Butl.* Lep. ex. p. 44. t. 16. f. 8—10. Mabille führt in einer Liste Madag. Lep. C. r. S. Belg. T. 23. p. CV. var. Flavescens ohne Autor an, möglicher Weise ist dies die von Guenée abgebildete, von ihm nicht näher benannte Varietät. — Afrika. Maur. Bourb. Mad. Mayotta. N.-B. häufig.

25. **C. Florella** *F.* var. **Eubule** *Butl.* Lep. ex. t. 22. f. 7—10.

26. **C. Florella** *F.* var. **Rhadia** *B.* Sp. gén. I. p. 617. *Trim.* Rhop. Afr. austr. p. 69. *Trim.* Trans. ent. S. 1870. — Beide Varietäten kommen mit der Stammart zusammen vor.

27. **C. Hyblaea** *B.* Sp. gén. p. 612. — Nach *Voll.* auf Mayotta.

28. **C. Rufosparsa** *Butl.* Ann. & Mag. V. 5. 1880. p. 395. — Mad.

29. **C. Thauruma** *Reak.* Proc. Ac. Philad. 1866. p. 238. *Butl.* Lep. ex. p. 56. t. 22. f. 3—6. — C. Fiaduna *Hew.* Ex. Butl. IV. Callidryas t. 1. f. 1—4. — Mad. (Ikaryosoa, Fian.) N.-B.

30. **C. Decipiens** *Butl.* Ann. & Mag. V. 5. 1880. p. 338. — Mad. (Fian.)

31. **C. Grandidieri** *Mab.* Ann. S. Fr. 1877. Bull. p. XXXVIII. (Eronia). — Die Beschreibung passt auf ein Exemplar Mus. F., welches aber nach Flügelform, Rippenverlauf und Fühler eine ächte Callidryas ist und der indo-australischen C. Crocale *Cr.* sehr nahe steht. — Mad. N.-B.

Ptychopteryx Wllgr.

32. Ptychopteryx Lucasi *Grandidier.*

Fig. 19. 20. 21.

P. ♂ albus, alis anterioribus subfalcatis ante marginem fusco cinctum late flavis; subtus aurantiacus, alis anterioribus in margine interno late albis, macula nigra parva in costa transversali.

♀ flavo-albida aut flava, alis anterioribus macula luniformi in costa transversali; parte apicali marginis antici marginisque externo fere toto nigro-fuscis; alis posterioribus vix undulatis duplici serie macularum nigro-fuscarum ante limbum. Subtus aurantiaca; alis anterioribus macula cellulari nigra margine interno albo apiceque rubro-violaceo; alis posterioribus cum maculis violaceis marginalibus. Exp. al. 68 mm.

Grand. Guér. Rev. Mag. 1867. p. 273. ♀ (Callidryas). — Eronia Vohemara *Wd.* Monthl. Mag. VI. (1870) p. 224. ♂ *Wd.* Afr. Lep. p. 4. t. 4. f. 3. 4.

Körper schwarz. Kopf und der vorderste Theil des Thorax mit brauner, der übrige Theil mit weisser Behaarung. Fühler dunkelbraun, das äusserste abgestumpfte Ende der allmählig sich verdickenden aber deutlich abgesetzten Kolbe ebenso wie die ganze Unterseite des Fühlers hellbraun, seitlich fein weiss beschuppt. Hinterleib an den Seiten weiss. Augen und die ziemlich lange Zunge braun. Die untere Augeneinfassung und die Palpen sind gelblich weiss, letztere an ihrem Ende und die Stirn bräunlich. Die Brust ist gelb, die Beine sind etwas dunkler gefärbt; der Hinterleib ist unten weiss.

Die Vorderflügel sind an ihrem Vorderrande stark gebogen, der wenig gewellte Aussenrand ist sanft geschwungen, die Spitze etwas sichelförmig vorgezogen. Der Innenrand bildet beim ♂ eine gerade Linie, beim ♀ eine nach innen gehende Curve. Die langen Hinterflügel sind an ihrem Vorderwinkel stark gerundet, am Afterwinkel etwas geeckt, der zwischen beiden liegende Saum ist beim ♀ stärker, beim ♂ etwas weniger gewellt. Der Vorderrand ist nahe der Basis bei beiden Geschlechtern borstig behaart.

Im Uebrigen sind die beiden Geschlechter sehr verschieden.

♂ Oberseite weiss. Vorderflügel: Spitze von $^1/_5$ des Vorderrandes aus, das letzte $^1/_4$ der Mittelzelle ausfüllend und vom Ursprung der Rippe 3 mit dieser nach dem innern $^1/_6$ des Aussenrandes laufend, breit gelb. Costalrand braunschwarz, in seinem letzten $^1/_3$ in einen braunschwarzen Rand auslaufend, der die Spitze umzieht, sich im Aussenrande verschmälert und bis gegen Rippe 4 läuft. Von dem dunklen Rand aus ziehen die Rippen in gleicher Farbe eine kurze Strecke in das Gelbe hinein. Hinterflügel zeichnungslos.

Vorderflügel auf der Unterseite dottergelb, die Wurzel und den Innenrand breit weiss lassend. Am Ende der Mittelzelle ein schwarzer, länglicher Fleck, zwischen Rippe 3 und 6 gegen den Aussenrand zu dunkelbraun bestäubt. Hinterflügel dottergelb, mit braunvioletter Bestäubung, die am stärksten am Vorderrande in 2 Gruppen auftritt.

♀ Oberseite: Hellschwefelgelb bis in's Weissliche. Vorderflügel mit schwarzem länglichem Fleck am Ende der Mittelzelle, $^2/_3$ des Querastes bedeckend. Costalrand schwarz, von seinem letzten $^1/_3$ zieht um die Spitze herum bis nahe an den Innenwinkel ein breiter, braunschwarzer fleckiger Rand, der in der Regel vor der Spitze ein rundliches Stück Grundfarbe frei lässt. Hinterflügel am Aussenrande mit 6 braunschwarzen, eckigen Flecken auf den Rippen 2 bis 7, den hellen Rand schmal frei lassend; die mittleren sind die grössten. Vor der Fleckenreihe liegen noch vier bis sechs kleinere Flecken im Bogen in Zelle 2 bis 7. In der Nähe der Wurzel mit schwacher dunkler Bestäubung.

Unterseite: Vorderflügel mit Ausnahme des weissen Innenrandes lebhaft gelb mit dunklerem Vorder- und Aussenrand, die beide nach der Spitze zu ins Orange übergehen, mit rosavioletter Beschattung, besonders am Aussenrand und mit einem schwarzen Fleck am Ende der Mittelzelle wie oben. Hinterflügel hell orangegelb mit rosavioletter Bestäubung, am Vorderrand in mehreren Gruppen dunkler. Der Aussenrand zwischen Rippe 2 und 7 breit und fleckig rosaviolett.

Mad. (S.-W.-Küste) N.-B. nicht häufig.

Teracolus Swains.

33. Teracolus Mananhari *Ward.*

Fig. 33.

T. *sulphureus, apice antico late nigro maculis tribus flavo-griseis lunatis maculaque parva in costa transversali. Subtus flavus alis anterioribus magis albidulis macula costali et mediana nigris; alis posterioribus striga nigra interrupta et angulata mediana a margine antico usque ad medium et ad marginem internum. Exp. al. 57 mm.*

Wrd. Monthl. Mag. VI. (1870) p. 224. (Pieris). *Wrd.* Afr. Lep. t. 2. f. 1—4. *Butl.* Proc. z. S. 1876. p. 133.

♂ Der Körper ist kräftig gebaut. Die Fühler sind von halber Vorderrandslänge und verdicken sich im letzten $^1/_3$ allmählig zur Keule. Die Flügel sind breit. Der Vorderrand der vorderen ist stark gebogen. Die geringe Abrundung der Spitze geht in den steil gestellten wenig gebogenen Aussenrand über, der seinerseits mit dem ein wenig einwärts gebogenen Innenrand etwas mehr als einen rechten Winkel bildet. Der Aussenrand der Hinterflügel bildet einen Kreisbogen und lässt, indem er mit dem flacher gebogenen Vorder- und Innenrand zusammenstösst, Vorder und Afterwinkel etwas winklig hervortreten.

Schwefelgelb. Kopf und Thorax oben schwarz mit weisslicher Behaarung, der Hinterleib nur mit verwaschener schwarzer Mittellinie. Die Fühler sind oben schwarz, an der Kolbenspitze braun, an den Seiten hellbraun, unten schwefelgelb. Augen braun. Die Unterseite des Körpers gelblich weiss, Beine bräunlich weiss. Die Vorderflügel sind oben an der Basis zwischen Vorderrand und Mittelzelle mit dichter grauer Bestäubung versehen, die sich verschmälernd längs des Vorderrandes bis zu dessen Mitte weiterzieht, wo sie mit der sammetartig schwarzen Flügelspitzen-Einfassung zusammentrifft. Diese zieht von hier in einem Bogen nach aussen, bis sie etwas über Rippe 2 hinaus in den Aussenrand verläuft. Die innere Begrenzung dieses Spitzenfleckens besteht aus ein wenig verwaschenen Bogen, die sich von Rippe zu Rippe ausspannen. In seinem Innern befinden sich zwischen den Rippen drei bis vier matt graugelbe, verwaschene Flecken, deren grösster zwischen Rippe 6 und 7. Die Querrippe trägt auf ihrer Mitte einen kleinen schwarzen Fleck, der in Bezug auf Grösse variirt. Die Rippen sind besonders nach dem Saume zu fein schwarz bestäubt. Die Grundfarbe der Hinterflügel geht nach dem Vorder- und Innenrande zu breit in's Weisse über. Die innere Hälfte ist mit ziemlich langen, sehr feinen weissen Haaren besetzt. Die Fransen sind etwas heller als der vor ihnen liegende Saum, der an einzelnen Stellen mit zerstreut liegenden schwarzen Schuppen angeflogen ist.

Auf der Unterseite sind die Vorderflügel gelblich weiss, rein weiss nur am Hinterwinkel und Innenrand, dunkler gelb in der Mittelzelle, am Vorderande und in der Umgebung der Flügelspitze bis gegen Rippe 2 hin. Der Mittelfleck ist tiefschwarz und meist grösser wie auf der Oberseite. Seitwärts des Gabelpunktes der Rippe 7 liegt in Zelle 7 ein grösserer, in Zelle 9 ein kleinerer, verwaschener schwarzer Fleck.

Die Hinterflügel sind citronengelb, mit schmal orangefarbenem Vorderrande nahe der Basis, wo auch einzelne kurze borstige weisse Haare auftreten. Da wo Rippe 8 diesen trifft, befindet sich ein braunschwarzer Fleck, der als schmaler verwaschener Strich nach der Mitte von Zelle 4 ausläuft, wo sich eine grössere fleckenartige Anhäufung von braunschwarzen Schuppen befindet, die ihrerseits wieder in gerader Richtung als eine sehr matte Linie (oft auch ganz fehlend) nach der Grenze von $^2/_3$ des Innenrandes ausläuft. Der Vorderrand der Vorderflügel ist ganz schmal graubraun angelegt und von gleicher Farbe sind die Fransen von der Spitze bis zu Rippe 2, von wo sie rein weiss den Hinterwinkel umziehen, während sie an den Hinterflügeln gelblich sind, jedoch mit grau bräunlicher Einmischung in der Nähe ihrer Winkel.

♀ Nach Ward ist die Oberseite der Vorderflügel weiss mit breitem schwarzem Aussenrand, der seine grösste Ausdehnung vor der Spitze hat und mit schwarzem Flecken am Zellenende. Hinterflügel gelblich weiss, mit breitem schwarzem Aussenrand, der sich nach dem Afterwinkel zu verschmälert.

Die Vorderflügel sind auf der Unterseite weiss, haben mit Ausnahme der Spitze, die orange ist, einen schwarzen Rand und einen schwarzen Fleck am Zellenende. Die Hinterflügel sind orange mit einem nahe der Mitte ihres Vorderrandes beginnenden, schmalen unregelmässigen schwarzen Bande, welches nach unten zu läuft und von hier aus sich als Querstrich dem Innenrande zuwendet. Diese Zeichnung ist beim ♂ deutlicher als beim ♀.

Mad. N.-B. selten. 2 ♂ Mus. F.

Callosune Dbld.

34. Callosune Evanthe *Boisduval.*

Fig. 22. 23.

C. ♂ albus, macula rufa nigro-cincta apicali, punctulis nigris in costis omnibus externis, punctoque minuto cellulari alarum anteriorum. Exp. al. 40 mm.

macula apicali anguste fusco-nigra, intus squamulis aurantiacis sulphureo-limitatis. Exp. al. 37 mm.

Alae subtus in utroque sexu laevissime nigro-irroratae, punctis 4 cellulolibus.

B. Sp. gen. I. p. 567. *Trim.* Rhop. Afr. austr. p. 54.

♂ Der Vorderrand der Vorderflügel dieses zart gebauten Falters ist stark und gleichmässig, der Aussenrand mässig gerundet; zwischen beiden tritt der Vorderwinkel leicht heraus. Vom mässig geeckten Hinterwinkel aus zieht der Innenrand etwas nach innen gebogen, dem Körper zu. Der Aussenrand der Hinterflügel bildet nahezu einen Kreisbogen und geht vor dem Vorderwinkel in den mässig gebogenen Vorderrand über, während der Innenrand über dem Afterwinkel etwas eingezogen ist.

Die Oberseite des Körpers ist schwarz mit bläulichweisser Behaarung, die Unterseite weiss, Beine bräunlich weiss mit schwarzen Längsstreifen an Schienen und Tarsen. Die kurzen Fühler sind schwarz, unten und auf den Seiten mit drei sehr feinen weissen, auf den Ringeinschnitten schwarz unterbrochenen Längslinien. Das Ende der Fühlerkolbe ist schmal braun umzogen. Die borstig abstehende Behaarung der Stirn und Palpen, welch' letztere schräg nach unten gerichtet sind, ist in ihrem Ursprunge weiss, in der äussern Hälfte grau melirt.

Flügel kreideweiss seidenglänzend. Vor der Flügelspitze befindet sich ein schwarz eingefasster, breiter, lebhaft orangeroth gefärbter Flecken, dessen ziemlich gerade verlaufende innere Begrenzung etwas hinter der Mitte des Vorderrandes anfängt und gegen das Ende der Rippe 2 im Aussenrande endet. Sie ist in Zelle 5 und 6 unterbrochen und wird hier durch eine orangegelbe Ausfüllung ersetzt. Ueber Rippe 7 hinaus bildet sie einen dreieckigen Fleck, von dessen Basis aus der Vorderrand schmal schwarz in die breitere und schärfer begrenzte Spitzeneinfassung übergeht und am Saume ziemlich gleich breit bleibt. Von hier aus ziehen die Rippen fein schwarz in die bunte Färbung hinein, während die Rippe 4 bis zur gegenüberliegenden Begrenzung des Apicalfleckens ganz schwarz gefärbt ist. Die Fransen, die im Uebrigen der Grundfarbe entsprechen, sind hinter dem Spitzenfleck röthlich grau. Die Basis und ein Theil der Costa sind grau bestäubt. Auf der Mitte des Querastes der Mittelzelle der Vorderflügel steht ein mehr oder weniger deutlicher, kleiner schwarzer Flecken. Auf den Hinterflügeln endigen die Rippen mit einem feinen schwarzen Punkte. Bei einzelnen Stücken überschreitet die schwarze Saumbegrenzung den Apicalfleck mit einer lose zusammenhängenden Schuppenreihe noch über Rippe 2 hinaus. Bei einem Stücke ist das Innere dieses Fleckens hellorangegelb.

Die Unterseite der Vorderflügel ist weiss, am Vorderrande gelblich weiss, an der Basis innerhalb der Mittelzelle mit grünlichem Anflug, darüber fein schwarz und grau-punktirt. Der Apicalflecken geht hell und matt orange nach der Basis zu in die Grundfarbe über, und ist dicht grau besprenkelt. Auf der Mitte des Querastes befindet sich ein kleiner schwarzer Flecken und auf den Enden der Rippen 2 bis 7 stehen feine schwarze Punkte. Die Farbe der Hinterflügel zieht mehr ins schmutzig Gelbe mit grauer feiner Besprenkelung, die in allen Abstufungen mehr oder weniger deutlich sich bis zu quer über die Flügel laufenden, zusammenhängenden feinen Streifen vereinigen kann. Der kleine schwarze Flecken auf dem Queraste ist nach innen zu schmal gelb begrenzt und sämmtliche Rippen des Aussenrandes endigen mit feinen schwarzen Punkten. Die Fransen der Hinterflügel sind heller wie die Grundfarbe; auf den Vorderflügeln umziehen sie den Spitzenfleck bräunlichgrau und diese Farbung überschreitet noch seine Aussengrenze.

♀ Die Flügel sind kürzer; die vorderen an der Spitze viel mehr abgerundet, so dass der Aussenrand auf Rippe 5 am meisten hervortritt. Die Färbung unterscheidet sich vom ♂ nur dadurch, dass der Apicalfleck schmäler und schwarzbraun ist, seine innere Begrenzung bildet einen unregelmässigen, etwas ausgezackten Bogen nach aussen, der in seinem ganzen Verlaufe schwefelgelb vom Weissen abgetrennt ist und in seiner Mitte einzelne orangerothe Schuppen hat. Auf der Unterseite ist die Basis der Vorderflügel in grösserer Ausdehnung grün; der Apicalfleck graugrün, ebenfalls mit dichter grauer Besprenkelung. Die Hinterflügel ziehen etwas mehr in's Grünliche.

Süd-Afrika? Mad. (Tamt. Ant.) N.-B. ♂ nicht selten. ♀ nur 1 Exemplar Mus. F.

35. C. **Ena** *Mab.* Bull. S. phil. VII. 3. 1879. p. 134. — Mad.

36. C. **Siga** *Mab.* Natural. 1882. No. 13. p. 100. — Mad.

37. C. **Daira** *Klug* Symbol. Phys. t. 8. f. 1—4. *B.* Sp. gén. I. p. 579. — Arabien. Mad. (Flpt.) vid. *Mab.* C. r. S. Belg. T. 23. p. CIV.

38. C. **Zoe** *Grand.* Guér. Rev. Mag. 1867. p. 272. — Mad. (S.-W.-Küste.)

39. C. **Guenei** *Mab.* Ann. S. Fr. 1877. Bull. p. XXXVIII. — Mad. (Inneres.)

40. C. **Flavida** *Mab.* Ann. S. Fr. 1877. Bull. p. XXXVII. — Mad.

Idmais B.

41. I. **Eucheria** *Mab.* Ann. S. Fr. 1879. Bull. p. CLXXIV. — Mad.

42. I. **Philumene** *Mab.* C. r. S. Belg. T. 23. p. CVI. — Mad. (Flpt.)

43. I. **Halimede** *Klug.* Symbol. Phys. t. 7. f. 12—15. *B.* Spec. gén. I. p. 526. — Arabien. Weisser Nil. Mad. (Flpt.)

Pieris Schrank.

Die bis jetzt in Madagascar aufgefundenen Arten gehören sämmtlich der Mesentina- und Calypso-Gruppe an, die Butler in dem Genus Belenois *Hb.* zusammenstellt.

44. P. **Helcida** *B.* F. Mad. p. 17. t. 2. f. 1, 2. *B.* Sp. gén. I. p. 501. — Mad. (Tamt. Tint. Fen. Fian. Tan.) N.-B.

45. P. **Albipennis** *Butl.* Ann. & Mag. V. 4. 1879. p. 232. — Mad. (Ant.)

46. P. **Confusa** *Butl.* Proc. z. S. 1872. p. 58. — Pieris Phileris *B.* F. Mad. p. 18. t. 2. f. 5. — Mad.

47. P. **Mesentina** *Cr.* t. 270. A. B. *B.* Sp. gén. I. p. 501. — Pap. Aurota *F.* Ent. syst. III. 1. p. 197. — Indien. Afrika. Mad. (Ant.)

48. P. **Agrippina** *Feld.* Nov. Lep. p. 173. — Abyss. Natal. Mad. (Amb. Ant.)

49. P. **Elisa** *Voll.* Pollen & van Dam Faun. Mad. V. p. 12. t. 2. f. 3 ♂. 3 ♀.

50. P. **Coniata** *Butl.* Cist. ent. II. 1879. p. 391. — Mad. (Ant. Fian.)

Appias Hb.

51. A. **Saba** *F.* Spec. Ins. II. p. 46. ♀ Trans. ent. S. 1881. t. 9. f. 3, 4. ♂ ♀ — Pieris Orbona *B.* F. Mad. p. 18. t. 1. f. 3. *B.* Sp. gén. I. p. 497 ♂ ♀ — P. Hypathia *Dr.* Exot. Ins. III. t. 32. f. 5, 6 ♀ — P. Epaphia *Cr.* t. 207. D. E. — Pieris Malatha *B.* F. Mad. p. 18. t. 1. f. 4, 5 ♀ — Die Zusammengehörigkeit der verschieden aussehenden Geschlechter ist angezweifelt worden. Der genau übereinstimmende Rippenverlauf, die gleiche Gestalt der langen Palpen, die mit einer grünlich schwefelgelben Spitze endenden Fühler und die gleiche auf der Unterseite von

der Flügelbasis ausgehende orange Färbung sprechen für dieselbe Art. Ob die Myl. Orbona *Hb.* Zutr. f. 985, 986 hierher zu ziehen sei, ist fraglich, da die Abbildung eine etwas abweichende Flügelform zeigt. — Mittel- und Süd-Afrika. Mad. (Tamt.) St. Mar.

Nepheronia Butl.

52. N. **Antsianaka** *Wrd.* Monthl. Mag. VII. (1870) p. 30. — Mad.

53. N. **Affinis** *Mab.* Bull. S. phil. VII. 3. 1879. p. 133. (Pieris). — Mad.

Danaidae.

Danaus Latreille.[*])

54. **D. Chrysippus** *L.* Syst. Nat. ed. X p. 471. (1758.) *Cr.* t. 118. B. C. *Hb.* Samml. ex. Schm. T. I. 4 f. — Griechenland. S.-Asien. Afrika. Rodr. Maur. Bourb. Mad. N.-B. häufig. Die Madagassischen Exemplare gehören derjenigen Form an, deren Flügel etwas kürzer und breiter sind, mit in der Regel nur 2 weissen Flecken vor der Spitze und etwas breiterer weisser Binde der Vorderflügel, auf denen auch die einzelnen Flecken am Aussenrande grösser und in geringerer Zahl vorhanden sind. Die schwarze Saumbinde der Hinterflügel ist breit und nur wenig weiss gefleckt.

Amauris Hb.

55. A. **Phaedon** *F.* Ent. syst. Suppl. p. 423. *B. F.* Mad. p. 37. t. 3. f. 3. *Hb.* Zutr. f. 957. 958. ♂. — Maur. Mad.

56. A. **Nossima** *Wrd.* Monthl. Mag. VI. (1870) p. 225. *Wrd.* Afr. Lep. p. 5. t. 5. f. 1. — Mad.

Euploea F.

57. E. **Euphon** *F.* Ent. syst. Suppl. p. 423. — *B. F.* Mad. p. 36. t. 3. f. 1. — Maur. Mad.

[*]) Wenn hier das Genus Danaus nach Latreille (Genera Crust. et. Ins. IV. p. 201. 1809) aufgeführt wird, wie es auch Kirby in seinem Synon. Catal. 1871 Nachtrag p. 659. und Burmeister in seiner Description physique de la République Argentine V. 1. p. 108. 1878 gethan haben, so entspricht diess den Grundsätzen der Priorität. Latreille hatte diesen Genus-Namen für den schon vergebenen Danaida (Latreille Hist. nat. des Crust. et des Ins. T. XIV. p. 108. 1805. für D. Plexippus L.; in Illiger's Magazin VI. 1807. p. 291 irrthümlich als Danaus aufgenommen) angenommen, den er in der Enc. méth. IX. p. 10. 1819. p. 172 in Danais umänderte. Nicht gerechtfertigt erscheint es jedoch, wenn Kirby in „The Proceedings of the Royal Dublin Society vol. II. 1880. p. 290. Danaus Linné aufstellt, da Linné diesen Namen überhaupt nicht (im Singular) im eigentlichen Text, nur am Kopf der Seite: Insecta Lepidoptera. Papilio. Danaus., gebraucht. Er theilte wohl seine Insecta Lepidoptera (Syst. Nat. ed. X. 1758) in grössere Gruppen wie Equites, Heliconii, Danai, Plebei etc., denen man aber nicht die Bedeutung der heutigen Genera beilegen kann. Die Danai, die er selbst wieder in D. candidi und D. festivi zerlegte, enthalten in der letzteren Abtheilung allerdings P. D. Plexippus und P. D. Chrysippus aber auch mit P. D. Hyperanthus, P. D. Pamphilus etc. zusammen. Würden wir Danaus L. schreiben, so müssten wir das Genus Papilio auch in Eques L. umändern.

58. **E. Euphon** *F.* var. **Desjardinsii** *Guér.* Ic. R. An. p. 474. — Rodr.

59. **E. Goudotii** *B.* F. Mad. p. 36 t. 3. f. 2. *Trim.* Rhop. Afr. austr. p. 83. — S.-Afrika. Bourb.

Acraeidae.

Acraea F.

60. **A. Ranavalona** *B.* (pars) F. Mad. p. 30. t. 6. f. 3. 4. *Hb.* Zutr. f. 925. 926. — St. Mar. Mad. (Tamt.).

61. **A. Maransetra** *Wrd.* Monthl. Mag. IX. (1872) p. 2. — Mad.

62. **A. Piva** *Gn.* Vins. Voy. Mad. Lep. p. 34. (1865.) — A. Ranavalona *B.* ? F. Mad. p. 30. t. 6. f. 5. ♀. — Mad. (Tamt. Fian.) N.-B. selten.
A. Manandaza *Wrd.* Monthl. Mag. IX. (1872) p. 147. *Wrd.* Afr. Lep. p. 9. t. 7. f. 1. 2. — A. Ranavalona *B.* ♀ F. Mad. p. 30. t. 6. f. 5.

Beide Autoren trennen von A. Ranavalona *B.* das ♀ ab und stellen es als selbstständige Art auf. Guenée citirt die Abbildung mit ?. Ward bezieht sich bedingungslos auf Beschreibung und Abbildung. Wenn auch letztere vielleicht nach mehreren Stücken zusammengestellt worden ist, so prägt sie doch das Charakteristische der Art aus. Guenée beschreibt die Vorderflugel, wie sie die Abbildung darstellt, gelblich, dagegen sagt Ward, dass sie mit Carmin übergossen sind. Ein Variiren zwischen Gelb und Roth ist in dem Genus nichts Ungewöhnliches; bei der Uebereinstimmung der Hinterflügelzeichnungen können wohl beide aufgestellte Arten zusammengezogen werden, wobei der A. Piva *Gn.* die Priorität gehört.

63. **A. Obeira** *Hew.* Proc. z. S. 1863. p. 65. — Mad. (Aut.)

64. **A. Lia** *Mab.* Bull. S. phil. VII. 3. 1879. p. 132. — Mad.

65. **A. Smithii** *Mab.* Ann. S. Fr. 1879. p. 341. — Mad.

66. **A. Igati** *B.* F. Mad. p. 29. t. 4. f. 3 ♂. t. 5. f. 3 ♀. — St. Mar. Mad.

67. **A. Dammii** *Voll.* Pollen & van Dam Faune Mad. V. Ins. p. 12. t. 2. f. 4. (1869). — N. B. selten.

68. **A. Percussa** *Kef.* Jahrb. Ak. Erf. 1870. p. 13. f. 1. 2. — Mad. (Tamt.).

Auch diese beiden Arten dürften wohl zu vereinigen sein. Es liegt nur 1 Exemplar aus N.-B. Mus. F. vor, auf welches die Beschreibung und Abbildung beider Arten passt.

69. **A. Masonala** *Wrd.* Monthl. Mag. IX. (1872) p. 3. *Wrd.* Afr. Lep. p. 10. t. 7. f. 5. — Mad.

70. **A. Hova** *B.* F. Mad. p. 29. t. 4. f. 1. 2. *Gn.* Vins. Voy. Mad. Lep. p. 35. *Wrd.* Afr. Lep. t. 7. f. 9. — St. Mar. Mad. (Tamt.) N.-B. selten, nur 1 Exemplar. Mus. L.

71. A. **Mahela** *B.* F. Mad. p. 31. t. 6. f. 1. — Mayotta. Mad. (Tint. Tamt.).

72. A. **Lycia** *F.* Syst. Ent. p. 464. *Trim.* Rhop. Afr. austr. p. 102. — A. Sganzini *B.* F. Mad. p. 34. t. 6. f. 6. 7. — Afrika. Mad. (Bets. Tamt.) N.-B. häufig.

73. A. **Fornax** *Butl.* Ann. & Mag. V. 4. 1879. p. 230. — Mad. (Fian.).

74. A. **Serena** *F.* Syst. Ent. p. 461. *Trim.* Rhop. Afr. austr. p. 107. — Pap. Eponina *Cr.* t. 268. C. D. ♂. — A. Manjaca *B.* F. Mad. p. 33. t. 4. f. 6. t. 5. f. 6. 7. — Afrika. St. Mar. Mad. (Tamt. Tint. Fen. Fian. Ant.) N.-B. häufig.

75. A. **Punctatissima** *B.* F. Mad. p. 31. t. 6. f. 2. *Trim.* Rhop. Afr. austr. p. 105. — Süd-Afrika. Nossi-Faly. Mad. (Fian. Tamt.) N.-B.

76. A. **Rakeli** *B.* F. Mad. p. 32. t. 5. f. 1. 2. ♂ — A. Zitja *B.* F. Mad. p. 32. t. 4. f. 4. 5. ♂. — Mad. (Tamt. Fen. Flpt. Ant.).

77. A. Rakeli *B.* var. **Fumida** *Mab.* C. r. S. Belg. T. 23. p. CVI. — Mad. (Flpt.) N.-B.

78. A. **Calida** *Butl.* Ann. & Mag. V. 2. 1878. p. 288. — Mad. (Fian.)

79. A. **Rahira** *B.* F. Mad. p. 33. t. 5. f. 4. 5. *Trim.* Rhop. Afr. aust. p. 103. — Süd-Afrika. Mad. (Tamt.)

80. Acraea **Masamba** *Ward.*

Fig. 32.

A. alis anterioribus translucidis, marginibus externis costisque fuscis aut nigris, macula parva cellulari, basi late rufo-brunnea; alis posterioribus rufo-brunneis, margine externo brunneo, intus in costis dentato; margine interno late flavo-albido, basi macularis nigris 10; in medio alae serie duplici intus et extus curvata macularum nigrarum 8—9 diversa magnitudine. Exp. al. ♂ 42 ♀ 55 mm.

Wrd. Monthl. Mag. IX. (1872) p. 3. *Wrd.* Afr. Lep. p. 10. t. 7. f. 3. 4. — A. Sambavae *Wrd.* Monthl. Mag. X. (1873) p. 59. — A. Rüppelli *m.* Ber. S. G. 1878. p. 80.

Fühler schwarz, Kopf und Brust desgleichen mit einzelnen gelblich weissen Schuppen und Haaren, Palpen gelblich weiss mit schwarzer Spitze. Der schwarze Hinterleib zwischen den Segmenten fein weiss gerandet, Mittellinie nur auf den letzten angedeutet; zu beiden Seiten derselben stehen auf jedem Leibesringe ein weisser Punkt oder ein weisser schwarz ausgefüllter Ring. Unten: Brust schwarz, gelblich weiss gefleckt, Beine hellbraun, Hinterleib gelblich grau.

Die Vorderflügel sind in beiden Geschlechtern verschieden gestaltet; während sie beim ♀ durch den sanft gebogenen Aussen- und Vorderrand breit erscheinen, ist letzterer beim ♂ in seinem ersten $^{2}/_{3}$ ganz gerade und der Aussenrand in seinem dem Hinterwinkel zunächst gelegenen $^{1}/_{3}$ nicht nur nicht nach aussen, sondern auf Rippe 3 etwas nach innen gebogen. Die Hinterflügel sind in beiden Geschlechtern an ihrem Aussenrande gleichmässig und stark gerundet. Die Farbung der Flügel an den Rändern geht beim ♂ bis ins Schwarze, die von der Basis ausgehende bis ins grell Rothe über.

Oberseite: Vorderflügel durchsichtig, schwarzbraun umrandet, am breitesten am Vorderwinkel; der Aussenrand verläuft nach innen mit Spitzen in die dunklen Rippen aus und von der Basis zieht rostbraune Färbung bis gegen den Hinterwinkel und bis zur Mitte der Mittelzelle, in der sich ein dunkler Fleck befindet, dahinter die Querrippe schwärzlich bestäubt. Dieser Zellfleck fehlt entweder beim ♂, oder er schliesst sich an die breite, schwarze Vorderrandseinfassung dicht an.

Hinterflügel rostbraun, am Innenrande weisslich gelb, der Aussenrand breit braunschwarz, den Rippen mit auslaufenden Spitzen bis gegen die davorliegende Fleckenreihe folgend, die im Bogen gestellt, in den Zellen 1 nach der Basis zu stark eingezogen ist. Sie besteht aus 8 schwarzen, unregelmässig gestalteten Flecken, von denen die in Zelle 4 und 5 die kleinsten sind; dicht an der Basis 4, dahinter ziemlich in einer Richtung 6, der letzte am Innenrand an die hintere Fleckenreihe stossend. Hinter dem Punkte in der Mittelzelle steht in derselben noch ein zweiter.

Unterseite: Vorderflügel wie oben, nur matter angelegt; Hinterflügel statt rostfarben röthlich weiss.

Mad. (Tamt.) N.-B. selten.

81. Acraea Hoerae m.

Fig. 3.

A. alis anterioribus translucidis, marginibus costisque nigro-fuscis, basi late pallide-flavescenti; alis posterioribus pallide-ochraceis, fascia externa lata nigra, in costis plerisque dentatis, punctis nigris in basi et serie, ante marginem internum intus non curvatum, 7 punctorum nigrorum diverso magnitudine, punctoque in costa transversali cellulae discoidalis. Exp. al. 42 mm.

Ber. S. G. 1880. p. 250.

♀ Oberseite: Vorderflügel durchsichtig. Vorder- und Aussenrand, Querast der Mittelzelle und die an diese stossenden Rippen schwarzbraun. Ueber den grösseren Theil der Mittelzelle breitet sich bis zum Innenrand und Hinterwinkel ein lebhaftes Hellockergelb aus, welches auch die Grundfarbe der Unterflügel bildet. Diese haben einen tief schwarzen 3 mm breiten Aussenrand, der auf Rippen und Falten Spitzen nach innen sendet; vor diesem eine Fleckenreihe im Bogen gestellt und in 2 Gruppen angeordnet, die durch die leere Zelle 4 getrennt werden. Der kleinste, nur punktartige Fleck befindet sich in Zelle 5. An der Basis befinden sich 10 Flecken, deren 2 in der Mittelzelle, die in der Mitte ihres Querastes noch einen kleinen Fleck hat; 2 in Zelle 1 b, 3 in Zelle 1 a, von denen einer strichartig mit dem innersten Punkte in Zelle 1 b verbunden ist.

Unterseite: Färbung blasser, mit gleichen Zeichnungen, die Flecken tiefer schwarz. Der Aussenrand der Unterflügel mit nach innen auslaufenden Rippen- und Faltenstrichen wie auf der Oberseite.

Die schwarzen Zeichnungen erinnern im Allgemeinen an die vorhergehende Art, deren Flecken mehr länglich, nach aussen zugespitzt sind, ihre Zelle 4 ebenfalls befleckt und deren ganzer Habitus plumper und grösser ist. Auch sind ihre Vorderflügel am Vorderwinkel viel weniger gerundet, ihre kürzeren Hinterflügel haben eine rundere Gestalt und ganz anders gezeichneten Saum. Dagegen fehlt dieser Art der Fleck in der Mittelzelle der Vorderflügel und auf den Hinterflügeln ist keiner der 4 dem Innenrande zunächstliegenden Flecken der Mittelbinde nach der Basis zu hineingerückt. Das Auftreten der gelben an Stelle der rothbraunen Färbung dürfte wohl nicht überraschen, wohl würde aber diese nach dem Innenrande zu auch ins Weisse übergehen, wie es in vorliegendem Exemplare kaum angedeutet ist.

1 Exemplar Mus. F. N.-B.

82. A. **Turna** *Mab.* Pet. Nouv. 1877. No. 178. p. 158. — Mad.

Nymphalidae.

Smerina Hew.

83. S. **Vindonissa** *Hew.* Ann. & Mag. IV. 14. 1874. p. 359. — Mad.

Atella Dbld.

84. A. **Phalanta** *Dr.* Exot. Ins. I. t. 21. f. 1. 2. — Pap. Columbina *Cr.* t. 337. D. E. ♂ t. 238. A. B. ♀ — Ind. Region. Mittel- und Süd-Afrika. Mad. Maur. Bourb. Mayotta. Nossi-Faly N.-B. häufig.

85. A. **Manoro** *Wd.* Monthl. Mag. VIII. (1871) p. 121.

Hypanartia Hb.

86. H. **Commixta** *Btl.* Ann. & Mag. V. 5. 1880. p. 336. — H. Hippomene *B.* (nec *Hb.*) F. Mad. p. 43. t. 8. f. 3. 4. — Maur. Bourb. Mad. (Fian.) nach *Pollen & van Dam* auch N.-B.

Pyrameis Hb.

87. P. **Cardui** *L.* Syst. Nat. ed. X. (1758) p. 475. — Pap. Carduelis *Cr.* t. 26. E. F. — Kosmopolit. Maur. Bourb. Mad. (Ant.). Von N.-B. noch nicht erhalten.

Junonia Hb.

88. J. **Epiclelia** *B.* F. Mad. p. 44. t. 7. f. 3. ♀ — Vielfach nur als var. der auf dem Festlande von Afrika vorkommenden J. Oenone *L.* Syst. Nat. ed. X. p. 473. (J. Clelia *Cr.* t. 21. E. F.) angesehen und zwar besonders aus dem Grunde, weil auch ♀ Exemplare hie und

da kleinere oder grössere blaue Schillerflecke auf den Hinterflügeln tragen. Mad. (Ant. Tamt. etc.) N.-B. häufig.

89. **J. Orithya** *L.* Syst. Nat. ed. X. p. 473. var. **Madagascariensis** *Gn.* Vins. Voy. Mad. Lep. p. 37. — Mad. Eine weitere Angabe über das Vorkommen dieser Varietät in Mad. (Flpt.), die in ihrer Stammart über Süd-Asien und Afrika weit verbreitet ist, befindet sich *Mab.* C. r. S. Belg. T. 23. p. CIV.

Precis Hb.

90. **Precis Rhadama** *Boisduval.*

Fig. 4. 5. 6.

P. alis dentatis supra caeruleis, strigis nigro-cyaneis; alis anterioribus ante apicem maculis albis compluribus, limbo fusco-albo variegato; in ♂ ocello violaceo ante angulum internum, fasciaque submarginali rubicunda undulata; alis posterioribus ocello anali rubro, flavo-cincto; in ♀ magis colore brunneo mixtis, alteroque ocello rubro, nigro-cincto ante apicem.

Subtus alis omnibus cinereis, fasciis transversis flavo-albidulis, ocellis 2—5 ante marginem externum. — Species valde variabilis. Exp. al. 18 mm.

B. F. Mad. p. 44. t. 7. f. 2. ♂ *Hpff.* Peters Moss. Ins. p. 380. *Trim.* Trans. ent. S. 1866. p. 333.

An dem verhältnissmässig grossen Kopf sind die spitzen, unten gefurchten Palpen lang vorgestreckt. Hinterleib klein.

♂ Der Vorderrand der Vorderflügel ist stark gebogen, der Aussenrand von Rippe zu Rippe fein gewellt; von der abgerundeten Spitze bis zu Rippe 6 fast geradlinig, auf dieser eckig vortretend und von da an geschwungen zum geradlinigen Innenrand ziehend. Der nur ganz flach gewellt erscheinende Aussenrand der Hinterflügel tritt eckig auf Rippe 4 heraus und endet mit einem nach dem Leibe zu eingezogenen Afterwinkel; die beiden Enden stehen bei ausgebreiteten Hinterflügeln zangenförmig zu einander. Der Körper ist blau beschuppt mit braungrauer Behaarung, auf seiner ganzen Unterseite bräunlich weiss. Augen braun, Fühler oben schwarzbraun, unten hellbraun, Kolbe schwarz mit gelber Spitze. Palpen weiss, mit hellbraunen Schuppen untermischt.

Die Oberseite ist prächtig lasurblau, mit metallischem Schiller ins Rosablau. Die Fransen der Vorderflügel sind schwarz und weiss gescheckt, die der Hinterflügel rein weiss. Auf ersteren geht das Blaue an dem Vorder- und Aussenrand theilweise ins Grauschwarze über. In der Mittelzelle befinden sich die vier, bei den verwandten Arten üblichen, bogigen Querstreifen tiefschwarz. Die Rippen sind in ihrem Verlaufe, nach aussen zu sich verbreiternd, von einem dunkleren Blau begleitet; in gleicher Farbe erscheint eine Binde hinter der Flügelmitte vom Vorderrand bis zu Rippe 4, gleichlaufend mit den Mittelzellenquerstrichen, dann auf dieser Rippe stark nach innen gerückt und geschwungen sich verbreiternd bis etwas über Rippe 1, den Innenrand nicht erreichend. Gleichlaufend mit dem Saume folgen nun noch drei von Rippe zu Rippe bogige Linien, deren erste in Zelle 2 endet, wo sie einen hellgekernten schwarzen Ring umzieht. Die nächst folgende verbreitert sich gegen den Innenwinkel und verliert sich in den Innenrand. Die letzte fällt fast mit der Saumlinie zusammen. Bei einzelnen Exemplaren ist der hellere Grund durch die dunkelblaue Querbindenfarbe fast ganz verdrängt. Hinter den drei Binden befinden sich vom Vorderrande aus und an diesem am deutlichsten hervortretend, weisse Mondflecken, hinter der ersten zwei bis vier, hinter der zweiten zwei, hinter der dritten in der Regel vier. Auf den Hinterflügeln zieht vom ersten 1/5 des graubraunen Vorderrandes aus ein sammetschwarzer Fleck in die Zellen 6 und 7, das letzte 1/4 des Aussenrandes nicht erreichend. Von seinem Ende aus geht ein dunkelblauer Schatten durch Zelle 4 und 5, häufig in Zelle 5 einen augenartigen Fleck einschliessend. Im letzten 1/3 der Mittelzelle befindet sich ein eiförmiger, dunkelblauer, hellgekernter Fleck, der bei einzelnen Exemplaren in Zelle 3 und 2 selbst wieder verwaschen dunkel umzogen ist und in Zelle 2 nahe dem Saume ein schön gezeichnetes rundes Auge, welches die ganze Zellenbreite einnimmt. Es besteht aus einem dunkel umschatteten, dottergelben Ring, dessen äussere Hälfte des inneren Raumes tiefschwarz, die innere rothbraun ausgefüllt ist. Zwischen beiden Farben liegt ein hellblauer oder hell violetter Fleck. Hinter diesem Auge zieht aus dem oft breit verdunkelten Vorderwinkel eine nach innen verwaschen dunkel beschattete Bogenlinie in den grüngolden gefärbten Afterwinkel. Der so abgetrennte Saumtheil ist von Rippe 6 bis gegen das Auge hin bedeutend heller blau gehalten als die Grundfarbe, in ihm zieht eine zweite dunkelblaue Linie desselben Weges, nur tritt sie auf Rippe 4 spitz in die daselbst befindliche Flügelecke ein. Nicht bei allen Exemplaren ist die Saumlinie in ihrem ganzen Verlauf ebenso dunkel wie die übrigen querverlaufenden Zeichnungen. Der Innenrand ist breit braungrau.

Die Zeichnungen der Unterseite treten selbst bei den reinsten Exemplaren in Bezug auf Schärfe und Deutlichkeit sehr verschiedenartig auf. Man findet Stücke, bei welchen nur die Conturen der Hauptbinden angedeutet sind, alle anderen Zeichnungen verwaschen und wie dunklere, unregelmässige Berieselung auf der Grundfarbe und die Augenflecken nur als hellere resp. dunklere Flecken je nach dem Untergrund erscheinen. Sind die Zeichnungen scharf ausgeprägt, so haben die Vorderflügel graubraunen, etwas glänzenden Untergrund, der die Zellen 1 a und 1 b mit Ausnahme des Saumes seidenglänzend und zeichnungslos ausfüllt. In der Mittelzelle befinden sich fünf zackige dunkelbraune Querstreifen, deren Zwischenräume weissgrau und hellbraun ausgefüllt sind. Vor der Flügelmitte zieht eine weissgraue, zackig dunkelbraun eingefasste Binde verwaschen bis in Zelle 2. Von 2/3 des Vorderrandes eine ebensolche, in Zelle 5 ein Knie bildend, bis zu Rippe 4. Zwischen diesen beiden Binden zieht ein nach innen dunkel begrenzter, zackiger Lichtstreif vom Vorderrand bis gegen Rippe 2. (Vom letzten 1/4 des Vorderrandes geht ein zweiter nach dem Knie der letztgenannten Binde. Vor dem Saume folgen nun in einer Reihe fünf Augen in Zelle 2, 3, 4, 5 und 6, bestehend aus helleren Ringen, die dunkel umzogen, schwarz oder dunkelbraun gekernt sind. Am deutlichsten sind die beiden grösseren in Zelle 2 und 5, ein meist ganz undeutliches in Zelle 6. Hinter den mittleren Augen befindet sich ein hellerer Lichtstreif, hierauf folgt nahe dem Saume eine dunkelbraune Zackenlinie, deren Spitzen nach aussen zwischen den Rippen hervortreten; über jene sind weissliche Mondflecken aufgesetzt, die auch zu einer vollständigen Binde zusammengeflossen sein können. Zwischen einer nun folgenden dunkelbraunen, bogigen Linie und der ebenso gefärbten Saumlinie wechseln verwaschene weisse und gelblich braune Flecken, welch' letztere die Rippen überziehen, ab. Die Fransen sind braun und weisslich gescheckt.

Die Grundfarbe der Hinterflügel ist ebenfalls graubraun mit vieler hellerer und dunklerer Einmischung. Etwas hinter der Mitte des Vorderrandes beginnt eine schmale, weisse, scharf dunkel begrenzte Binde und zieht in ziemlich gerader Richtung nach dem Afterwinkel, erreicht diesen jedoch nicht, sondern wird durch Rippe 1b gerade abgeschnitten. Das nach der Basis zu liegende Feld enthält längliche, weissliche Flecken, die nach dem Vorderrande zu ziemlich scharf und dunkelbraun begrenzt sind, nach dem Innenrande zu mehr verwaschen erscheinen; zwischen ihnen befinden sich hellere und dunklere wolkige Flecken. Nach dem Innenrand zu erblassen die Grundfarbe und die Zeichnungen. Aussen schliesst sich an diesen Streif eine breite braune, wolkige, nach dem Saum zu bogig blau begrenzte Binde an, die im Afterwinkel metallisch blau, grün und violett glänzend endet. In ihr liegen bräunlich gelb umringte Augen, bis zur Zahl vier. In Zelle 6 liegt das drittgrösste mit hell weisslicher und bräunlicher Ausfüllung, das zweitgrösste in Zelle 5 ist schwarz ausgefüllt, das kleinste, meist ganz fehlend, schwarz mit einem bläulichen Kern. Das grösste und meist deutlich vorhandene ist nach innen zur Hälfte rothbraun, nach aussen schwarz ausgefüllt und hat einen feinen, bläulich weissen Mittelpunkt. Innerhalb dieser Augen zieht ein dunkelbrauner, wolkiger, unregelmässig gestalteter Streif durch die Binde, während zwischen den beiden grössten nach aussen sich ein weisser Flecken an den Bindenrand anschliesst. Der übrig bleibende Saumtheil ist mit Ausnahme der ganz weissen Fransen fein hellbraun bestäubt und durch eine braune Linie getheilt; von gleicher Farbe ist die feine Saumlinie.

Das wenig grössere ♀ hat im Verhältniss breitere Flügel als der ♂; der ganze Aussenrand ist schärfer gezahnt, es treten auch an diesem die Ecken mehr heraus, und ausser denen beim ♂ befindlichen ist auf den Vorderflügeln der Saum noch auf Rippe 2 merklich geeckt. Die Grundfarbe ist mehr violettblau, wird aber bedeutend durch ein mattglänzendes Braun, von den Flügelrändern ausgehend, eingeschränkt. Auf den Vorderflügeln tritt der ringförmige Fleck in Zelle 2 schon öfter als gekerntes Auge auf; die weissen Flecken sind grösser, besonders die innersten, während die äusseren als eine lose zusammenhängende Reihe matt gefärbter Mondflecken fast den Hinterwinkel erreichen. Die gelbe Beringung des Auges in Zelle 2 der Hinterflügel tritt viel greller hervor als beim ♂ und ausser diesem haben sämmtliche Exemplare Mus. F. & L. ein noch grösseres Auge in Zelle 5, dieselbe jedoch mit einem schwarzen Ring um dessen Breite überragend; innerhalb dieses befindet sich ein solcher rothbrauner, der einen rundlichen Fleck von hell rosavioletter Färbung umschliesst. Der durch eine dunkle Linie getheilte Aussenrand weicht weniger von der Grundfarbe ab wie beim ♂.

Die Unterseite entspricht der des ♂ vollständig.

Küste von Mossambique, Bourb. Maur. (vergl. p. 19.) Mad. (Ant.) N.-B. häufig.

91. **P. Goudotii** *B.* F. Mad. p. 45. t. 7. f. 1. — Mad. (Tamt.) N.-B. nicht häufig.

92. **P. Andremiaja** *B.* F. Mad. p. 45. *Gu.* Vins Voy. Mad. Lep. p. 36. — Mad. (Fian.). Die seither als ♂ hierzu gerechnete folgende Art trennt Butler wieder ab, da das British Mus. die anderen Geschlechter zu beiden Arten erhalten hat.

93. **P. Musa** *Guér.* Ic. R. An. p. 474. *Butl.* Ann. & Mag. V. 2. 1878. p. 286. Mad. (Fian.) wird als sehr häufig bezeichnet.

Salamis B.

94. **S. Augustina** *B.* F. Mad. p. 47. t. 8. f. 1. ♂ — Maur. Bourb. Mad.

95. **S. Anteva** *Wrd.* Monthl. Mag. VI. (1869) p. 225. *Wrd.* Afr. Lep. p. 5. t. 5. f. 2 bis 4. — Mad.

96. **S. Duprei** *Vins.* Ann. S. Fr. 1863. p. 423. t. 10. ♀ *Vins.* Voy. Mad. p. 573. t. 5. — Süd-Afrika Mad. (Inneres, Ank.)

97. **S. Definita** *Butl.* Ann. & Mag. V. 4. 1879. p. 230. — Mad. (Fian. Ant.)

Coryphaeola Butl.

98. **C. Eurodoce** *Westw.* *Dbld.* Gen. Diurn. Lep. p. 325. t. 54.* f. 1. (Kallima). — *Butl.* Ann. & Mag. V. 2. 1878. p. 285. (p. 284. n. g.) — Mad. (Ant.)

Eurytela B.

99. **E. Dryope** *Cr.* t. 78. E. F. *B.* F. Mad. p. 55. (p. 54. n. g.) *Hpff.* Peters Moss. Ins. p. 395. *Trim.* Rhop. Afr. austr. p. 213. — Mittel- und Süd-Afrika, Mad. (Tint. Tamt.) St. Mar. N.-B. selten.

100. **E. Fulgurata** *B.* F. Mad. p. 52. t. 8. f. 5. — Mad. (Tamt.) N.-B. ziemlich häufig.

101. **E. Narinda** *Wrd.* Monthl. Mag. IX. (1872) p. 148. — Mad. (Ant.)

Hypanis B.

102. **H. Ilithyia** *Dr.* var. **Anvatara** *B.* F. Mad. p. 56. t. 7. f. 5. *Hpff.* Peters. Moss. Ins. p. 396. *Trim.* Rhop. Afr. austr. p. 214. — Während die Stammart in Indien, Mittel- und Süd-Afrika fliegt, beschränkt sich das Vorkommen dieser Varietät auf Mad. N.-B. häufig.

Crenis B.

103. C. **Madagascariensis** *B.* F. Mad. p. 48. *Chenu*, Encycl. d'Hist. nat. Pap. p. 291. f. 494. & t. 27. f. 1. — Mad. (Tamt. Flpt.)

104. C. **Amazoula** *Mab.* C. r. S. Belg. T. 23. p. XVI. — Süd-Afrika. Mad.

105. C. **Drusius** *F.* Mant. Ins. II. p. 32. — C. Natalensis *B.* Voy. Deleg. II. p. 592. *Hpff.* Peters. Moss. Ins. p. 381. *Trim.* Rhop. Afr. austr. p. 144, 338. — Afrika. Mad. (Flpt.)

Cyrestis B.

106. C. **Elegans** *B.* F. Mad. p. 42. t. 7. f. 4. *Hb.* Zutr. ex. Schm. f. 923. 294. ♀ *Hpff.* Peters. Moss. Ins. p. 383. — Die in letzterem Werke angegebene Abweichung von der Boisduval'schen Abbildung zeigen die meisten Exemplare des Mus. F. — Küste von Mossambique, St. Mar. Mad. (Tamt. Flpt.) N.-B. nicht selten.

Hypolimnas Hb.

107. H. **Misippus** *L.* Mus. Ulr. p. 264. ♂ — Pap. Diocippus *Cr.* t. 28. B. C. ♀ — ♂ Pap. Bolina *Dr.* Exot. Ins. I. t. 14. f. 1, 2. *Cr.* t. 65. E. F. — Die ausserordentlich verbreitete Art findet sich in Neu-Holland, Süd-Asien, Afrika und Süd-Amerika. Maur. Bourb. Mad. N.-B. häufig.

108. H. Misippus *L.* var. ? **Inaria** *Cr.* t. 214. A. B. Maur. Bour. Mad. N.-B. selten.

109. H. **Dexithea** *Hew.* Proc. z. S. 1863. p. 65. t. 40. Mad. Der grosse, schöne Falter wurde von Caldwell nahe Beforona, bevor man in den grossen Wald von Alamazaotra eintritt, entdeckt. In der Hewitson'schen Sammlung befanden sich 3, in der Boisduval'schen 1 Exemplar.

110. H. **Madagascariensis** *Mab.* C. r. S. Belg. T. 25. p. LV. — Mad.

111. { H. **Imerina** *Hew.* Ex. Butt. III. Diad. t. 2. f. 5. 6. (1865). — Mad.
H. **Glaucina** *Gu.* Vins. Voy. Mad. Lep. p. 38. t. 6. f. 1, 2. (1865). (Panopea). — Mad.

Welchem Autor die Priorität zugesprochen werden muss, ist, da beide Veröffentlichungen im Jahre 1865 stattgefunden haben, schwer zu entscheiden.

Euxanthe Hb.

112. E. **Madagascariensis** *Luc.* Ann. S. Fr. 1842. p. 299. t. 12. No. 2. f. 1, 2. (Godartia). — Mad.

Panopea Hb.

113. Panopea Apaturoides *Felder.*

Fig. 35. 36.

P. fusco-nigra, alis extus undulatis, ante marginem punctis albidulis; alis posterioribus fascia alba lata recta ad alas anteriores angustata ad costam 2 producta, fasciis duabus macularum obliquis ad costam directis. Subtus extus alis anterioribus ferrugineo-griseis cum maculis albidulis; alis posterioribus basi griseo-coeruleis maculisque sex nigris, fascia mediana lata lactea fascia externa ferrugineo-brunnea, maculis albidulis. Exp. al. 62 mm.

Feld. Nov. Lep. p. 416. (Panopaea). — Pseudacraea Drusilla *m.* Ber. S. O. 1878. p. 81.

Kopf, Brust und Hinterleib schwarz, letzterer in den Seiten, die beiden ersteren oben weisslich gefleckt. Fühler schwarz. Die den Kopf fast um seine Länge überragenden, mit ihrem Endgliede nach unten gebogenen Palpen sind schwarz, an der inneren und äusseren Seite der beiden ersten Glieder gelblich weiss. Der Körper auf der Unterseite gelblich grau, nach dem Afterende in's Bräunliche übergehend; Beine innen schwarz, äussere Seite gelblich grau. Aussenrand der Vorderflügel stark eingezogen, darüber ganzrandig, darunter schwach, Hinterflügel stärker gewellt. Fransen dunkelbraun, in den Einbiegungen weiss.

Oberseite: braunschwarz, die breite, weisse Binde der Hinterflügel, in der die Rippen dunkel gefärbt sind, setzt sich auf die Vorderflügel unterbrochen und schmäler fort, zunächst bis Rippe 2 mit einer Biegung nach der Basis zu; dann folgen in Zelle 2 und 3 je ein grösserer, gerundeter Fleck durch Rippe 3 schwarz getheilt und von der Richtung der Binde etwas abweichend, nach aussen gerückt. Von 2 stark dunkel bestäubten Flecken steht der grössere gerade am hinteren Rande der Mittelzelle, der kleinere innerhalb derselben an ihrem Vorderrande. Ueber dieser, durch diese 4 Flecken entstandenen Querbinde steht vor der Spitze eine eben solche kleinere, deren deutlichster Fleck in Zelle 6 dreieckig, darunter in Zelle 5 bis gegen den Aussenrand laufend, ein gabelförmig getheilter, in Zelle 4 ein kleinerer, so dass hier am Aussenrande 3 graue Striche parallel dem Rippenlauf über einander stehen. Unter diesen folgen vor dem Aussenrande 6 und auf den Hinterflügeln 11 rundliche graue Flecken.

Auf der Unterseite erscheinen die weissen Binden wie oben. Vorderflügel: Vorder- und Aussenrand schmal rostbraun, an der Basis grau mit gelblichem Anflug, ebenso die Flügelspitze bis zur nächsten Fleckengruppe. Alles Uebrige ist braunschwarz ausgefüllt, am dunkelsten nach dem Hinterwinkel zu. Vor dem Aussenrande stehen 7 rundliche und am Hinterwinkel ein strichartiger, bläulichweisser Fleck. Hinterflügel an der Basis und Innenrand hellblaugrau, erstere mit bräunlichem Anfluge und 6 schwarzen Punkten, die 3 äusseren, die grössten, liegen an der Grenze der Basalfärbung in den Zellen 6, 7 und 8; nahe dem letzteren ein Punkt in der Mittelzelle, in dieser an ihrem Anfange ein weiterer und dicht an der Flügelwurzel der letzte. Vorderrand gelblich weiss. Die Binde in Zelle 7 hellrosa-, in Zelle 6 bis zum Innenrand bläulich schillernd. Die breite Binde vor dem Aussenrande in Zelle 6 und 7 hellviolettrosa, nach aussen rostbraun gerandet, in den übrigen Zellen bis zum Afterwinkel rostbraun mit 10 ovalen, hellviolettrosa Flecken, die nach hinten zu mit dem Schmälerwerden der Binde an Grösse abnehmen. Rippen und Falten zwischen diesen dunkel rostbraun gefärbt, die Binde nach innen etwas überragend. Rippe 1 a. 1 b und die zwischen diesen liegende Falte in ihrem ganzen Verlaufe schwarzbraun gezeichnet. Die Färbung der Fransen wie auf der Oberseite.

Mad. (Fian. Tamt.) ziemlich selten, nur 1 Exemplar Mus. F. von Tamt.

114. Panopea Drucei *Butler.*

Fig. 34.

P. *fusco-nigro-holosericea, alis anterioribus seriebus tribus obliquis albis, margine externo in medio maculis albidulis. Alis posterioribus area basali late fulvo-albida; ante limbum serie punctorum 7 rotundorum alborum lineaque limbali duplice albida interrupta. Subtus ut supra sed ad marginem anticum et externum magis fusca. Exp. al.* 76—86 *mm.*

Butl. Trans. ent. S. **1874**. p. 426. t. 6. f. 3.

Kopf gross, die aufwärts gerichteten Palpen überragen ihn um seine ganze Länge, die Fühler erreichen nicht ganz die halbe Vorderflügellänge. Brust breit und tief. Der schmächtige Hinterleib wird von den Hinterflügeln um 1/3 seiner Länge überragt. Die langgestreckten Vorderflügel sind am Vorderrande gleichmässig gebogen. Auf Rippe 6 tritt der doppelt geschwungene Saum am meisten hervor und hat hier also der Flügel seine grösste Länge; von Rippe 6 bis zur stumpf abgerundeten Flügelspitze zieht der Aussenrand fast geradlinig, während er bis zum etwas herausgezogenen Hinterwinkel, wie auch der mässig gerundete Saum der Hinterflügel sanft gewellt ist; deren Vorderwinkel und Vorderrand stark gerundet, der Afterwinkel geeckt.

Sammtartig braunschwarz. Kopf mit Fühler und Thorax tiefschwarz. Ersterer auf dem Scheitel mit 4, die schwarzen Palpen dicht an der Stirn mit je einem weissen Flecken; ebensolche befinden sich auf dem Halskragen, und sechs grössere mehr in's Bräunliche gehende, in zwei Reihen gestellt, auf dem Thorax. Augen braun, in der Mitte schwarz marmorirt.

Oberseite: Die Vorderflügel sind am Vorderrande bis etwas über die Mitte mit hellblauen in's Violette irisirenden Schuppen bestreut; alle übrigen Zeichnungen sind seidenglänzend weiss mit leichtem Schiller in's Bläuliche und Rosa; an ihren Rändern sind die grösseren Flecken mit blauen und braunen Schuppen besäet, so dass die Umrisse verwaschen erscheinen. In der Mittelzelle befindet sich an ihrem oberen Rande etwa hinter dem ersten 1/5 der Flügellänge ein kleiner dreieckiger Fleck, diesem folgt auf 2/5 ein länglicher nicht ganz die Breite der Zelle ausfüllender, ebenfalls an die Subcostale angesetzt und gleichlaufend mit dem Innenrande. Ein grosser, ovaler Fleck liegt zwischen der Subdorsalen und Rippe 2 und 3; nur durch die dunkelbraune Rippe 2 getrennt, stösst an diesen ein kleinerer und verbreitert ihn so in seiner hinteren Hälfte. Zwei kreisrunde, scharf begrenzte Flecken, von denen der grössere vor dem Hinterwinkel, der kleinere, mit demselben Abstande vom Saume wie jener in Zelle 2, bilden gleichsam eine unterbrochene Schrägbinde mit den schon genannten grösseren Flecken. Auf 2/3 des Vorderrandes setzt sich an Rippe 9 eine ebensolche aus vier bis fünf Flecken bestehende Schrägbinde an, deren Verlängerung auf die Mitte des Aussenrandes treffen würde. Diese Flecken treten sehr verschiedenfach auf: gewöhnlich sind drei derselben, die über die ganze Breite der Zellen 6, 5 und 4 nur durch die dunklen Rippen getrennt, hinweggehen, von ovaler Gestalt und ziemlich gleicher Grösse. Sind sie verschieden gross, so ist derjenige in Zelle 4 der grösste, an den sich häufig noch ein kleines verwaschenes Fleckchen in Zelle 3 dicht anschliesst; ebenso wie ein kleiner weisser Strichfleck jenseits der Subcostalen auftritt. Gegen den Vorderwinkel zu liegen drei etwas weiter auseinander stehende Flecken, von denen der grössere, der wohl auch noch ein weisses Strichelchen über sich haben kann, in der Spitze der Zelle 7, der nächste in der Mitte der Zelle 6 und der kleinste in Zelle 5 liegt. Verschwindend kleine Flecken liegen je einer im Saumtheile in Zelle 4 und 3 und stellen die Verbindung zu einer Saumfleckenreihe zwischen den drei Flecken vor der Spitze und zwei Flecken über dem Innenwinkel her. Die Fransen sind schwarzbraun und weiss gescheckt mit Ausnahme der grösseren Ausbiegung des Aussenrandes, wo das Weisse fehlt. Vor dem Saume steht in Zelle 2, 3 und 4 ein durch die Rippen breit, durch die Zellenfalten schmal durchbrochenes weisses, schwarzbraun bestäubtes, schmales Band.

Die Hinterflügel sind in ihrem Basaltheile bräunlich weiss, nach aussen zu in's Hellbraune verlaufend; am Vorderrande bis ungefähr gegen Rippe 7, jedoch die Mittelzelle nicht erreichend und am Aussenrande das letzte Flügeldrittel auch wohl bis zur Hälfte gleichbreit einnehmend, umgiebt die dunkle Grundfarbe diesen inneren hellen Theil. Die Zellenfalten und Rippen laufen tief schwarzbraun in den Basaltheil hinein. Rippe 7 erreicht in dieser Färbung die Flügelwurzel, die selbst schmal schwarzbraun ist, während die übrigen nur bis zu ihrer Gabelung dieselbe beibehalten. Von der Mittelzelle aus bis zum Innenrande ist der Flügel in seinem hellen Theile mit bräunlich weissen Haaren besetzt. Vor dem Aussenrande stehen auf den Falten der Zellen 2 bis 6 je ein weisser, scharf begrenzter, runder Fleck; in Zelle 1 b ein etwas matterer Doppelfleck. Dahinter folgt eine doppelte auf den Rippen und Falten unterbrochene Saumlinie, die sich nach dem Vorderwinkel zu verliert; selten sind beide Saumlinien ganz weiss, zumeist jedoch die innere, während die äussere auch in's bräunlich Gelbe übergeht oder überhaupt kaum angedeutet ist. Die der Grundfarbe entsprechenden Fransen sind auf den Einbiegungen des Aussenrandes weiss gefleckt. Ein schönes ♂ Mus. F. hat auf den Vorderflügeln den Raum zwischen den beiden grösseren Flecken der inneren Binde ockergelb ausgefüllt und mit Schuppen gleicher Färbung ist die äussere Begrenzung der zweiten Fleckenbinde vermischt.

Auf der Unterseite sind die schwarzen Palpen und Brust, sowie die schwarzbraune Flügelbasis weiss gefleckt. Die Beine sind graubraun, mit weisser Behaarung an der Aussenseite der Schenkel. Das Brustende ist ockergelb behaart, der Hinterleib ist braungrau. Sämmtliche Zeichnungen der Flügel entsprechen denen der Oberseite. Die Grundfarbe der Vorderflügel ist auf deren inneren Hälfte bis zum Aussenrande hin, jedoch die unmittelbare Angrenzung des Vorder- und Innenrandes ausgenommen, tief schwarzbraun, und zieht nach der Flügelspitze zu in einen etwas helleren, matteren Ton über. Die weissen Flecken sind etwas grösser wie oben, nach aussen zu verwaschener, die mittlere Querbinde zieht verwaschen bis an den Vorderrand, der Fleck am Innenwinkel ist weniger scharf begrenzt, die Saumbinde mehr weiss, erreicht fast den Innenwinkel. Auf den Hinterflügeln ist das Braunschwarze ebenfalls matter und heller mit einem Stich ins Olivenbraune, es wird in derselben Ausdehnung wie auf der Oberseite von den fast schwarzen Rippen und Falten durchzogen und ebenso der hellere Flügeltheil, der besonders gegen Basis und Innenrand zu lebhaft ockergelb bestäubt ist; die runden Aussenrandsflecken und die Saumbinde erscheinen reiner weiss wie oben. Die beiden Saumlinien sind weiss, breiter und zusammenhängender.

St. Mar. Mad. (Tint. Tamt.) N.-B.

115. **P. Diffusa** *Butl.* Ann. & Mag. V. 5. 1880. p. 336. — Mad. (Fian.)

Neptis F.

116. **N. Frobenia** *F.* Ent. syst. Suppl. p. 425. — Maur. Mad.

117. **N. Dumetorum** *B.* F. Mad. p. 50. t. 7. f. 6. — Bourb. Mad.

118. **N. Saclava** *B.* F. Mad. p. 49. *Chenu* Enc. d'Hist. nat. Pap. p. 132. f. 248. — Afr. Ostküste. Mad. (Tamt.) N.-B. nicht selten.

119. **N. Kikidell** *B.* F. Mad. p. 50. — St. Mar. Mad. (Tamt.)

120. **N. Sextilla** *Mab.* Natural. 1882. No. 13. p. 99. — Mad.

121. **N. Gratilla** *Mab.* C. r. S. Belg. T. 23. p. CVI. — Mad. (Flpt.)

Aterica B.

122. **A. Rabena** *B.* F. Mad. p. 47. t. 8. f. 2. *Hb.* Samml. ex. Schm. III. 4 f. ♂ ♀ *Dbld. Wstw.* Gen. Diurn. Lep. II. t. 43. f. 3. — Afrika. St. Mar. Mad. (Tamt. Tint.) N.-B. nicht selten.

Charaxes O.

123. **C. Phraortes** *Dbld.* Proc. z. S. 1847. p. 60. *Butl.* Lep. ex. t. 10. f. 6. — Mad.

124. **C. Cinadon** *Hew.* Monthl. Mag. VI. (1870) p. 177. *Butl.* Ann. & Mag. V. 5. 1880. p. 335. — Africa (Calabar, Natal.) Mad. (Fian.)

125. **Charaxes Antambouloa** *Lucas.*

Fig. 24. 25.

C. viridi-ochraceus, costis subcostalibus viridibus; ad angulum analem versus cum maculis duabus nigris, violaceo circumductis, color in rufo-brunneum transit; alis anterioribus extus late nigro-fuscis, maculis costalibus duabus includentibus serieque macularum 7 antemarginalium ochraceis; alis posterioribus dentatis, fascia marginali nigro-fusca in margine externo lata, usque ad caudam secundam diminuta ante limbum rufo-brunneum; in fascia serie macularum 6 brunneis. Subtus ferrugineus, fasciis et strigis transversis fuscis violaceis imprimis sub marginem anticum basalem late viridem alarum anteriorum. Exp. al. 75 mm.

Luc. Ann. Sc. nat. V. T. 15. 1872. art. 22. ♂ — C. Candiope *God.* var. Ber. S. G. 1878. p. 82 & 1880. p. 123.

Fühler schwarz, Kopf und Hinterleib oben rostbraun, goldglänzend, Brust mehr in's Grünliche ziehend; die Palpen auf der Unterseite gelblich weiss, Brust braunviolett, in der Mitte heller, ebenso die Beine, an den hinteren die Oberschenkel schwarz und weiss gesprenkelt; Hinterleib gelb, goldglänzend. Hinterflügel doppelt geschwänzt, stärker gezähnt als die Vorderflügel.

Auf der Oberseite ist das Wurzelfeld der Flügel grünlich ockergelb, auf den Hinterflügeln nach dem Aussen- und Innenrande zu in schönes Rothbraun übergehend; die Rippen sind in diesem helleren Basaltheile hellgrün gezeichnet. Vorderflügel: Auf der Mitte des Vorderrandes der Mittelzelle befindet sich ein schwarzbrauner Punkt; vor der Mitte des Vorderrandes und nicht ganz an diesen reichend, grenzt sich das schwarzbraune Aussenfeld (nur in der Mittelzelle scharf) im Bogen bis hinter die Mitte des Innenrandes gegen das Wurzelfeld ab. Zunächst dieser Grenze liegen drei Flecken in Zelle 3, 4 und 5 in schräger Richtung zum Saume, dann folgt in zweiter Linie ein grösserer nur wurzelwärts scharf begrenzter, zwischen Rippe 5 und 8, dahinter folgt eine Reihe von 7 Flecken, von denen der in Zelle 3 etwas wurzelwärts, die 4 aufwärts folgenden im Bogen nach aussen gerückt sind. Sämmtliche Flecken sind rostbraun mit etwas hellerem Kerne. Die inneren und der Mittelzelle zunächst liegenden Flecken können zusammengeflossen sein und ein augenartiges Gebilde darstellen, indem dieselben dann gegen die Mittelzelle durch einen scharf begrenzten, schwarzbraunen Bogen nach innen, der die Rippe 4 noch überschreitet und dann als gerader Strich quer über die Zelle 4 hinweg sich mit der dunklen Aussenrandsfläche in Verbindung setzt, abgegrenzt sind und hinter dem Bogen eine schwarzbraune Pupille einschliessen. Der Aussenrand ist dunkelockerbraun, auf den Rippenenden etwas heller, auf den Falten etwas dunkler gezeichnet; am Hinterwinkel ist derselbe schwarzbraun.

Hinterflügel: Zwischen Rippe 8 und 2 liegt innerhalb des rostbraunen Aussenfeldes ein schwarzbrauner bindenartiger Fleck, der vorn fast halbe Flügelbreite hat, nach Rippe 2 zu allmählig in eine Spitze ausläuft, parallel mit dem rostbraunen Aussenrande, von welcher Farbe auch die schmalen, ziemlich gleichlaufenden, etwas nach vorn zu gebogenen Schwänze sind. Nahe seinem Rande liegen 6 längliche, verwaschene, rostbraune Flecken. Hinter dem zweiten Schwanze in dem bräunlichgrünen Afterwinkel, der nach innen zu fein ockergelb umzogen ist, liegen 2 violette, nach aussen schwarz begrenzte, rundliche Flecken; über diesen ist der Innenrand bläulich.

Unterseite: Die Wurzelhälfte der Rippen grün, am deutlichsten am Vorderrande, wo sie quer weissgestrichelt sind. Vorderflügel braun, der Theil des Wurzelfeldes unterhalb der Mittelzelle, am hellsten; in der Mittelzelle 6 schwarze, theilweise weiss gesäumte Querstreifen, dahinter ein solcher zwischen Rippe 5 und 8, nach aussen stärker weiss gesäumt, ein anderer ähnlicher zwischen Rippe 3 und 4, darunter nach innen gerückt 2, von denen der vordere kein Weiss zeigt; dann folgt, vom letzten Drittel des Vorderrandes ausgehend, eine Wellenlinie, die einen dunkleren Theil von dem hellbraunen Aussenrand abgrenzt; dieser ist am Vorderrande und von hier aus gleichlaufend mit dem Saume bindenartig nach dem Hinterwinkel zu dunkler gefleckt; diese Flecken werden wie auch die Wellenlinie nach hinten zu breiter und dunkel violettbraun, wo sie dann am Innenrande etwas heller zusammenfliessen. Hinterflügel hellviolettbraun. Das Wurzelfeld von Rippe 2 bis zum Vorderrand dunkelbraun, aussen schwarz, hierauf weiss gesäumt; im Innern in der Nähe der Wurzel sind 2 unregelmässig geformte Flecken durch theilweise schwarz-weisse Einfassung vom Grunde abgetrennt, die des untern setzt sich wie die äussere Grenze des Wurzelfeldes in matten dunkelblau gezackten Linien gegen den Innenrand fort; in der Mittelzelle befindet sich hinter dem Flecken noch ein blauer Querstrich. Hinter der Mitte des Vorderrandes zieht eine braune nach aussen dunklere, nach hinten zu spitz endende, bogige und zackige Querbinde nach dem Innenrande, wurzelwärts bräunlichgelb, hierauf blau begrenzt. Zwischen ihr und dem Wurzelfelde, dicht an dieses angeschlossen, geht vom Vorderrande bis zur Rippe 3 eine unregelmässige, braungelbe, theilweise weiss eingefasste Binde. Im Aussenfelde herrscht vor dem grünlich braunen Rande in der Grundfarbe das Rosaviolett mehr vor; mit helleren unbestimmten Mondflecken gegen den Aussenrand, hinter denen ebensolche olivengrünliche folgen, in Zelle 4, 3 und 2 mit schwarzen, nach innen violetten Punkten versehen. Am Afterwinkel befindet sich die gleiche Zeichnung wie auf der Oberseite nur auf bräunlich violetter Grundfarbe, die nach aussen in's Grünliche, nach innen bis an die Binde in's Blaue übergeht.

Mad. N.-B. nicht häufig.

126. **C. Cowani** *Butl.* Ann. & Mag. V. 2. 1878. p. 285. — Mad. (Fian.) Gehört wohl zur vorigen Art, doch wage ich es nicht die Arten der beiden Autoren nach den gegebenen sehr kurzen Beschreibungen zusammenzuziehen. Auch würde ich in Betreff der Exemplare Mus. F. in Verlegenheit sein, dieselben zu bestimmen, wenn nicht eines derselben in Paris mit C. Antamboulou *Luc.* verglichen und übereinstimmend gefunden worden wäre.

127. **C. Cacuthis** *Hew.* Ex. Butt. III. Charaxes. t. 3. f. 12. 13 (1863). — C. **Antanala** *Luc.* Ann. Sc. nat. V. T. 15. 1872. art. 22. — Mad. (Ant.)

128. **C. Andara** *Wrd.* Monthl. Mag. IX. (1873) p. 209. — Mad.

129. **C. Analava** *Wrd.* Monthl. Mag. IX. (1872) p. 3. — Mad.

130. **C. Betanimena** *Luc.* Ann. Sc. nat. V. T. 15. 1872. art. 22. — C. Andriba *Wrd.* Monthl. Mag. IX. (1872) p. 210. — Mad.

131. **C. Relatus** *Butl.* Ann. Mag. V. 5. 1880. p. 394. — Mad.

132. **C. Betsimisaraka** *Luc.* Ann. Sc. nat. V. T. 15. art. 22. — Mad.

Die drei zuletzt beschriebenen Arten der Nymphaliden haben ihre nächsten und sehr nahen Verwandten auf dem afrikanischen Continente. Die Abweichungen der Madagassen sind zwar diesen gegenüber constant, aber nicht allzu bedeutend, als dass sie nicht in einer allgemeinen Fauna mit jenen zusammengezogen werden könnten. Die Unterschiede stellen sich wie folgt: Panopea Apaturoides *Feld.* hat im Vergleich zu P. Lucretia *Cr.* die weissen Zeichnungen, in gleicher Lage, mehr entwickelt; dazu kommt vor dem Aussenrande der Hinterflügel noch eine weissliche Fleckenreihe, während die dunklen Flächen der Unterseite bedeutend kleiner auftreten. Panopea Drucei *Butl.* steht P. Dubius *Beauv.*, der ausserordentlich variabel ist, sehr nahe; doch tritt bei letzterem der Analwinkel der Flügel etwas stärker hervor, die weissen Aussenrandszeichnungen sind auf der Oberseite meist nur geringfügig, dagegen zeigen sich dieselben auf der Unterseite der beiden Arten kaum verschieden. In gleich naher Verwandtschaft steht Charaxes Antambulou *Luc.* zu C. Candiope *God.*, der über Afrika wohl eine weite Verbreitung hat, da sein Vorkommen nicht allein von der Westküste bekannt ist, sondern auch in Abyssinien, woher ihn seiner Zeit der hochverdiente Afrikareisende Dr. E. Rüppell für das Mus. F. mitbrachte. Beide Arten sind in der Flügelform etwas verschieden. Bei Candiope verläuft der Vorderflügel zur Spitze etwas schmäler und der Hinterflügel ist etwas kürzer und breiter, dabei der Aussenrand der Vorderflügel gar nicht, der Hinterflügel weniger gezahnt als bei Antambulou, dessen Grundfarbe dunkler ist, die dunkle Aussenrandsbinde, die fast schwarz erscheint, hat bei grösserer Ausdehnung die dunklen Subcostalflecken noch in sich aufgenommen, die in ihr liegenden rostfarbenen Flecken aber in der Grösse bedeutend reduzirt. Auch die Färbung der Unterseite ist dunkler, die Zeichnungen selbst weichen nur sehr wenig in beiden Arten von einander ab.

Elymniidae.

Elymnias Hb.

133. **E. Masoura** *Hew.* Monthl. Mag. XI. (1875) p. 227. (Melanitis). — Mad.

Satyridae.

Gnophodes Westw.

134. **G. Betsimena** *B.* F. Mad. p. 58. (Cyllo). — Afrika, Mad. (Faunt. Finn.)

Melanitis F.

135. **M. Leda** *L.* Syst. Nat. ed. X. p. 474. var. **Fulvescens** *Gn.* Maill. Réun. Lép. p. 15. — Cyllo Leda *B.* F. Mad. p. 58. — Unter diese Form, die ähnlich der Ismene *Cr.* 26. A. B. und Arcensia *Cr.* 292. C. ist, jedoch ohne den weissen Fleck auf der Unterseite der Vorderflügel, werden sich wohl alle der Mad.-Fauna angehörigen Stücke dieses über S.-Asien, Australien und Afrika verbreiteten Falters unterbringen lassen. In Beziehung auf Grösse (Exp. al. 80 mm), Färbung und Zeichnung der Oberseite findet bei den verschiedenen Exemplaren dieser Varietät wenig Abweichung statt, dagegen variirt das Colorit der Unterseite ganz ausserordentlich. Es durchlauft bei den verschiedenen Stücken alle Abstufungen vom Grauen zum Braunen, ja selbst bis zu russig schwarzer Bestäubung. Die über die Flügel laufenden dunkleren Querstreifen sind jedoch stets deutlich, die bei der Stammart als Augen auftretenden Flecken aber nur als kleine weisse Punkte vorhanden. Auch die Form der Flügel ändert wesentlich ab, doch sind es in der Regel die Exemplare, bei denen die aus Zelle 4 herausspringende Ecke der Vorderflügel schärfer hervortritt und die dahinter folgende Einbuchtung des Saumes tiefer ausgerandet ist. — Rodr. Maur. Bourb. Mad. N.-B.

Leptoneura Wllgr.

136. **L. Cassus** *L.* Mus. Ulr. p. 269. *Cr.* t. 314 C. D. *Trim.* Rhop. Afr. Austr. p. 195. — S.-Afrika, Mad.

Mycalesis Hb.

Die Satyriden, die bis jetzt diesem Genus zugezählt wurden, sind von sehr verschiedenem Aussehen und nur ein Theil derselben entspricht der eigentlichen Auffassung *(H. S.)* desselben. Eine Abtrennung der übrigen wird sich als nöthig erweisen, wobei die Beschaffenheit der Augen, ob behaart oder nackt, Verlauf und Gestaltung der Flügelrippen und die Lage der Augenflecken zwischen diesen zu berücksichtigen ist. Weniger Gewicht scheint auf die Gestaltung des Aussenrands der Flügel zu legen zu sein, da dieser beispielsweise bei Mabillei *Butl.* gezahnt, bei Exanescens *m.* nur an den Hinterflügeln kaum gewellt ist; während die beiden Arten nach den übrigen Merkmalen, besonders was die Zahl und Lage der Augenflecken anbetrifft, sich sehr nahe stehen. Das Genus Strabena, welches *Mabille* mit sp. Smithii, aber ohne es zu charakterisiren, einführt, konnte nur für diese Art Verwendung finden, da die übrigen aufgeführten Arten (Argyrina, Vinsonii, Dysodo, Rakoto) ihren Platz bei Ypthima *Hb.* *(H. S.)* finden. Eine Trennung des Genus konnte an dieser Stelle wegen Mangel an Material nicht stattfinden; das vorhandene wurde mit den Arten, von denen nur Beschreibungen vorlagen, so gut es diese gestatteten, aneinander gereiht, wobei die ächten Mycalesis-Species vorangehen.

137. **M. Narcissus** *F.* Ent. syst. Suppl. p. 428. *Trim.* Rhop. Afr. austr. p. 200. — Süd-Afrika, Maur. Bourb. St. Mar. Mad. (östl. Küste) häufig; scheint auf N.-B. zu fehlen.

138. **M. Fraterna** *Butl.* Catal. Satyr. p. 145. t. 3. f. 13. — Mad. (Ant.)

139. **M. Maeva** *Mab.* Bull. S. z. 1878. p. 82. — Mad. N.-B. Zwei Exemplare Mus. F. zeigen auch das Auge der Hinterflügel auf deren Oberseite. Bei dem heller gefärbten ♀ erscheint die äussere Querlinie auf der Unterseite der Hinterflügel viel mehr gebogen als bei dem ♂, und vor dem Auge nach der Basis zu eingezogen.

140. Mycalesis Evanescens *n. sp.*

M. olivaceo-fusca. Alis anterioribus ante apicem oculo minutissimo albo, magnoque nigro albo-pupillato in cellula 2, in plaga ochracea media linea curvata brunnea partita. Alis posterioribus leviter extus undulatis, plaga ochracea dilutа ante angulum anticum, oculis duobus nigris albo-pupillatis fulvo cinctis in cellulis 2 et 3. Subtus ochraceo-flava; alis linea communi brunnea, in alis anterioribus ad oculum magnum nigrum albo-pupillatum flavo- et rufo-cinctum versa, in alis posterioribus ad angulum posticum recta; area basalis alarum linea brunnea divisa, brunneo irrorata est. Alis posterioribus oculis 7 diverso magnitudine nigris, albo-pupillatis et flavo- rufoque-cinctis, praeterea oculo parvo in apice obscurato alarum anteriorum. Exp. al. 38 mm.

Augen behaart. Vorderrand der Vorderflügel sanft gebogen, Spitze breit abgerundet, Aussenrand von Rippe 4 ab nach dem scharf geeckt stumpfwinkligen Hinterwinkel gerade verlaufend. Innenrand fast gerade, ein wenig geschwungen. Die beiden Mittelrippen und 1a an der Wurzel blasig aufgetrieben. Die Hinterflügel in Zelle 8 mit Haarpinsel haben leicht geeckt hervortretende Vorder- und Afterwinkel, zwischen diesen der gerundete Saum mässig gewellt.

Die Oberseite ist dunkelbraun mit einem Stich in's Olivenfarbene. Die Fühler sind an ihrer Spitze hellbraun, ebenso gefärbt ist auf der Unterseite der Anfang der Keule; der Schaft ist zu beiden Seiten auf jedem Gliede mit weissen keilförmigen Flecken versehen. Die Vorderflügel haben in Mitte der Zelle 2 ein grösseres, scharf begrenztes, schwarzes, weiss gekerntes Auge, nahe an die äussere abgerundete Grenze innerhalb eines dunkel ockergelben, länglichen Fleckes geschoben, welcher etwas vor dem Ursprung der Rippe 2 beginnt, einen Theil der Mittelzelle überzieht und auf den halben Breiten der Zellen 3 und 1b seine seitlichen Grenzen hat. Seine äussere Umfassung geht in's Rothbraune über, von welcher Färbung auch seine Theilungslinie ist, die etwas hinter der Mittelzelle ihren Anfang nimmt; sie ist einwärts gebogen, etwa der Rundung des Auges entsprechend und halbirt die hellere Fläche, deren nach der Basis zu gelegener Theil etwas dunkler, in's Rothbraune ziehend, erscheint. Die Rippen darin sind braun und die Theilungslinie ist durch dieselben etwas gebrochen. Vor der Flügelspitze in Zelle 5 befindet sich ein kleiner weisser Punkt, der in der verdunkelten Spitze kaum dunkler umzogen ist.

Die Hinterflügel haben nahe dem Vorderwinkel einen ockergelben Fleck, der an der Gabelung der Rippe 3 und 4 beginnt, den Aussenrand nicht erreicht und mit verwaschener Umgrenzung die Rippen 3 und 5 noch überschreitet. Gleich weit vom Aussenrande, der mit einer nur sehr matt auftretenden Saumlinie gezeichnet ist, steht in Zelle 4 noch innerhalb des helleren Feldes ein schwarzer Punkt, in Zelle 3 und 2 je ein schwarzes, weiss gekerntes, orange umzogenes Auge, von welchen das letztere die doppelte Grösse des nebenstehenden hat. Die Fransen entsprechen der Grundfarbe, sind aber auf den Hinterflügeln wie auch deren Innenrand um einen Ton heller gefärbt.

Die Unterseite ist hell ockergelb mit fein braun gestricheltem Basaltheil der Flügel. Der Vorderrand der Vorderflügel ist schmal, die Spitze breit olivenbraun, nach innen zu verwaschen und braun gerieselt. Der Innenrand (die Berührungsfläche der beiden ausgespannten Flügel) grau. Das Basalfeld ist wie auch auf den Hinterflügeln durch einen rothbraunen äusserlich scharf begrenzten Streif abgetrennt, der etwas hinter der Mitte des Vorderrandes beginnt, bis Rippe 6 nach aussen gebogen, von hier bis zu Rippe 2 in senkrechter Richtung zum Innenrande laufend und weiter in der anfänglichen Richtung nach aussen gewendet, ohne diesen zu erreichen. Die Augen liegen an gleicher Stelle wie auf der Oberseite, nur erscheint der weisse Punkt vor der Spitze als Pupille eines scharf begrenzten schwarzen orange umzogenen kleineren Auges; das grössere, ebenso deutlich, ist von einem breiten ockergelben Ring und dieser wieder von einem rothbraunen, der nach dem Innenrande zu etwas verbreitert ist, eingeschlossen. Auf den Hinterflügeln zieht die Begrenzungslinie des Basalfeldes von etwas hinter der Mitte des Vorderrandes in ziemlich gerader Richtung, nur auf einzelnen Rippen ganz wenig nach aussen gezahnt, nach dem Afterwinkel, erreicht diesen jedoch nicht, biegt sich etwas nach innen um, und schmiegt sich der gleich gefärbten Einfassung des dem Innenrande zunächst liegenden Auges an. Das Aussenfeld enthält neben wenig braunen Rieseln sieben scharf- und gleichgezeichnete, aber in der Grösse sehr verschiedene Augen, die schwarz mit weisser Pupille um eine ockergelbe Iris noch einen ockerbraunen Ring haben. Dicht am Vorderrande und an der Basalbegrenzung liegt in Zelle 6 das zweitgrösste Auge, welches am breitesten dunkelbraun umzogen ist und mit den nächstfolgenden drei Augen in Zelle 5—3 auf einem zum Saume gleichlaufenden Bogen liegt. Das grösste, in Zelle 2 befindliche Auge ist etwas nach innen gerückt, während die beiden letzten in Zelle 1c wieder dem Saume genähert sind. Würden die Augen nach ihrer Grösse von 7 bis zum kleinsten mit 1 numerirt werden, so würden sie vom Vorderrande bis zum Afterwinkel in folgendem Verhältniss stehen: 6, 1, 2, 5, 7, 4, 3. Das Basalfeld beider Flügel ist durch eine gemeinsame, nach aussen gebogene, nicht sehr deutliche rothbraune Linie getheilt. Zwei feine, scharfe, dunkelbraune Saumlinien und davor eine mattere Zackenlinie verlieren sich auf den Vorderflügeln in der Verdunkelung der Flügelspitze. Die Färbung der Fransen entspricht denjenigen des betreffenden Saumtheiles, an den helleren Stellen sind sie nach aussen zu etwas dunkler.

N.-B. 1 Exemplar Mus. F.

141. **M. Menamena** *Mab.* Pet. Nouv. 1877. No. 178. p. 158. — Mad.

142. Mycalesis Ankaratra *Ward.*

Fig. 28, 29.

M. rufo-brunnea, marginibus anticis et externis alarum obscure griseis, ocellis 4—5 nigris albo-pupillatis, alis anterioribus cum magno ocello in cellula 2, 1 vel 2 ante apicem, alis posterioribus ocellis 2 in cellulis 2 et 3. Subtus fusca leviter et dense strigilata, trans alas striga brunnea dentata ducit; pars interna alarum anteriorum flavo-rufa in qua ocellus magnus, alis posterioribus ocellis 7 antemarginalibus. Exp. al. 37 mm.

♀ major, colore supra magis flavo-rufo. Exp. al. 44 mm.

Ward, Monthl. Mag. VII. (1870) p. 30 (Erebia). — Yphthima Sakalava *m.* Ber. S. G. 1878. p. 79.

Diese Satyride hat weniger das Aussehen einer Mycalesis, theilt aber bei näherer Betrachtung die charakteristischen Kennzeichen dieses Genus. Sie ist sehr veränderlich, was auch dazu verleitete, eine kleine sehr dunkle Form (Ber. S. G. 1878. p. 80.) als Loucoubensis abzutrennen. Jetzt, wo eine grosse Zahl von Exemplaren vorliegt, die von sehr verschiedener Grösse sind und von heller bis zu ganz dunkler Färbung übergehen, erweisen sich auch jene als zu obiger Art gehörig.

Körper braungrau, unten gelbgrau; Fühler oben schwarzbraun mit rothbrauner Spitze, unten mit gelblich weissen Ringabsätzen und mit rostgelber, braun endender Keule. Augen behaart.

Die Vorderflügel sind breit und haben einen stark gebogenen Vorderrand, abgerundete Spitze und nahezu rechtwinkelige Hinterwinkel. Die Hinterflügel sind in allen Rändern gebogen, der Afterwinkel tritt nur wenig, die Rippenenden kaum aus der Biegung hervor. Die Oberseite der Flügel ist hellrothbraun (♂) bis gelbbraun (♀). Vorder- und Aussenrand derselben graubraun, in der Spitze am dunkelsten und breitesten, nach dem Hinterwinkel zu sich verschmälernd. Beim ♂ nur wenig bemerkbar, beim ♀ deutlicher, läuft vor den beiden feinen, wenig scharfen Saumlinien, durch helleren Grund abgetrennt eine dunklere Wellenlinie besonders deutlich um den Vorderwinkel der Hinterflügel bis zu Rippe 4. In Zelle 2 der Vorderflügel ein scharf begrenztes grösseres Auge, ♂ in Zelle 5 ein kleineres, gerade in der Einbiegung der dunkleren Umrandung, ♀ öfter ausser diesem noch ein kleineres dicht anstossendes in Zelle 6, diese 3 Augen liegen in einem breit, heller als die Grundfarbe gehaltenen Theile. Hinterflügel: mit graubraunem Haarpinsel nahe der Basis des Vorderrandes; in Zelle 2 und 3 ein kleines Auge, ersteres das grössere; beim ♀ ausser diesen noch in

Zelle 4 ein als Punkt erscheinendes. Sämmtliche Augen sind schwarz, weiss gekernt und stehen gleich weit vom Aussenrande ab.

Unterseite: grauviolett, braun marmorirt, mit grünlich braunen Rippen, mit 2 feinen, nicht sehr deutlichen, braunen Saumlinien und einer dritten inneren gewellten. Vorderflügel: Innenrandshälfte rothgelb, dunkler marmorirt, in ihrer vorderen, äusseren Grenze liegt das grössere Auge, welches schwarz mit weissem Kern, ockergelb und demnächst rothbraun umzogen ist, bei allen übrigen Augen der Unterseite ist der gelbe Rand fein braun eingefasst. In der Nähe der Spitze bei beiden Geschlechtern nur ein kleines Auge, höchst selten ein ganz kleines darunter. Hinterflügel: Vor dem Aussenrande liegt eine Reihe von 7 kleinen Augen, in Zelle 2 und 3 die beiden grössten, nach beiden Seiten zu sich verkleinernd, die letzten 3 zunächst des Vorderrandes oft kaum bemerkbar. Folgende Zeichnungen sind beim [illegible] nur angedeutet, beim [illegible] meist deutlich. Vorderflügel: Hinter der Mitte des Vorderrandes geht schräg nach dem Saume zu bis zu Rippe 5 eine nach aussen scharf begrenzte, rothbraune Linie, von da sich etwas der Wurzel nähernd, vor dem Auge im Bogen vorbei, manchmal auch etwas zackig, nach dem Innenrande. Hinterflügel: Von der Mitte des Vorderrandes aus zieht eine zackige dunkel grünlich braune Linie, als Grenze des etwas dunkleren Wurzelfeldes dem Afterwinkel zu, auf Rippe 5 gegen aussen mit scharfer Spitze vortretend; diese Spitze grenzt wohl auch noch an einen gelblich grünen Fleck, der in Zelle 4 liegt. Ausserdem ist beim [illegible] in das Marmorirte der Unterseite sonst noch grünliches Gelb gemischt, der Innenrand der Vorderflügel ist schmal gelbbraun und die Randlinien überhaupt wie alle Zeichnungen sind schärfer. Eine ebenfalls grünlich braune zackige Bogenlinie, die das Basalfeld der Hinterflügel theilt und über den Ausgangspunkt der Rippe 2 hinwegzieht, ist selten deutlich zu sehen.

Mad. N.-B. Haubg.

143. **M. Andravahana** *Mab.* Bull. S. z. 1878. p. 82. — Mad.

144. **M. Narova** *Mab.* Pet. Nouv. 1877. No. 178. p. 158. — Mad.

145. **M. Strato** *Mab.* Ann. S. Fr. 1878. Bull. p. LXXVI. — Mad.

146. **M. Wardii** *Mab.* Ann. S. Fr. 1877. Bull. p. LXXIII. — Mad.

147. **M. Bicristata** *Mab.* Bull. S. z. 1878. p. 81. — Mad. (östl. Theil)

148. **M. Fuliginosa** *Mab.* Bull. S. z. 1878. p. 81. — Mad. (östl. Theil)

149. **M. Irrorata** *Mab.* Ann. S. Fr. 1879. p. 343. — Mad.

150. **M. Butleri** *Mab.* Ann. S. Fr. 1879. p. 343. — Mad.

151. **M. Cingulina** *Mab.* C. r. Belg. T. 23. p. CV. — Mad. (Flpt.)

152. **M. Excellata** *Mab.* Ann. S. Fr. 1879. p. 343. — Mad.

153. **M. Perdita** *Butl.* Ann. & Mag. V. 2. 1878. p. 283. — Mad. (Fian.)

154. **M. Mabillei** *Butl.* Ann. & Mag. V. 4. 1879. p. 227. (Strabena). — Mad. (Ant.)

155. Mycalesis Antahala *Ward.*

Fig. 26. 27.

M. alis dentatis fuscis, colore obscuriore ad marginem anticum et apicem; alis anterioribus ocello pupillato translucente, alis posterioribus ocellis 2—3 antemarginalibus. Subtus alba, lineolis densis brunneis, alis anterioribus oculis duobus, posterioribus oculis 6 diverso magnitudine nigris, albo-pupillatis, ochraceo cinctis in fascia alba antice irrorata. Extus lineis duabus limbalibus. Inter fasciam et aream basalem linea brunnea dentata. Exp. al. 42 mm.

Ward. Monthl. Mag. IX. (1872) p. 148. Ber. S. G. 1878. p. 78.

♂ Augen behaart. Die borstig beschuppten, spitz endenden Palpen sind am Kopfe dicht angelegt und überragen denselben nach oben; sie sind bräunlich weiss. Die Spitzen der äusseren Haarleisten sind schwarz. Kopf, Brust und Hinterleib oben dunkelbraun, unten gelblich weiss. Fühler schwarzbraun. Der Schaft unten gelblich weiss mit dunkler Längslinie. Flügel gezähnt, die hintern stärker, auf Rippe 2, 3 und 4 mit stark vortretender Spitze.

Oberseite dunkel olivenbraun, Vorderflügel am Vorderrande und vor der Spitze breit dunkler, schmäler am Aussenrande. In Zelle 2 ein mattes schwarzes, weissgekerntes, ockergelb eingefasstes Auge mit breitem, heller als der Grund gefärbtem Hof umgeben. Hinterflügel: In Zelle 3 ein mattes Auge, in Zelle 2 ein gleiches noch weniger deutlich und kleiner und ein kaum sichtbares in Zelle 4; diese sämmtlich wie dasjenige des Vorderflügels gefärbt. Fransen zwischen den Zähnen weisslich.

Unterseite gelblich weiss, auf beiden Flügeln die Wurzelhälfte dicht braun gesprenkelt, von vorn nach dem Innenrande der Hinterflügel zu allmählig lichter werdend; auf den Vorderflügeln gehen die Sprenkel am Vorderrande über die Wurzelhälfte hinaus bis gegen den Saum und Rippe 3. Das Wurzelfeld wird durch eine dunklere Linie begrenzt, die auf den Vorderflügeln auf Rippe 5 eine kleinere und zwischen den beiden in Zelle 2 (das grössere) und 5 befindlichen Augen eine grössere, nach aussen vortretende Spitze hat, von da aus läuft sie im Bogen um das Auge herum und vereinigt sich mit der graubraunen Saumbeschattung, in der eine nach innen verwaschene dunklere Wellenlinie und zwei schärfer gezeichnete Saumlinien liegen. Der Innenrand, ebenfalls verdunkelt hat vor seiner Mitte bis fast an die Rippe 2 reichend eine dünn bläulichweiss beschuppte, rundliche Stelle. Hinterflügel: Die Begrenzung des bedeutend helleren Wurzelfeldes beginnt etwas vor der Mitte des Vorderrandes, bildet auf Rippe 7 einen kleinen Zahn, läuft von hier aus ohne dunkle Begrenzung 2 mm weit mit Rippe 6 nach aussen, geht von hier aus etwas dem Aussenrande zugeneigt über Rippe 3, in Zelle 2 einen stumpfen Vorsprung bildend, von hier im Bogen um die nächsten beiden Augen herum, in den Zellen 1 einen grösseren und einen kleineren halb offenen Zahn bildend. Hinter dem Wurzelfelde stehen 6 Augen, die beiden grössten dicht am Vorderrande und in Zelle 2, das nächst kleinere in Zelle 3, von den 3 kleinsten 1 in Zelle 4 und 2 in den Zellen 1, von denen das vordere wieder das grössere ist. Sämmtliche Augen sind schwarz, weiss gekernt, mit orangegelbem Ringe und braunem Schatten umzogen. Den Saum bilden 2 scharf begrenzte, braune Linien, vor denen eine dritte nach innen zu verwaschene steht.

Mad. N.-B. selten.

156. **M. Ankoma** *Mab.* Ann. S. Fr. 1878. Bull. p. LXXVI. — Mad.

157. **M. Avelona** *Wrd.* Monthl. Mag. VII. (1870) p. 31. *Wrd.* Afr. Lep. p. 16. t. 12. f. 7. 8. — Mad. (Ftpt.)

158. **M. Passandava** *Wrd.* Monthl. Mag. VIII. (1871) p. 122. — Mad.

159. **M. Masikora** *Mab.* Pet. Nouv. 1877. No. 176. p. 157. — Mad.

160. **M. Andrivola** *Mab.* Pet. Nouv. 1877. No. 178. p. 157. — Mad.

161. **M. Parvidens** *Mab.* Ann. S. Fr. 1879. p. 342. — Mad.

162. **M. Vola** *Wrd.* Monthl. Mag. VII. (1870) p. 31. *Wrd.* Afr. Lep. p. 15. t. 12. f. 1. 2. — Mad.

163. **M. Strigula** *Mab.* Pet. Nouv. 1877. No. 178. p. 158. — Mad.

164. **M. Ankova** *Wrd.* Monthl. Mag. VII. (1870) p. 31. *Wrd.* Afr. Lep. p. 15. t. 12. f. 3. 4. — Mad. (Ant.)

165. **M. Ibolua** *Wrd.* Monthl. Mag. VII. (1870) p. 31. *Wrd.* Afr. Lep. p. 16. t. 12. f. 5. 6. Mad. (Flpt.)

166. **M. Difficilis** *Mab.* C. r. Belg. T. 23. p. CV. — Mad. (Flpt.)

167. **M. Subsimilis** *Butl.* Ann. & Mag. V. 4. 1879. p. 228 & V. 5. 1880. p. 33 (Pseudonympha *Wllgr.*) — Mad. (Fian.)

168. **M. Cowani** *Butl.* Ann. & Mag. V. 5. 1880. p. 334. (Pseudonympha). — Mad. Fian.

169. **M. Turbata** *Butl.* Ann. & Mag. V. 5. 1880. p. 334. (Pseudonympha). — Mad. Fian.

170. **M. Angulifascia** *Butl.* Ann. & Mag. V. 4. 1879. p. 228. (Pseudonympha). — Mad. (Ant.)

Henotesia Butl.

171. **H. Angavora** *Wrd.* Monthl. Mag. VIII. (1871) p. 122. (Mycalesis). Henotesia Angavora? *Wrd.* (Wardii *Butl.*) *Butl.* Ann. & Mag. V. 4. 1879. p. 228. — Mad. (Ant.)

Culapa Moore.

172. **C. Parva** *Butl.* Ann. & Mag. V. 4. 1879. p. 227. — Mad. (Ant.)

Heteropsis Wstw.

173. **H. Drepana** *Wstw. Dbld.* Gen. Diurn. Lep. p. 323. t. 63. f. 5 ♂. *Hew.* Monthl. Mag. XI. (1875) p. 227 ♀. *Chenu* Encycl. d'Hist. nat. Pap. f. 495. — Mad. (Bets. Ank.)

Strabena Mab.

174. **S. Smithii** *Mab.* Pet. Nouv. 1877. N. 178. p. 157. *Mab.* Bull. S. z. 1878. p. 81. — Mad.

Ypthima Hb.

175. **Y. Batesii** *Feld.* Nov. Lep. p. 486. t. 68. f. 10. 11. — Mad. (Ant. Fian.)

176. **Y. Vinsonii** *Gu.* Vins. Voy. Mad. Lep. p. 39. *Butl.* Ann. & Mag. V. 4. 1879. p. 229. — Mad. (Ant.)

177. **Y. Niveata** *Butl.* Ann. & Mag. V. 4. 1879 & V. 5. 1880. p. 335. — Mad. (Ant. Fian.)

178. **Y. Mopsus** *Mab.* Ann. S. Fr. 1878. Bull. p. LXXVI. (Satyrus). — Mad.

179. **Y. Albivittula** *Mab.* Ann. S. Fr. 1879. p. 344. — Mad.

180. **Y. Rakoto** *Wrd.* Monthl. Mag. VII. (1870) p. 30. (Erebia). *Butl.* Ann. & Mag. V. 5. 1880. p. 335. — Mad. (Fian.)

181. **Y. Dyscola** *Mab.* C. r. Belg. T. 23. p. CV. (Strabena). Mad.

182. **Y. Argyrina** *Mab.* Ann. S. Fr. 1878. Bull. p. LXXV. (Strabena). — Mad.

183. **Y. Ibitina** *Wrd.* Monthl. Mag. X. (1873) p. 60. (Mycalesis). — Mad. (Ant. Fian.) N.-B.

184. **Y. Tamatavae** *B. F.* Mad. p. 60. t. 8. f. 6. 7. (Satyrus). *Hew.* Trans. ent. S. 1865. p. 293. (Yphthima). — Mad. (Tamt. Ant.) N.-B.

Callyphthima Butl.

185. **C. Wardii** *Butl.* Cist. ent. II. p. 390. (Pseudonympha). *Butl.* Ann. & Mag. V. 5. 1880. p. 335. (n. g.) — Mad. (Fian. Ant.)

Smithia Mab.

186. **S. Paradoxa** *Mab.* Ann. S. Fr. 1879. Bull. p. CLXXIII. — Mad.

Libytheidae.

Libythea F.

187. **L. Cinyras** *Trim.* Trans. ent. S. 1866. p. 337. — Maur.

Erycinidae.

Saribia Butl.

188. **S. Tepahi** *B. F.* Mad. p. 27. t. 3. f. 4. (Emesis). *Gn.* Vins. Voy. Mad. Lep. p. 39. *Butl.* Ann. & Mag. V. 2. 1878. p. 289. (n. g.) — Mad. (Tamt. Bets.)

Lycaenidae.

Miletus Hb.

189. **M. Bocus** *Drur.* Cist. ent. I. p. 361. — Mad.

Castalius, Hb.

190. **C. Azureus** *Butl.* Ann. & Mag. V. 4. 1879. p. 230. — Mad. (Ant. Fian.)

191. **C. Leucon** *Mab.* Pet. Nouv. 1879. No. 211. p. 289 (Lycaena). — Mad. Butler vermuthet das ♀ von C. Azureus.

192. **C. Auratus** *Butl.* Ann. & Mag. V. 5. 1880. p. 336. — Mad. (Fian.)

Lycaena F.

193. **L. Reticulum** *Mab.* Ann. S. Fr. 1877. Bull. p. LXXI. — Mad.

194. **L. Antanossa** *Mab.* Ann. S. Fr. 1877. Bull. p. LXXI. — Mad.

195. **L. Artemenes** *Mab.* C. r. S. Belg. T. 23. p. XVI. — Mad.

196. **L. Atrigemmata** *Butl.* Ann. & Mag. V. 2. 1878. p. 290. — Mad. (Fian. Ant.)

197. **L. Mylica** *Gn.* Maill. Réun. Lép. p. 18. — Bourb.

198. **L. Lysimon** *Hb.* Europ. Schmetterl. I. f. 534 535. *B. F.* Mad. p. 23. L. Knysna *Trim.* Rhop. Afr. austr. p. 255. — S.-Europa, S.-Asien, Afrika, Maur. Bourb. Mad. N.-B.

199. **Lycaena Perparva** *n. sp.*

L. Lysimoni Hb. affinis sed minor, gracilior, alis ovalibus, imprimis posterioribus. Supra brunneo-grisea, ♂ minime argenteo-caerulea indutus versus basin alarum. Ciliis integris griseis, extus albis. Subtus albo-grisea, lineis limbalibus maculisque nigris distinctissimis albo-circumcinctis. Alis extus seriebus duabus lunularum, quarum interna supra costam usque ad basim ducit; alis anterioribus puncto discoidali uno magno; alis posterioribus puncto eodem modo sed magis diluto, post eum punctis tribus ad basin. Exp. al. 17—18 mm.

Diese auffallend kleine Lycaenide hat sehr schmale Flügel, (beim ♂ noch ausgeprägter), deren Winkel besonders an den Hinterflügeln so stark abgerundet sind, dass sie nahezu eiförmig erscheinen, dabei sind die Fransen verhältnissmässig lang.

Körper oben schwarzbraun, auf dem Thorax und dem Kopfe mit nur wenig hellblauer Behaarung. Die schmal weiss geringten Fühler endigen mit ockergelber Spitze. Die Brust mit Beinen und die Palpen sind unten hellblau, letztere enden mit ebenso gefärbter Spitze.

Die Flügel sind auf ihrer Oberseite graubraun, ♂ mit äusserst zarter silberblauer Bestäubung, die von der Wurzel aus sich nach dem Aussenrande zu verliert, ♀ die Basis mit bläulichem Silberstaub kaum angehaucht. Der Saum ist gegen die Fransen scharf dunkel abgegrenzt, die, grau beginnend, auf den Vorderflügeln breit, auf den Hinterflügeln schmal in Graubraun übergehen und eine scharfe Grenze gegen den äusseren weissen Theil derselben bilden.

Unterseite der Flügel hellgrau, der äussere Theil des Vorderrandes schmal, der Innenrand der Vorderflügel breit, und die Basis der Hinterflügel mit etwas blass bläulicher Einmischung. Die Zeichnungen, besonders die Saumlinie, sind mit nur geringer Ausnahme scharf begrenzt und weiss umzogen. Die schwarze Saumlinie tritt um so deutlicher hervor, als sie auf beiden Seiten weiss eingefasst ist. Die Fransen sind weiss, auf den Vorderflügeln mit breiter, auf den Hinterflügeln mit schmaler grau brauner Theilungslinie. Innerhalb des Saumes liegen zwei Reihen dunkelbrauner Mondflecken. Die der inneren Reihe mehr linearer Gestalt. Dann folgt auf beiden Flügeln ein Bogen schwarzer Flecken, sämmtlich von länglicher Gestalt. Auf den Vorderflügeln beginnen sie am Ende des ersten Flügeldrittels nahe am Vorderrande, dann folgen gleich weit abstehend von diesem der zweite auf der Flügelmitte; nahe dem dritten beginnt die eigentliche Aussenrandsreihe von 6 Flecken in ziemlich zugespitztem Bogen nach aussen gestellt bis zu Rippe 2, während der Fleck zunächst dem Innenrande, der längste und halbmondförmige in Zelle 1b, wieder nach aussen gerückt ist. Der Fleck in Zelle 5 bildet einen Winkel mit der Spitze nach aussen, alle übrigen dieser Reihe stehen sowohl schräg gegen den Vorder- wie Aussenrand. Der grosse länglich viereckige Mittelzellfleck liegt unter dem zweiten Vorderrandsfleck. Auf den Hinterflügeln beginnen die schwarzen Flecken nahe der Basis und es liegen mit ziemlich gleichen Abständen nahe am Vorderrande 3 in Zelle 7; an diese schliessen sich in den Zellen 6 bis 3 vier auf einem, mit dem Saume gleichverlaufenden Bogen gestellte Flecken an, zwei weitere etwas nach innen gerückt, in Zelle 2 und 1b, die beiden letzten liegen dicht am Innenrande und erreicht der innerste fast die Basis; es liegen also 11 gleichgefärbte, ziemlich gleichgeformte und annähernd gleichweit auseinander gestellte Flecken auf der Peripherie einer Ellipse, die ganz regelmässig erscheinen würde, wenn der Fleck in Zelle 2 nicht etwas nach innen gerückt wäre. Dieselben schliessen einen braunen strichförmigen Mittelzell-Querfleck ein, und nahe der Basis 2 schwarze, weiss umzogene Punkte, von denen der eine ebenfalls in der Mittelzelle, der andere in Zelle 1b befindlich, mit dem zweiten Vorderrandsfleck in ziemlich gerader Linie liegen.

Die fünf vorliegenden Exemplare stimmen in der von L. Lysimon *Hb.* und Gaika *Trim.* stark abweichenden Flügelform und Unterseitszeichnungen überein.

N.-B.

200. L. **Malathana** *B. F.* Mad. p. 26. — Mad. N.-B. Mit L. Asopus *Hpff.* (Peters Moss. Ins. p. 410. t. 26. f. 13—15.) sehr nahe verwandt.

201. L. **Cissus** *God.* Enc. méth. IX. p. 683. *Hb.* Zutr. f. 811. 812. *Trim.* Rhop. Afr. austr. p. 252. L. Catharina *Trim.* Trans. ent. S. 1862. p. 281. — S.-Afrika. Mad. (Fian.)

202. L. **Aberrans** *Butl.* Ann. & Mag. V. 2. 1878. p. 289. (Lampides *Hb.*). — Mad. (Fian.)

203. L. **Pulchra** *Murray* Trans. ent. S. 1874. p. 524. t. 10. f. 7. 8. — W.-Afrika, Mad. (Fian.)

204. L. **Lingeus** *Cr.* t. 379. E. G. *Trim.* Rhop. Afr. austr. p. 239. Resp. Ericus *F.* Ent. syst. III. 1. p. 281. — S.-Afrika, Mad. (Ank.) N.-B. selten.

205. L. **Rabefaner** *Mab.* Ann. S. Fr. 1877. Bull. p. LXIII. — Mad.

206. L. **Theophrastus** *F.* Ent. syst. III. 1. p. 281. *Trim.* Rhop. Afr. austr. p. 241. — Indien, Afrika, Mad. (Flpt.)

207. L. **Telicanus** *Hb.* Europ. Schmetterl. I. f. 371. 372. 553. 554. *B. F.* Mad. p. 24. *Hpff.* Peters. Moss. Ins. p. 400. *Trim.* Rhop. Afr. austr. p. 238. — S.-Europa, W.- & S.-Asien, Afrika. Rodr. Maur. Bourb. Mad. N.-B. häufig. Die Grundfarbe der Unterseite der Mad.-Exemplare, die durch ihre Grösse nicht besonders auffallen, ist weiss. Die Querzeichnungen der Flügel sind braun und ziemlich scharf abgegrenzt, aber häufig durch das vorherrschende Weiss so reducirt, dass solche Stücke ein ganz fremdartiges Aussehen erhalten.

208. L. **Tintinga** *B. F.* Mad. p. 27. — Mad. (Tint. Flpt.)

209. L. **Tsiphana** *B. F.* Mad. p. 25. — Mad.

210. L. **Baeticus** *L.* Syst. Nat. ed. XII. p. 789. *B. F.* Mad. p. 23. *Trim.* Rhop. Afr. austr. p. 236. — S.-Europa, S.-Asien, Afrika. Maur. Bourb. Mad. N.-B. häufig.

211. **Lycaena Quadriocularis** *n. sp.*

Fig. 7. 8.

L. caudata, albido-caerulea, rufulo micans; alis anterioribus apice leniter nigro cincto, alis posterioribus ante angulum analem nigro cinctis, punctoque nigro ante caudulam. Subtus delicate brunneo-grisea, alis anterioribus macula mediana serieque post eam macularum albido-pupillatarum et cinctarum, serie antemarginali lunularum albido-cinctarum; alis posterioribus a basi usque ad marginem externum signaturis albis plerumque albido-pupillatis, in margine antice maculis duabus rotundis nigris albido-pupillatis et cinctis, maculaque majori nigro intus caeruleo et rubro circumducta ante caudulam. Exp. al. 28 mm.

Tab. 1 cum fig. 7—8 explicat. ed. 1. 2. 1881.

♂. Die ziemlich langen Palpen sind oben schwarz. Die Augen sind fein weiss eingefasst. Die schwarzen Fühler fein weiss beringt. Der Körper ist oben schwarz mit bläulich grauer Behaarung. Die Hinterleibsringe sind fein bläulich weiss gesäumt. Der Körper ist unten weiss; die Füsse schwarz mit weisser Beringung. Aus der weissen Palpenbehaarung tritt eine Leiste schwarzer borstiger Haare heraus.

Der Hinterwinkel der Vorderflügel bildet bei ganz geringer Abrundung nahezu einen rechten Winkel, der Saum fast gerade, der Vorderrand mässig gebogen. Der Vorderwinkel der dreieckigen Hinterflügel ist ziemlich abgerundet, während der Afterwinkel mehr eckig erscheint, zwischen beiden der Aussenrand mässig gebogen, auf Rippe 2 und 3 nur wenig herausspringend, auf ersterer mit einem feinen Schwänzchen.

Oberseite seidenartig hell röthlich blau, die Rippen treten besonders am Vorderrande der Vorderflügel weisslich blau heraus, dieser ist in seinem letzten 1/3 fein schwarz, und zieht in die ebenso gefärbte Saumlinie und Fransen über, die, matt getheilt, mit weissen Spitzen enden, und um den Innenwinkel rein weiss herumziehen. Der Vorderrand der Hinterflügel ist weisslich, der Innenrand grau mit weisser Behaarung. Die Saumlinie ist fein schwarz, nach dem Innenrand zu sich verbreiternd, die Fransen vom Vorderwinkel bis gegen Rippe 3 rein weiss, von hier aus mit schwarzer nach dem Afterwinkel zu schärfer hervortretender Theilungslinie. Hinter Rippe 1 sind dieselben schmal, ganz schwarz, ebenso das Schwänzchen. In Zelle 1b steht nahe dem Saume ein kleiner rundlicher schwarzer Fleck. Die Grundfarbe der Flügelunterseite ist ein zartes bräunliches Grau mit hellerem Rippenverlauf besonders nach aussen zu. Die Zeichnungen sind weisse Flecken oder weiss umzogene Abtrennungen von der Grundfarbe. Ein grösserer nierenförmiger Mittelfleck, weiss gekernt auf den Vorderflügeln; ihn umzieht nach aussen theilweise eine geschwungene Fleckenbinde, die in ihren einzelnen Theilen etwas weniger licht gekernt ist. Auf die mit dem Grundton gleichfarbige Saumlinie sind, durch Weiss getrennt, zwei Reihen Möndchen aufgesetzt, die äusseren flache Bogen, die innern Spitzen nach innen zu bildend, über die gleichgeformte weisse Kappen aufgesetzt sind. Ausserdem erscheint ein Längswisch in der Mittelzelle und ein bogiger Fleck unter derselben in Zelle 1b weisslich; die mit feinen weissen Spitzen versehenen Fransen sind innen weiss, aussen dunkelbraun, um den Innenwinkel herum ganz weiss. Auf den Hinterflügeln liegen dicht am Vorderrande auf nicht ganz auf 1/4 und 1/2 seiner Länge zwei weiss umzogene und bläulich weiss gekernte schwarze Ringe, davor nahe der Basis ein weisser Querstrich und um diese herum zwischen der Subdorsalen und dem Innenrande vier weiss umzogene, ebenso gekernte Ringe der Grundfarbe, davon zwei in Zelle 1a hinter einander,

der innere der kleinste. Dahinter folgt vor der Flügelmitte eine ebenso gefärbte Fleckenreihe und zwar unter dem ersten Augenfleck ein weisses Mondfleckchen, dann über die Mittelzelle weg ein länglicher, hierauf zwei rundliche weiss umzogene und gekernte Flecken, deren letzter etwas vom Innenrande abbleibt. Hinter der Flügelmitte folgt eine aus unregelmässigen, in einander überfliessenden und nur wenig weiss gekernten Flecken, von denen der erste etwas hinter und unter dem zweiten Augenpunkte liegt. Hinter dieser befinden sich auf weissem Grunde in Zelle 4 und 5 je ein nach aussen zweispitziger Fleck von der Grundfarbe. Vor dem Saume befinden sich ähnlich wie auf den Vorderflügeln zwei Reihen Mondflecke; in Zelle 2 nahe dem Saume ein tiefschwarzer, grösserer runder Fleck nach innen zu überspannt von einem breiten, blutrothen Bogen; der zwischenliegende Raum ist in der Mitte violettblau ausgefüllt. In Zelle 1a sind zwei weisse Winkel mit der Spitze nach aussen übereinander eingezwängt, zwischen beiden liegt am Innenrand ein kleines, schwarzes Fleckchen. Die Zeichnung der Fransen entspricht der der Oberseite, nur zieht das Schwarze mehr ins Braune.

N.-B. 1 Exemplar ; Mus. F.

212. **L. Delicatula** *Mab.* Ann. S. Fr. 1877. Bull. p. LXIII. — Mad. (? L. Delicatula *Mab.* Bull. S. z. 1877. p. 215. — Congo)

213. **L. Smithii** *Mab.* Ann. S. Fr. 1877. Bull. p. LXXI. — Mad.

214. **L. Scintilla** *Mab.* Ann. S. Fr. 1877. Bull. p. LXXI. — Mad.

215. **L. Sanguigutta** *Mab.* Bull. S. phil. VII. 3. 1879. p. 132. Mad.

216. Lycaena Caeruleoarcuata *n. sp.*

Fig. 9. 10. 11.

L. caudata, violaceo-caerulea punctulo nigro ante caudulam, limbo nigro-fusco marginali. Subtus delicate brunneo-grisea, maculis omnibus parvis albido cinctis, non pupillatis, alis anterioribus macula mediana seriebusque duabus antemarginalibus; alis posterioribus maculis duabus parvis nigris ad marginem anticum; serie basali, macula mediana seriebusque duabus antemarginalibus; macula nigra intus caerulea et rubro circumducta ante caudulam. ♂ solum supra descr. Alis anterioribus apice late, margine antico et externo anguste nigro-fuscis; alis posterioribus margine antico et seriebus duarum lunularum antemarginalium nigro-fuscarum punctoque nigro ante caudali. Exp. al. ♂ 24 ♀ 19 mm.

Tab. I cum fig. 9. 10. 11. ed. 1. 2. 1881.

Der Körper ist oben schwarzbraun mit bläulich grauer Behaarung, unten ist diese weiss auf grauem Grunde sitzend. Vorderrand der Vorderflügel gleichmässig gekrümmt, Aussenrand steil, kaum gebogen; Innenrand gerade. Die Hinterflügel verhältnissmässig klein, am Vorderrand und Vorderwinkel stark, am Aussenrand mässig gebogen, derselbe ist auf Rippe 2 in ein schmales Schwänzchen fortgesetzt. Afterwinkel eckig.

♂ Violettblau, seidenglänzend. Der Vorderrand der Vorderflügel schmal, die ganze Saumlinie breit schwarzbraun, unmittelbar vor derselben in Zelle 2 der Hinterflügel ein runder, schwarzer Fleck. Das Schwänzchen schwarz mit weisser Spitze. Die Fransen der Vorderflügel erscheinen gleichmässig durch zwei Theilungslinien innen dunkelbraun, nach aussen zu in's Weisse übergehend; um den Innenwinkel zieht feine weisse Behaarung herum; auch befinden sich nahe der Basis heller blaue Schuppen. Die Fransen der Hinterflügel sind ähnlich wie die der Vorderflügel gefärbt, nur tritt um den Vorderwinkel herum bis zu Rippe 4 das Weisse mehr hervor, während sie sich nach dem Afterwinkel hin allmählig verdunkeln. Die Hinterleibsfalte ist bräunlich, der Innenrand weiss behaart.

Unterseite: Die Grundfarbe der Flügel ist zart bräunlich grau, auf den Hinterflügeln nach aussen und innen zu stark mit weissen Schuppen belegt. Die sämmtlichen Zeichnungen der Oberflügel und die in Gruppen oder Bogen stehenden der Hinterflügel sind etwas dunkler wie die Grundfarbe und weiss umrandet. Erstere bestehen aus einem nierenförmigen Mittelfleck, dahinter eine geschwungene Binde aus sechs länglichen Flecken bestehend, je einer in den Zellen 1b und 2 bis 6. Hierauf folgen zwei Reihen Randflecke, von denen die innern, mit Ausnahme des untersten, Winkel nach innen bilden, die äusseren schmale Bogen nach aussen.

Auf den Hinterflügeln stehen nahe dem Vorderrande am Ende des ersten und zweiten Drittels zwei weiss umkreiste kleine schwarze Flecken. Am Ende des ersten Flügel-Drittels liegt eine Fleckenreihe, die aus der Mitte der Mittelzelle in Bogen nach dem Innenrande zieht, dahinter folgt ein grösserer Mittelfleck, der aussen durch eine geschwungene Reihe verschiedenartig gestalteter Flecken umzogen wird, deren erster oval, sich an den zweiten schwarzen Vorderrandsfleck anschliesst; der zweite, der grösste, in der Mitte eingeknickt; dann folgen zwei runde, von denen der in Zelle 2 an die untere Spitze des Mittelflecks anstösst, hierauf folgt in Zelle 1b etwas nach aussen, und in Zelle 1a wieder nach innen gerückt je ein halbmondförmiger Fleck. Zwischen ersterem und dem Saume sind zwei Winkel mit den Spitzen nach aussen eingelegt, und dicht am Innenrande etwas über dem Afterwinkel ein kleines schwarzes Fleckchen, das Ende der Saumlinie bezeichnend. Die Randflecken wie auf den Vorderflügeln, springen jedoch weiter in die Zellen hinein; an Stelle desjenigen in Zelle 2 befindet sich auf weissem Felde ein runder tiefschwarzer Fleck, der nach innen zu schmal violett blau begrenzt und ebenda von einem in der Mitte eckig verbreiteten, blutrothen Bogen überspannt ist. Die Fransen sind an der braunen Saumlinie und an ihren Spitzen weiss; dazwischen verschiedenartig schattirt braun, welche Färbung gegen den Afterwinkel zu in's Schwarze übergeht, ebenso wie sich auch die Saumlinie verdunkelt.

♀ Das eine vorhandene Exemplar ist bedeutend kleiner als der ♂, der Aussenrand beider Flügel etwas mehr gerundet. Die blaue Färbung der Oberseite ist lichter und durch die schwarzbraune Berandung der Flügel zurückgedrängt; diese ist besonders breit am Vorderrande und um die Spitze der Vorderflügel, so dass die Mittelzelle theilweise verdunkelt ist; der Aussenrand ist schmäler und noch mehr der Innenrand dunkel überzogen. Auf den Hinterflügeln ist der Vorder- und Innenrand breit dunkel, der Aussenrand vor der Saumlinie hat zwei Reihen dunkler Randflecken, in Zelle 2 ist der tiefschwarze Fleck eckig und grösser als beim ♂, dagegen zeigt die Unterseite keine Verschiedenheit.

N.-B. Mus. F.

Vorstehende Art steht wohl der Lycaena Sanguigutta *Mab.* nahe, ist aber nach deren Beschreibung sicher verschieden; ausgedrückt in derselben durch folgendes: »alae obscurae cyaneae, li c i o nigro marginatae«; auch die Unterseite würde dunkler sein: »subtus alae o b s c u r a e griseae«; aber ganz besonders durch den bei den Lycaenen so charakteristischen Flecken vor dem Afterwinkel; in Bezug darauf heisst es: »ante caudam punctum seriei marginalis rotundium est, nigrum albo cinctum et ei superne a d j a c e t punctum sanguineum«. Ferner »Differt a L. Smithii *Mab.* puncto nigro posticorum, cui adjacet punctum sanguineum sed quod non una cum illo circumdatur albo«. Bei obiger Art ist der blutrothe Bogen deutlich und breit getrennt vom schwarzen Fleck und der Zwischenraum mit schönem Saphirblau ausgefüllt.

Thecla F.

217. **T. Licinia** *Mab.* Bull. S. z. 1878. p. 83. — Mad.

218. **T. Rutila** *Mab.* Bull. S. z. 1878. p. 83. — Mad.

Ialmenus Hb.

219. **I. Batikeli** *H.* F. Mad. p. 24. t. 3. f. 5. — Mad. (Tamt. Flpt.)

Hypolycaena Feld.

220. **H. Wardii** *Mab.* Bull. S. z. p. 82. — Mad.

221. **H. Philippus** *F.* Ent. syst. III. 1. p. 283. *Hew.* Illustr. of Diurn. Lep. t. 22. f. 15. 16. — Jol. Orejus *Hpff.* Peters Moss. p. 401. t. 25. f. 10. 11. — Ambl. Erylus *Trim.* Rhop. Afr. austr. p. 228. — C. Ramonza *m.* Ber. S. G. 1878. p. 84. — Afrika, Mad. (Tamt.) 1 ♂ Mus. F.

222. **H. Vittigera** *Mab.* Pet. Nouv. 1879. No. 211. p. 289. — Mad.

223. **H. Caeculus** *Hpff.* Ber. Verh. Ak. Berl. 1855. p. 642. *Hpff.* Peters Moss. Ins. p. 402. t. 25. f. 12—14. — Diese Abbildung, besonders was die Färbung der Oberseite anbetrifft, entspricht nicht ganz der Wirklichkeit, desto genauer und ausführlicher ist die Beschreibung.

Die zwei vorliegenden ♂ Stücke von N.-B., die jedoch auf der Oberseite nicht ganz übereinstimmen, sind intensiv blau, mit etwas violettem Schiller, bei dem einen Exemplare ist das Blau der Hinterflügel bedeutend heller und rein blau. Der nahe an der Basis entspringende Haarpinsel, der zum grössten Theil von dem lappenartigen Vorsprung der Vorderflügel verdeckt wird, ist graubraun. Die Unterseite beider Stücke zeigt keine Abweichung; sie ist aber bläulich weiss; die Zeichnungen sind sehr fein angelegt, die der Basis zunächst liegenden sind blutroth, die nächst folgenden braunroth. Die letzte, beiden Flügeln gemeinsame Querlinie ist sehr fein, beginnt am Vorderrande der Vorderflügel, auf denen sie auf den Rippen unterbrochen ist, braunroth und von deren Mitte aus bis zum Analwinkel schwarz. Die Saumlinie ist auf den Vorderflügeln rothbraun, auf den Hinterflügeln schwarz. Die Fransen sind bläulich weiss mit bläulich grauer Mischung. — Afrika. N.-B.

224. **H. Phidias** *F.* Ent. syst. III. 1. p. 486. [Indien]. — L. Rabe *H.* F. Mad. p. 25. *Hew.* Illustr. of Diurn. Lep. Suppl. t. 5. f. 30. 31. — Mad. (Tamt.)

225. **H. Hermeros** *Mab.* Bull. S. z. 1878. p. 82. — Mad.

Iolaus Hb.

226. **I. Argentarius** *Butl.* Ann. & Mag. V. 4. 1879. p. 231. — *Butl.* Ann. & Mag. V. 5. 1880. p. 395. — Mad. (Ant.

Guenée in Vins Voy. Mad. Lep. p. 29 führt als in Madagascar heimisch Lycaena Hyppocrates *F.* an, und im Katalog der Hewitson'schen Sammlung ist Lycaenesthes Lochias *Hew.* mit dem Vaterlande Mad. aufgenommen. Beide Angaben stehen jedoch vereinzelt da.

Hesperidae.

(*Plötz*, Stett. e. Z. 1879. p. 175 et seqq.)

Hesperia F.

227. **Hesperia Boseae** *m.*

Fig. 15. 16.

H. olivaceo-brunnea; corpore toto supra et basi omnium alarum, puncto triangulari ante marginem internum, fascia abbreviata et interrupta limboque anali ochraceis. Subtus griseo-ferrugineo-brunnea, signaturis pallidioribus et obscurioribus violaceis. Exp. al. 12 mm.

Ber. S. G. 1880. p. 259. *Plötz*, Stett. e. Z. 1882. p. 314.

♂ Die Fühler, von etwas über halber Vorderflügellänge, verdicken sich in ihrem letzten $^{1}/_{4}$ zu einer ziemlich abgesetzten Keule mit kurzer umgebogener Spitze. Das dritte kurze, conische Glied der Palpen überragt kaum das mit breiter, dichter Beschuppung endende zweite

Glied; diejenige des ersten ist von der des zweiten scharf abgesetzt. Der Vorderrand der Vorderflügel ist leicht gebogen. Saum auf Rippe 5 stumpfwinklig gebrochen, Innenrand gerade. Hinterflügel am Vorderwinkel stark herabgezogen, von da der Saum ein Stück geradlinig, dann stark geschwungen, auf Rippe 1 b mit vortretender Spitze.

Olivenbraun: Augeneinfassung rehbraun, hinterer Theil des Mittelleibes und Hinterleib glänzend ockergelb, die Leibesringe mit dunkler Begrenzung. Vorderflügel: Die Basis, der Innenrand bis nahe an den Hinterwinkel und ein kleiner Fleck, der auf $^2/_3$ ihrer Länge auf Rippe 1 aufgesetzt ist, sind ockergelb. Hinterflügel: Vorderrand und Saum breit olivenbraun, um den Afterwinkel herum lebhaft ockergelb gesäumt. Der innere Theil des Flügels hat dieselbe Farbe, am lebhaftesten tritt diese in Form einer durch die braunen Rippen unterbrochenen, dadurch aus 5 länglich viereckigen Flecken zusammengesetzten Binde hervor, die sich an den braunen Saumtheil anlehnt.

Auf der Unterseite sind die Fühler bräunlich grau, dunkler beringt, die Palpen rostgelb, Brust, Beine und Hinterleib braun, letzterer nach dem Afterende zu in seiner Mitte rostgelb. Die Flügel sind braun, am Saum und Innenrand breit hell graubraun, auf den Vorderflügeln zwischen Rippe 5 und dem Vorderrande breit violettgrau gemischt, am Saume mit 3 rundlichen rostbraunen Flecken. Auf $^3/_4$ des Vorderrandes ist ein violettgrauer, scharfbogig begrenzter, dreieckiger Fleck, schräg gegen den Saum zu aufgesetzt; an ihn schliesst sich, bedeutend nach innen gebrochen und stark unterbrochen, eine ebenso gefärbte Fleckenreihe an, die bei Rippe 2 endigt. Auf der Mitte des Vorderrandes ist ein ebenso gefärbtes Dreieck aufgesetzt, mit seiner nach dem Hinterwinkel zu gerichteten Spitze in die Mittelzelle reichend. Diese beiden hellen Vorderrandsflecken schliessen einen rostbraun gefärbten Raum ein, dann folgt nach der Wurzel zu ein kleines rostgelbes Dreieck und zuletzt ein weisslicher Wisch, der die Basis erreicht und nach innen ebenfalls rostgelb gesäumt ist. Hinterflügel in der Mitte stark mit violetter Einmischung bis zum Vorderrand hin; nahe der Wurzel umschliesst eine weissliche Linie einen rostgelben viereckigen Flecken, der auf den Vorderrand aufgesetzt ist; hierauf folgt rostbraune Färbung, dann ein graulich brauner, schräger, viereckiger Fleck zwischen Rippe 7 und 8, nach dem Innenrand zu ein unregelmässiger Fleck gleicher Färbung, und dahinter zwischen Zelle 7 und 2 eine bogige ebenso gefärbte Binde, deren schmälster Theil in Zelle 7 ist. Zwischen dieser Binde und dem rostbraunen Saume ist grauviolette Schattirung. Der Innenrand ist breit graulich braun, der Afterwinkel wie oben ockergelb umsäumt.

N.-B. 1 Exemplar Mus. F.

228. **H. Carmides** *Hew.* Descr. of new Hesp. II. 1868. p. 41. *Hew.* Ex. Butt. V. Cyclopides f. 1. **Mad.**

229. Hesperia Weymeri *n. sp.*

H. brunneo-nigra. Abdomine, basi alarum anteriorum, alis posterioribus a costa 6 usque ad angulum analem viridi-ochraceis pilosis, ciliis griseo-fuscis. Subtus olivaceo-fusca. Exp. al. 36 mm.

♀ Vorderflügel gestreckt und ziemlich zugespitzt, Aussenrand sehr schräge; zwischen den abgerundeten Winkeln der Hinterflügel ist der Saum nur wenig eingezogen.

Braunschwarz. Kopf und Thorax mit smaragdgrüner Behaarung, hinter den schwarzen auf der Unterseite bräunlich und schwarz geringten Fühlern ein kleiner ockergelber Flecken. Hinterleib, die Basis der Vorderflügel am ausgedehntesten an deren Innenrand, die Hinterflügel von Rippe 6 ab bis zum Afterwinkel den Aussenrand nicht ganz erreichend mit grünlich ockerfarbener Behaarung. Die Fransen graubraun, dunkler auf den Vorderflügeln, am hellsten mit etwas röthlichem Ton um den Afterwinkel herum.

Die Unterseite ist dunkel olivenbraun. Brust, Hinterleib, die Basis der Vorder- und die ganzen Hinterflügel schwarzbraun. Die Beine und Fransen etwas heller. Palpen und vordere Brustbehaarung mit grauer und gelblicher Einmischung. Die Augeneinfassung orangegelb. Die Augen bronceartig glänzend.

N.-B. 2 Expl. Mus. L.

230. **H. Fatuellus** *Hpff.* Ber. Verh. Ak. Berl. 1855. p. 643. *Hpff.* Peters Moss. Ins. p. 417. t. 27. f. 3. 4. *Wllgr.* Kaffert. Dag-Fjärilar. 1857. p. 48. — S. Afrika, Mad.

231. **H. Ibara** *Plöt.* Stett. e. Z. 1883. p. 38. — Mad.

232. **H. Poutieri** *B.* F. Mad. p. 65. t. 9. f. 7. *Trim.* Rhop. Afr. austr. p. 299. — S.-Afrika, St. Mar. Mad. (Tint. Flpt. Tamt.) N.-B.

Die Zahl und Grösse der Glasflecken ist veränderlich. Ein der vorliegenden Exemplare hat diese besonders gross und ausser denen auf den Vorderflügeln auch noch zwei auf den Hinterflügeln, die den matt weisslichen Flecken der Unterseite entsprechen und deren Stellung das Haupterkennungszeichen dieser von den nächst verwandten Arten zu sein scheint. Der Fleck in Zelle 2 ist gegen den in Zelle 3 stark nach innen gerückt, so dass sie beide in die Richtung einer Linie fallen, die man sich von der Mitte des Innenrandes nach dem Saume zu gezogen denkt, wo sie diesen etwas oberhalb der Rippe 5 treffen würde. Sind ausser diesen noch andere Flecken vorhanden, so sind sie weniger gross und deutlich, liegen in den Zellen 4 und 5 und mehr der Richtung des Saumverlaufes entsprechend.

233. **H. Marchalii** *B.* F. Mad. p. 66. *Trim.* Trans. ent. S. 1866. p. 339. — Maur.

234. **H. Havei** *B.* F. Mad. p. 64. *Trim.* Rhop. Afr. austr. p. 300. — S.-Afrika, Mad. N.-B. nicht selten.

235. **H. Sionis** *Mab.* Pet. Nouv. 1878. No. 210. p. 285. (Pamphila). — Mad. (Flpt.)

236. **H. Borbonica** *B.* F. Mad. p. 65. t. 9. f. 5. 6. *Trim.* Rhop. Afr. austr. p. 303. *Trim.* Trans. ent. S. 1866. p. 338. — S.-Afrika, Rodr. Maur. Bourb. Mad. N.-B. häufig.

237. Hesperia Octofenestrata *n. sp.*

H. olivaceo-fusca, basi alarum olivaceo-viridi pilosa, alis anterioribus maculis octo hyalinis; duae in cellula discoidali, quatuor minimae ante apicem, minor in cellula 1, major in cellula 3 inde profunde sulcata usque ad costam 1, fere ut in H. Mohopaani. Subtus corpore albidulo, alis olivaceo-fuscis; sulcus subtus callosus est; alis posterioribus maculis parvis albidulis una in cellula discoidali, tres seriem antemarginalem faciunt. Exp. al. 32 mm.

Nahe verwandt der Hesperia Mohopaani *Wllgr.* Im Körperbau findet keine wesentliche Verschiedenheit von dem der Verwandten statt. Die Vorderflügel sind stark nach der Spitze, die dreieckigen Hinterflügel nach dem Analwinkel zu gestreckt, der Saum beider ist geschwungen, auf letzteren derselbe an Zelle 1c ziemlich stark eingezogen.

Oberseite dunkel olivenbraun, die Fühler schwarzbraun, unten gelblich weiss, braun beringt. Die Flügel, die an ihrer Basis etwas dunkler sind, haben Fransen, die auf ihrer äusseren Hälfte heller gefärbt, nach den Hinterwinkeln zu und besonders um den Analwinkel herum rein weiss sind, während die innere mehr der Flügelfärbung entspricht. Vorderflügel an der Basis, Hinterflügel von dieser aus unterhalb der Mittelzelle bis zum Analwinkel olivengrün behaart. Auf den Vorderflügeln stehen 8 glashelle Flecken verschiedener Grösse: Zwei mittelgrosse zu beiden Seiten der Falte der Mittelzelle nahe vor ihrem Ende, gleichgestellt mit dem Saumverlauf; etwas schräger wie dieser die beiden grössten, von denen der grössere quer über Zelle 2, der kleinere über Zelle 3 gespannt ist; in dieselbe Richtung mit diesen beiden ovalen Flecken fällt der kleinste sämmtlicher, in Zelle 4 liegend. Nahezu rechtwinkelig zu dieser Fleckenreihe und nach zum Vorderrande etwas vor dessen letztem $^1/_4$ liegen dicht beisammen drei kleine rundliche Flecken in Zelle 6, 7 und 8, von denen der erstere etwas nach aussen gerückt ist. Quer über Zelle 1b und in noch schrägerer Richtung wie der Saum zieht eine schwarzbraun gefärbte, narbenartige Furche von dem grössten Glasflecken aus bis zur Mitte der Rippe 1.

Die Unterseite ist röthlich braungrau, die Palpen gelblich grau, die Brust mit grauer, der Hinterleib mit weisslicher Behaarung. Die Glasflecken der Vorderflügel sind, bei gleicher Lage, etwas trüber gefärbt als auf der Oberseite. Die Narbe erscheint als wulstartige Erhöhung, die nach der Basis zu dicht überschuppt ist. Die Hinterflügel haben in der Mittelzelle oberhalb der Falte einen und auf dem Anfang des letzten Flügel-Drittels drei mattweisse, nur schwach dunkler umzogene Punkte in Zelle 2, 4 und 5 mit gleichem Abstande vom Saume. Die Färbung der Fransen entspricht derjenigen der Oberseite.

N.-B. ♂ Mus. F.

238. **H. Howa** *Mab.* Ann. S. Fr. 1876. p. 270. (Cyclopides). — **Mad.** (Tamt.) N.-B.

239. **H. Coroller** *B. F.* **Mad.** p. 66. t. 9. f. 8. — **St. Mar. Mad.**

240. **H. Mango** *Gu.* Vins. Voy. Lép. p. 40. — **Mad.**

241. **H. Ariel** *Mab.* Pet. Nouv. 1878. No. 210. p. 285. (Pamphila). — **Mad.**

242. **H. Gillias** *Mab.* Pet. Nouv. 1878. No. 210. p. 285. (Pamphila). — **Mad.** N.-B.

243. H. Ellipsis *n. sp.*

H. obscure brunnea ciliis rufulo-flavis. Maculis 7 flavis acute terminatis, una in cellula media, aliis inter cellulam medianam et marginem internum. Subtus griseo-flava. Alis anterioribus maculis aurantiacis et plaga magna marginis interni atra. Alis posterioribus punctis subtilibus brunneo-lentis in medio alarum in forma elliptica dispositis. Exp. al. 26 mm.

Die Fühler und Palpen entsprechen der Gattung Hesperia, die Vorderbeine haben Schienblättchen, die Mittelschienen ein Paar, die Hinterschienen zwei Paar Sporen. Der an seinen beiden Enden gebogene Vorderrand der Vorderflügel ist in der Mitte kaum merklich eingezogen; der Aussenrand ist leicht, der Vorderrand der Hinterflügel stark gerundet, deren Saum auf Rippe 2 etwas nach innen gebogen ist.

Oberseite dunkel olivenbraun mit helleren, in der Farbung getheilten Fransen, die um beide Hinterwinkel vom röthlich Grauen in's Gelbe übergehen, am Analwinkel am hellsten, an der Vorderflügelspitze am dunkelsten erscheinen. Körper etwas dunkler mit brauner und gelblicher Behaarung. Afterende gelb. Die 7 gelben Flecken auf den Vorderflügeln sind sämmtlich scharf begrenzt, 5 derselben haben viereckige Gestalt. Der innerste und zweitgrösste liegt dicht vor dem Ende der Mittelzelle, füllt deren Breite aus und ist höher als breit; die übrigen liegen auf einem Bogen etwas vor dem letzten Flügel-Drittel. Nahe am Vorderrand liegen 3, nach diesem zu in senkrechter Richtung sich verjüngende, nur durch die dunkleren Rippen 7 und 8 getrennten Flecken, von denen der vorderste, punktförmig, eine dreieckige Gestalt hat. Es folgen nun nach dem Innenrande zu in etwas schrägerer Richtung als der Saumverlauf in Zelle 3 der drittgrösste, in Zelle 4 etwas nach innen gerückt der grösste sämmtlicher Flecken, von genau rechteckiger Gestalt. Hinter ihrer Mitte ist auf Rippe 1 ein dreieckiger oder auch segmentförmiger Fleck aufgesetzt, der nicht ganz die Mitte der Zellenbreite (1 b) erreicht. Dieser Fleck ist also durch ein breites Stück Grundfarbe von den darüber liegenden Flecken abgetrennt, ebenso wie diese mit dem Mittelzellfleck in keiner Verbindung stehen. Von der Basis ist der Flügel bis zum Mittelzellfleck und bis zu dem Fleck in Zelle 1 b mit grünlich gelben Schuppen und Haaren besäet. Die Hinterflügel haben keine Zeichnungen und sind nur von der Basis aus, die Mittelzelle nach vorn zu nicht überschreitend, mit grünlich gelben Haaren besetzt.

Die Unterseite ist trübe ockergelb. Die Fühler schwach beringt, die Palpen ziehen nach hinten zu in's Weissliche. Auf den Vorderflügeln geht von der Basis aus über die Mittelzelle hinweg nach dem Hinterwinkel und bis zu Rippe 3 braunschwarze Färbung, die nach dem Vorderrande und der Spitze zu sich verläuft, die Flecken erscheinen mehr ockerfarben, der dem Innenrand zunächst stehende etwas verwaschen; die Fransen sind braun, um den Hinterwinkel herum ockergelb. Die Mittelzelle einschliessend, stehen zwischen den Rippen nicht sehr deutliche, schwärzlich graue Punktfleckchen auf einer Ellipse, deren äussere Rundung auf das Ende des zweiten Flügeldrittels fällt. Die Fransen sind dicht am Saume braun, nach aussen zu ockergelb, den Afterwinkel umziehen sie ockergelb, nach aussen zu hellgelb.

N.-B. Mus. F

244. Hesperis Ypsilon *n. sp.*

H. nigro-brunnea. Maculis 6 aurantiacis pellucidum locatis in formam litterae Y dispositis, duabus in cellula mediana, tertia in formam arcus incurvata. Alis posterioribus rotundatis, ciliis utrisque aurantiacis. Subtus aurantiaca, alis anterioribus maculis 5 plagaque magna marginis interni atra. Alis posterioribus marginibus obscure brunneis, maculis 3 quadratis aurantiacis. Exp. al. 22 mm.

Der Cycl. Cariate Hew. nahestehend, doch verschieden durch die Grösse, die Gestalt der Flügel und die Stellung der Flecken. Das vorhandene Schienblättchen der Vorderbeine beweist, dass diese Hesperide nicht zur Gattung Cyclopides gehört. Der Vorderrand der Vorderflügel ist leicht nach aussen gebogen. Der Saum ist nur wenig schräge und tritt am meisten auf Rippe 4 heraus. Der Aussenrand der Hinterflügel ist ziemlich gleichmässig gerundet, so dass auch Vorder- und Afterwinkel nur wenig hervortreten.

Oberseite schwarzbraun mit orangerothem Anflug, und ebenso gefärbter, von der Basis ausgehender Behaarung. Die lange Befransung ist an der an den Saum anstossenden Hälfte von gleicher Farbe wie die Flügel; die äussere Hälfte ist röthlichgrau, am hellsten am Hinterwinkel der Vorderflügel und an den ganzen Hinterflügeln, die auf der Oberseite zeichnungslos sind. Die Flecken der Vorderflügel sind tief orangefarben und wenig scharf abgegrenzt. Vor dem Ende der Mittelzelle stehen zwei, von einander getrennte, von ovaler Gestalt; etwas abgerückt vom Vorderrande vor dem letzten Flügeldrittel 3, ziemlich zusammengeflossen zu einem einzigen dreieckigen Fleck, in Zelle 3 und 2 je ein viereckiger, letzterer etwas nach innen gerückt, beide mit einer Ecke zusammenhängend, und der in Zelle 2 zugleich den unteren Mittelzellfleck berührend; zuletzt ist auf der Mitte der Rippe 1 ein verwaschener Fleck aufgesetzt, der über die Zelle 1b hinweg eine mattgefärbte Verbindung mit dem grössten der Flecken in Zelle 2 hat. Bei einem der Exemplare zieht ein breiter orangerother Wisch von der Basis längs des Vorderrandes der Vorderflügel bis gegen die Mitte, der vordere Mittelzellfleck ist durch denselben absorbirt, wie auch der hintere durch eine dichte mehr gelbliche Behaarung.

welche die Breite des Wisches bis zum Innenrande fortsetzt und auch die innere Hälfte der Hinterflügel überdeckt, mit Ausnahme des Raumes, der zwischen Vorderrand und Mittelzelle liegt. Die übrigen Flecken auf den Vorderflügeln treten sehr reducirt, blass und verwaschen auf.

Auf der Unterseite sind die Fühler gelb, die äussere Kolbenhälfte schwarz mit rothbrauner Spitze; die ziemlich lang vorgestreckten Palpen weisslich gelb, die Spitzen des aus der Beschuppung des 2. Gliedes heraustretenden, ebenfalls dick beschuppten dritten, schwarz. Brust und Hinterleib gelblich weiss, letzterer gegen das Ende und in den Seiten und die Beine ockergelb. Die lebhaft orangegelben Flecken sind schärfer begrenzt wie auf der Oberseite, jedoch ist zwischen Rippe 2 und dem Innenrande kein solcher vorhanden. Der Vorderrand ist schmal schwarzbraun, dann folgt orangegelbe Färbung, die von der Basis aus bis an die Mittelzelle zwischen den vorderen Flecken hindurch zieht, gegen den Aussenrand zu mit etwas Grau gemischt ist, im Bogen um Fleck in Zelle 3 herum nach dem Hinterwinkel zieht. Der übrige Theil des Flügels ist braunschwarz und durch ihn ziehen die Rippen bis an die drei von ihm eingeschlossenen Flecken, gelb hinein. Die Fransen mit matter Theilungslinie sind braungrau und blassen kaum nach dem Hinterwinkel zu ab. Die Hinterflügel sind orange- bis ockergelb mit grauer Einmischung zwischen den Rippen, von der jedoch die orangegelben Flecken ausgeschlossen sind. Auf dem ersten Flügeldrittel liegt ein kreisrunder kleiner Fleck dicht an der Mittelzellfalte, über dieser ein noch kleinerer, nur punktförmiger, dann folgt nahe am Vorderrande ein viereckiger in Zelle 7. Etwas hinter der Flügelmitte stehen auf einem Bogen, gleichlaufend mit dem Saume, 3 viereckige Flecken von gleicher Grösse, je einer in Zelle 2, 3 und 6, während bei Cariate überhaupt nur 4 vorhanden sind, die je 2 und 2 beisammen stehen. Die Fransen, etwas lichter als an den Vorderflügeln, sind innen braungrau, aussen graugelb.

Mad. (Tamt.) N.-B. selten.

Auch die nächste Art muss wegen des Vorhandenseins der Schienblättchen hierher gestellt werden:

245. **H. Rhadama** *B. F.* Mad. p. 69. t. 9. f. 10. 11. (Steropes). — Mad.

Ob nun die folgenden Arten wirklich zu dem Genus

Cyclopides Hb.

gehören, kann, da keine derselben vorliegen, nicht entschieden werden; da aber dasselbe einen Theil der anscheinend nächsten Verwandten enthält, so wird es unmittelbar an Hesperia angeschlossen.

246. **C. Malchus** *Mab.* Bull. S. phil. VII. 3. 1879. p. 134. — Mad.

247. **C. Malgacha** *B. F.* Mad. p. 67. (Steropes). *Trim.* Rhop. Afr. austr. p. 294. t. 5. f. 10. — S.-Afrika. Mad. (Tamt.)

248. **C. Pardalina** *Butl.* Ann. et Mag. V. 4. 1879. p. 233. — Mad. (Ant. Fian.)

249. C. **Bernieri** *B.* F. Mad. p. 69. t. 9. f. 9. — Mad.

250. C. **Cariate** *Hew.* Descr. of new Hesp. II. 1868. p. 44. *Hew.* Ex. Butt. V. Cyclopides f. 8. — Mad.

251. C. **Empyreus** *Mab.* Pet. Nouv. 1878. No. 210. p. 285. — Mad.

252. C. **Leucopyga** *Mab.* Ann. S. Fr. 1877. Bull. p. LXXII. — Mad.

253. C. **Dispar** *Mab.* Ann. S. Fr. 1877. Bull. p. LXXIII. — Mad.

Telesto B.

254. T. **Kingdoni** *Butl.* Ann. & Mag. V. 4. 1879. p. 232. (Trapezites?). — Mad. (Ant.)

Antigonus Hb.

255. A. **Sabadius** *B.* F. Mad. p. 63. t. 9. f. 2. *Griffith.* The Animal Kingdom XV. Ins. 2. t. 39. f. 2. *Guér.* Ic. R. An. Ins. t. 82. f. 2. *Trim.* Rhop. Afr. austr. p. 315. — Pterygospidea Nottoana *Wllgr.* Kafferl. Dag. Fjärilar. p. 54. — S.-Afrika, Maur. Bourb. N.-B.

256. **Antigonus Andrachne** *Boisduval.*

Fig. 11

A. pallide griseo-brunneus, alis basi et apicibus fuscis; alis anterioribus in medio serie fracta macularum majorum 7 hyalinarum, sub apicem sex minorum; margine externo fusco, magis pallide maculato; alis posterioribus seriebus duabus macularum obscuriorum. Subtus pallide ochraceo uniformis maculisque distinctioribus. Exp. al. 37 mm.

B. F. Mad. p. 67. — Pl. Hyalinata *m.* Ber. S. G. 1878. p. 87 & 1879. p. 123.

Der Körper oben graubraun mit gelblich grauer Behaarung; das Ende des vorletzten Leibesringes mit Haarbusch, der beim ♂ starker hervortritt; die vordere Begrenzung der Stirn, des Halskragens und der Schulterdecken ist gelb. Die im letzten ⅓ sich allmählig zur Keule verdickenden und mit einer nur wenig gebogenen Spitze endenden Fühler sind schwarzbraun, an ihrer vorderen Seite mit einer feinen, weisslich gelben Längsstrieme, die sich über den grössten Theil der Unterseite ihrer Verdickung ausdehnt, versehen. Die die Fühlerbasis umgebenden Haarpinsel sind vorn gelb, hinter denselben verlängert und schwarz. An den seitlichen Grenzen des Scheitels liegen je zwei gelblich weisse Schuppenhäufchen. Die Palpen sind schwarz und gelb gefleckt, auf ihrer Unterseite gelblich weiss, die hintere Augeneinfassung ockergelb. Brust und Hinterleib sind unten braunschwarz mit blaugrauer und gelbgrauer Beschuppung. Die Beine sind gelblich weiss, nach ihren Enden zu gelblich braun. Vorderflügel zugespitzt, Aussenrand gerundet, bei Rippe 3 ein wenig geknickt, der der breiten, aussen stark gerundeten Hinterflügel zwischen Rippe 3 und 4 und auf 6 nur sehr wenig vortretend.

Oberseite: hellbraun, an der Basis dunkler. Vorderflügel: die äussere Hälfte des Vorderrandes, Spitze und Aussenrand graubraun, ebenso die Rippen; nahe der Basis, zwischen Mittelzelle und Innenrand 3 dunkle, verwaschene Flecken. Von der Mitte des Vorderrandes zieht eine in Zelle 3 winklig gebrochene Reihe von 7 glashellen, theilweise dunkelbraun eingefassten Flecken nach dem Innenrande, davon 1 nahe dem Vorderrande, 2 in der Mittelzelle, der grösste, dreieckig darunter, mit einem kleinen Flecken hinter sich in Zelle 3, 2 kleinere, ganz braun umrandet, zwischen dem grossten und dem Innenrande, beide in Zelle 1 b. Von der äusseren Seite der mittelsten Gruppe aus geht ein bindenartiger brauner Schatten gleichlaufend mit dem Aussenrande nach der Verdunkelung des Vorderrandes und in diesen beiden liegen 6 kleine glashelle Punkte in einem Bogen nach aussen zwischen Vorderrand und Rippe 4, von denen die 4 vordersten, die ungefähr in der Nähe des letzten $^1/_4$ des Vorderrandes stehen, die deutlichsten sind. Der dunkle Aussenrand und dieser bindenartige Schatten sind getrennt durch eine Reihe hellerer, verwaschener Mondflecken, die zwischen den Rippen 2 bis 9 liegen. Auf den Hinterflügeln, deren Aussenrand in seinem an den Vorderwinkel stossenden $^1/_3$ graubraun verdunkelt ist, sind am Vorderrande 2 dunkle Flecken, in der Nähe des Innenrandes 2 grössere hinter einander liegend; von dem äusseren derselben geht eine Reihe ungleich grosser Flecken im Bogen nach dem äusseren der am Vorderrande befindlichen, während zwischen den beiden innern ein kleiner Fleck in der Mittelzelle mit dahinter ausgespanntem feinem dunklerem Bogen liegt. Der hellere Theil des Aussenrandes ist nur sehr wenig gegen die Grundfarbe verdunkelt. Fransen weisslich.

Unterseite: bräunlich gelb. Aussenrand nur wenig verdunkelt, etwas mehr am Vorderwinkel der Flügel. Fransen dunkler als der Grund. Die Glasflecken der Vorderflügel schmal braun umzogen, ein matt brauner Fleck in der Nähe der etwas helleren Basis an Rippe 2 angehängt. Unterflügel: Wurzel nach dem Innenrande zu graubraun verdunkelt; in Zelle 6 zwei grössere dunkle Flecken, der äussere schwarz. Die Fleckenreihe der Oberseite durch 6 verschieden grosse, schwarze Punkte angedeutet.

♂ Auf der Oberseite dunkler graubraun, auf der Mitte der Flügelflächen mehr grau ockerbraun, welche Färbung beim ♀ bis in's Hellockergelbe zieht.

Mad. (Tamt.) N.-B. selten.

Tagiades Hb.

257. **T. Catocalinus** *Mab.* Pet. Nouv. 1878. No. 210 p. 285. — Mad.

258. **T. Insularis** *Mab.* Ann. S. Fr. 1876. p. 272. — Thymele Ophion *B.* F. Mad. p. 62. t. 9. f. 4. (nec Drury). — Mad. (Tamt. Flpt.) selten.

Ismene Swains.

259. **I. Forestan** *Cr.* t. 391. E. F. — Ismene Florestan. *Trim.* Rhop. Afr. austr. p. 318. — Nach *Guenée* mit der folgenden Art auf Réunion zusammen vorkommend, so dass wohl an-

zunehmen ist, dass, wenn sie auch mit dieser bis dahin verwechselt wurde, die seither angegebenen Mad.-Fundorte zutreffend sind. Alle aus N.-B. erhaltenen Exemplare gehören nur der folgenden Art an. Afrika, Rodr. Maur. Bourb. Mad.

260. **I. Arbogastes** *Gn.* Maill. Réun. Lép. p. 19. — Thymele Florestan *B.* F. Mad. p. 61. (Hesperia). — I. Margarita *Butl.* Cist. ent. II. p. 389. ff. 1879. — W.-Afrika. Bourb. Mad. (Ostküste. Ant.) N.-B. Häufig.

261. **I. Fervida** *Butl.* Ann. & Mag. V. 5. 1880. p. 339. (Hesperia). — Mad. (Ant.)

262. **I. Ratek** *B.* F. Mad. p. 62. t. 9. f. 1. (Thymele). — S.-Afrika. Mad. (Ostküste, Fian.)

263. **I. Ramanatek** *B.* F. Mad. p. 62. t. 9. f. 3. (Thymele). — Maur. Bourb. Mad. (Ostküste, Ant.) N.-B.

264. Ismene Pansa *Hewitson.*

Fig. 12. 13.

I. nigro-fusca, capite thorace basique alarum late densa longeque splendide viridi-caerulea pilosis. Subtus olivaceo-fuscis, in alis posterioribus a margine antico macula cuneiformis ad medium alae ducit ante marginem interiorem terminans, maculam nigram includente; ante limbum interiorem anali macula alba. Exp. al. 51 mm.

Hew. Ex. Butt. IV. Ismene t. 1. f. 1. 2. — Hesperia Ernesti *Grand.* Guér. Rev. z. 1867. p. 274.

♂ Kopf gross und plump, dicht behaart, die keulenförmigen Fühler enden in eine nur wenig gebogene, feine Spitze. Das Mittelglied der Palpen dicht behaart, die äussere und innere Behaarung überragt die der Mitte, das dritte Glied, horizontal vorgestreckt, ist sehr dünn. Thorax kräftig. Schenkel und Schienen lang behaart, die letzteren der Hinterbeine mit vier Sporen, die Tarsen sind mit starken Dornen besetzt. Hinterleib weniger stark; das letzte Glied endet mit getheilter Behaarung. Vorderflügel dreieckig. Vorder- und Aussenrand mässig gebogen. Innenrand gerade. Vorderrand und Vorderwinkel der Hinterflügel stark gerundet. Aussenrand geschwungen. Afterwinkel vorspringend.

Braunschwarz; die Augeneinfassung ist gelb, Kopf, Thorax und Basalbehaarung der Flügel grünlich blau. Letztere überzieht auf den Vorderflügeln eine Fläche, die von $^{1}/_{2}$ des Vorderrandes bis über die Hälfte des Innenrandes hinauszieht; auf den Hinterflügeln hat sie eine mehr bogige Begrenzung, die vor der Mitte des Vorderrandes beginnt und in das letzte $^{1}/_{3}$ des Innenrandes einläuft, vor diesem ist sie mit graubraunen Haaren untermischt, während sie auf der Flügelmitte nach aussen mehr in's glänzend Blaue übergeht. Die Fransen der Hinterflügel sind etwas heller als die Grundfarbe, besonders um den Afterwinkel herum.

Unterseite violettbraun, die Palpen innen und unten, die innere Bein- und mittlere Brustbehaarung weissgelblich, ebenso die äussere der drei Reihen Hinterleibsflecke, von denen die mittlere mehr orange ist. Auf den Flügeln zieht das Violettbraun nach aussen zu mehr in das Olivenbraune über. Am Vorderrande der Hinterflügel ist in seiner Mitte ein weisser, keilförmiger Flecken aufgesetzt, der ersteren nach der Basis zu fein umzieht; bis zu Zelle 1 b sich stark zuspitzend, umzieht er hier fein weiss einen runden, tiefschwarzen Fleck, der etwas vor der Flügelmitte liegt. Nahe dem Aussenrande befindet sich in derselben Zelle ein weisser, nach aussen zu etwas verwaschener Fleck. Die Fransen um den Afterwinkel herum sind hell orange, gegen den Innenrand sich etwas verbreiternd, gerade und senkrecht zu diesem abgegrenzt.

Mad. (S.-W.-Küste, Ant.) N.-B. selten.

Ploetzia n. g.

Die Fühler sind an ihrer Basis durch anliegende Behaarung verdickt, das letzte $^1/_3$ bildet eine spindelförmige Keule mit kurzer, hakenförmig umgebogener Spitze, Haarlöckchen fehlen. Die gerade vorgestreckten Palpen überragen den Kopf um seine Länge; das dritte anliegend und dünnbeschuppte, kurze conische Glied tritt nicht aus der borstigen Behaarung des zweiten heraus. Zunge sehr kurz und dünn. Augen gross. Brust kräftig und sehr tief. Der Hinterleib überragt die Hinterflügel. Die Beine sind im Vergleich zu dem kräftigen Körper schwach entwickelt. Die Schienen der Vorderbeine mit Blättchen, die der Mittel- und Hinterbeine sind mit je einem Paar verkümmerter Sporen, die in der Behaarung verborgen sind, in beiden Geschlechtern versehen. Vorderflügel sehr lang gestreckt, von dreieckiger Gestalt mit scharfer Spitze und sehr schrägem Saume, ohne Umschlag und ohne Narbe. Die Mittelzelle erreicht etwas jenseits der Flügelmitte ihr Ende. Die schwächere Rippe 5 steht in der Mitte zwischen 4 und 6; Hinterflügel weniger gestreckt und oval; an der entsprechenden Stelle, wo auf den Vorderflügeln Rippe 5 liegt, befindet sich nur eine feine Falte.

265. **Ploetzia Amygdalis** *Mabille.*

P. supra olivaceo-brunneo-grisea, basi antennarum striga alba conjuncta. Corpore subtus cretaceo albiduloque; alis brunneo-griseis et lilacino-albidulis. Alis anterioribus imprimis obscuris, limbo sub apicem diluto, ante apicem maculis quinque minutis brunneis. In alis posterioribus color dilutus praeponderat, qui a basi ad partem medianam limbi ducit, maculis octo brunneo-annulatis angulum formantibus. Exp. al. ♂ *45,* ♀ *45 mm.*

Mab. Bull. S. z. **1877.** p. 234.

Die Fühler, die ziemlich nahe beisammen stehen, sind in beiden Geschlechtern von gleicher Länge, bei den ungleichen Flügellängen sind sie beim ♀ von $^4/_5$, beim ♂ über $^1/_2$ Vorderrandslänge. Der Kopf hat durch die vorgestreckten Palpen das Aussehen eines Fischkopfes wie bei manchen Sphinges. Beim ♂ bilden die Vorderflügel ein gleichschenkeliges Dreieck und der in beiden Geschlechtern stark gebogene und nahe der Basis mit einer kleinen Falte versehene

Vorderrand der Hinterflügel tritt beim ♂ nahe der Basis fast lappenförmig heraus, der Saum ist stark gerundet und lässt kaum die Flügelwinkel hervortreten. Der Hinterwinkel der Vorderflügel ist mässig gebogen.

Olivenbraungrau, die Oberseite der Fühler bis zur Mitte ihrer Keule, das Endhäkchen derselben, der hintere Theil des lang und anliegend behaarten Thorax, der Hinterleib, die innere Vorderrandshälfte der Vorderflügel breit bis an die Mittelzelle mit hellerer, mehr gelblicher Einmischung; auch ein Theil des Vorder- und Innenrandes der Hinterflügel erscheint etwas heller, wie überhaupt die ganze Beschuppung letzterer etwas weniger dicht ist, wie auf den Vorderflügeln. Ihre kurzen Fransen vom Vorderwinkel bis gegen die Mitte des Innenrandes sind weisslich, während sie auf den Vorderflügeln auf den ganzen Saumverlauf nach aussen zu und in's Hellbraune übergehen. Die Subcostale der Vorderflügel tritt stark erhaben aus der Flügelfläche heraus. Kopf mit Palpen und Halskragen sind von gleicher Farbe, die Stirnbehaarung wird durch eine weisse Haarleiste, welche die Fühlerbasen verbindet, durchzogen. Die Unterseite der Fühler ist weiss, und diese Färbung schränkt das Braune der äusseren Keulenhälfte auch auf der Oberseite bedeutend ein. Die Augen sind bronzebraun glänzend.

Die Unterseite des Körpers ist weiss, gegen sein Ende zu in's Bräunliche überziehend, ebenso die Beine nach den Klauen zu. Die Palpen sind vorn und an den Seiten braun umrandet. Die Vorderflügel sind braungrau, am dunkelsten von der Mittelzelle nach dem Hinterwinkel zu und von gleicher Farbe sind die Fransen und kleinen Bogen, die zwischen den Rippen auf jene aufgesetzt sind. Die Zellenenden sind am Vorderrande durch weissliche Striche, die gegen diesen auslaufen, angedeutet. Auf den Aussenrand ist ein etwas verwaschenes lila- bis rosaweissliches Dreieck aufgesetzt, welches zwischen der Flügelspitze, dem Ende der Mittelzelle und der Rippe 3 liegt. Vor dem Vorderwinkel liegen 5 kleine braune Fleckchen, davon 3 in einem Winkel nach innen gestellt in den Zellen 6, 7 und 8, 2 mehr nach aussen gerückt und etwas schräger als der Saum gestellt, in Zelle 4 und 5.

Auf den Hinterflügeln herrscht die weissliche Färbung gleich der des Dreiecks auf den Oberflügeln vor und zieht von der Basis nach dem Saume, in der Mittelzelle am hellsten und nach Vorder- und Innenrand zu sich braun verdunkelnd. Ovale braune, hellgekernte Flecken zeichnen die innere Flügelfläche; 5 liegen in einer Reihe in der Richtung vom Vorderwinkel zur Innenrandsmitte zwischen den Rippen 1 b und 5; ein ebensolcher in der vorderen Hälfte der Mittelzelle und 2 hinter derselben in Zelle 6 und 7. Während diese länglichen Ringflecken alle ziemlich von gleicher Grösse sind, ist derjenige in Zelle 6 stets der kleinste. Eine ungleich breite braune Saumlinie trennt die bräunlich weissen Fransen von der Flügelfläche ab.

Mad. N.-B. häufig.

Heterocera.

Sphinges.

Macroglossidae.

Hemaris Dalm.

266. Hemaris Hylas *Linné.*

Fig. 10.

H. supra flavo-viridis, abdomine segmento quarto, quinto, sexto in medio fusco nigro-purpureo-velutino; fasciculo anali extus nigro, puncto extus basali albo. Alis fenestratis costis omnibus marginibusque nigro-fuscis; costa apiceque alarum anteriorum late signatis; margine interno alarum anteriorum, margine antico alarum posteriorum dimidia parte, margine interno alarum posteriorum toto eodem colore thoracis signato. Subtus thorace albo-lucido; abdomine purpureo maculis marginalibus albis; ano toto nigro. Exp. al. 58—65 *mm.*

L. Mant. I. p. 539. (Sphinx). *Wlk.* Cat. Br. Mus. 8. p. 84. *B.* Sp. gén. Sph. p. 376. — Sph. Picus *Cr.* t. 148. B.

Körper sehr kräftig gebaut; der Hinterleib auf der Unterseite abgeflacht. Zunge von geringer Länge. Palpen, Kopf, Rücken, die ersten und letzten Hinterleibsringe oben gelblich grün. Der vierte und fünfte Hinterleibsring bildet eine sammtartige, dunkel rothbraune Binde, die sich in der Mitte als ein viereckiger Fleck auf den sechsten fortsetzt. Der dritte und vierte Ring sind hinten schmal weiss gesäumt. Der breite Afterbusch des ♂ ist aussen und hinten schwarz gesäumt, während der mehr spitze des ♀ fast ganz schwarz ist. Die Augen sind braun mit weisslicher Einfassung, die Fühler schwarz, beim ♂ die Borstenbewimperung weisslich. Auf der Unterseite haben die Palpen vorn eine schmale schwärzliche Einfassung, im Uebrigen sind diese, wie die Brust und die Behaarung der grauschwarzen Beine gelblich weiss. Der Hinterleib ist glänzend rothbraun, der Rand der Ringe schmal schwarz, in den Seiten weiss. Die gelblich weisse Behaarung der Brust zieht sich in der Mitte über die ersten Leibesringe hinweg. Der Afterbusch ist schwarz, die beiden Ringe vor demselben haben seitlich je einen grösseren, dreieckigen weissen Fleck, in den theilweise die gelben Haare der Oberseite hineinreichen, während das Weisse in geringem Maasse auch nach der Oberseite herumzieht. Bei einzelnen Exemplaren treten vorwärts dieser Flecken auf den Leibesringkanten noch kleine weisse Fleckchen auf, so dass die Unterseite der vorderen Bauchhälfte mit vier Reihen weisser Flecken gezeichnet erscheint.

Die Vorderflügel sind nur in ihrem letzten Drittel gebogen, Spitze etwas abgerundet, Saum schräg gebogen, Innenrand geschwungen und stark eingezogen. Der Vorderwinkel der Hinterflügel stark gerundet, Afterwinkel vorspringend. Glashell mit schwarzbraunen Rippen; der Vorderrand ist zwischen den Costalrippen schwarzbraun ausgefüllt, verbreitert sich um die Spitze herum und verläuft in eine sehr schmale Flügeleinfassung, wie diese auch bei den Hinterflügeln auftritt. Die Basis der Flügel ist mit dichter grüner Beschuppung versehen und füllt auch auf den Vorderflügeln die Zelle 1a bis zur Hälfte ihrer Länge aus, auf den Hinterflügeln die innere Hälfte des Vorderrandes und überzieht breit den Innenrand, jedoch so, dass die Zelle 1b ihrer Länge nach nur zur Hälfte verdunkelt ist, und die Rippe 1a vor dem Aussenrande aus ihrer schmalen, durchsichtigen Umgebung deutlich hervortritt.

Dies Insect, von dem noch keine genügende Abbildung existirt, hat eine weite Verbreitung über die ganze afrikanisch-indo-australische Region und ist in Mad. St. Mar. und auf N.-B. häufig.

267. **H. Cyaniris** *Guér.* Ic. R. An. Ins. p. 496. Durch Kirby werden die angezweifelten Artrechte bestätigt. (Trans. ent. S. 1877. p. 239. H. (Cyaniris?) — Indien. Mad.

268. **H. Apus** *B.* F. Mad. p. 79. t. 10. f. 4. *B.* Sp. gén. Sph. p. 375. — Bourb. Maur. Mad. (Fian.)

Macroglossa O.

269. **M. Milvus** *B.* F. Mad. p. 78. t. 10. f. 3. *Wlk.* Cat. Br. Mus. 8. p. 90. *B.* Sp. gén. Sph. p. 336. *Butl.* Cist. ent. II. 1879. p. 389. ff. Maur. Bourb. Mad.

270. **M. Aesalon** *Mab.* Ann. S. Fr. 1879. p. 299. — Mad. (N. O.-Küste.)

271. **M. Bombus** *Mab.* Ann. S. Fr. 1879. p. 347. — Mad.

272. **M. Bombylans** *B.* Sp. gén. Sph. p. 344. *Trim.* Proc. Dublin S. II. 1880 p. 340. — S.-Asien. Mad.

273. **M. Trochilus** *Hb.* Samml. ex. Schm. II. 4 f. (Psithyros). *Wlk.* Cat. Br. Mus. 8. p. 90. *Wllgr.* Kafferl. Het. p. 17. (& Fasciatum olim). *B.* Sp. gén. Sph. p. 335. — Abyss. S.-Afrika. Maur.

Proserpinus Hb.

274. **P. Obscurus** *Mab.* Ann. S. Fr. 1879. p. 344. — Mad.

Chaerocampidae.

Panacra Wlk.

275. **Panacra Butleri***) *n. sp.*

Fig. 51.

P. olivaceo-griseo-fusca. Capite, tegulis lateralibus albo-cinctis. Alis anterioribus puncto nigro discoidali, post eum macula costali diluta, obscure-grisea, ovali. Ab apice ad angulum

*) Herr **A. G. Butler,** Assistant-Keeper bei der zoologischen Abtheilung des K. British Museum in London hatte nach bereits begonnenem Drucke dieser Blätter die ausserordentliche Güte, die Heteroceren-Tafeln mit dem reichhaltigen, unter seiner Aufsicht befindlichen Materiale zu vergleichen und mit die werthvollsten Notizen zukommen zu lassen, wofür ich ihm an dieser Stelle (da die Einleitung schon gedruckt war) meinen besten Dank ausspreche.

internum linea undulata albido-flava. Limbo late griseo, ciliis albido et obscure-grisea variegatis. Alis posterioribus nigro-griseis, ante marginem internum plaga griseo-flava, ciliis albidulis. Subtus corpore roseo-albidulo; alis roseo-griseis, extus griseis, antea magis luteis. Exp. al. 51 mm.

Durch den in seinem letzten $^1/_3$ gekrümmten Vorderrand und den geschwungenen Saum, der auf Rippe 4 am weitesten herausspringt, tritt die Spitze der Vorderflügel etwas gesichelt hervor. Die Fühler von $^5/_8$ der Vorderflügellänge verdicken sich nur wenig nach der hakenförmig umgebogenen Spitze zu.

Olivenbräunlichgrau. Fühler hellbraun. Die Stirnbehaarung ist seitlich, wo sie an die Augen stösst, weiss eingefasst und setzt sich in Verbindung mit der ebenso gefärbten äusseren Säumung der Schulterdecken. Der Hinterleib ist etwas dunkler als der Thorax, mehr entsprechend der Färbung der Hinterflügel und seine vorderen Segmente sind in der Seite und an ihren hinteren Grenzen, letztere nur sehr schmal, röthlich grau gefärbt, während die hinteren Leibesringe an den nämlichen Stellen bronceartig gelblich und bräunlich ockerfarben erscheinen. Die röthlich graue und bräunliche Seitenfärbung grenzt sich scharf gegen die röthlich weisse, fein schwarz punktirte Unterseite des Hinterleibes ab: vor dieser Grenze steht auf jedem Segmente ein schwarzer Punkt. Die Brust und der hintere Theil der Palpenbehaarung ist unten ebenfalls röthlich weiss, erstere verdunkelt sich etwas nach den Seiten zu gleicher Färbung, wie sie die Schenkel und Schienen der mit äusserst langen dünnen Tarsen versehenen Beine haben. Die Tarsen und die Schienen-Behaarung der Vorderbeine sind auf der Oberseite weiss. Die 2 resp. 4 Sporen der Mittel- und Hinterschienen zeigen nichts besonders Auffallendes. Die Augen sind broncebraun mit rothbraunen und schwarzen eckigen Flecken.

Die Färbung der Vorderflügel erblasst etwas nach aussen zu, besonders auf den Rippen; zwischen dem Vorderrande und der Subcostalen geht sie in's Ockerbraune über. In der Mittelzelle befindet sich ein feiner, schwarzer Punkt und hinter, und nur schmal abgetrennt von diesem, beginnt etwas vor der Mitte des Vorderrandes ein durch etwas mehr Braun verdunkelter ovaler Schatten, der vom Vorderrande bis zu Rippe 4 reicht, wo er am dunkelsten ist und mit einem Bogen begrenzt hinter dem Gabelpunkte von Rippe 7 und 8 vorbeilaufend und dann verdunkelt auf dem Anfange des letzten $^7/_8$ den Vorderrand wieder erreicht. In seinem Innern ist dieser nicht sehr scharf begrenzte Flecken etwas heller, von gleichem Tone wie die Grundfarbe; hinter demselben verlaufen die Rippen hell lehmgelb bis an das mattgrau gefärbte Saumfeld, dessen innere Begrenzung ebenfalls hell lehmgelb ein wenig vor der Spitze des Flügels beginnt, schräg nach innen und geschwungen bis zu Rippe 5 zieht, von hier aus sich über Rippe 4 und 3 wieder nach aussen biegt, um zuletzt mit einem etwas zackigen, nach innen gekrümmten Bogen den Innenrand vor dem Hinterwinkel zu erreichen. Die Färbung dieser Grenze tritt nur matt auf und verliert sich nach innen zu in die Grundfarbe;

sie ist am deutlichsten und hellsten vor der Flügelspitze, wo sie bis zu einem schwärzlichen Flecken am Vorderrande reicht, der am Anfange seines letzten 1/3 liegt. Die Fransen sind hell lehmgelb, hinter den Rippenenden schwarzbraun gefleckt.

Die Hinterflügel sind schwarzbraungrau, vor dem Innenrande liegt ein mit seiner Spitze nach der Basis zu gewendeter keilförmiger, gelblich brauner auf Rippe 1 stark behaarter Flecken, dessen schmale Basis mit ihrem einen Ende nahezu den Afterwinkel erreicht. Die Fransen und die Innenrandsbehaarung sind weisslich, erstere hinter den Rippenenden nur durch wenige braune Schuppen verdunkelt.

Auf der Unterseite sind die Vorderflügel auf ihrer inneren Fläche dunkelgrau mit gelbgrauer Behaarung. Die innere Hälfte des Innenrandes ist gelb; das Ende der Mittelzelle ist durch ein gelbliches Strichchen angedeutet. Gegen Vorderrand und Saumfeld zu geht die Färbung in Röthlichgrau und Gelb über, welche Färbung mit Braungrau überrieselt ist. Zwei braungraue Querstreifen, von denen der innere der äusseren Begrenzung des ovalen Costalfleckes der Oberseite entspricht, ziehen im letzten Flügeldrittel vom Vorderrande aus in die dunkle Innenfläche über und hinter ihr befindet sich auf jeder Rippe ein braunschwarzer Strichfleck. Gegen die Spitze zu wird die Färbung am hellsten gelb. Die innere Abgrenzung des grauen Saumfeldes tritt viel schärfer wie auf der Oberseite auf und erscheint, obgleich im Allgemeinen dieselbe Richtung innehaltend, viel zackiger. Die Hinterflügel sind röthlich grau mit braungrauen Schuppen dicht besäet. Auf der Mitte des Vorderrandes liegt ein dunkler Fleck, ein zweiter vor seinem letzten 1/4, von welchem aus eine mit dem Saume gleichlaufende Reihe dunkelbrauner Punkte, die auf den Rippen liegen, ausgeht. Hinter dieser ist der Saum mit nach innen zackiger Begrenzung, die in den Afterwinkel läuft, matt braungrau. Der Analfleck der Oberseite ist nur durch ganz geringe Einmischung von Gelb in die röthliche Grundfarbe dicht an der Begrenzung des Saumfeldes angedeutet. Die Fransen sind wie auf der Oberseite gezeichnet, jedoch sind ihre helleren Theile auf beiden Flügeln matt gelb, nach dem Afterwinkel zu weisslich gelb.

1 Exemplar Mus. F. N.-B.

Basiothea Wlk.

276. **B. Idricus** *Dr.* Exot. Ins. III. t. 2. f. 2. *B. F.* Mad. p. 73. t. 10. f. 5. *B.* Sp. gén. Sph. p. 282. — Sph. Clio *F.* Ent. syst. III, 1. p. 377. — B. Idricus*) *Wlk.* Cat. Br. Mus. 8. p. 125. *Butl.* Trans. z. S. IX. 1877. p. 552. — Chaer. Idriacus *Gn.* Maill. Réun. Lép. p. 21. & Vins. Voy. Mad. p. 29. — Ch. Transfigurata *Wllgr.* Kafferl. Het. p. 18. (Idraeo similis). — Afrika, Maur. Bourb. Mad.

*) Weshalb Idricus *Dr.*? Sowohl in der alten Ausgabe des Drury'schen Werkes, so wie in der später von Westwood arrangirten befindet sich an mehreren Stellen nur «Idrieus». Auf dem Namen scheint allerdings kein Glück zu ruhen, da auch hier in der Einleitung p. 13 derselbe durch Weglassen des i verstümmelt ist.

Gnathostypsis Wllgr.

277. G. **Laticornis** *Butl.* Ann. & Mag. V. 4. 1879. p. 233. — Mad. (Ant. Fian.)

Diodosida Wlk.

278. D. **Tyrrhus** *B.* Voy. Delegorgue dans l'Afr. austr. (1847) p. 594. *B.* Sp. gén. Sph. p. 303. — D. Murina *Wlk.* Cat. Br. Mus. 8. p. 163. — Chaerocampa Argyropeza *Mab.* Bull. S. phil. VII. 3. 1879. p. 135. — S.-Afrika. Mad.

279. D. **Grandidieri** *Butl.* Ann. & Mag. V. 4. 1879. p. 234. — Mad. (Ant.)

280. Diodosida Perkoveri *Butler.*

Fig. 41.

D. olivaceo-fusca, alis anterioribus fasciis duabus partim distinctis, externa extus angulata, secuta lineis dentatis, area limbali caeruleo-albido adspersa; inter fascias puncto minuto albidulo; alis posterioribus ciliis albidulis. Subtus alis brunneo-griseo variegatis, extus griseis serie punctorum minutorum, disco et apice anteriorum magis obscuris; abdomine roseo. Exp. al. 58—61 mm.

Butl. Trans. z. S. IX. 1877. p. 637.

Fühler des ♂ kräftig, stark gezähnt (12 mm lang), beim ♀ kürzer (9 mm), sehr dünn und glatt. Endhäkchen in beiden Geschlechtern borstig behaart. Halskragen aufgerichtet. Vorderrand der Vorderflügel gleichmässig gebogen. Innen- und Aussenrand stark geschwungen, letzterer auf Rippe 7 vollständig nach innen eingeknickt, dadurch die Flügelspitze etwas sichelartig vortretend. Aussenrand der Hinterflügel geschwungen, vor dem Afterwinkel nur mässig eingebuchtet.

Dunkelolivenbraun, Fühler, Augen und Palpenspitzen rostbraun. Hinterleibsringe sehr fein weisslich gesäumt. Hinterleibsende beim ♀ stark zugespitzt, beim ♂ in einen rostbraunen, seitlich weisslichen, zugespitzten Afterbusch endigend.

Vorderflügel: Von ⅓ des Vorderrandes zieht eine breite dunkelbraune Schrägbinde über den Flügel, die nur bis Rippe 2 deutlich hervortritt, und von hier aus bis zum Innenrand durch die Behaarung verdeckt wird; dahinter ist ein kleiner gelblicher Punkt am Ende der Mittelzelle. Auf der Mitte des Vorderrandes beginnt die innere Begrenzung einer breiteren, ebenfalls dunkelbraunen Binde, die, sich etwas verschmälernd, stark geschwungen den Innenrand erreicht, nachdem sie zwischen Rippe 6 und 7 stark nach aussen, in Zelle 2 sich nach innen gebogen hat. Hierauf folgt eine auf den Rippen nach aussen zu stark gezähnte, dunkelbraune Linie, die mehr der ersten Binde gleich läuft; zwischen ihr und der äusseren Binde ist der Raum zwischen Vorderrand und Rippe 7 bläulich weiss angehaucht; die Rippen 7 bis 4 in derselben Ausdehnung mit drei feinen Längsstrichelchen versehen, und der Aussenrand zwischen Rippe 3 und 7 nach innen zu verwaschen breit bläulich weiss bestaubt, die dunkel gezeichneten Rippenenden enthaltend. Bei einzelnen Exemplaren ist noch eine gezähnelte Linie zu sehen, die etwas nach innen gebogen von der Spitze zum Hinterwinkel ziehend, ein schmales Saumfeld abtrennt. Die dunkelbraunen Fransen gehen nach dem Hinterwinkel zu in's Hellbraune über, und umziehen in letzterer Farbe die einfach dunkelbraun (wie die Binden der Vorderflügel) gefärbten Hinterflügel.

Auf der Unterseite sind die Palpen weisslich, die Brust und Beine weisslich braun, der Hinterleib nach hinten in's Rosa- oder Rothbraune übergehend, mit zwei matt dunkleren Punktreihen auf den Segmentgrenzen. Vorderflügel bis $^2/_3$ dunkelbraun, dann folgt eine verwaschene gelbgraue Binde, in der eine kaum sichtbare dunklere Zackenlinie und dahinter eine dunkele Punktreihe auf den Rippen hervortritt. Der Aussenrand ist dunkelbraun, besonders hinter der Flügelspitze und ebenso wie der gleichgefärbte Aussenrand der Hinterflügel breit bläulich weiss bestaubt. Die Punktreihe ist auf die Hinterflügel fortgesetzt, die mehr röthlich grau sind und nahe der Basis einen mattdunklen Zellenpunkt und dahinter eine kaum angedeutete Bogenbinde tragen. Die bläulich weisse Bestäubung scheint vorzugsweise eine Eigenthümlichkeit des ♀ zu sein. Beim ♂ kommt sie auf der Oberseite nur sehr beschränkt am Aussenrande und an der äusseren Binde der Vorderflügel vor. Auf der Unterseite fehlt sie gänzlich. Diese zieht beim ♂ mehr in's Grünlichbraune, auf beiden Flügeln tritt ein bräunlich grauer Saumabschnitt auf, und die Hinterflügel zeigen den Mittelzellpunkt und die dahinter liegende Binde deutlicher als das ♀. Die Fransen sind gelbbraun.

Mad. (Flpt.) N.-B. nicht selten.

Chaerocampa Dup.

281. C. **Batschii** *Kef.* Jahrb. Ak. Erf. 1870. p. 14. f. 4. — Mad. (Tamt.)

282. C. **Humilis** *Butl.* Ann. & Mag. V. 4. 1879. p. 234. — Mad. (Ant.)

283. C. **Eson** *Cr.* t. 226. C. *B.* F. Mad. p. 71. *Wlk.* Cat. Br. Mus. 8. p. 137. *B.* Sp. gén. Sph. p. 232. — S.-Afrika. Maur. Bourb. Mad. (Tamt.) N.-B. nicht selten.

284. C. **Gracilis** *Butl.* Proc. z. S. 1875. p. 8. t. 2. f. 2. — W.-Afrika, Mad. (Ant.) Nach Maassen ein kleiner C. Eson (Stett. e. Z. 1880. p. 56.)

285. C. **Thyelia** *L.* Syst. Nat. ed. X. (1758) p. 492. *B.* Sp. gén. Sph. p. 231. — C. Theylia *L.* Mus. Ulr. (1764) p. 360. *Cl.* Ic. Ins. t. 46. f. 4. *Cr.* t. 226. E. F. — Sph. Boerhaviae *F.* Ent. syst. III. 1. p. 371. *Sulzer*, Gesch. der Ins. p. 151. t. 20. f. 3. — Diese sonst nur in S.-Asien heimische Art will Mabille aus N.-B. erhalten haben.

286. C. **Charis** *Wlk.* Cat. *Br.* Mus. 8. p. 136. *B.* Sp. gén. Sph. p. 236. t. 6. f. 4. — S.-Afrika, Mad. *(Mab.)*

287. C. **Osiris** *Dalm.* Analecta ent. p. 48. *Wlk.* Cat. Br. Mus. 8. p. 135. — D. Osyris *B.* Ic. hist. Lép. II. p. 18. t. 49. f. 1. *B.* Sp. gén. Sph. p. 237. — Afrika. Mad. N.-B. Mus. F. & L.

288. C. **Celerio** *L.* Syst. Nat. ed. X. p. 491. *Cr.* t. 125. E. *Hb.* Europ. Sph. t. 10. f. 59. *B.* F. Mad. p. 72. *B.* Sp. gén. Sph. p. 238. — S.-Europa, S.-Asien, Afrika, Australien, Maur. Bourb. Mad. N.-B. häufig.

289. C. **Geryon** *B.* Sp. gén. Sph. p. 241. t. 7. f. 3. — Mad. (Ant. Tamt.) N.-B. häufig.

290. C. **Saclavorum** *B.* F. Mad. p. 71. t. 10. f. 6. *B.* Sp. gén. Sph. p. 251. — Mad. N.-B. nicht selten.

291. C. **Balsaminae** *Wlk.* Cat. Br. Mus. 8. p. 138. *B.* Sp. gén. Sph. p. 252. — S.-Afrika, Mad. N.-B. selten.

292. C. **Bifasciata** *Mab.* Ann. S. Fr. 1879. p. 345. — Mad.

Deilephila O.

293. D. **Biguttata** *Wlk.* Cat. Br. Mus. 8. p. 172. *B.* Sp. gén. Sph. p. 160. — Mad. (Ant.)

Daphnis Hb.

294. D. **Nerii** *L.* Syst. Nat. ed. X. p. 490. *Cr.* t. 224 D. *Hb.* Europ. Sph. t. 11. f. 63. *B.* F. Mad. p. 74. *Wlk.* Cat. Br. Mus. 8. p. 188. *B.* Sp. gén. Sph. p. 224. — S.-Europa, S.-Asien, Afrika, Maur. Bourb. Mad. N.-B. nicht häufig.

Die vorliegenden Exemplare *var.* **Infernelutea** *m.* aus N.-B. sind kleiner als die in Europa aus Raupen gezogenen. Mabille führt den Grössenunterschied ebenfalls als eine Eigenthümlichkeit der Mad.-Expl. an. Dagegen ist von weiteren Unterschieden bei keinem Autor die Rede. Die Färbung der Oberseite ist blasser, das Grüne zieht mehr in die Farbe des Grases über, und die helleren Hinterflügel haben über dem Afterwinkel vor dem Saume, wo bei den europäischen Stücken das Grüne derselben am lebhaftesten auftritt, schmutzig ockergelbe Färbung, die auch noch verwaschen gegen den Vorderwinkel hinzieht. Die Unterseite auf der die Gestalt und die Lage der Zeichnungen ebenso wenig wie auf der Oberseite verschieden ist, zeigt einen wesentlichen Unterschied in der Färbung, indem nicht eine Spur von Grün vorhanden ist. Alle Nuancen, die dieses auf den europäischen Stücken durchmacht, fallen hier den Abstufungen von goldartigem Orangegelb bis zum Graubraunen anheim. Ersteres tritt am lebhaftesten vor dem Vorder- und Hinterwinkel und zwischen Rippe 5 und 7 vor dem Saumfelde der Vorderflügel und auf den Hinterflügeln in der Mittelzelle und vor dem Afterwinkel auf; das Weisse der Zeichnungen ist leicht mit Rosa gemischt. Die Palpen und der Hinterleib sind graugelb, Brust und Fühler graubraun. Unter der sehr grossen Anzahl europäischer Stücke, die verglichen wurden, befand sich auch nicht ein einziges, welches nur eine Andeutung zum Uebergang in die orangegelbe Unterseite gezeigt hätte.

Chlorina Gn.

295. C. **Megaera** *L.* Mus. Ulr. p. 358. *Cl.* Ic. Ins. t. 47. f. 2. *Wlk.* Cat. Br. Mus. 8 p. 179. *Hpff.* Peters Moss. Ins. p. 422. *B.* Sp. gén. Sph. p. 214. (Euchloron). *Gn.* Maill. Réun. Lép. p. 22. (n. g.) — Deil. Lacordairei *B.* F. Mad. p. 73. t. 11. f. 1. — Afrika. Bourb. Mad. (Flpt.) N.-B. nicht selten.

Ambulicidae.

Ambulyx Wlk.

296. A. **Grandidieri**, *Mab.* Bull. S. phil. VII. 3. 1879. p. 135. — Mad. (s. Theil.)

297. **Ambulyx Coquerelii** *Boisduval.*

Fig. 30.

A. alis anterioribus pallide ochraceis; in basi maculis duabus ovalibus linea cinctis, fascia transversali antemediana, maculis cuneiformibus duabus costalibus, parte interna cellulae 3 usque ad marginem obscuram externum et plaga magna ovali in margine interiore interno olivaceo-viridescentis. Alis posterioribus aurantiacis, margine externo late lineis duabus curvatis dentatis maculaque anali brunneo-violaceis. Thorace ochraceo, brunneo-olivaceo cincto. Abdomine flavo-griseo, linea mediana brunnea. Subtus ochracea, signaturis obscurioribus vix conspicuis. Exp. al. 83 mm.

B. Sp. gén. Sph. p. 191. t. 4. f. 2.

Die Oberseite der Palpen, die Stirn und der Scheitel, der vordere Theil des Halskragens, ein an dessen hinteren Theil angesetztes Dreieck, dessen Spitze im Ende des Brustschildes liegt und noch einen Theil der Schulterdecken mit einbegreift, die feine Besäumung der Metathoraxbehaarung, die den zweiten Hinterleibsring bedeckende Behaarung und der kleine Afterbusch, sowie die Seiten der Brust und des Hinterleibes sind hell röthlichgelb. Die hintere Kopfbesäumung, der hintere und grössere Theil des Halskragens, der grösste Theil der sehr spitz auslaufenden und abstehenden Schulterdecken, der hintere Theil der Brustschildbehaarung, die schopfartig aufgerichtete Behaarung des Metathorax und die unter dieser befindliche, auf dem ersten Hinterleibsring anliegende ist olivenbraun mit ockergelber Mischung, diese besonders lebhaft um den Vorderrand der Vorderflügel herum. Der oben graue Hinterleib, dessen Ringe fein ockergelb gesäumt sind, trägt eine verwaschene dunkelgraue Mittellinie. Der letzte Leibesring ist ockergelb. Die Fühler sind gelblich grau, gegen die Spitze zu und die Borstenbesetzung heller. Augen braun. Auf der Unterseite sind die Palpen, der vordere Theil der Brust und die innere Beinbehaarung lebhaft ockergelb; diese Färbung geht nach dem Afterrande zu allmählig in Hellgelb über. Die Schienen und Schenkel sind aussen weisslich, die Tarsen hellgraubraun.

Der Vorderrand der Vorderflügel ist gegen die abgestumpfte Spitze zu stark gebogen. Aussenrand fast gerade, Innenrand stark geschwungen, dadurch der Hinterwinkel rechtwinklig heraustretend. Der Vorderwinkel der Hinterflügel in grossem Bogen abgerundet; Saum stark geschwungen. Vorderflügel hell ockergelb, am hellsten an der Basis und Spitze, in der Mitte mit Rosa-Anflug. Die braune Färbung des Vorderrandes erreicht die Spitze nicht. Vom Rippenende 7 bis nicht ganz zum Hinterwinkel setzt sich ein violetter Bogenabschnitt auf den Saum auf, der wieder durch einen olivenbraunen Bogen durchzogen wird; dieser beginnt bei Rippe 7, tritt auf Rippe 3 aus der violetten Färbung heraus und zieht in den Hinterwinkel, in dem die Grundfarbe rosa angeflogen ist. Von diesem Bogen aus ist die Zelle 3 olivenbraun ausgefüllt, ferner stösst an denselben ein auf den Innenrand aufgesetzter und bis in dessen Mitte reichender, anderer, gleichgefärbter Bogen, der einen nach innen zu sich verdunkelnden violetten Fleck einschliesst. Die violette Färbung setzt sich in hellerem Tone am Innenrand noch bis zum nächsten Querstrich weiter fort, der wie noch alle übrigen Zeichnungen des Vorderflügels olivenbraun ist. Er beginnt auf $^2/_3$ des Innenrandes, geht gleichlaufend mit dem Saume bis zu Rippe 2, erleidet über dieser einen Bruch nach innen und vereinigt sich hierauf mit der Spitze des Fleckes in Zelle 3. Nahe der Wurzel ist ein ovaler Fleck auf den Innenrand schräg nach aussen zu aufgesetzt, der bis an Rippe 2 reicht; ihm schräg gegenüber liegt ein viereckiger zwischen Vorderrand und Subdorsale, der durch ein Stückchen Grundfarbe von einem schmalen Fleck nach der Basis zu getrennt ist. Diese beiden Gegenflecken sind nach aussen zu von einer zusammenhängenden Linie umzogen. Hierauf folgt vor der Flügelmitte ein viereckiger Fleck zwischen Vorderrand und Subdorsale, der auf letzterer mit seiner äusseren Ecke mit der Spitze des Dreieckfleckes von Zelle 3 und so auch mit dem vom Innenrand herführenden Schrägstrich zusammenstösst. Hinter der Vorderrandsmitte erreicht ein breiter Keilstrich mit seiner etwas nach innen gebogenen Spitze die Rippe 4. Zwischen diesem und der Flügelspitze befinden sich in Zelle 7 zunächst ein kleiner, dann ein etwas grösserer dreieckiger Fleck ziemlich lothrecht an die Subcostale angesetzt. Am Saume dieser Zelle sitzt mit seiner Basis noch ein kleines dreieckiges Fleckchen.

Die Grundfarbe der Hinterflügel ist ein lebhaftes Ocker- bis Orangegelb, welches nach dem Afterwinkel zu in's Weissliche übergeht. Die dunkelviolettbraunen Zeichnungen bestehen aus einem Mondfleckchen am Ende der Mittelzelle, aus einer stark geschwungenen schmalen Binde, die auf der Mitte des Vorderrandes beginnt und am Afterwinkel mit einer zweiten schmalen Binde zusammenstösst, die auf $^3/_4$ des Vorderrandes beginnt und aus zwischen den Rippen nach innen ausgespannten Bogen besteht, die ihrerseits durch die dunkel angelegten mittleren Rippen wieder mit der breiten am Vorderwinkel etwas abblassenden und nach dem Afterwinkel zu sich verdunkelnden Aussenrandsbinde in Verbindung stehen. Die Färbung der schmalen Fransen entspricht auf allen Flügeln und auch auf der Unterseite derjenigen des betreffenden Saumtheiles; sie sind jedoch mehr oder weniger deutlich durch eine feine, hellere Linie von diesem getrennt.

Die Unterseite der Vorderflügel ist lebhaft dottergelb, an der Spitze heller. Von grauvioletten Zeichnungen sind nur zu sehen die beiden Flecken in Zelle 7, der Aussenrands-

Bogenabschnitt, der keilförmige Fleck am Vorderrande hinter der Flügelmitte der Oberseite, von diesem aus zieht ein verwaschener Fleck nach der Mittelzelle zu. Die Hinterflügel, heller gefärbt als die Vorderflügel, lassen die Zeichnungen der Oberseite matt und grauviolett durchscheinen, jedoch die Zelle 1a frei.

Die in *B.* Sp. gén. gegebene Abbildung dieser schönen Art entspricht nicht dem Aussehen eines frischen, gut conservirten Exemplars. Die hier beigegebene ist noch nicht einmal nach dem am lebhaftest gefärbten Stücke des Mus. F. angefertigt.

Mad. (S.-W.-Küste.) N.-B. selten.

Smerinthidae.

Triptogon Bremer.

298. **T. Meander** *B.* Sp. gén. Sph. p. 22. t. 4. f. 1. — B. S. G. 1878. p. 90. — **Mad.** (Tamt. Ant.) N.-B. nicht selten.

Maassenia n. g.

Fühler lang, dünn, schwach gezähnt, in eine gebogene Spitze, die aber kein Häkchen bildet, auslaufend. Palpen stumpf, stark behaart, die grossen hervorspringenden Augen breit und gerundet umziehend, überragen weit den schmalen Prothorax. Sauger dünn und viel kürzer als der Hinterleib. Thorax breit, kräftig. Abdomen die Hinterflügel um die Hälfte überragend. Flügel breit, deren Aussenrand gerundet, ziemlich stark wellig gezähnt. Die vorliegende Art trägt auf den Vorderflügeln Silberflecken, wie sie beim Genus *Nephele* vorkommen.

299. **Maassenia Heydeni** *m.*

Fig. 38.

M. rufo-brunnea. Alis denticulatis; alis anterioribus colore roseo et grisco mixto; in basi fascia transversa angulata obscura, ante medium fascia obliqua extrorsum curvata cum fascia postmediana recta in angulum posticum currente colore obscuro conjuncta; inter fascias signum lunuliforme (☾) punctulaque antea argenteis semper adsunt; ante apicem macula longa cuneiformis rufo-ferruginea, in colore pallidiore lineae magis obscurae denticulatae ducunt. Alis posterioribus ante marginem externum fascia diluta obscura. Subtus rufo-badia lineis transversis albidulis obscurioribusque, ante limbum griseo-brunnea. Abdomine cum serie mediana punctorum candidorum. Exp. al. 73—84 *mm.*

Ber. S. G. 1878. p. 89.

Die Zähne der Flügel sind gerundet, so dass der Saum mehr stark gewellt hervortritt, weniger gilt dies von den den Vorderwinkeln zunächst gelegenen. Braunroth. Der Halskragen, die mittlere Thoraxbehaarung, die hintere abstehende Schulterdeckenbegrenzung und die Einschnitte der Hinterleibsringe haben die rothbraune Färbung mit violett weisslicher Einmischung. Augen grünlich braun, Fühler gelblich braun, unten rothbraun. Auf der Unterseite ist der Körper lebhaft rostbraun, die Brust ist etwas heller behaart, die Beine mit schwärzlichem

Anflug. Die Hinterleibsringe mit dunklerem Rande, auf dessen Mitte sich je ein weisser Punkt befindet.

Die Grundfarbe der Vorderflügel ist auf der Oberseite mit Ausnahme eines schmalen rostbraunen Saumtheiles weisslich violett, durchzogen von dunkel rothbraunen Wellenlinien, die je mehr sie sich von der Basis entfernen grösseren Abstand von einander haben und stärker gezähnt erscheinen; sie halten nur annähernd die Richtung des Saumes inne und verlieren sich in den dunkleren Zeichnungen. Nahe der Basis liegt eine nach aussen stumpfwinkelig gebrochene, scharf hervortretende, schwärzlich braune Binde, die vom Vorderrande nur bis Rippe 1 reicht. Mit dem zweiten Viertel des Vorderrandes beginnt die bogenförmige jedoch auf der Subcostalen und Rippe 2 stark nach aussen gerückte Begrenzung einer dunklen Mittelbinde mit goldartigem Glanze. Nahe hinter dieser Grenze setzt sich ein flacher Bogenabschnitt der Grundfarbe, ebenfalls scharf dunkel begrenzt, auf den Vorderrand auf und endigt auf der Mitte desselben, wo er mit einer ebenfalls goldglänzenden Querbinde zusammentrifft, die geschwungen von hier nach dem Hinterwinkel verläuft und nach aussen zu verwaschen in die Grundfarbe übergeht. Sie ist auf der innern Seite in ihrem mittleren Theile rostroth bestäubt und vereinigt sich nach der Mittelzelle zu mit dem vorgenannten dunklern bindenartigen Theile des Mittelfeldes. Auf dieser Vereinigungsstelle etwas vor der Flügelmitte liegt ein gelblich silbernes Winkelzeichen mit gleichlangen Schenkeln, von denen der eine die Mittelzelle quer schliesst, der andere der Richtung der Rippe 4 folgt. Dieser Winkel hat seiner Spitze gegenüber nach aussen zu einen nasenartigen Vorsprung, so dass er an die Mondwechselzeichen unserer älteren deutschen Kalender erinnert. In der Verlängerung des aufgerichteten Schenkels liegt auf der Subdorsalen noch ein ebenso gefärbter Punktfleck, der wohl auch einmal fehlen kann, während bei allen den zahlreich vorliegenden Exemplaren das Winkelzeichen in gleicher Schärfe und Grösse vorhanden ist. Sein unteres Schenkelende fällt mit der Spitze eines auf den Innenrand aufgesetzten Dreieckes der Grundfarbe zusammen, dessen eine Seite die in den Hinterwinkel ziehende Schrägbinde bildet, die andere ist eine scharf hervortretende den Innenrand rechtwinkelig treffende Wellenlinie. Vor der Mitte des eben genannten Randes greift von diesem aus noch ein kleines rechtwinkliges, scharf dunkelabgegrenztes Dreieck in den dunkleren Mittelbindentheil hinein. Eine nach aussen gebogene etwas verwaschene, hell rosaviolette Linie zieht vom Hinterwinkel nach dem Anfang des letzten $^1/_5$ des Vorderrandes, wird aber hier durch die etwas nach innen gebogene Spitze eines scharf begrenzten, rostrothen Keilfleckes, der in der Nähe des Vorderrandes dicht an jene angeschlossen ist, durchbrochen. Diese Spitze läuft auf Rippe 5 in eine der dunkleren Wellenlinien über, die nach dem Innenrande ziehen. Die äussere Begrenzung des Keilfleckes trifft auf die Mitte des letzten Vorderrandfünftels, nachdem sie über Rippe 7 einen nach aussen vorspringenden Zacken gebildet hat. Vor der Spitze ist die rostfarbene Saumbinde durch violettweisse Beimischung etwas heller gefärbt, dagegen durchziehen die Rippen dieselbe etwas dunkler, und hinter diesen sind auch die Fransen, die sonst genau der Färbung des Saumes entsprechen, etwas verdunkelt. Die Hinterflügel sind grauroth, Vorder- und Innenrand heller gefärbt, ebenso die Fransen, die jedoch an ihren Ausbiegungen am Ende wieder verdunkelt sind. Vom Vorder- zum Afterwinkel zieht eine verwaschene, oft ganz undeutliche, dunklere Binde. Bei einzelnen Exemplaren sind die Fransen und die Behaarung des Innenrandes licht rothbraun.

Die Unterseite der Flügel ist rostbraun mit vom Vorderrande ausgehender violettweisslicher Einmischung, die auf den Vorderflügeln nur schmal die seidenglänzende Innenfläche begrenzt. Vom Vorderrande aus zieht hinter seiner Mitte eine schwarzbraune verwaschene Binde nach dem Innenrande ohne diesen zu erreichen; hinter derselben ziehen die Rippen dunkelbraun gefärbt zum Saume; vier schmälere und gezähnte Binden folgen in gleichen Abständen und sind parallel mit dem Saume; hierauf folgt in gleicher Gestalt und Färbung wie auf der Oberseite der Keilfleck vor der Spitze, der beim Ueberschreiten der Rippe 5 sich zu einer rostbraunen, welligen Binde verbreitert, die mit ihrer äusseren Begrenzung in den Hinterwinkel zieht. Das Saumfeld, von einer matt weisslichen Linie vom Keilfleck bis zum Ende der Rippe 5 quer durchzogen, ist graulich rothbraun, ebenso die Fransen, die auf ihren Einbiegungen aussen schmal hellbraun erscheinen. Auf den Hinterflügeln correspondiren die bindenartigen Zeichnungen mit denen der Vorderflügel; am Vorderrande am deutlichsten, überschreitet meist keine derselben die Rippe 2. Der Vorderrand der Vorderflügel ist hinter dem ersten und vor dem letzten $1/4$ zweimal nach aussen gebrochen, dazwischen geradlinig. Unmittelbar hinter der ersten Bruchstelle befindet sich die nach innen scharf begrenzte, nach aussen verwaschen dunkelbraune Binde, die in ihrer Mitte, nach aussen stumpfwinkelig gebrochen ist, dann folgen die 4 schmalen, gezähnten Binden auf hellem Grunde der inneren zwei Viertel, und auf dem äussersten Viertel eine breite lebhaft rostbraun gefärbte Binde, deren innere Begrenzung wenig von der einfachen Bogenlinie abweicht, während die äussere, in der Mitte zwischen jener und dem Saume zackig und dunkler gefärbt ist. Sowohl diese Binde, wie auch den Saumtheil, der gleiche Färbung wie auf den Vorderflügeln hat, durchziehen die nach vorn zu gelegenen Rippen dunkel violettbraun. Der Theil, der zwischen Rippe 2 und dem Innenrande liegt, ist zeichnungslos hellrothbraun. Die Fransen haben die gleiche Färbung wie die der Vorderflügel.

Vorstehende Beschreibung ist nach einem ♀ mit sehr scharfen Zeichnungen angefertigt; die beigegebene Abbildung nach einem ganz frischen und reinen ♂ Exemplare, bei dem die Zeichnungen wie überhaupt bei den meisten Stücken weniger deutlich auftreten. Ein Variiren der Farben findet kaum statt, es bezieht sich dies also nur auf die grössere oder geringere Schärfe der Zeichnungen. Doch tritt von diesen bei allen Exemplaren ganz deutlich auf: die Basalbinde, die Grenze des Basalfeldes, das winklige Silberzeichen, die innere Grenze der diesem folgenden Schrägbinde und der Keilfleck vor der Spitze. Diese Species ist mit keiner anderen der bis jetzt bekannten Arten zu verwechseln.

N.-B. häufig.

Acherontiidae.

Acherontia O.

300. **A. Atropos** *L.* Syst. Nat. ed. X. p. 490. *Hb.* europ. Sphing. t. 13. f. 68. *Wlk.* Cat. Br. Mus. 8. p. 233. *B.* Sp. gén. Sph. p. 5. — Europa, W.-Asien, Afrika, Rodr. Maur. Bourb. Mad. (Ant. Fian. Ostküste.)

Sphingidae.

Protoparce Burmeister.

301. **P. Solani** *B.* F. Mad. p. 76. t. 11. f. 2. *H.S.* Lep. exot. Het. f. 101. *B.* Sp. gén. Hét. p. 85. — Bourb. Maur. Mad.

302. Protoparce Solani *Boisduval* var. Grisescens *m.*

Fig. 37.

P. cinerea cum colore brunneo-griseo mixta. Alis anterioribus lineis transversis nigris serratis punctoque cellulari albo; parte tertia externa praecipue alba, apice nigro-partito excepto, colore ochraceo percursa. Alis posterioribus in basi ochraceis, angulo anali albo, fasciis duabus abbreviatis fasciaque integra in marginem externum fuscum transeunte nigrofuscis. Ciliis omnibus albido brunneoque variegatis. Abdomine in lateribus flavo nigroque maculato. Subtus corpore candido; alis griseo-fuscis, strigis medianis duabus obsoletis, parte basali alarum anteriorum flava, posteriorum alba. Exp. al. 118 mm.

♀ Kopf plump und gross, der ganze Körper breit und gedrungen. Der in den ersten zwei Drittel fast gerade verlaufende Vorderrand der Vorderflügel biegt sich in seinem letzten Drittel gleichmässig der scharf geeckten Spitze zu. Der nach aussen stark verbreiterte Vorderflügel hat einen geschwungenen Innenrand und einen Saum, der von der Spitze bis zu Rippe 3 gleichmässig schwach gebogen ist, von da aber geschwungen nach dem rechtwinkeligen und scharf heraustretenden Hinterwinkel verläuft. Der Vorderrand und Aussenrand der Hinterflügel rundet sich stark nach dem vortretenden Vorderwinkel zu: den eckig heraustretenden Afterwinkel trifft der Saum in stark geschwungener Linie. Der Innenrand ist gegen seine Mitte stumpfwinklig gebrochen und ist nach beiden Seiten hin fast geradlinig.

Die Oberseite des Körpers entspricht der Farbe des Basaltheiles der Vorderflügel: sie ist graubraun mit stark grauer Einmischung. Die etwas helleren Fühler, die gegen ihre umgebogene Spitze zu weisslich braun erscheinen, während sie eine rothbraune Unterseite zeigen, sind an ihrer Basis durch eine weissliche Strieme quer über der Stirn verbunden. Hinter dem breiten, ein wenig aufgerichteten Halskragen stösst mit tief schwarzer, winkliger Begrenzung nach vorn und bis an die Schulterdecken reichend, die abstehende mehr graue Thoraxbehaarung und endet hinter den spitz und schwarzbraun abschliessenden Schulterdecken mit zwei aufgerichteten grauen Haarbüschen, die um ihre eigene Breite auseinanderstehen; dieselben sind nach hinten zu vierseitig tiefschwarz begrenzt. Ockergelbe Haarbüschel in der Seite schliessen den Thorax rückwärts ab. Der Hinterleib entbehrt auf seinen beiden ersten Ringen die Mittellinie, statt deren sind auf den folgenden gratartig hellgraubraune Schuppen aufgerichtet, während die beiden letzten nicht nur die Mittellinie, sondern auch ihre hintere Begrenzung schwarz zeigen. Bei den vorderen Ringen tritt letztere nur gegen die Seiten zu auf, zwischen welche die weisse Bauchbehaarung sich keilartig einschiebt. Eine matte, weisslich gelbe Längsbinde in der Seite nach dem Bauche und Rücken zu unregelmässig schwarzbraun begrenzt, verliert sich auf den letzten Segmenten, indem an ihrer Stelle die weisse Beschuppung vorherrschend wird. Die ganze Körperunterseite ist ohne Einmischung weiss: ebenso die Behaarung der Schenkel, die Sporen und die Gelenkberingelung der Schienen und Tarsen.

Der Basaltheil der Vorderflügel, der von nicht ganz einem Drittel des Vorderrandes durch eine zackige, nach aussen gebogene, schwarzbraune Binde begrenzt, bis zur Hälfte des Innenrandes reicht, ist braungrau mit vieler weissgrauer Bestäubung. Der Aussentheil des Flügels beginnt mit weisser Begrenzung etwas vor dem letzten Drittel des Vorderrandes und seine innere Grenze zieht in geschwungenem Bogen in den weissen Hinterwinkel: in ihm herrscht die weisse Färbung vor, dagegen hat im Mitteltheil des Flügels das Braunschwarze mit wenig grauer Bestäubung die Oberhand. Dicht am Körper ist der Vorderflügel mit Grau gemischt und zu beiden Seiten der Subcostalen mit einem schwarzbraunen Fleckchen versehen, während unterhalb der Mittelzelle der Innenrand in seinem ersten Fünftel mit langen ockergelben, an der Basis helleren Haaren besetzt ist, in deren Mitte sich eine dunkle, bogige Querbinde, vom Vorderrande ausgehend und zwei Ausläufer längs der Subcostalen und Rippe 2 nach aussen sendend, verliert. Im zweiten Viertel des Innenrandes stehen senkrecht zu diesem drei fast schwarze, zackige Querbinden, die nur bis zur Mittelzelle deutlich zu erkennen sind. Die erste, die nach innen zu weiss bestäubt ist, lässt sich, eine starke Ausbiegung nach aussen bildend, bis an den Vorderrand verfolgen, während die beiden anderen durch weissgraue Flecken dahin fortgesetzt werden. Der Abschluss des Basalfeldes wird durch eine fast schwarze, zackige Bogenbinde hergestellt, die auf der Rippe 1 am weitesten nach aussen tritt. Fast gleichlaufend mit ihr folgt eine zweite, die durch den Querast der Mittelzelle zieht und hier einen halbkreisförmigen, weissen, ockerbraun umgrenzten Fleck umschliesst. Zwischen beiden befindet sich vorherrschend dunkelrostbraune Bestäubung. Von hinter der Mitte des Vorderrandes zieht eine schwarzbraune, zackige Binde, einen Bogen nach innen bildend, gegen den Innenwinkel. Auf Rippe 4 schickt sie einen Querast zur vorhergehenden Binde, der sie am Anfang von Rippe 3 trifft, und einen zackigen Bogen nach dem Innenrande, dessen letzter Theil sich an die Enden der beiden vorhergehenden Binden ziemlich gleichlaufend anschliesst. Auch in Zelle 5 befindet sich noch ein matter Ausläufer gegen den Vorderrand zu, ohne diesen zu erreichen, der über diesem mehr bräunlich hervortritt, ebenso wie ein rundlicher

Fleck, der sich auf das vierte Fünftel des Innenrandes aufsetzt. Mit demselben Abstand und dieselbe braune Bestäubung zwischen sich aufnehmend, wie die beiden Binden vor der Flügelmitte, schliesst sich auch hier eine zweite schwarzbraune Binde, die mehr aus eingehenden Bogen besteht und die sich von Rippe 3 nach dem Hinterwinkel mit der Grundfarbe vermischt, an. Hierauf folgen bis zu derselben Rippe weissliche, schwarzbraun begrenzte Mondflecken. Vom Hinterwinkel aus zieht in der Richtung auf diese Monde ein weisser, braun bestäubter Fleck in die Grundfarbe hinein. Vom Anfang des letzten Drittels des Vorderrandes geht eine zackige, schwarzbraune Binde, deren einspringende Spitzen auf den Rippen liegen, im Bogen nach aussen gegen den Hinterwinkel, hier verwaschen ankommend und zwischen den Rippen 4 und 5 mit stark weisser Bestaubung versehen. Der Zacken, der zwischen Rippe 6 und 7 herausspringt, vereinigt sich mit einer aus der Flügelspitze heranziehenden schwarzen Schräglinie, die oberhalb Rippe 7 tief eingezackt ist; sie ist auf ihrer inneren Seite von einer feinen weissen Linie begleitet, und in ihrem unteren Theile nach aussen zu schwarzbraun verwaschen. Das so nach dem Vorderrande zu abgegrenzte Dreieck ist schwarzgrau mit schwarzer Bewölkung in seiner Mitte und am Vorderrande und weisser Bestäubung, besonders dicht, nach seinen beiden andern Seiten hin. Unterhalb desselben bis zu Rippe 3 ist das Weisse vorherrschend. Die äussere Hälfte des Saumfeldes ist zweimal bindenartig verwaschen, schwarzbraun durchzogen, die innere Hälfte ebenso rostbraun.

Die Hinterflügel sind innen ockergelb, aussen schwarzbraun, hinter dem Afterwinkel schmal weisslich. Eine schwarzbraune Binde durchlauft parallel mit dem Saume die Flügelmitte; sie erreicht den Vorderrand nicht, dagegen geht sie, matter werdend, in die Innenrandsbehaarung über; etwas schmäler wie diese zieht innerhalb derselben ein gleichgefärbter Streif von Rippe 1 a aus, auf Rippe 1 b unterbrochen, bis an die Subdorsale, senkrecht zu dieser. Der dunkle Aussenrand nimmt das letzte Drittel des Vorderrandes ein und liegt mit seiner inneren Grenze in der Mitte der weissgesäumten Abschrägung des Innenrandes. Er ist am Vorderwinkel und nach innen zu am dunkelsten, von wo aus er streifig nach dem Saume zu abblasst. Tiefschwarz ist eine wischartige Verbindung zwischen der Mittelbinde und dem Afterwinkel. Von hier aus bis über seine Mitte hinweg ist der Aussenrand breit und reichlich mit bläulich weisser Bestäubung versehen. Zwischen Rippe 2 und 6 fliesst das dunkle Saumfeld matt braunschwarz mit der Mittelbinde zusammen, während diese durch weisse Behaarung vom inneren Streif an dessen Ursprung getrennt ist. Dicht am Leibe wird das Ockergelb heller. Sämmtliche Fransen sind breit weiss und braun gescheckt; der weisse Theil liegt zwischen den Rippenenden.

Die Unterseite der Flügel ist seidenglänzend graubraun. Deutlich weiss treten hervor die Fransenflecken, ein Streif im letzten Drittel des Vorderrandes, eine buschige Behaarung an der Basis der Vorderflügel und der Innenrand der Hinterflügel in breiter Ausdehnung. Weisse Beschuppung ist nur sparsam über die Vorderflügel verbreitet, am meisten noch am innern Theil des Vorderrandes und der Flügelspitze, dagegen sind die Hinterflügel mit Ausnahme des Saumfeldes reichlich damit versehen. Die dichte Behaarung der Mittelzelle ist gelblich weiss, die dem Hinterleib zunächst liegende braun. Der Innenrand der Vorderflügel ist auf seinen beiden inneren Dritteln breit ockergelb, ebenso die Behaarung, die unterhalb der Subcostalen bis gegen die Flügelmitte zieht, jedoch auf dem Mittelzellentheile des Flügels mit braunen Schuppen gemischt.

Durch die mehr gleichförmige graue Färbung resp. Bestäubung unterscheidet sich diese Varietät von der eigentlichen Stammform Solani *B.*, bei der das Rostbraune vorherrscht, welches selbst die dunklen Binden der Hinterflügel stark beeinflusst. Bei dem ♂ bleibt dann auch nur wenig von dem grossen weissen Flecken der Aussenrandshälfte der Vorderflügel übrig, der sich in ein helles Rostbraun umwandelt, welche gleiche Färbung das Basaldrittel und der ganze Innenrand trägt; um so dunkler tritt hier der nach unten abgerundet erscheinende Fleck hervor, der auf das innere Drittel des Vorderrandes aufgesetzt, fast bis an die Rippe 2 reicht, und mit dem Aussenrand durch einen dunklen Wisch, zu beiden Seiten der Rippe 3 liegend, verbunden ist. Der Mittelzellfleck, wenig scharf, erscheint als feiner, heller Punkt. Die Binden der Vorderflügel treten nur deutlich am Vorderrande hervor und sind auf der Flügelmitte fast ganz verwaschen. Die ockergelbe Grundfarbe der Hinterflügel, etwas dunkler gehalten, ist durch die verwaschene Verbreiterung sehr verdrängt, besonders gänzlich zwischen den äusseren Binden. Am Afterwinkel ist keine Spur Weiss zu sehen. Die unterbrochene Seitenbinde des Hinterleibes erreicht fast das Afterende und ist viel breiter ockergelb, während sie bei der grauen Varietät schmal, in's Weissliche ziehend, die letzten vier Leibesringe nicht durchläuft. Die Fransen der Hinterflügel sind schmutzig gelb mit Braun gescheckt, beim ♂ fast einfarbig braun. Die Beringelung der Tarsen ist kaum zu sehen, beim ♂ treten nur die letzten beiden Glieder der Vorderbeine aus deren dicken, wulstigen Behaarung heraus.

Mad. N.-B. Mus. F.

303. **P. Mauritii** (n. sp.?) *Butl.* Trans. z. S. IX. 1877. p. 606. — Macrosila Solani ♂ var. ♂ & ♀. *Wlk.* Cat. Br. Mus. 8. p. 207. — S.-Afrika, Maur.

304. **P. Lingens** *Butl.* Proc. z. S. 1877. p. 169. — Mad. (Ant.) N.-B. nicht selten.

305. **P. Convolvuli** *L.* Syst. Nat. ed. X. p. 490. *Hb.* europ. Sphing. t. 14. f. 70. *Wlk.* Cat. Br. Mus. 8. p. 212. *B.* Sp. gén. Sph. p. 94. — Europa, S.-Asien, Afrika, Australien, Maur. Bourb. Mad. St. Mar. N.-B., auf letzterer Insel selten.

Diludia Grote.

306. **D. Jasmini** *B.* Sp. gén. Sph. p. 114. — Mad. (Ant.)

307. **D. Chromapteris** *Butl.* Proc. z. S. 1877. p. 168. & Ann. & Mag. V. 4. 1879. p. 234. — Mad. (Ant.). Von Mabille mit voriger Art zusammengezogen.

Nephele Hb.

308. **N. Oenopion** *Hb.* Samml. ex. Schm. T. II. (1806) 2 f. *B.* F. Mad. p. 75. *Wk.* Cat. Br. Mus. 8. p. 182. Suppl. 31. p. 33. *B.* Sp. gén. Sph. p. 149. — Maur. *(B.)* Bourb. Mad. N.-B. nicht selten.

309. **N. Charoba** *Kirb.* Trans. ent. S. 1877. p. 243. — Mad. (Ant.)

Schon durch den bekannten Lepidopterologen J. J. M. Becker (geb. 1788 zu Bonn, † 1859 zu Paris), wurde diese Sphingide europäischen Sammlungen übermittelt und zwar als Morpheus *Cr.* und mit diesem zusammen, von dem dieselbe sich jedoch bei sehr ähnlicher Färbung und Zeichnung schon durch die grössere und gestrecktere Gestalt unterscheidet. Erstere sehr variirend geht wie bei Hespera *F.* (Morpheus *Cr.*) vom Lederbraunen durch das grünlich Braune in das grünlich Schwarze über. Exp. al. 80—87 mm. Die Fühler, besonders des ♂ sind länger als bei Hespera. Die am Mittelzellende befindlichen silberweissen Zeichen der Vorderflügel erscheinen bei Charoba meist nur als ein feiner weisser Punkt, der wie bei allen verwandten Arten auf der Unterseite als ein kleiner gelblicher runder Fleck auftritt. Bei einem der vorliegenden Exemplare*) schliesst jedoch ein grosses Winkelzeichen mit nach aussen befindlicher Nase die Zelle ab, ähnlich wie bei M. Heydeni nur mit weniger Silberglanz; bei einem anderen ist an das kleine Fleckchen noch ein feines Häkchen einwärts angesetzt; die zunächst nach innen zu liegende Binde verläuft gerader, während die dahinter liegende dieselbe Gestalt wie bei Hespera hat. Durch diese zieht ebenfalls ein dunkler Schatten vom Vorderrand zum Hinterwinkel. Die innere, dunkle Begrenzung des Saumabschnittes ist ausserhalb von einer weisslich grauen Linie begrenzt, die bis zu Rippe 5 den gleichen Verlauf hat wie bei Hespera, von da ab jedoch drei scharf ausgeprägte, nach innen zu gerichtete Bogen bildet, deren letzter genau in die Flügelspitze trifft, während diese Saumabschnittbegrenzug bei jener deutlich vor der Spitze in den Vorderrand endet und dies scheint, abgesehen vom allgemeinen Eindruck, das sicherste Unterscheidungszeichen zwischen beiden Arten zu sein. Ausserdem ist die dunkle Saumbinde der Hinterflügel breiter, greift auch noch um deren Vorderwinkel herum und verläuft dem Vorderrande entlang. Die Färbung der Fransen zieht mehr in's Weissliche. Mus. Stgr.

310. **Nephele Hespera** *Fabricius.*

Fig. 42.

N. olivaceo-griseo-brunnea. Abdomine maculis lateralibus nigris. Alis anterioribus fasciis duabus duplicibus curvatis nigricantibus, striga transversa dentata; area limbali grisea

*) Herr **Dr. O. Staudinger** hatte die Güte, mir ausser den Nephele-Arten seiner grossen Sammlung, eine grössere Anzahl Lepidopteren aus Madagascar zur Verfügung zu stellen, unter denen sich auch neue Arten befanden, wofür ich hier nochmals bestens danke. Im Verlaufe des Textes werden alle diese aufgeführten, zum Theil auch abgebildeten und beschriebenen Arten mit: »Mus. Stgr.« näher bezeichnet.

obscure limitata. Alis posterioribus extus brunneo-nigris. Subtus olivaceo-griseo-viridis, margine externo alarum umbrato, lineis duabus transversis brunneis dentatis communibus, in margine antico confluentibus maculaque cellulari pallidiori. Exp. al. 76 mm. Maculae argenteae in alis anterioribus frequenter in hac specie, in hoc exemplari desunt.

F. Syst. Ent. p. 546. (1775), Sp. Ins. II. p. 152. Ent. syst. III. 1. p. 372. — Sph. Morpheus *Cr.* t. 149. D. *B.* F. Mad. p. 75. *Wlk.* Cat. Br. Mus. 8. p. 194. *B.* Sp. gén. Sph. p. 139. — Sph. Chiron *Cr.* t. 137. E. *Wlk.* Cat. Br. Mus. 8. p. 196. *B.* Sp. gén. Sph. p. 145. — Perigonia Obliterans *Wlk.* Cat. Br. Mus. 31. Suppl. p. 28.

♂ Körper plump. Flügel verhaltnissmässig kurz und breit. Vorderrand der Vorderflügel nur gegen die Spitze zu gebogen; Aussenrand wenig, der der Hinterflügel stark geschwungen.

Grünlichbraun. Palpen oben mit Grau gemischt, seitlich braun, unten schmutzig weiss. Augen schwarzbraun. Fühler lang, vor dem Hakenende weisslich. Die Farbe des Hinterleibes zieht in's Gelblichbraune; derselbe endet mit einem zugespitzten rothbraunen Afterbusch. Leibesringe fein weisslich gesäumt, an ihrem Vorderrande sind zu beiden Seiten der Mittellinie grosse, rundliche schwarze Flecken angehängt. Auf dem vorletzten Ringe sind dieselben zusammengeflossen.

Die Vorderflügel gehen nach aussen zu in's Bräunliche über, besonders in dem dreieckigen Saumabschnitt, der mit seiner inneren schwarzbraunen Begrenzung einen stumpfen Winkel bildet, dessen Spitze auf Rippe 5 liegt und dessen einer Schenkel geradlinig in den Hinterwinkel verläuft, während der andere zweimal von der geraden Richtung unregelmässig etwas abweichend, kurz vor der Flügelspitze im Vorderrande endigt. Vor ⅓ der Flügellänge ziehen im Bogen nach aussen zwei gleichlaufende, schwarzbraune, an ihren Enden sich vereinigende Querstreifen über die Flügel, vor sich mit einer nur angedeuteten, den Vorderrand nicht erreichenden Querlinie; hinter diesen, annähernd in der gleichen Richtung, nur etwas mehr geschwungen verlaufend, folgt eine Binde aus drei ungleich deutlichen, ebenso gefärbten, nach aussen zu gezähnten Linien bestehend, von denen die zwei inneren am Vorderrande zu einem Flecken zusammenfliessen, von welchem aus ein kaum merklicher verwaschener Schatten nach dem Hinterwinkel zieht und die beiden äusseren gegen den Innenrand zu an Deutlichkeit abnehmen. Dann setzt sich ein bräunlicher Schatten an den Saumabschnitt an, an dessen Grenze sich ausserhalb ein verwaschener grauer Streif anschliesst, der sich im braunen Saumrand verliert. Der Raum zwischen Vorderrand und Subdorsale ist bis zu ⅓ der Flügellänge glänzend hellbraun behaart. Hinterflügel an der Basis mit hellerem Grün, als die Grundfarbe, nach dem Afterwinkel zu in's Graubraune übergehend. Von diesem aus zieht, nach dem Vorderrand sich verbreiternd, eine dunkelschwarzbraune Saumbinde. Fransen der Hinterflügel weisslich.

Unterseite graurothbraun, Brust mehr in's Graue, Beine in's Gelbliche ziehend. Vor dem Aussenrande sind die Flügel graubraun gesäumt, den Saumfeldern der Oberseite entsprechend; davor ziehen zwei gleichlaufende, ebenso gefärbte, bogig geschwungene, nach aussen zu gezähnte Binden über beide Flügel. Vorderflügel an der Basis grünlich behaart; am Ende der Mittelzelle ein kleiner, runder gelblicher Fleck. Die Fransen der Hinterflügel heller als der Saumtheil.

Diese über Indien, Ceylon, Australien und Afrika verbreitete Art trägt auf ihren Vorderflügeln meist Silberflecken von sehr verschiedener Ausdehnung, die bis auf einen mattweissen, dunkel umzogenen Punkt reducirt sein oder wie im vorliegenden Exemplare ganz fehlen können. Sind sie vorhanden, dann bestehen sie gewöhnlich aus einem rundlichen Fleck, der am Ende der Mittelzelle dicht an die Subcostale stösst. Mit nur geringem Zwischenraum darunter wird der weitere Abschluss dieser Zelle durch ein etwas nach aussen gerücktes Winkelzeichen gebildet, dessen nach dem Saume zeichender Schenkel sich an die Rippe 4 anschliesst. Oefters befindet sich noch ein kleiner Silberpunkt hinter dem rundlichen Fleck, ebenfalls an die Subcostale angeschlossen. Ob nun die Grundfarbe der madagassischen Hespera ebenso wie bei der asiatischen und australischen vom Hellbraunen bis zum dunkelsten Olivenbraun übergeht, kann nicht festgestellt werden, da auch Boisduval seine Exemplare mit olivenbraun bezeichnet. — Mad. N.-B. 1 Expl. Mus. F.

Die der Hespera *F.* sehr nahestehende aber bestimmt verschiedene Art Nephele Comma *Hpff.* (Mus. Stgr.) ist in Madagascar nicht gefunden worden. Ihr Vorkommen beschränkt sich bis jetzt auf die Küste von Mossambique und Natal.

311. Nephele Densoi *Keferstein.*

Fig. 43.

N. olivaceo-nigro-fusca. Alis anterioribus fascia basali fortiter angulata, fascia duplici recta extus dentata, maculaque costali ovali inter eas flavo-grisea; punctis duobus argenteis in cellula discoidali signoque angulato argenteo post eos; area limbali brunneo-grisea, intus irregulariter et forte dentata. Alis posterioribus obscure olivaceo-viridis, limbo lato fusco ciliisque brunneo-albidulis. Abdomine segmentis griseo-albo-limitatis maculisque magnis lateralibus nigris. Subtus griseo-brunnea, macula cellulari alba, strigis tribus transversis ante aream marginalem communibus. Exp. al. 75—85 mm.

Kef. Jahrb. Ak. Erf. 1870. p. 14. f. 5. (Zonilia). *Mab.* Ann. S. Fr. 1879. p. 296. — Z. Malgassica *Feld.* Nov. Lep. t. 76. f. 2. (Heft IV. 1875.) *B.* Sp. gén. Sph. p. 147. Z. Rhadama *B.* Sp. gén. Sph. p. 146. t. 6. f. 1. (1874).

Der Körper des ♂ ist verhältnissmässig schmal und gestreckt und endet mit einem gerad abgeschnittenen, breiten Afterbusch, während der dicke und gedrungene Leib des ♀ in einen schmalen spitzen Haarbüschel verlauft. Der grosse Kopf hat weit heraustretende Augen; die dicken Palpen nehmen das Doppelte seiner Länge ein. Die Zunge ist von mässiger Länge. Der Vorderrand der Vorderflügel ist wenig gebogen, die Spitze springt etwas hervor, und dadurch erscheint der gebogene Aussenrand unter derselben geschwungen. Beim ♂ ist der Innenrand mehr nach innen zu gebogen, und die Spitze der Hinterflügel etwas stumpfer als beim ♀.

Der Grundton ist ein olivenfarbiges grünliches Graubraun. Die Vorderflügel haben an der Basis rostbraune Einmischung, die nach dem ersten $^1/_3$ durch einen hellen grünlich grauen, mit der Spitze nach aussen gerichteten und schwarzbraun eingefassten Winkel abgeschlossen wird. Die Spitze dieses Winkels erscheint am hellsten und liegt auf der Subdorsalen; sein nach innen gerichtetes Schenkelende verliert sich in der etwas kammartig aufgerichteten Haarbeschuppung, die längs der Rippe 1 läuft. Der Winkel ist aussen breit hellgraubraun, bindenartig umzogen. Das Mittelfeld, welches ein wenig hinter $^2/_3$ der Flügellänge durch eine hellere Binde abgeschlossen wird, ist tief schwarzbraun, nur in der Mitte und gegen den Aussenrand mit mehr bräunlicher Mischung; abgetrennt hiervon ist ein vor seiner Mitte auf den Vorderrand aufgesetzter rundlicher, grünlich grauer Fleck von etwa $^1/_3$ der Flügellänge. Von den drei silberweissen Flecken, die meist vollzählig vorhanden sind, liegt der kleinste nur punktförmige an der Subcostalen nahe dem Ursprung der Rippe 6, der nächst grössere oval gestaltete liegt an dem am weitesten nach innen vorspringenden Theil der Grenze des helleren Costalfleckes. Zwischen beiden und etwas nach unten gerückt, befindet sich der dritte und grösste winkelförmig gestaltete, dessen längerer und schmalerer Schenkel sich an die Rippe 4 anschmiegt, während der kurze sich innen senkrecht nach vorn ansetzt. Scharf abgegrenzt durch einen steil gestellten, geschwungenen schwarzen Streif ist das Mittelfeld gegen die schon erwähnte hellgraubräunliche gegen 3 mm breite Binde, die in ihrer Mitte am schmälsten, sich nach dem Innenrande wenig, nach dem Vorderrande zu mehr verbreitert, durch welch' letzteren sie schmal dunkelbraun begrenzt wird. Zwischen den Rippen 2 und 6 ist sie dunkelbraun bis schwarzbraun bestäubt und nach aussen zu durch eine dunkle Doppellinie eingefasst, die stärker geschwungen als die innere Begrenzung, auf den in der Binde und dem ganzen Aussenfelde heller hervortretenden Rippen nach aussen zu gezahnt erscheint. Vom Aussenfelde, welches das letzte $^1/_4$ des Vorder- und Innenrandes in Anspruch nimmt, ist durch eine von der Flügelspitze nach dem Hinterwinkel laufende schwarzbraune, stark zackige Linie das heller erscheinende Saumfeld abgetrennt. Diese Zackenlinie ist aussen grösstentheils bräunlich grau beschattet, am deutlichsten vor der Flügelspitze und am Hinterwinkel, von welchem aus diese hellere Färbung bis gegen Rippe 4 zieht; das Uebrige des Saumfeldes ist dunkelbraun; vor den schwarzbraunen Fransen stehen auf den Rippen, nach innen zu verwaschene ebenso gefärbte Flecken. Die Theilungslinie, die zwischen den Rippen Zacken und Bogen bildet, erreicht auf Rippe 5, nach aussen zu tiefschwarz beschattet, die helle Flügelbinde. Bei einzelnen Exemplaren erscheint sie hier unterbrochen. Der der Basis zugewandte Theil des Aussenfeldes ist vom Innenrande bis gegen Rippe 5 schwarzbraun, nach seiner Mitte zu mit dunkel rostfarbener Einmischung, zwischen Rippe 5 und dem

Vorderrande rostbraun, nach innen zu am dunkelsten, nach der Flügelspitze zu in's Graubraune übergehend. Da wo die äussere hellere Binde den Innenrand trifft, ist derselbe mit glänzend weissen Schuppen schmal besetzt. Die Hinterflügel sind olivengrün, auf den beiden ersten Dritteln ziemlich stark behaart, das letzte Drittel wird von der schwarzbraunen Aussenrandbinde eingenommen, die am Afterwinkel endet, um welchen herum die sonst hellbraunen Fransen bräunlichweiss verlaufen. Kopf und Brust sind oben bräunlich olivengrün; ein grauer Streif zieht von den Palpenspitzen dicht über den Augen vorbei nach der Vorderflügeleinlenkung. Die Fühler haben die Farbe des Thorax, gehen jedoch nach der Spitze zu in's Hellbräunliche über. Die Augen sind braun. Die Hinterleibssegmente sind durch bräunlichweisse Ringe getrennt, ausserdem befindet sich in deren Mitte ein olivenbrauner, nahezu viereckiger Fleck, wodurch ein etwas unterbrochener Mittelstreif über den ganzen Hinterleib gebildet wird; seitlich von diesem liegen grosse viereckige schwarze Flecken, die unter einander deutlicher abgetrennt und in der Seite wieder durch Rostbraun begrenzt sind.

Unterseite graubraun, am Kopfe mehr in's Weissliche, an der Brust mehr in's Gelbgrauliche überspielend. Die Fühler sind unten rostbraun, die Beine gelblich grau. Die Hinterleibsringe sind durch hellere Färbung getrennt. Die Ausmündungen der Tracheen sind durch kleine schwarze Flecken kenntlich. Die Vorderflügel sind über die Hälfte von der Basis aus dunkelrostbraun bestaubt und theilweise, besonders gegen den Vorderrand zu mit grünlichen Haaren dicht besetzt. Ein kleiner Fleck am Ende der Mittelzelle ist gelblich weiss. Hierauf folgen 3 dunkelrostbraune, nach aussen gezackte Querstreifen, annähernd mit dem Saume gleichlaufend; der erste liegt auf dem dunkelsten Tone des Flügels und erscheint dadurch verwaschen; der zweite auf hellerem Grunde tritt ganz deutlich hervor, während der näher herangerückte dritte auf noch hellerer Fläche nur matt angedeutet ist. Das Saumfeld, welches vom zweiten Querstrich aus hellbraun mit dichter rostbrauner Besprenkelung heraustritt, zeigt die stark unregelmässig gezackte Binde der Oberseite nur gegen den Innenrand und die Spitze zu deutlicher. Die Färbung der Unterflügel ist eine gleichmässigere, gelblich grau mit dichter brauner Besprenkelung. Am Ende der Mittelzelle befindet sich ein winzig kleiner, weisser Strichfleck. Drei gezähnelte, braune Querlinien, etwas steiler gestellt wie der Saum, laufen über den Flügel. Die erste beginnt in der Mitte des Vorderrandes, die dritte auf $^3/_4$ desselben; nur diese erreicht, matter werdend, den Innenrand, die zweite liegt genau in der Mitte zwischen den beiden anderen. Vom letzten $^1/_4$ des Vorderrandes aus geht die Saumbinde nach dem Afterwinkel und nur über diesem und in einem Fleck am Vorderrande, der in die innere Begrenzung der Binde fällt, erreicht sie die volle Dunkelheit der Querlinien. Die Rippen treten, wo sie nicht durch Behaarung verdeckt werden, etwas heller aus dem Grunde hervor. Die Fransen der Vorderflügel sind dunkler, die der Hinterflügel heller als die Grundfarbe; bei letzteren gehen sie nach dem Afterwinkel zu in's Weissliche über.

Die ♀ Exemplare sind in der Regel besonders auf der Unterseite dunkler gefärbt.

Mad. (Fian. Tamt.) N.-B. selten.

Bombyces.

Uraniidae.

Chrysiridia Hb.

312. **C. Rhipheus** *Dr.* II t. 23. f. 1. 2. (Pap.) *Cr.* t. 385. A. B. *B.* F. Mad. p. 112. t. 14. f. 1. 2. (Urania). *Cuvier* R. An. Edit. 1836. Atlas. Ins. t. 144. f. 3. *Gn.* Sp. gén. IX. p. 12. *B.* Guér. Rev. Mag. 1874. p. 33 & U. Druryi *B.* p. 33. — Leilus Orientalus & Rhipheus Dasycephalus *Swains.* Zool. Ill. t. 130 & 131. — Chrysiridia Rhiphearia *Hb.* Verz. p. 289. — Urania Rhipheus *Latr.* var. Madagascariensis *Lesson* Illustr. Zool. 1832—1834. t. 33. *Westw.* Trans. z. S. X. 1879. p. 5. — Ausserdem noch verschiedene Aufsätze, denselben Schmetterling behandelnd: Ann. S. Fr. 1833 p. 248. *B.*, 1869 p. 426. *Luc.*, 1873 Bull. CCXX. *B.*, 1876 Bull. CXXVI. *Luc.*, 1877 p. 105. *Gn.*, 1879 p. 318. *Mab.* Jahrb. Ak. Erf. 1870. VI. p. 1—12. loc. div. *Kef.*, Stett. e. Z. 1863 p. 165. ff. *Kef.*, 1879 p. 113—115. *Maassen.*

Abbildung vol. Widmangsblatt ♂ Oberseite, ♀ Unterseite.

In drei der oben citirten Werke F. Mad., Guér. Rev. Mag. 1874 und Ann. S. Fr. 1873 hat Boisduval Angaben über die Entwickelungsgeschichte dieses Schmetterlings gemacht, die jedoch sämmtlich aus derselben Quelle (Sganzin 1831) stammen. Wenn nun auch Guenée diese in seinen Sp. gén. wiederholt, so scheinen doch schon jenesmal die so gänzlich verschiedenen früheren Stände des Schmetterlings mit denen seiner nächsten Verwandten bei ihm Bedenken erregt zu haben, die er später in den Ann. S. Fr. 1877 offen ausspricht, und eine Verwechselung der Raupe des Rhipheus mit einer solchen aus dem Genus Papilio *L.* annimmt, die mit Tentakeln hinter dem Kopfe und mit Dornen versehen, 16füssig mit spannerartigem Gange, sich zu einer an ihrem Ende frei aufgehangenen und um die Brust mit einem Gespinnstfaden versehenen Puppe verwandelte. Beiden Autoren scheinen die wenn auch nur kurzen Angaben über Raupe und Puppe des in Madagascar verstorbenen Reisenden C. Tollin aus Berlin nicht bekannt gewesen zu sein und es erscheint daher nicht überflüssig, sie hier beizufügen, einmal um sie wieder in Erinnerung zu bringen, aber auch um daraus die nahe Verwandtschaft zu ersehen, die zwischen dem Genus Chrysiridia *Hb.*, Urania *F.* und der Familie der Agaristiden in Bezug auf Entwickelungsverhaltnisse stattfindet. Sie befinden sich in den Notizen von Keferstein in den beiden citirten Zeitschriften. Raupe erwachsen 2" lang, gelblich weiss mit feinen schwarzen, fast kleine Quadrate bildenden Strichelchen versehen, gegen das Ende und gegen den Kopf zu schwarz, besetzt mit vielen, zerstreut stehenden, langen, dicken, schwarzen Haaren, die sich gegen ihr Ende zu ovalförmig verbreitern, so dass diese Anhängsel eigenthümlichen kleinen Nägeln gleichen. Zur Verpuppung spann sie am Boden des Gefässes ein aus elegant gearbeiteten Maschen bestehendes Netz, welches theilweise mit einem Blatte der Futterpflanze bedeckt war. Diese ist nicht näher bezeichnet, es heisst nur, dass er die erste Raupe an einem sehr jungen, 1' hohen Bäumchen an einer schattigen, feuchten Stelle im Walde fand. Nach einigen Tagen verwandelte sie sich zu einer hellbraunen, nicht eckigen Puppe. Die Entwickelung fand nach nicht ganz vier Wochen statt. Noch sei erwähnt, dass Tollin ausser dieser noch mehrere und Ende Januar dieselbe sogar in vielen Exemplaren fand; den Schmetterling beobachtete er im Freien während des ganzen Juni und Juli, im September und Januar und bei einer Notiz des zuerst genannten Monats steht, dass er ihn gegen Abend habe fliegen sehen. Zu verwundern ist, dass von Sammlern keine weiteren Angaben über diese Entwickelungsgeschichte nach Europa gelangten, da doch sicher anzunehmen ist, dass bei der Leichtverletzbarkeit der zarten und tiefeingeschnittenen Conturen des Schmetterlings die vielen schönen Exemplare, die in die Sammlungen gelangt sind, aus Raupen erzogen wurden.

Mad. (Tamt.) nicht selten.

Agaristidae.

Eusemia Dalm.

313. E. **Zea** *H.S.* Lep. Exot. f. 34. 35. *Wlk.* Cat. Br. Mus. 7. p. 1587. *B.* Guér. Rev. Mag. 1874. p. 99. — Mad. N.-B. selten. Mus. F. 3 Expl.

314. E. **Hypopyrrha** *Butl.* Cist. ent. II. 1878. p. 297. — Mad. (Ant. Fian.)

315. E. **Agrius** *H.S.* Lep. Exot. f. 33. *Wlk.* Cat. Br. Mus. 7. p. 1586. *B.* Guér. Rev. Mag. 1874 p. 97. — Mad.

316. E. **Pedasus** *H.S.* Lep. Exot. f. 32. *Wlk.* Cat. Br. Mus. 7. p. 1586. *B.* Guér. Rev. Mag. 1874. p. 98. — Mad.

317. E. **Metagrius** *Butl.* Ann. & Mag. V. 5. 1880. p. 339. — Mad. (Fian.)

318. E. **Tranquilis** *Butl.* Ann & Mag. V. 5. 1880 p. 340. — Mad. (Fian.)

Ob die drei folgenden Arten zu diesem oder dem folgenden Genus gehören, ist nach den vorliegenden Beschreibungen nicht zu entscheiden.

319. E. **Obryzos** *Mab.* Bull. S. z. 1878. p. 89. — Mad. (Südl. Theil.)

320. E. **Vectigera** *Mab.* Natural. 1882. No. 13 p. 100.

321. E. **Virguncula** *Mab.* Bull. S. phil. VII. 3. 1879. p. 136. — Mad. Sollte diese Art sich mit No. 325 identisch erweisen, so würde Rothia Virguncula *Mab.* an Stelle von R. Westwoodi *Butl.* treten.

Rothia Wstw.

322. R. **Pales** *B.* Guér. Ic. R. An. p. 493. t. 83. f. 1. *B.* F. Mad. p. 70. t. 10. f. 1. 2. (Agarista.) *Chenu* Encycl. d'Hist. nat. Noct. f. 398. *Wlk.* Cat. Br. Mus. 1. p. 64. *B.* Guér. Rev. Mag. 1874. p. 100. — Mad. (Ant.)

323. R. **Eriopis** *H.S.* Lep. Exot. f. 31. *Wlk.* Cat. Br. Mus. 7. p. 1586. *B.* Guér. Rev. Mag. 1874. p. 96. Ber. S. G. 1878. p. 88. — Mad. (Tamt.) selten.

324. R. **Micropales** *Butl.* Ann. & Mag. V. 4. 1879. p. 235. — Mad. (Ant.)

325. R. **Westwoodii** *Butl.* Ann. & Mag. V. 4. 1879. p. 235. — Mad. (Ant.)

326. R. **Simyra** *Wstw.* Trans. Linn. S. 2. ser. I. 1879. (pt. 4. 1877.) p. 204. — Mad.

Euscirrhopterus Grote.

327. E. Laminifer *m.*

Fig. 133.

E. alis anterioribus variegato-striatis brunneis, limbo cinereo undulato, stria alba laminiformi in cellula 1 b, strigis cuneiformibus nigris ante limbum. Alis posterioribus ochraceis fascia limbali abbreviata nigro-brunnea. Thorace fusco, abdomine ochraceo. Exp. al. 44 mm.

Ber. S. G. 1878 p. 91. (Ovios, Eudryas Laminifera.)

Aus der dichten, hellgrauen und in einen kurzen Schopf verlaufenden Stirnbehaarung sieht als kleiner grauschwarzer Fleck das Ende des Stirnfortsatzes heraus. Die graubraunen, hinter ihrer Mitte verdickten Fühler laufen in eine etwas zurückgebogene, dünne Spitze aus; sie sind kaum sichtbar bewimpert. Die Augen sind gross, grünlich grau und dunkel gefleckt. Die beiden ersten Glieder der Palpen sind nach vorn gerichtet und mit breiter, brauner nach aussen zu in's Weissliche übergehender Beschuppung versehen, die nach unten gerichtet ist; das dritte ebenfalls braune Glied ist von gleicher Länge wie das zweite, dünn, anliegend beschuppt, nach vorn zu verbreitert und nach oben gerichtet. Die Zunge ist sehr stark, aber nur von mässiger Länge. Der kräftige kurze Thorax hat breite, mit ihren Enden nach aussen gewendete Schulterdecken. Die mittlere Thoraxbehaarung verläuft nach hinten zu spitz und stösst an einen hoch aufgerichteten, aus zwei einander zugedrehten, braunen Löckchen gebildeten Schopf, der vorn mit dicken aufrechtstehenden Schuppen bekleidet ist. Der die Hinterflügel nur wenig überragende, ockergelbe Hinterleib ist seitlich zusammengedrückt, bildet oben einen bräunlich gefärbten Grat und endet mit kurzem Haarbusch. Auf der Unterseite ist die tiefe Brust hellockergelb mit rothbräunlichem Anflug. Die mit sehr langen Sporen (Hinterschienen mit 4) und kurzen Dornen bewehrten kräftigen Beine ziehen in's Bräunliche über. Die schmale, flache Unterseite des Hinterleibs ist hellockergelb.

Der Vorderrand der Vorderflügel ist fast gerade, nur vor der Spitze etwas gerundet. Der gewellte Aussenrand ist gleichmässig gebogen. Der Innenrand verläuft bis nahe an den Körper gerade, wo er mit seinem letzten $\frac{1}{4}$ sich der Wurzel scharf zubiegt; die hierdurch gebildete, abgerundete Ecke ist dicht beschuppt. Die breiten Hinterflügel haben einen stark gerundeten Vorder- und einen geeckten Hinterwinkel. Der an letzteren stossende Theil des gewellten Saumes ist bis Rippe 4 fast geradlinig.

Die Vorderflügel sind auf der Oberseite streifig braun, am Innenrand am dunkelsten, nach dem Vorderrande zu allmählig in's Hellrothbraune übergehend, an der Basis am hellsten.

Das Saumfeld ist aschgrau, mit einer helleren Wellenlinie darin, die vor dem Innenrand einen Zacken bildet, mit einer unterbrochenen schwarzen Saumlinie und hinter dieser die wieder hellere wellenförmige Saumbegrenzung, auf der die innen grau und aussen braun gefärbten Fransen aufgesetzt sind. Von der Basis nach dem Saume zu in Zelle 1b, an die Falte angeschlossen, zieht zunächst ein kurzer, feiner, dann ein längerer breiter, glänzend weisser, scharf begrenzter Streif, der am Ende des zweiten $\frac{1}{3}$ unten einen rechtwinkeligen Absatz bildet, an den sich jenseits der Rippe 2 messerklingenartig und etwas nach oben gebogen das letzte $\frac{1}{3}$ ansetzt und mit seiner Spitze, die an Rippe 3 stösst, das hellere Saumfeld erreicht. Die Einfassung dieser weissen Zeichnung, die dunkler als die Grundfarbe ist, zieht von der äusseren Spitze, das Saumfeld abgrenzend, und eine sehr feine hellere braune Linie zwischen sich einschliessend, in einem Bogen nach dem Vorderrande zu, wo sie, vor der Spitze nach der Flügelbasis zu sich zurückbiegend, jenen trifft. Die Rippe 1 ist besonders in der Nähe der Basis verdunkelt und verbindet sich dort durch zwei dunklere nach innen gehende Bogen mit der unteren, schwarzen Begrenzung des der Basis zunächst liegenden weissen Striches. Ueber die Mitte des Innenrandes spannt sich ein feiner, dunkler, flacher Bogen, der bis in die Mitte von Zelle 1a reicht. Vorwärts der weissen Zeichnung befinden sich einige schwarze Längsstriche, die gegen das Saumfeld zwischen den Rippen sich keilförmig verbreitern. Die Hinterflügel sind lebhaft ockergelb mit dunkelbrauner Saumbinde, die am Vorderwinkel am breitesten diesen ganz umzieht, den Hinterwinkel jedoch nicht erreicht, vor demselben aber mit einem keilförmigen Streif, der das äussere Flügeldrittel um weniges überschreitet, sich der Basis zuwendet; der Innenrand bleibt dadurch breit gelb frei. Die innere Begrenzung dieser Binde lässt auf den Rippen kurze Spitzen in's Gelbe eintreten, die äussere bildet die breite rothbraune Saumlinie, die selbst von Rippe 2 aus bis zu ihrem hinteren Ende innerhalb von einer feinen gelben Linie begleitet wird. Die braunen Fransen sind durch eine weissgraue Linie vom Saume abgetrennt, an ihren Spitzen etwas heller, um den Vorderwinkel herum ganz weiss.

Die Unterseite der Flügel ist matt ockergelb, die Vorderflügel blasser, mit rothbrauner Saumbinde, die vom letzten $\frac{1}{3}$ des Vorderrandes nach dem Hinterwinkel zu laufend, schmäler und blasser wird; eine etwas dunklere, durch die Rippen unterbrochene Saumlinie trennt die mit Grau untermischten Fransen ab. Die mehr schwarzbraun gefärbte matte Aussenrandsbinde der Hinterflügel erlischt schon bei Rippe 2. Fransen und Saumlinie wie auf den Vorderflügeln.

Mad. (Tamt.) N.-B. Selten. 2 Expl. Mus. F. & L.

Chalcosiidae.

Hypsoides Butl.

328. **H. Bipars** *Butl.* Cist. ent. III. 1882. p. 2. — Mad. (Wald von Ancaya).

Syntomidae.

Unter den bis jetzt bekannten Arten scheint keine dem Genus Syntomis *O.* anzugehören. Von den älteren S. Minuta *B.* und S. Myodes *B.* liegt nur die erstere vor, diese ist aber nach ihrem ganzen Habitus und Rippenverlauf eine Dysauxes *Hb.* (Naclia *B.*), wenn auch mit sehr schmalen Flügeln. Dass S. Myodes ebenfalls zu dieser Gattung gehört, ist anzunehmen. Aus den vorhandenen Abbildungen ist kein Schluss zu ziehen da die in F. Mad. sehr wenig charakterisch (ebenso wie auch die von S. Minuta, die noch nicht einmal mit der gegebenen ausführlichen Beschreibung übereinstimmt), und diejenige in Guér. Ic. R. An. zwar besser dargestellt ist, aber die Fühler sicher nicht naturgetreu wiedergibt.

Dysauxes Hb.

a. Vorderflügel zum Theil mit mehr oder weniger durchscheinenden Flecken, Rippenverlauf ganz den europäischen Arten entsprechend, die stark einwärts gebrochene Querrippe der Hinterflügel trifft die Subdorsale am Ausgangspunkt von Rippe 4 und 5. Hinterleib der Länge nach gefleckt oder beringt.

329. **D. Minuta** *B.* F. Mad. p. 80. t. 11. f. 6. (Syntomis). — **Mad. (Tamt.)** Mus. F.

Die folgenden Arten sind wohl auch hierher zu ziehen:

330. **D. Myodes** *B.* Guér. Ic. R. An. p. 500. t. 84 bis. f. 6. *B.* F. Mad. p. 80. t. 11. f. 5. (Syntomis). — Mad. (Tamt.)

331. **D. Anapera** *Mab.* Bull. S. z. 1878. p. 85. (Naclia). — **Mad.**

332. **D. Reducta** *Mab.* Bull. S. z. 1878. p. 84. (Syntomis). — **Mab.**

333. **D. Tenera** *Mab.* Bull. S. z. 1878. p. 85. (Naclia). — **Mad.**

334. **D. Trimacula** *Mab.* Bull. S. z. 1878. p. 85. (Naclia). — **Mad.**

b. Vorderflügel mit nur wenig oder gar nicht durchscheinenden Flecken, Rippenverlauf wie zuvor, jedoch trifft die gebrochene Querrippe der Hinterflügel die Subdorsale zwischen Rippe 2 und 3. Hinterleib entweder ungezeichnet oder mit einem schwarzen Ring vor dem Afterende.

Die nachstehend beschriebenen Arten charakterisiren sich ausserdem wie folgt:

Die den Kopf um die Länge des Endgliedes überragenden schmalen Palpen sind gerade vorgestreckt. Das erste, kürzeste Glied hat nach unten gerichtete Behaarung, das zweite, anliegend, beschuppt, ist aus dem ersten herausgebogen, das dritte etwas kürzer und kaum schmäler wie dieses ist nach unten zu einer Spitze abgeschrägt. Zunge so lang wie die Brust. Die Fühler, von $\frac{1}{2}$ Vorderflügellänge, entspringen aus einem dicken Basalgliede, sind fadenförmig, dicht beschuppt, verjüngen sich nach der heller gefärbten Spitze zu und sind beim ♂ kurz und dicht bewimpert. Thorax kurz. Die Schulterdecken verlaufen nach hinten in einen Büschel borstiger Haare. Der Hinterleib breiter, dreimal so lang als jener, hinten kurz zugespitzt, vor dem Afterbusch dunkel umringt, sonst ungefleckt. Auf der Unterseite ist die Brust über den Thorax hinaus verlängert. Beine kräftig, anliegend beschuppt. Sporen (2 und 4) kurz aber stark. Vorderflügel breit und langgestreckt, Vorderrand der Spitze zugebogen, diese kurz abgerundet; die Biegung des Saumes geht fast ohne merklichen Absatz in den Innenrand über, der in seiner Mitte etwas herausgebogen ist. Hinterflügel sehr kurz und schmal, sie erreichen mit ihrer Spitze nicht den Hinterwinkel der vorderen.

335. **Dysauxes Contigua** *n. sp.*

Fig. 93.

D. alis anterioribus nigro-brunneis maculis quinque ochraceis: una triangularis in basi, duae quadratae in angulis internis cohaerentes ante medium alae, duae subovales ante limbum. Alis posterioribus ochraceis fascia limbali sinuata angusta plagaque diluta post cellulam mediamm nigro-brunnea. Thorace nigro-brunneo. Abdomine ochraceo fascia nigra anteanali. Exp. al. 26 mm.

Kopf und Thorax braunschwarz; die Palpen, der untere Theil der Stirn, die vordere Hälfte der Schulterdecken und der an diese stossende Theil des Halskragens ockergelb; das letzte Drittel der Fühler weisslich gelb. Der Hinterleib lebhaft dottergelb, vor dem Afterende mit breitem, nur nach vorn scharf abgegrenztem schwarzem Ringe, der auf der ockergelben Unterseite des Körpers nicht geschlossen ist. Die Schienen und Tarsen der Vorder- und Mittelbeine sind auf ihrer äusseren und oberen Seite braun verdunkelt, bei den hinteren sind nur die Fussgelenke oben und kaum braun angeflogen.

Die Vorderflügel sind braunschwarz, mit 5 ockergelben, nicht durchscheinenden, in der Grösse wenig von einander abweichenden Flecken. Der erste, dreieckig, ist dicht an die Basis und an Vorder- und Innenrand geschoben, ohne dieselben zu berühren und nimmt 1/7 der Flügellänge ein. Senkrecht auf dem, jedoch schmal frei bleibenden dritten 1/7 des Vorderrandes sitzt ein viereckiger Fleck, der mit seiner die Subdorsale überschreitenden, etwas herausgezogenen inneren hinteren Ecke, mit der inneren vorderen Ecke eines ähnlich gestalteten Fleckens, der auf die Mitte des Innenrandes, ohne diesen zu berühren, aufgesetzt ist, zusammentrifft. Die verticalen Begrenzungen dieser beiden Flecken, von denen der vordere der grössere ist, sind ein wenig nach aussen gebogen. Der äusserste und kleinste lehnt sich an das sechste 1/7 des Vorderrandes an und ist von mehr rundlicher Gestalt, während darunter der grösste, genau zwischen den Rippen 4 und 6 liegend, nach innen zu gerade abgeschnitten, 2 Ecken, nach aussen zu einen Bogen bildet. Er bleibt etwas weiter vom Saume ab, wie die übrigen 4 Flecken von den ihnen zunächst liegenden Rändern. Die ziemlich spitz zulaufenden, sehr kleinen dottergelben Hinterflügel haben einen fast geraden Aussenrand, der schmal braunschwarz gesäumt ist und zwar so, dass die Flügelspitze wie gerade abgeschnitten erscheint, vor der Mitte des Saumes sehr schmal wird, dann nach dem Afterwinkel zu sich fleckartig verbreitert. Die Mittelzelle wird durch einen verwaschenen dunkelbraunen Fleck abgeschlossen.

Die Unterseite trägt dieselben Zeichnungen, die Vorderflügel sind in der Färbung etwas matter, die Hinterflügel zeigen den Mittelfleck grösser wie auf der Oberseite.

N.-B. 2 Expl. Mus. F.

336. Dysauxes Distincta *n. sp.*

D. alis anterioribus nigro-brunneis maculis quatuor ochraceis ovalibus, una in basi, maxima ante medium alae ad marginem internum versus coarctata, duae minores ante marginem externum. Alis posterioribus ovalibus ochraceis fascia limbali lata abbreviata sinuata nigro-brunnea, subtus inornatis. Thorace nigro-brunneo, ochraceo maculato, abdomine ochraceo, fascia nigro-brunnea in segmento penultimo. Exp. al. 24 mm.

Kopf und Thorax braunschwarz; ersterer hat auf der Stirn einen ockergelben Querstrich, letzterer auf seiner Mitte einen rautenförmigen gelben Fleck. Die ockergelben Palpen haben das dritte Glied braunschwarz. Die beim ♂ dicht bewimperten, aber nicht gekämmten Fühler sind braunschwarz, gegen das Ende weisslich. Die Schulterdecken mit dem an sie stossenden Theil des Halskragen sind nur ganz vorn, soweit sie die Flügelwurzel umfassen, ockergelb. Der Hinterleib ist dottergelb und hat vor dem kurzen Afterbusch einen breiten scharf begrenzten schwarzen Ring, der zwei Leibesringe theilweise überdeckt und um dieselben geschlossen herumgreift. Auf der Unterseite ist im übrigen der Hinterleib und der hintere, sowie der aller äusserste seitliche Theil der Brust ockergelb, während deren innerer Theil, sowie die Schienen und Fussgelenke und die nach dem Körper gerichtete Seite der Schenkel der beiden ersten Beinpaare graubraun ist. Die Hinterbeine sind ockergelb, ihre letzten drei Fussgelenke bräunlich angehaucht.

Die Vorderflügel sind etwas breiter als bei D. Contigua, der Saum unterhalb der Spitze mehr gerundet heraustretend, von Rippe 6 bis zu dem leicht markirten Hinterwinkel gerade; der Innenrand ist in seiner Mitte nach aussen gebrochen. Die Hinterflügel sind fast eirund, an der Spitze stark abgerundet, der Afterwinkel tritt kaum hervor. Vorderflügel braunschwarz mit 4 ockergelben, nicht durchscheinenden Flecken, von denen drei dicht an den noch schmal dunkel bleibenden Vorderrand gerückt sind. Der erste, rundlich dreieckig, liegt sehr nahe an der Basis, überschreitet Rippe 1 nicht. Der zweite und grösste steht senkrecht auf dem dritten $\frac{1}{5}$ des Vorderrandes und reicht, leicht nach aussen gebogen, bis zu Rippe 1, hier nach dem Innenrande zu abgerundet und verschmälert und mit einer leichten Einzackung auf der äusseren Seite in Zelle 2. Der kleinste und ovale, auf Rippe 7 etwas eingeschnürte Fleck liegt vor der Flügelspitze hinter dem Anfange des letzten $\frac{1}{5}$ des Vorderrandes; unter demselben der letzte, von der Grösse des Basalfleckes, oval, doch nach der Basis zu gerade abgeschnitten, zwischen Rippe 3 und 5 und von deren Gabelpunkt eben so weit abbleibend wie vom Saume. Die Hinterflügel sind dottergelb; ihre Flügelspitze ist breit dunkelbraun umzogen; diese Färbung, am Vorderrand verwaschen, endet auf Rippe 5: nach dem Afterwinkel zu bis zum Braunschwarzen verdunkelt, hört sie vor dem letzten $^{1}/_{4}$ des Saumes, gerade und senkrecht zu Rippe 2 abgeschnitten, auf; es gleicht diese dunkle Saumbinde dem Durchschnitte eines Zapfenlagers.

Von der Oberseite unterscheidet sich das Unten der Vorderflügel dadurch, dass Basal- und Mittelfleck sich nach dem Innenrande zu verbreitern und zusammenfliessen, so dass der Innenrand von der Basis bis zur äussern Begrenzung des Mittelfleckens breit ockergelb erscheint. Die Hinterflügel sind zeichnungslos dottergelb.

N.-B. 2 Expl. Mus. F.

337. Dysauxes Expallescens *n. sp.*

D. alis anterioribus nigro-brunneis maculis quatuor subocalibus flavo-albidis subhyalinis, una in basi, maxima reniformi ante medium dilatata excedente e cellula media, duabus rotundatis ante apicem. Alis posterioribus ochraceis fascia limbali sinuata angusta nigro-brunnea. Thorace nigro-brunneo; abdomine ochraceo ante anum nigro cingulato. Exp. al. 24 mm.

Der vorigen Art ähnlich, aber durch folgende Abweichungen unterschieden: Die Vorderflügel um weniges schmäler und in ihren Rändern gleichmässiger gebogen, haben auf gleicher Grundfarbe die gleich gelegenen Flecken, sie sind jedoch gelblich weiss, etwas durchscheinend und grösser, besonders der Fleck vor der Spitze, der nahezu quadratisch und der Mittelfleck, der sich nach dem Innenrand zu verbreitert und sich am schmäleren Theile abrundet, während er bei voriger Art am Vorderrande am breitesten und gerade begrenzt ist. Die Hinterflügel sind länger, schmäler und enden spitzer, der dunkle Saum, von geringerer Breite, erreicht fast den Afterwinkel und ist in gleicher Deutlichkeit auf der Unterseite zu sehen. Auf den Vorderflügeln sind die Flecken hellockergelb von gleichem Umfange wie auf der Oberseite, jedoch erscheinen auch hier der Basal- und Mittelfleck am Innenrande durch gelbe Färbung vereinigt.

N.-B. 2 Expl. Mus. L.

338. Dysauxes Extensa *n. sp.*

D. magna, alis anterioribus porrectis, nigro-brunneis, maculis quatuor ochraceis magnis subrotundatis; una post basin, maxima reniformis ante medium, duae rotundae ante apicem. Alis posterioribus acuminatis ochraceis, in margine externo fusco sinuatis macula fusca triangulari in margine antico. Thorace nigro-brunneo; abdomine ochraceo, ante anum nigro cingulato. Exp. al. 32 mm.

Diese grosse Art steht den beiden vorigen in Bezug auf Zeichnung und Färbung sehr nahe, hat jedoch folgende Unterschiede aufzuweisen: Der gelbe Querstrich auf der Stirn ist sehr schmal; die kurz bewimperten Fühler sind in ihrem letzten $^{1}/_{3}$ fast weiss, die vordere Hälfte der Schulterdecken ist gelb, während der übrige Thorax einfach braunschwarz ist. Die

Hinterbeine sind gleichfalls dunkelbraun. Die Vorderflügel sind an der Spitze stark abgerundet. Der sehr schräge Saum ist ebenso wie Vorder- und Innenrand gleichmässig sanft gebogen. Der Hinterwinkel ist bemerkbar. Die Lage der ockergelben, nicht durchscheinenden Flecken ist dieselbe, jedoch sind sie nicht in dem Verhältniss grösser als es der Flügel ist, daher auch der Zwischenraum zwischen dem Basal- und Mittelfleck fast von doppelter Fleckenbreite. Letzterer ist unterhalb der Mittelzelle nach aussen zu abgesetzt verbreitert und kommt dem Innenrande, gegen welchen er sich abrundet, sehr nahe. Die äusseren sind rundlich, der vor der Spitze ist der kleinste, der darunter liegende der zweitgrösste des Flügels. Die schmalen Hinterflügel sind an ihrer Spitze kurz abgerundet, ihr Saum hinter derselben etwas eingezogen. Der Vorderrand gebogen, in seiner Mitte nach aussen gebrochen. Die braunschwarze Saumbinde beginnt mit dem letzten $^1/_4$ des Vorderrandes und schneidet im Bogen die Flügelspitze ab, indem ihre innere Grenze auf das letzte $^1/_4$ des Saumes zuläuft, jedoch ehe sie diesen erreicht, rechtwinkelig umgebogen mit dem Saume läuft, nach dem Afterwinkel zu sich verbreitert und vor dem letzten $^1/_3$ des Aussenrandes schräg abgeschnitten endet. Auf die Mitte des gelben Theiles des Vorderrandes ist ein dreieckiger braunschwarzer Fleck aufgesetzt, dessen Spitze die Subdorsale am Anfang der Rippe 2 trifft; seine Basis nimmt den $^1/_4$ Theil des Vorderrandes ein.

Die Unterseite der Flügel zeigen dieselben Zeichnungen wie deren Oberseite, nur dass der Basalfleck der Vorderflügel nach dem Innenrande zu etwas verwaschen ist, ohne mit dem Mittelfleck in Verbindung zu stehen.

Mad. (Tamt.) ♂ Mus. F.

339. Dysauxes Amplificata *m.*

Fig. 95.

D. alis anterioribus ampliatis nigro-brunneis maculis quinque ochraceis ovalibus separatis; una in basi, duae ante medium, alterae duae ante limbum. Alis posterioribus ochraceis macula brunnea in angulo anali. Thorace nigro-brunneo, ochraceo maculato, abdomine ochraceo annulo anteanali nigro-brunneo. Exp. al. 21 mm.

Ber. S. Ges. 1880. p. 261. (Nadia).

♂ Kopf und Thorax schwarzbraun. Die ersten beiden Palpenglieder, ein Querstreif auf der Stirn, die vordere Hälfte der Schulterdecken und der an diese stossende Theil des Halskragen, ein rautenförmiger Fleck auf der Thoraxmitte, der Hinterleib dottergelb; letzterer hat vor seinem Ende einen geschlossenen schwarzen Ring, der zwei Segmente theilweise überdeckt. Die Fühler sind schwarzbraun in ihrem letzten $^1/_4$ gelblich weiss, an ihrem Ende fast weiss. Sie sind dicht mit kurzen weisslichen Cilien besetzt und erscheinen in ihrem letzten $^1/_3$ auf ihrer inneren Seite fast sägezähnig. Die borstigen Haare, in welche die Schulterdecken auslaufen, sind schwarz und bei dieser Art besonders lang. Brust und erstes Beinpaar dunkelbraun, das zweite mit Gelb gemischt, das dritte gelb mit braunen Hüft- und Kniegelenken und nur auf der Oberseite schwach gebräunten Tarsen.

Die auffällig verbreiterten Vorderflügel bilden ein gleichschenkliges Dreieck, welches von mässig gebogenen Seiten eingeschlossen wird. Die Flügelspitze ist kurz abgerundet, der Hinterwinkel in grösserem Bogen. Auf der schwarzbraunen Grundfarbe stehen fünf auseinander liegende dottergelbe Flecken. Etwas abgerückt von der Basis und den Flügelrändern ein annähernd dreieckiger; vor der Flügelmitte nahe am Vorderrande ein länglich viereckiger, der nicht ganz bis zur Subdorsalen reicht, unter dieser ein ovaler, etwas über Rippe 1 reichender, kleinerer Fleck. Nahezu von gleicher Grösse wie dieser liegt ein solcher zwischen Rippe 6 und 8 auf dem Anfang des letzten Flügeldrittels und unter demselben zwischen Rippe 3 und 5 ein grösserer, vom Umfange des Basal- und vorderen Mittelfleckens, der um seine halbe Breite vom Saume absteht, in verticaler Richtung von auswärts gehenden Bogen begrenzt ist. Da die saumwärts liegenden Conturen dieser beiden äusseren Flecken nicht mit denen der etwas kleineren der Unterseite zusammenfallen, so sind jene nach aussen zu verdunkelt. Die Hinterflügel sind im Vergleich zu den vorstehenden Arten den Vorderflügeln entsprechend ebenfalls verbreitert, ihre Spitze ist abgerundet, ihr Afterwinkel ist fast rechtwinklig und ihr Saum stark geschwungen; sie sind hellockergelb, am Vorderwinkel und am Innenrande breit dottergelb, am Afterwinkel mit dreieckigem, verwaschenem braunem Fleck. Braune Schuppen bedecken das erste Drittel der Rippe 1 b.

Die Unterseite der Flügel zeigt bei lebhafterer brauner und gelber Farbe dieselben Zeichnungen wie oben, jedoch mit den bereits angegebenen Modificationen, wozu noch anzugeben ist, dass der Basalfleck der Vorderflügel nach aussen zu verwaschen erscheint.

N.-B. 1 Expl. Mus. F.

Den vorstehenden Arten nahestehend, aber nach den Beschreibungen bestimmt verschieden, sind.

340 D. **Quinquemacula** *Mab.* Natural. 1882. No. 17. p. 134. (Syntomis). — Mad.

341. D. **Butleri** *Mab.* Natural. 1882. No. 17. p. 134. (Syntomis). — Mad.

Pseudonaclia Butl.

342. P. **Simplex** *Butl.* Ann. & Mag. V. 4. 1879. p. 236. — Mad. (Fian.)

343. P. **Quadrimacula** *Mab.* Bull. S. z. 1878. p. 85. — P. Sylvicolens *Butl.* Ann. & Mag. V. 2. 1878. p. 293. — Mad. (Fian.)

Hydrusa Wlk.

344. H. **Kefersteinii** *Butl.* Cist. ent. III. 1882. p. 2. — Mad. (Ank.)

Euchromia Hb.

345. E. **Lethe** *F.* Spec. Ins. 2. p. 162. Ent. syst. III. 1. p. 396. — Sph. Eumolphus *Cr.* t. 197. D. — Glaucopis Folletii *Guér.* Ic. R. An. Ins. p. 501. t. 84. bis f. 10. — G. Formosa *B.* F. Mad. p. 82. t. 11. f. 3. *B.* Voy. Deleg. II. p. 597. *Wlk.* Cat. Br. Mus. 1. p. 221. *Wllgr.* Kafferl. Heter. p. 10. (Charides). — S. Afrika. Mad. (Tamt.) häufig. N.-B. selten.

346. E. **Madagascariensis** *B.* F. Mad. p. 83. t. 11. f. 4. *B.* Voy. Deleg. II. p. 597. *Wllgr.* Kafferl. Heter. p. 10. (Charidea). — S. Afrika, Mad. (Tamt. Tint. Sur.) häufig.

347. E. **Tollinii** *Kef.* Jahrb. Ak. Erf. 1870. p. 13. f. 3. (Glaucopis). — Mad. (Tamt. Flpt.)

348. **Syntomis Culiculina** *Mab.* Bull. S. z. 1878. p. 85. — Mad.

349. **Aglaope? Perpusilla** *Mab.* Ann. S. Fr. 1879. p. 348. — Mad.

Arctiidae.

Mydrodoxa Butl.

350. **M. Splendens** *Butl.* Ann. & Mag. V. 5. 1880. p. 341. — Mad. (Fian.)

Callicereon Butl.

351. **Callicereon Heterochroa** *Mabille**).

Fig. 60.

C. diverse violacea griseo-brunnea: abdomine ochraceo-rufo punctis albis nigrisque. Alis anterioribus plagis duabus niveis, una basali altera costali ante apicem partim obscure terminatis, inter eas lineis duabus undulatis transversis et signaturis duabus nigris in cellula media; punctis septem nigris ante marginem externum. Alis posterioribus plaga basali alba translucida, puncto nigro mediano. Exp. al. 39 mm.

Mab. Bull. S. z. 1878. p. 86. (Deiopeia).

Kopf und Thorax violett graubraun, mit weissen und schwarzen Schuppen untermischt, die sich auf der Mitte des letzteren zu einem unbestimmt begrenzten Flecken vereinigen. Augen sehr gross, grünlich braun. Zunge stark, hellgelb. Die schmalen Palpen sind schwarzbraun mit eingesprengten weissen Schuppen. Die beiden ersten Glieder an ihren Enden weiss beringt, das Endglied von der Länge des zweiten, schmäler, gerundeter, zugespitzt, ist am Kopfe aufwärts gebogen und erreicht die Höhe des Scheitels. Die schwarzbraune Stirn mit einem in der Mitte unterbrochenen weissen Querstreif. Die Büschchen an der Fühlerbasis sind nach vorn zu weiss, nach hinten schwarz. Die Fühler, ein wenig länger als die halbe Vorderflügellänge, sind am Schafte glänzend und dick beschuppt und bis zu ihrem Ende mit einer doppelten Reihe dicht stehender Kammzähne besetzt, welche die Schaftstärke in ihrer Länge nur wenig übertreffen. Der breite, in seiner Mitte auseinander stehende Halskragen ist schmal schwarz gesäumt. Der oben gekielte, seitlich zusammengedrückte Hinterleib ist ockerroth mit drei verwaschenen weissen Fleckenreihen an der Seite und kurzem weissem Afterbusch. Der erste Leibesring, der noch die Färbung des Thorax trägt, hat in der Mitte einen weissen, die beiden nächsten Segmente einen schwarz und weiss gemischten, die folgenden, mit Ausnahme

*) Da mir nur ein einziges Exemplar zur Verfügung steht und eine genauere Untersuchung der Flügel daher nicht möglich ist, so belasse ich vorläufig diese Art bei den Arctiiden, wohin sie Mabille und Butler stellen, zu denen sie aber nach ihrem Rippenverlauf nicht gehört, der eher auf ein Noctuen-Genus hinweist, welche Ansicht auch Herr Snellen mit mir theilt.

des letzten, einen weissen Fleck. Auf der Unterseite ist die Färbung des Hinterleibs weniger lebhaft wie oben, ungefleckt, aber mit eingesprengten gelblich weissen Schuppen versehen. Die Brust und Beine sind hellgrau violettbraun, die Tarsen und Sporen (2 und 4) dunkelgraubraun, erstere gegen ihre Enden zu sich stark verdunkelnd und an ihren Gliederenden weiss beringt, letztere an ihren Spitzen.

Die Vorderflügel sind langgestreckt, in ihren Rändern nur wenig gebogen; der schräge Saum ist unterhalb der kurz abgerundeten Spitze etwas eingezogen und erscheint dadurch geschwungen. Der Hinterwinkel markirt sich nur wenig. Heller und dunkler violett graubraun, matt glänzend. Zwei schneeweisse, scharf begrenzte Flecken zieren den Flügel. Der eine beginnt mit einer Spitze am Vorderrande dicht hinter der Flügelbasis, verbreitert sich in der Richtung nach dem Hinterwinkel zu, wo er die Subdorsale trifft, läuft mit seiner vorderen Begrenzung ein Stück mit dieser, rundet sich dann nach aussen und unten ab und mit einem nicht ganz regelmässigen Bogen, der die Rippe 1 nur um weniges überschreitet, zieht er der Spitze im Vorderrande zu. Die äussere, nach der Saumrichtung abgeschrägte Seite des Fleckens liegt in der äusseren Begrenzung des Basalfeldes, welche mit $^{2}/_{8}$ des Vorderrandes beginnt, als eine nach innen schräge feine weisse, ausserhalb dunkel violettbraun begrenzte Linie den Fleck trifft, sich dann nur als dunkle Linie bis zu Rippe 1 um denselben herumzieht, unterhalb derselben nochmals eine Ausbiegung bildend, den Innenrand erreicht. Der am Vorderrande liegende abgetrennte Theil des Basalfeldes ist gegen den übrigen an der Basis und am Innenrande liegenden stark verdunkelt. Dicht an der Basis steht ein schwarzer Fleck, drei solcher auf der inneren Begrenzung des weissen Fleckens und ein sehr kleiner innerhalb desselben auf Rippe 1. Auf $^{5}/_{8}$ des Vorderrandes beginnt die hintere Begrenzung des Mittelfeldes durch eine geschwungene, bugige, auf den Rippen auswärts gezähnte, dunkle Linie, die zunächst dem Vorderrande bis zu Rippe 5 senkrecht zu jenem fast schwarz ist, dann bis zu Rippe 2 einen Bogen nach aussen bildet und hierauf einwärts gerückt, mit 2 Bogen das letzte $^{1}/_{8}$ des Innenrandes erreicht; diese Linie ist nach innen zu verwaschen, nach aussen fein weiss begrenzt. In der Mittelzelle steht ein schwarzer nicht ganz geschlossener Ring, am Ende derselben ein schwarzer Strich, der mit einer kleinen Unterbrechung oben saumwärts umgebogen ist und an den sich ein kleines weisses Fleckchen anschliesst. Vom Vorderrande aus zieht ein schräger Schattenstreif einwärts zu der Ringfigur. Die Zelle 1b im Mittelfelde ist stark verdunkelt, am meisten am weissen Basalfleck. Durch dieselbe zieht vor der äusseren Mittelfeldbegrenzung und parallel mit dieser ein dunkler Schattenstreif zum Innenrande. An das Mittelfeld sich anschliessend, liegt am Vorderrande der zweite weisse Flecken von annähernd dreieckiger Gestalt: sein spitzester Winkel liegt im Anfang des letzten $^{2}/_{8}$ des Vorderrandes, der nächst stumpfere Winkel zwischen Rippe 5 und 6. Vor demselben drängt sich ein schmaler Streif der Grundfarbe in den Fleck ein. Die äussere Begrenzung erscheint auf den Rippen zackig; hinter ihr ist die Grundfarbe wieder verdunkelt, blasst aber nach dem Saume zu ab, und aus ihr tritt eine verwaschene dunkle Bogenlinie heraus, die auf der Mitte des Saumfeldes zum Innenrande verläuft und die nach aussen zu durch einzelne Schuppen weiss begrenzt ist. Vor den, von der Farbe des Saumfeldes nicht verschiedenen, nur an ihren Spitzen etwas heller erscheinenden Fransen liegen zwischen den Rippen sieben tiefschwarze, nach innen zu etwas weisslich begrenzte Punkte: der vorderste und kleinste in Zelle 7, der grösste, in die Länge gezogene, in Zelle 1 b. Die Hinterflügel sind am Vorderrande mässig, an der Spitze stark gerundet, hinter derselben ist der Saum in Zelle 4 eingezogen, von wo aus er bis zum abgerundeten Afterwinkel geschwungen verläuft. Der Basaltheil ist glänzend und durchscheinend gelblich weiss mit einem dunkelbraunen Fleckchen am Mittelzellenende. Er ist am Vorderrande bis gegen Rippe 5 und am Saume breit matt braungrau umzogen; diese Färbung erreicht vor der Spitze die Flügelmitte und verschmälert sich nach dem Afterwinkel zu mit einer etwas verwaschenen bogigen inneren Begrenzung. Die Behaarung des Innenrandes ist nur wenig bräunlich verdunkelt. Die Fransen sind weiss, gegen die Flügelspitze zu nehmen sie die Färbung des Saumfeldes an.

Auf der Unterseite erscheint der runde Mittelfleck schärfer abgegrenzt und schwarz. Die Vorderflügel zeigen unten die braungraue Färbung des Hinterflügelsaumes; die Zelle 1a ist von der Basis aus glänzend gelblich weiss, nach aussen zu in die Grundfarbe übergehend. Vor der Flügelspitze liegt am Vorderrande ein kleiner, weisser dreieckiger Fleck und ein weisser Punkt vor demselben. Der Abschluss der Mittelzelle ist mattschwarz angedeutet. Die Rippenenden sind in den Fransen durch weisse Punkte gezeichnet.

Mad. N.-B. 1 Expl. Mus. L.

352. C. **Affine.** *Butl.* Cist. ent. III. 1882. p. 3. — Mad. (Ank.)

Pelochyta Hb.

353. Pelochyta Vidua *Cramer.*

Fig. 52.

P. alis anterioribus luteis punctis duobus nigris in basi, macula magna in medio hyalina extus distincte limitata. Alis posterioribus luteis partim hyalinis. Thorace testaceo punctis nigris. Abdomine roseo. Exp. al. 48 mm.

Cr. t. 264. C. Die Abbildung ist ganz schlecht. — Chelonia Madagascariensis *B.* Voy. Deleg II. p. 598. *Wlgr.* Kafferl. Het. p. 48. (Phryganeomorpha) — Amblythyris Radama. *Mab.* Bull. S. phil. p. 137.

Kopf und Thorax oben dicht und kurz beschuppt, lehmgelb mit schwarzen Punkten. Die kräftige Zunge ist von der Länge der Brust; die in ihren Gliedern deutlich abgesetzten Palpen sind nur unten lehmgelb, an den Seiten und oben lebhaft rosaroth, das breit beilförmig erscheinende erste Glied hat seitlich einen kleinen schwarzen Fleck; die beiden anderen mehr cylindrisch erscheinenden sind an ihren Enden aussen und unten schwarz beringt. Die abgeplattete Stirn hat wie der Scheitel einen schwarzen Punkt. Das Basalglied der Fühler ist kurz, rosa, an seinem Ende oben und innen schwarz beringt und von doppelter Stärke als die ersten Glieder der Geissel, die selbst braun, nahe ihrer Basis mit rosa Beschuppung, von etwas über halber Vorderflügellänge ist. Der breite Halskragen ist aufgerichtet, in seiner Mitte getheilt, mit 4 schwarzen Punkten; die etwas abstehenden Schulterdecken, von $\frac{1}{3}$ der Thoraxlänge, haben deren je 2; auf dem eigentlichen Rückenschild befinden sich dicht hinter dem Halskragen 4 in einem Bogen gestellte, vor seinem Ende 5 in 2 Reihen angeordnete schwarze Punkte, und unter jeder Schulterdecke noch je einer. Längere Haare besetzen den hinteren Rand des Rückens. Der die Hinterflügel bedeutend überragende Abdomen ist oben dunkel rosaroth, seitlich bräunlich weiss umrandet, von der mehlig weissen Unterseite durch 2 Reihen schwarzer Flecken getrennt. Die Brust ist bräunlich weiss, die Beine sind von gleicher Farbe, jedoch oben roth; die Sporen und Tarsen sind in ihrer ganzen Ausdehnung schmutzig roth, nach den Klauen zu verdunkelt.

Die Flügel sind auf ihrer Oberseite von derselben graulich gelben Farbe wie der Thorax, aber nur an ihren Rändern dichter beschuppt. Die Vorderflügel sind zwischen der Subcostalen, dem Querast der Mittelzelle, Rippe 3 und 1, ein Streif des Aussenrandes zwischen diesen letzteren ausgenommen durchscheinend und äusserst dünn beschuppt. Abgetrennt von der Mittelzelle durch einen undurchsichtigen Querstreif, der auf Rippe 6 einen kleinen Zahn nach aussen bildet, befindet sich ein durchsichtiger Fleck, den die Rippen, wie auch den durchscheinenden Theil, gefärbt wie die Ränder durchziehen, und von den Zellen 3 und 4 über die Hälfte, von den Zellen 5 und 6 etwas weniger wie deren Hälfte einnimmt; die äussere Begrenzung bildet für jede Zelle einen Bogen nach aussen, der braunschwarz gefärbt ist. Durch diese Gestaltung ist das Saumfeld der langgestreckten, bogig eingefassten Vorderflügel vor der Spitze bedeutend verbreitert. Der Vorderrand der verhältnissmässig kleinen Hinterflügel ist der Spitze zugerundet, der Saum ist stark geschwungen, der Afterwinkel tritt winklig heraus; da Vorder- und Aussenrand nur schmal dichter beschuppt sind, letzterer nach innen zu verwaschen ist, so ist der grösste Theil des Flügels durchscheinend. Die Mittelzelle wird hinter der Flügelmitte durch einen halbmondförmigen, braunen Fleck geschlossen. Die sehr schmalen Fransen der Vorderflügel sind dunkler als der Aussenrand, die der Hinterflügel von gleicher Farbe wie dieser.

Die Unterseite der Flügel zieht etwas mehr in's Weissliche, der äussere Rand des Glasfleckens der Vorderflügel erscheint noch dunkler wie auf der Oberseite und von ihm aus ziehen matt dunkelbraune Streifen zwischen den Rippen gegen den Aussenrand, auch ist der Querstreif dunkler eingefasst.

S. Afrika. N.-B. 2 Expl. Mus. L. & F.

354. **P. Mauritia** *Cr.* t. 345. B. *Hb.* Verz. p. 172. (Rhodogastria). *B.* F. Mad. p. 86. (Arctia) *Wlk.* Cat. Br. Mus. II. p. 455. (Hypsa, correct. 7. p. 1872) 3. p. 726. (Amerila). — Maur. selten.

Daphaenura Butl.

355. D. **Fasciata** *Butl.* Ann. & Mag. V. 2. 1878. p. 457. (n. g.) & V. 5. 1880. p. 341. — Mad. (Ell. Fian.)

356. D. **Minuscula** *Butl.* Cist. ent. III. 1882. p. 3. — Mad. (Ank).

Epicrausis Butl.

357. Epicrausis Smithii *Mabille.*

Fig. 53.

E. alis anterioribus aurantiacis maculis sex nigris cuneiformibus in margine antico maculisque quatuor oppositis in margine interno. Ante limbum fascia nigra metallico-lucente dentium acutorum. Alis posterioribus pallidioribus aurantiacis, fascia basali et limbali nigris. Thorace fasciculoque magno anali coccineis, abdomine nigro. Exp. al. 56 mm.

Mab. Ann. S. Fr. 1879. Bull. p. CLXXIV. (Daphaenura). — E. **Lanigera** *Butl.* Ann. & Mag. V. 5. 1880. p. 342. n. g. p. 341.

Wenn auch Mabille in seiner Beschreibung den scharf abgegrenzten schwarzen Basaltheil der Hinterflügel nicht erwähnt und anstatt der zunächst der Basis der Vorderflügel liegenden zwei Costalstriche drei schwarze Punkte anführt, so glaube ich doch, dass derselben diese Art zu Grunde lag.

Die Oberseite des tief angesetzten Kopfes, der gewölbte Thorax und der grosse Afterbusch carminroth. Der lange, nach hinten an Stärke zunehmende Hinterleib ist schwarz und mit dichter, segmentweise abstehender Behaarung besetzt. Die Fühler, von $^1/_3$ Vorderflügellange, sind bis zu ihrem Ende mit zwei Reihen büschelig bewimperten Pyramidalzähnen versehen. Die an den Kopf dicht angelegten Palpen überragen nach oben die Augen nicht, sie sind borstig schwarz behaart, nur dicht an den Augen orangegelb gefärbt mit sehr kleinem drittem Gliede; sie bedecken die breite starke, ebenfalls schwarze, gerollte Zunge nur theilweise, bis an diese tritt die rothe Behaarung der Stirn heran. Die äussere Augeneinfassung ist ebenfalls orangegelb. Die Unterseite des Körpers einschliesslich Beine ist schwarz, nur ein kleines rundes Fleckchen auf dem vorletzten Ringe des abgeflachten Hinterleibs ist wie der Afterbusch roth. Die Beine sind kräftig, die Mittelschienen mit einem Paar, die Hinterschienen mit zwei Paar mässig langen Sporen versehen. Schenkel mit steifer Behaarung; bei den Hinterbeinen bedeckt diese auch einen Theil der Schienen. Der Afterbusch besteht aus zwei übereinander befindlichen Lagen von Haaren, die längeren nehmen die ganze Breite des letzten Leibesringes, an dem sie sitzen, ein, auf diesen liegt ein Busch kürzerer auf, die ihren Ursprung an der vorderen Grenze des vorletzten Segmentes haben und nur die Hälfte seiner Breite bedecken, so dass zu beiden Seiten die schwarze Behaarung zu sehen ist.

Der Vorderrand der langgestreckten, annähernd dreieckigen Vorderflügel ist nur wenig gebogen, die Flügelspitze etwas abgerundet, der schräge Saum gleichmässig und sanft gebogen, stösst unter sehr stumpfem Winkel mit dem ebenfalls etwas nach aussen gebogenen Innenrand zusammen. Die kurzen dreieckigen Hinterflügel sind in ihren Winkeln abgerundet und haben den Vorder- und Aussenrand leicht geschwungen, während der Innenrand gerade verläuft.

Vorderflügel lebhaft orangegelb mit metallisch schimmernder, schwarzer Saumbinde, die das letzte $1/4$ der Flügellänge einnimmt und in welche die Grundfarbe längs den Rippen bis gegen die mit der Binde gleich gefärbten Fransen mit 9 scharfen Spitzen eindringt. Zwischen Rippe 3 und 7 verlassen diese zackigen Zeichnungen die Grundfarbe mit breiter Basis, so dass auch hier die schwarze Binde Spitzen, wenn auch weniger scharfe, bildet. Nach dem Vorder- und Innenrande zu verbreitern sich die nach innen gerichteten Enden der Saumbinde. Auf den Vorderrand sind sechs schwarze keilförmige Flecken von verschiedener Grösse aufgesetzt, welche die Subcostale entweder nur um weniges oder nicht überschreiten. Die vier ersten liegen mit ziemlich gleichen Abständen von einander vor der Flügelmitte, ihre Spitzen biegen sich der Basis zu. Von den beiden äusseren und im Allgemeinen auch breiteren, liegt der innere gerade hinter der Vorderrandsmitte mit auswärts gebogener Spitze, der äussere in der Mitte zwischen diesem und der Saumbinde mit etwas nach innen gerichteter Spitze. Senkrecht auf den Innenrand sind vier längere, etwas schmälere schwarze Keilstriche aufgesetzt, deren Enden bis gegen die Subdorsale resp. Rippe 2 verlaufen. Der erste liegt dicht hinter dem ersten $1/8$ des Innenrandes und seine Spitze wie die des nächst folgenden zeigt auf diejenigen des dritten und vierten Keilfleckens des Vorderrandes, zwischen welchen auch durch einzelne schwarze Schuppen eine lose Verbindung hergestellt ist. Der zweite Keilstrich steht auf der Innenrandsmitte, der letzte dicht an der Aussenrandsbinde mit dem Saume durch den den Hinterwinkel umziehenden schwarzen Strich derselben in Verbindung gesetzt. Der dritte steht dem vierten etwas näher als dem zweiten. Die Hinterflügel, heller und matter orange gefärbt, sind in ihrem inneren Theile mattschwarz und von der Basis aus mit gelben Haaren überdeckt. Die Abgrenzung desselben beginnt mit dem zweiten Drittel des Vorderrandes und verläuft, in der Mittelzelle nach aussen gebrochen, nach dem Innenrande etwas über dem Afterwinkel. Vom letzten $1/6$ des Vorderrandes zieht nach dem Afterwinkel die innere Begrenzung der tief schwarzen Saumbinde, die durch mattschwarze Behaarung um den Afterwinkel herum mit dem Basalfeld in Verbindung steht.

Die orangegelbe Unterseite der Flügel blasst nur wenig nach dem Afterwinkel zu ab. Die Hinterflügel tragen die gleiche Zeichnung wie auf der Oberseite, nur ist der Basaltheil ebenso intensiv schwarz wie die Aussenbinde gefärbt, verwaschen schwarz setzt er sich in gleicher Breite über die Vorderflügel fort, deren mattschwarze Aussenbinde, und noch matter, fast grau gefärbte Fransen ohne Unterbrechung in ihrer ganzen Ausdehnung gleichartig gefärbt sind. Vom Hinterwinkel aus, anfangs nur durch einzelne gelbe Schuppen getrennt, schliesst sich eine schmälere tiefschwarze Binde an die des Aussenrandes an, wendet sich allmählig nach innen zu von ihr ab, bildet zwischen Rippe 5 und 6 einen stumpfen Winkel und erreicht nun mit dem kürzeren, sich verbreiternden Schenkel etwas vor seinem letzten Drittel den Vorderrand. Auch die Fransen der Hinterflügel gehen nach aussen zu in's Graue über.

♀ mit etwas kürzeren, breiteren Flügeln; und mit fast glatten, nur zwischen den einzelnen Gliedern wenig eingekerbten Fühlern.

Mad. (Bets.) 2 Expl. (♂ & ♀) Mus. Stgr.

Fodinoidea n. g.

Thorax kräftig und breit, anliegend lang behaart. Hinterleib flach gedrückt, endet gerade abgeschnitten und überragt die Hinterflügel nicht. Die Flügel erinnern durch ihre Form an das Lipariden-Genus Numenes *Wlk.*, aber durch ihre Zeichnungen noch mehr an Arten des Noctuen-Genus Fodina *Gn.* Vorderflügel mit 12 Rippen, ohne Anhangszelle. Mittelzelle $^2/_3$ der Flügellänge, breit, durch stark nach innen gebrochenen Querast geschlossen. Rippe 1 so weit von 2 wie 2 von 3, 3 bis 7 haben gleiche Abstände unter einander, die nur wenig von den vorhergehenden Intervallen abweichen; die etwas gesichelte Flügelspitze liegt zwischen 7 und 8. 6 und 7 aus der vorderen Ecke der Mittelzelle, 8 und 9 auf gemeinsamem Stiel aus der Mitte von 7, 10 aus dem ersten $^1/_4$ von 7; 11 aus dem letzten $^1/_4$ der Subcostalen; 7, 10, 11 und 12 dicht neben einander verlaufend. Hinterflügel mit 9 Rippen, die Mittelzelle nur wenig die Flügelmitte überschreitend mit stark einwärts gebrochener Querrippe, Rippe 3, 4 und 5 an ihrem Ursprunge durch kleine Zwischenräume getrennt, 6 und 7 aus der vorderen Ecke der Mittelzelle, 8 aus dem ersten $^1/_3$ der Subcostalen. Alle übrigen gestaltlichen Kennzeichen ergeben sich aus der Art-Beschreibung.

358. **Fodinoidea Staudingeri** *n. sp.*

Fig. 63

F. nigro-fusca, alis anterioribus fascia transversa angusta flavo-albida e medio costae ad angulum posticum fimbriis albis cum fascia postice conjuncta; alis posterioribus parte dimidia basali ochracea, abdomine cinaberrino serie punctorum nigrorum mediana. Exp. al. 44 mm.

♂ Thorax mit Halskragen dunkelbraun, letzterer von dem ebenso gefärbten Kopf durch einen schmalen rothen Strich abgetrennt, der auf eine kurze Strecke noch den vorderen Rand der Schulterdecke begrenzt. Die schwarzen, bis zu ihrem spitzen Ende doppeltreihig gekämmten Fühler haben halbe Vorderflügellänge; hinter denselben Nebenaugen. Die nach unten gerichteten Palpen überragen den Kopf. Die breite Behaarung des ersten Gliedes ist der Brust zunächst zinnoberroth, dann braun, das zweite Glied schmäler, nach vorn zu etwas verbreitert, ist braun, unten roth, das dritte, von halber Länge des zweiten, ganz braun, ist stumpf, conisch, stark nach unten gebogen. Zunge kurz. Brust, Beine und die Unterseite des Hinterleibs dunkelbraun, letztere mit Grau gemischt. Hinterschienen nach ihrem Ende keulenförmig verstärkt, tragen 2 Paar starke nahe beisammen stehende Sporen. Mittelschienen ebenfalls bespornt, jedoch sehr schwach. Die zinnoberrothe Färbung der Oberseite greift nach unten zu etwas herum, ist vor ihrer Grenze in den Seiten mit einigen unregelmässig gestalteten, dunkelbraunen Flecken versehen; auch setzt sich die braune Färbung des Thorax über den Rücken der ersten Hinterleibsringe fort.

Der Vorderrand der Vorderflügel ist bis zu seinem letzten $^1/_4$ gerade, von da ab stark gerundet. Flügelspitze eckig, fast sichelig vortretend, Aussenrand steil, leicht geschwungen, Hinterwinkel abgerundet, Innenrand mässig gebogen. Dunkel (Kaffee-)braun. Ein scharf begrenztes, gelblich weisses Querband zieht von der Mitte des Vorderrandes zum Hinterwinkel, von welchem aus die breiten Fransen in weisser Farbe bis kurz vor die Flügelspitze, die selbst braun ist, ziehen. Der Aussenrand der Hinterflügel ist zwischen seinem abgeflachten Vorder- und Afterwinkel fast gerade. Der Basaltheil ist matt ockergelb, die Aussenhälfte dunkel graubraun; von gleicher Farbe sind die Fransen und Innenrandsbehaarung. Die Farbengrenze der Flügelfläche verläuft in nur wenig von der geraden Linie abweichender Richtung von der Mitte des Vorderrandes zum Afterwinkel.

Die Unterseite der Vorderflügel zeigt in der Zeichnung keinen Unterschied, die Färbung ist matter, die dunkle etwas mehr in's Graue spielend besonders am Innenrande. Die Hinterflügel sind zum grössten Theil graubraun. Auf den Innenrand ist ein weissgelbliches Dreieck aufgesetzt, dessen Färbung jedoch nach diesem zu wieder in's Hellgraubraune übergeht. Die etwas mehr als rechtwinklige Spitze des Dreiecks liegt am Ende der Mittelzelle auf der Flügelmitte.

Mad. (Bets.) 2 Expl. Mus. Stgr.

Caryatis Hb.

359. **C. Rubriceps** *Mab.* Bull. S. z. 1878. p. 58. (Chelonia). — St. Mar. Mad. (Fipt.) N.-B. 1 Expl. Mus. L.

Abweichend von Walker's Gattungskennzeichen überragt bei dieser Art der Abdomen die Hinterflügel nicht, und die Hinterschienen tragen nur ein Paar Sporen.

Phryganopteryx n. g.

Das schräg nach unten gerichtete erste Glied der Palpen ist dick und breit beschuppt und erscheint flach, das zweite aufwärts steigend ist mehr wulstig rund, ebenso wie jenes nach vorn verbreitert, das dritte von $^1/_3$ Länge des zweiten ist schmäler, flach gedrückt, vorn abgestumpft und zeigt mit seinem Ende etwas nach unten. Die Zunge ist breit, nicht ganz von Länge der Brust. Augen gross mit Nebenaugen. Die dichte aber anliegende Stirnbehaarung erscheint von der des Scheitels abgetrennt. Die borstenförmigen Fühler von über halber Vorderflügellänge sind beim ♂ mit winzigen Cilien besetzt. Das Basalglied ist sehr dick beschuppt. Der Halskragen, in der Mitte getheilt, ist wenig breiter als der Kopf. Der kurze Thorax ist mässig gewölbt. Die kurzen abstehenden, in einem Borstenbüschel endigende Schulterdecken überkleiden mit ihrer Beschuppung noch einen Theil der Flügelbasis. Die Thoraxbehaarung setzt sich noch über die ersten Ringe des zusammengedrückten breiten

Hinterleibes fort, der beim . stumpf zugespitzt, die Hinterflügel nur wenig, beim ♂ um fast 1/3 seiner Länge überragt, und mit grob und ziemlich lang beschuppten Afterzangen in gleicher Breite wie in seiner ganzen Länge endet. Die kräftigen Beine sind anliegend dicht beschuppt. Die 2 resp. 4 Sporen der Mittel- und Hinterschienen sind sehr kurz. Die Schenkel und Schienen der Vorderbeine des ♂ sind dick wulstig, pelzartig beschuppt, beim ♀ sind die Schenkel auf der äusseren Seite abgeflacht und zur Aufnahme der Schienen ausgehöhlt. Vorderflügel schmal und sehr lang gestreckt; der Vorderrand und der schräge Saum sind mässig gebogen, die Spitze abgerundet. Der Innenrand etwas geschwungen. Von den 12 Rippen sind die Subcostale, die Subdorsale und die Dorsale an der Basis blasig erweitert, ebenso ist der Vorderrand besonders beim ♂ ebendaselbst bedeutend verdickt. Die Mittelzelle ist sehr schmal und von 1/2 Flügellänge, durch einen nach innen gekehrten Winkel geschlossen. Aus der Anhangzelle entspringen 7, 8 und 9 auf gemeinsamem Stiel und 10; 6 etwas abgerückt aus der Mittelzelle, 4 und 5 aus einem gemeinsamen Punkt. Die Flügelspitze liegt zwischen 7 und 8. Die Hinterflügel sind breit mit zugespitztem Vorder- und abgerundetem Afterwinkel. Der Vorderrand ist nur wenig gebogen, der Saum besteht aus drei nahezu geraden, in sehr stumpfen Winkeln zusammenstossenden Linien. 9 Rippen. Mittelzelle weit hinter der Flügelmitte winklig geschlossen. 4 und 5 aus einem Punkte und ebenso wie 6 und 7 kurz gestielt. 8 vor 1/4 aus der Subcostalen, die an der Basis ebenfalls verdickt ist. Haftborste 1/4 so lang wie der Vorderrand. Dem Habitus nach Halysidota *Hb.* nahestehend, jedoch mit ganz verschiedenen Fühlern; dem Rippenverlauf nach mehr zu Macrobrochis *H.S.* hinneigend.

360. **Phryganopteryx Strigilata** *m.*

Fig. 94.

P. alis anterioribus diverse fuscis, strigis longitudinalibus, maculis duabus in cellula media nigris maculaque ante apicem flava. Alis posterioribus nigro-fuscis; vertice collare flavis, abdomine rubro, antice posticeque nigro-fusco in medio segmentorum 1—7 puncto nigro ; apice anali flavo. Exp. al. 63 mm.

Ber. S. G. 1878. p. 91. (Macrobrochis).

Kopf schwarzbraun, Zunge hellbraun. Das erste Glied der Palpen orangegelb; das dritte schwarz. Fühler braunschwarz. Der Scheitel, der vordere Theil des Halskragen und der Schulterdecken hellockergelb; deren hinterer Theil ebenso wie der Thorax und die beiden ersten Hinterleibssegmente dunkelbraun. Auf der Grenze zwischen Gelb und Braun liegen 6 schwarze Flecken in einem Bogen, von denen 2 auf den Halskragen, je 2 auf die Schulterdecken kommen. Erstere setzen sich als Streifen auf der Thoraxmitte fort und umschliessen daselbst ein kleines rothes Fleckchen. Der dritte bis siebente Leibesring zinnoberroth, von denen die 4 letzten in ihrer Mitte mit schwarzen Punkten und deren vorderster mit einem breiten schwarzen Querstreif gezeichnet sind. Das Leibesende des ♂ ist graubraun mit ebensolchem Afterbusch, das des ♀ schwarzbraun mit gelber Endspitze. Die Unterseite des Hinterleibs ist ockergelb bis orangegelb, beim ♂ auf jeder Seite mit zwei Längsreihen schwarzer Punkte, beim ♀ ebenda mit schwarzen Streifen, welche die halbe Breite des Leibesring einnehmen. Beine graubraun, an den Hüftgelenken ockergelb gefleckt.

Vorderflügel violett graubraun, in der Mittelzelle ein schwarzer, länglich runder Punkt, dahinter ein grösserer wischartiger schwarzbrauner Fleck. Auf den Rippen schwarzbraune Striche, die durch hellere Zeichnungen unterbrochen werden, am deutlichsten gegen den Saum, wo sich zwischen ihnen dreieckige Flecke auf diesen aufsetzen. Vor der Spitze ein hellockergelber Fleck am Vorderrande, einen dunklen Fleck der Grundfarbe abschliessend, davor gehen 2 dunklere Schatten von diesem schräg nach dem Saume zu, von denen jedoch nur der erstere, der von $^2/_3$ des Vorderrandes ausgeht, diesem nahekommt; gleichzeitig setzt er sich unterhalb der Mittelzelle rückwärts mit einem dunkleren Flecken, der durch das Zusammenfliessen der schwarzen Striche entstanden ist und am Innenrande hinter dessen erstem $^1/_3$ liegt, in Verbindung. Ein zweiter ähnlich gebildeter Innenrandsfleck liegt auf $^2/_3$ und ist durch die hellere Grundfarbe isolirt. Auf dem ersten $^1/_3$ der Flügelfläche sind die dunklen Striche zu einem verwaschenen Bogen zusammengestellt. Die sehr schmalen Fransen tragen die Farbe der dicht vor ihnen liegenden Zeichnungen. Hinterflügel violett braunschwarz, ebenso die Fransen.

Die Flügel sind auf der Unterseite schwarzbraun; von der Wurzel der Vorderflügel zieht ockergelbe Bestäubung in die Mittelzelle hinein; der Vorderrand vor der Spitze mit dem ockergelben Fleck.

Mad. (Tamt.) N.-B. Mus. F. & L. Selten.

Areas Wlk.

361. Areas Adspersa *Mabille*.

Fig. 89.

A. alba; alis punctis fuscis parce adspersis, macula luniformi ad finem cellulae mediae; capite abdomineque ochraceis hoc seriebus tribus longitudinalibus punctorum nigrorum, punctis lateralibus ultimis maximis. Exp. al. 55–62 mm.

Mab. Bull. S. z. 1878 p. 89. (Spilosoma). — A. Virginalis *Butl.* Ann. & Mag. V. 2. 1878. p. 456.

Der in beiden Geschlechtern kräftige Körper überragt die Hinterflügel.*) An dem anliegend behaarten, weissen Thorax ist der ockergelbe Kopf tief angesetzt. Zunge wenig kräftig, etwas länger als die halbe Brust; die Stirnbehaarung zieht herab und überdeckt noch deren Wurzel. Die Palpen sind gerade vorgestreckt. Das erste Glied ockergelb, verbreitert sich nach vorn und unten, das zweite oben schwarz, bedeutend kürzer und schmäler, das dritte ganz schwarz und noch kleiner ist mit seiner Spitze etwas nach unten gebogen und überragt mit dem vorletzten zusammen die Stirnbehaarung. Die Fühler von etwas über $^1/_2$

*) Walker hat in seinem Genus nur Arten aufgenommen, deren Hinterleib die Flügel nicht überragt.

der Vorderflügellänge sind schwarz, beim ♂ bis zur Spitze doppeltreihig sägezähnig, beim ♀ ganz glatt, bei welchem sich auch zwischen den ockergelben Basalgliedern ein schwarzer Fleck befindet. Augen schwarz. Der Halskragen des ♂ schwach ockergelb gesäumt. Der Hinterleib lebhaft ockerfarben, seine beiden ersten Segmente sind mit weisser Behaarung dicht anliegend überkleidet. Eine Reihe ovaler bis viereckiger schwarzer Flecken verläuft über den Rücken und an den Seiten der übrigen Leibesringe. An den vorderen Saum des letzten, der beim ♀ weiss endet, sind grössere Flecken besonders an der Seite angesetzt, wie an den nach vorn liegenden. Die Unterseite des Körpers ist schmutzig gelblich weiss, der vorderste Theil der Brust schmutzig ockergelb. Die Schenkel sind ockergelb, nach innen zu weisslich behaart mit schwarzen Knieu, die der Vorderbeine auch innen noch mit einem schwarzen Längswisch. Sämmtliche Schienen und Tarsen sind innen resp. unten gelblich weiss, oben schwarz, erstere auf der schwarzen Seite noch mit einem schmalen, gelblich weissen Längsstrich versehen. Die Hinterschienen mit 4 Sporen.

Die langgestreckten weissen Vorderflügel haben einen schrägen Saum, sind in ihren Rändern mässig gebogen, und sind mit matt bräunlichen Pünktchen sparsam und anscheinend unregelmässig und unsymetrisch bestreut. Am Ende der Mittelzelle, die meist von Flecken frei bleibt, befindet sich ein ebenso gefärbter runder oder winkliger Fleck. Die Hinterflügel sind um einen geringen Ton weniger rein weiss gefärbt, haben einen ähnlichen Mittelfleck und zerstreut liegende Pünktchen auf ihrer äusseren Fläche, die aber auch ganz fehlen können. Die Winkel der Hinterflügel sind abgerundet, die Ränder sanft gebogen, der Saum in seiner hinteren Hälfte geradlinig.

Die Unterseite ist sehr dünn beschuppt, weniger rein weiss wie oben, besonders am Vorderrande und auf den Rippen und mit den der Oberseite entsprechenden matten Zeichnungen versehen.

Die Flügel des ♂ verhältnissmässig schmäler, die hinteren auch etwas kürzer als beim ♀.

Mad. (Bets. Fian.) N.-B. selten.

362. **A. Galactina** *Mab.* C. r. S. Belg. T. 23. 1880. p. CVII. — **Mad.**

---

363. **Spilosoma Melanimon** *Mab.* C. S. r. Belg. T. 23. 1880. p. XVI. — **Mad.**

Euchaetes Harris.

364. Euchaetes Madagascariensis *Butler.*

Fig. 83.

E. ochracea; capite collare aurantiacis, antennis nigris; abdomine seriebus tribus punctorum nigrorum. Alis ♂ ochraceis extus pallidioribus, ♀ ochraceis. Exp. al. 38—48, ♀ 50—55 mm.

Bull. Cist. ent. III. 1882. p. 3.

Der tief angesetzte Kopf und der breite Halskragen sind orangegelb. Die etwas abstehende Stirnbehaarung ist nach unten zu verlängert und legt sich auf die kurzen, conisch gestalteten, schwarzbraunen Endglieder der Palpen auf, deren ersten Glieder nur dicht am Kopf schwarze, sonst nach unten gerichtete, orangegelbe Haare haben; die zum grössten Theil an die orangegelbe Brust angelegten braunen Haare gehören der Basis der Palpen an. Die Augen sind gross, broncebraun. Die schwarzen Fühler von $^1/_3$ der Länge des Vorderflügels sind mit einer doppelten Reihe von Sägezähnen versehen, die beim ♀ etwas kürzer sind. Die ockergelbe Thoraxbehaarung erblasst nach hinten zu und endet in drei Spitzen. Der Hinterleib, in derselben Farbe dunkler gehalten, ist in der Nähe des Thorax am hellsten. Ueber den Rücken und an den Seiten verläuft je eine Reihe schwarzer Punkte, die in sehr verschiedener Grösse und Deutlichkeit auftreten, bei einzelnen Exemplaren kaum angedeutet sind. Die Oberseite des Abdomen hat etwas Seidenglanz, während derselbe unten von gleicher Farbe aber matt erscheint. Beine ockergelb; von schwarzer Farbe sind: auf der inneren Seite die Vorderbeine ganz, bei den mittleren nur die Knie, Schienen und Tarsen, bei den Hinterbeinen nur die Tarsen. Der die Hinterflügel um fast $^1/_3$ seiner Länge überragende Hinterleib ist beim ♂ conisch, nach oben stark gewölbt; beim ♀ fast cylindrisch und plump.

Die Vorderflügel sind langgestreckt, schmal, ihr Vorderrand ist nur in der Nähe der abgerundeten Spitze etwas, der schräge Saum und der Innenrand wenig gebogen. Beim ♂ sind die Hinterflügel verhältnissmässig kürzer als beim ♀; in der Gestalt jedoch übereinstimmend, sind die Ränder mässig gebogen, Vorder- und Afterwinkel abgerundet, über letzterem der Aussenrand etwas eingezogen. Die Färbung der Flügel des ♂ variirt vom Hellgelben bis zum Ockergelben, nach dem Saum zu stark abblassend, bei einzelnen Stücken findet dies letztere auf den Hinterflügeln weniger statt. Beim ♀ sind beide Flügel gleichmässig lebhaft dunkel ockergelb, ebenso auf der Unterseite; beim ♂ dagegen sind diese hellgelb bis hellockergelb mit dunkler gefärbtem Vorderrande und Rippen.

Mad. (Bets. Ank. Tamt.) N.-B. nicht selten.

*Utetheisa Hb.**)

365. **U. Pulchella** *L.* Syst. Nat. ed. X. p. 534. *Sulzer*, Gesch. der Ins. p. 162. t. 23. f. 11. *Stephens*, Illustr. of Brit. Entom. II. p. 93 (Deiopeia 1829) *Wlk.* Cat. Br. Mus. 2. p. 56. — Noct. Pulchra *Schiff.* Syst. Verz. p. 68. *Hb.* Verz. p. 168. (Utetheisa 1816). *Hb.* Samml. eur. Schm. f. 113. *B.* F. Mad. p. 85. (Euchelia). — Ph. Lotrix *Cr.* t. 109. f. E. F. — M.- & S.-Eur. S.-Asien, Austr. Afr. Maur. Bourb. Mad.

366. **U. Venusta** *Hb.* Samml. ex. Schm. 3. p. 29. f. 521. 522. *Gu.* Maill. Réun. Lép. p. 24. — Euch. Formosa *B.* F. Mad. p. 85. — Ind. S.-Afr. (Deleg.) Maur. Bourb. Mad.

367. **U. Diva** *Mab.* Ann. S. Fr. 1879. p. 305. — Mad.

---

*) Dass Hubner wirklich den Namen Utetheisa und nicht Utethesia, wie er in englischen Werken (*Wlk.* Cat. *Horsfield & Moore* Cat.) citirt wird, haben wollte und es sich nicht um einen Druckfehler handelt, beweist, dass er in *Hb.* Verz. p. 168 in gleicher Schreibweise dreimal, in *Hb.* Samml. ex. Schm. bei Ornatrix und in *Hb.* Zutr. 3. Hundert p. 29 bei Venusta angewendet wird.

368. V. **Laymerisa** *Grand.* Guér. Rev. Mag. 1867. p. 272. (Lithosia). — Deiopeia Occultans *Voll.* Pollen & van Dam. Faun. Mad. V. Ins. p. 13. t. 2. f. 5. — Mad. (S.-W.-Küste). N.-B. nicht selten.

---

369. **Euchelia Ragonoti** *Mab.* Ann. S. Fr. 1879. p. 348. — Mad.

Argina Hb.

370. **A. Cribraria** *Clk.* Ic. Ins. t. 54 f. 4. *Cr.* t. 208. C. G. & 288. D. *Gu.* Maill. Réun. Lép. p. 24. *Gerst.* Gliederth. Sansib. p. 376. — Phal. Astrea. *Dr.* Exot. Ins. II. t 6. f. 3. *Wlk.* Cat. Br. Mus. 2. p. 570. — Bomb. Pylotis *F.* Ent. syst. III. 1. p. 479. *Hb.* Verz. p. 167. (Argina). *Hb.* Samml. ex. Schm. I. 4. f. *B. F.* Mad. p. 85. (Eucholia). — Deiop. Ocellina *Wlk.* Cat. Br. Mus. 2. p. 571. (var.) — Amerika, S.-Asien, Austral., Afrika, Rodr. Bourb. Mad.

371. **A. Serrata** *Mab.* Natural. 1879. No. 3. p. 4 & Ann. S. Fr. 1879. p. 307. — W.-Afrika. Mad.

Anaphela Wlk.

372. **A. Stellata** *Guér.* Ic. R. An. p. 493. (? Agarista). — A. Lactifera *(B.) Wlk.* Cat. Br. Mus. 3. p. 751. — Mad.

Ovios Wlk.

373. **O. Eumela** *Cr.* t. 347. G. *Wllgr.* Kafferl. Heter. p. 60. (Taeniopyga). — N. Sylviana *Stoll* Cr. Sppl. t. 40. f. 4. ♀. *Hpff.* Peters Moss. Ins. p. 431. t. 28. f. 6. 7. — O. Sylvina *Wlk.* Cat. Br. Mus. 3. p. 754. — B. Evidens *F.* Ent. syst. III. 1. p. 443. *Hb.* Verz. p. 188. (Diaphone). — Chel. Evidens *Guér.* Ic. R. An. p. 513. t. 88. f. 1. ♂ *Wlk.* Cat. Br. Mus. 2. p. 551 ♂ (Bizone). — Mabille hat (Ann. S. Fr. 1879. p. 309.) Eumela und Sylviana zusammengezogen, dem hier gefolgt wird; da kein Stück vorliegt, ist eine Beurtheilung derselben nicht möglich. S.-Afrika. Mad.

374. **O. Bicolor** *Mab.* Bull. S. phil. VII. 3. 1879. p. 137. — Mad.

Aganaidae.

Hypsa Hb.

375. **H. Borbonica** *B. F.* Mad. p. 96. t. 15. f. 1. ♂ (Aganais). *Wlk.* Cat. Br. Mus. 2. p. 458. (Hypsa). *H.S.* Lep. exot. Het. f. 120 ♂ f. 118. ♀ (Aganais). *Gu.* Maill. Réun. Lép. p. 26. *Butl.* Ann. & Mag. V. 5. 1880. p. 343. — A. Insularis *B. F.* Mad. p. 97. t. 15. f. 2. *Wlk.* Cat. Br. Mus. 2. p. 459. *Butl.* Ann. & Mag. V. 5. 1880. p. 343 (Damalis). — Bourb. Mad. (Fian.) N.-B. Mus. F. & L.

Snellen (Tijd. v. Ent. 22. p. 80.) macht auf die Verschiedenheit der beiden Abbildungen des ♀ in *H.S.* Lep. exot. und *B. F.* Mad. aufmerksam, da erstere 3 schwarze Punkte an der

Basis des Vorderflügels in Dreieckform gestellt, letztere 3 solcher in einer Linie längs der Costa zeigt. Beides mag bei derselben Art wohl vorkommen, da die Punkte zu variiren scheinen. Meist sind 4 bis 5 Punkte vorhanden: 3 von der Basis aus an der Costa, einer unter dem ersten Costalpunkte und wohl auch noch einer seitwärts von diesem nahe dem Anfang der Zelle 1 b. Während der mittlere Costalpunkt oft kaum nur angedeutet ist, findet er sich auf dem einen Flügel eines Exemplars vor, auf dem anderen ist keine Spur von ihm zu sehen. Die Boisd.'sche Figur zeigt bewimperte Fühler, während sie in der Wirklichkeit beim ♀ vollständig glatt sind. Die H.S.'sche Abbildung f. 118 deutet auch den beiden Geschlechtern eigenthümlichen Stridulationsapparat an, über den Moore (Proc. z. S. 1878, p. 3) sich näher auslässt.

376. **H. Ambusta** *Mab.* C. r. S. Belg. T. 23. p. LV. ♀ — Mad.

Lithosiidae.

Bizone Wlk.

377. Bizone Amatura *Walker.*

Fig. 82.

B. alba; alis anterioribus fasciis rufis: una basali abbreviata, duae transversales in disco alae curvatae dentatae, inter eas in cellula media punctis nigris duobus; serie punctorum ruforum sex ante marginem externum, striga costali rufa puncto nigro conjuncto. Palpis antennis roseis. Exp. al. 24 mm.

Wlk. Proc. z. S. 1863. p. 167. *Wlk.* Cat. Br. Mus. 31. Suppl. p. 261. — B. Hova *Gn.* Vins. Voy. Mad. Lép. p. 42.

Der ganze Körper weiss. Zunge kräftig; dunkelgelb. Die kurzen Palpen, deren Spitze nach unten gebogen ist, sind gelblich roth. Die Augen sehr gross, dunkelolivenbraun. Stirn und Scheitel glatt beschuppt. Die Fühler von $^1/_2$ Vorderflügellänge und mit feinen Wimpern besetzt, sind an ihrem Basalgliede und ihrem unteren Drittel weiss beschuppt, in ihrem weiteren Verlauf gelblich roth. Der getheilte Halskragen ist hinten breit zinnoberroth besäumt, ein ebenso gefärbter, breiter, fein getheilter Fleck liegt auf der Mitte und ein kleinerer säumt die hinten aufgerichtete Thoraxbehaarung. Schulterdecken kurz und abstehend. Der schlanke Hinterleib endet mit getheilter Behaarung. Roth sind an den Vorderbeinen die innere Seite der Schenkel, die Schienen mit Ausnahme zweier weissen Fleckchen und die Tarsen bis zu dem weissen Endgliede; an den Mittelschienen zwei Binden und die Tarsen wie zuvor, an den mit vier Sporen versehenen Hinterbeinen nur die letzten Fussglieder.

Die dreieckigen Vorderflügel haben einen geraden Vorder- und einen nur nahe der Basis gebogenen Innenrand, der wenig gekrümmte Saum ist steil, die Spitze ist kurz abgerundet. Ueber die weisse Fläche ziehen drei zinnoberrothe, bei manchen Stücken stark mit Gelb gemischte Querbinden; die erste erreicht den Innenrand nicht und umschliesst einen kleinen

Theil der weissen Basis; sie besteht aus drei nach aussen zugespitzten Flecken von denen der unterste sich an den Thorax anlehnt. Die zweite, vollständige Binde begrenzt ungefähr das erste Flügeldrittel; unterhalb der Mittelzelle ist sie, eine nach innen zeigende Spitze bildend, gebrochen. Die äusserste mit dem letzten $^{1}/_{5}$ des Innenrandes beginnend, ist in ihrer unteren Hälfte gleichlaufend mit der vorigen und etwas breiter wie diese, jedoch ehe sie die Subdorsale erreicht, bricht sie sich stumpfwinklig nach aussen, überschreitet diese und läuft, die vorige Richtung wieder aufnehmend, hinter der Mitte der Mittelzelle meist schmal unterbrochen, über die Subcostale, aber von hier aus stark nach innen gebogen zum Vorderrand. Dieser letzte Theil der Binde ist nur unvollständig zu sehen, da er durch den langen, der Gattung eigenthümlichen, nach der Mittelzelle und auch der Flügelspitze zugerichteten weissen Schuppenbüschel, der zwischen dem Vorderrande und der Subcostalen entspringt, theilweise verdeckt wird. Bei einzelnen Exemplaren zieht die Binde, allerdings bedeutend heller gefärbt, auch über denselben hinweg. Unterhalb dieses Büschels und umzogen von der Binde sind zwei schwarze Flecken in der Mittelzelle, der äussere längliche schliesst dieselbe ab, der innere kleinere ist mehr von rundlicher Gestalt. Ein dritter schwarzer, strichförmiger Fleck stösst aussen an die Binde, da wo sie die Subcostale überschreitet, zeigt, etwas nach innen gebogen, nach der Spitze zu und begrenzt hier einen ungleich breiten rothen Strich, der längs des Vorderrandes bis zur Spitze läuft, und mit dem letzten der sechs dreieckigen, ebenfalls rothen Aussenrandsflecken zusammenfliesst. Die Fransen dahinter sind weiss. Die dreieckigen, dünner beschuppten Hinterflügel sind sammt ihren Fransen weiss. Dicht vor letzteren liegen an dem etwas geschwungenen Saum und meist nur in seiner vorderen Hälfte, kleine verwaschene, mattrothe Fleckchen, eine unregelmässige und unvollständige Saumlinie bildend. Der kurz abgerundete, etwas vortretende Vorder- und der flach umbogene Afterwinkel bleiben weiss. Der Vorderrand der Hinterflügel ist gerade.

Die Unterseite der Flügel ist weiss, die Zeichnungen der Oberseite scheinen matt hindurch. Der Vorderrand der Vorderflügel ist roth; zwischen den mittleren Querbinden gelblich weiss unterbrochen. Die drei vorderen Saumflecken sind auch unten theilweise roth beschuppt. Vor dem äusseren, roth gefärbten Theile des Vorderrandes ist an diesen der sonst lose auf den Flügeln liegende Hautlappen befestigt. Er reicht bis an das vordere Ende des äusseren Zellfleckens und ist mit kurzen dicht stehenden rothen, röthlich gelben und weissen Schuppen belegt, die eine wirbelartige Anordnung haben.

Mad. (Ant.) N.-B. Häufig. Unter den zahlreichen eingetroffenen Exemplaren befindet sich nicht ein einziges ♀.

378. **B. Grandis** *Mab.* Bull. S. phil. VII. 3. 1879. p. 136. — Mad.

379. **B. Saalmuelleri** *Butl.* Cist. ent. III. 1882. p. 3. — Mad. (Ank.)

Isorropus Butl.

380. **I. Tricolor** *Butl.* Ann. & Mag. V. 5. 1880. p. 343. n. g. p. 342. — Mad. (Fian.)

Coracia Hb.

381. **C. Plumicornis** *Butl.* Cist. ent. III. 1882. p. 4. — Mad. (Ank.)

Sozusa Wlkr.

382. **S. Marginata** *Guér.* Ic. R. An. p. 519. *Wlk.* Cat. Br. Mus. 2. p. 512. — Mad. (Ant.) N.-B. Selten. — Die vorliegenden Stücke, die aber die Vorderwinkel der Flügel umfassende grauschwarze, nach aussen graue Fransen tragen, welche auf den Hinterflügeln nach dem Afterwinkel zu in Ockergelb übergehen, halte ich alle als zu dieser Art gehörig. In Guér. Ic. R. An. wird der Färbung der Fransen nicht erwähnt, möglich dass ein abgeflogenes Stück vorgelegen hat. Es bliebe dann für die folgende Art nur noch die Eigenthümlichkeit der die Punkte verbindenden Striche, was ja bei den Lithosiiden eine häufig eintretende Abnormität ist. ♀ hat breitere, kürzere Flügel. Das eine vorhandene Exemplar zeigt bei sonst gleicher Zeichnung und Färbung keine Spur von Roth, wie es der ♂ am Kopf, Thorax, an den Schenkeln und am Vorderrande der Vorderflügel trägt und gehört dies möglicherweise zu den Geschlechtsunterschieden.

383. **S. Erythropleura** *Mab.* Ann. S. Fr. 1879. p. 302. — Mad.

384. **S. Punctistriata** *Butl.* Cist. ent. III. 1882. p. 4. — Mad. (Ank.)

385. **S. Mabillei** *Butl.* Cist. ent. III. 1882. p. 5. — Mad. (Ank.) Mus. Stgr. Butler beschreibt nur das ♀. ♂ 34 mm. Fühler mit ziemlich langen Cilien besetzt. Vorderflügel schmäler als beim ♀, von eben der dunklen orangegelben Färbung als sie Kopf und Halskragen haben. Hinterflügel mit zugespitzterem Vorderwinkel, blasser als die Vorderflügel, aber an der Basis und den Rändern wieder dunkler.

386. **S. Kingdoni** *Butl.* Trans. ent. S. 1877. p. 353. — Mad. (Fian.)

387. **S. Albicans** *Butl.* Cist. ent. III. 1882. p. 5. — Mad. (Bets. Ank.) Mus. Stgr.

388. **S. Sordida** *Butl.* Cist. ent. III. 1882. p. 5. — Mad. (Bets. Ank.) Mus. Stgr.

389. **S. Aspersa** *Butl.* Cist. ent. III. 1882. p. 6. — Mad. (Ank.)

390. **S. Argentea** *Butl.* Ann. & Mag. V. 2. 1878. p. 457. — Mad. (Bets. Ell.) Mus. Stgr. ♀. Bei dem Exemplare fehlt der äusserste schwarze Punkt, so dass der grösste an der Mitte der Costa, der nächst kleinere etwas hinter 1/3 des Innenrandes und gerade über diesem in der Falte der kleinste steht, und so alle 3 zusammen einen sehr stumpfen Winkel bilden. Bedeutend grösser als die nächste Art.

391. **Sozusa Trispilota** *m.*

Fig. 84.

S. nivea; alis anterioribus punctis nigris tribus: uno in medio costae, altero post medium marginis interni, tertio post eos ante limbum. Exp. al. 28—32 mm.

Ber. S. G. 1880. p. 262.

Weiss. Kopf breit mit stark kugelig hervortretenden grossen Augen. Stirn breit. Zunge hoch angesetzt, länger als die Brust, hellbraun. Die Palpen sind kürzer als der Kopf, abwärts gebogen, rauh beschuppt, das zweite Glied nach vorn zu vom Weissen, durch's Graue zum Schwarzbraunen sich verdunkelnd, das kurze Endglied ganz schwarz. Die Fühler, von der Basis aus vom Weissen in's Hellbraune übergehend, sind etwas länger als die Hälfte der Vorderflügel, fein bewimpert. Die Cilien beim ♂ kaum länger als beim ♀. Halskragen breit. Schulterdecken von der Länge des kurzen Thorax. Der Hinterleib überragt die Hinterflügel ein wenig, endet beim ♂ mit einem gelblich weissem Afterbusch, beim ♀ bis gegen den After gleich breit bleibend, kurz zugespitzt. Die Unterseite des Körpers ist gelblich grauweiss. Die Vorderbeine sind ganz schwarzbraun, mit Ausnahme der inneren Seite der Schenkel, bei den Mittelbeinen nur Schienen und Tarsen aussen braun, bei den Hinterbeinen nur die Tarsen bräunlich.

Die langgestreckten Vorderflügel sind an ihren Rändern nur wenig gebogen, der Saum ist ziemlich schräg, an seinen Enden die Winkel hervortretend. Von drei braunschwarzen Punkten ist einer dicht an die Mitte des Vorderrandes gerückt, ein anderer liegt am Innenrande auf $^{1}/_{3}$ seiner Länge, der dritte liegt vor dem Saume in Zelle 4 über der Gabelung der Rippe 3 genau in der Mitte zwischen dem Querast und dem Saume. Die ebenfalls langgestreckten, aber breiten Hinterflügel sind am Hinterwinkel stark, an der Spitze kurz abgerundet und haben fast geraden Vorder- und Innenrand. Sie sind viel weniger dicht beschuppt als die Vorderflügel und dadurch erscheint das Weisse reiner als bei jenen. Bei dem ♂ Exemplar ist die Flügelspitze gelblich verdunkelt.

Auf der Unterseite sind die Vorderflügel gelblich grauweiss, mit bräunlichen Rippen: die drei Punkte scheinen kaum durch. Eine feine hellbraune Saumlinie ist hier, wie auf den rein weissen Hinterflügeln vertreten. Alle Fransen auf beiden Seiten weiss.

N.-B. 1 ♂ 2 ♀ Mus. F.

Zu dieser Gattung ist wohl auch zu zählen:

392. **Lithosia Squalida** *Gn.* Maill. Réun. Lép. p. 23. — Réun.

393. **Lithosia Sanguinolenta** *Mab.* Bull. S. z. 1878, p. 87. — Mad.

Prabhasa Moore.

394. **P. Carnea** *Butl.* Cist. ent. III. 1882, p. 6. — Mad. (Ank.)

395. **P. Ardens** *Butl.* Cist. ent. III. 1882, p. 6. — Mad. (Ank.)

396. Prabhasa Notifera *m.*

Fig. 88.

P. griseo-alba; alis anterioribus macula costali fusco-nigra post medium alae; ante medium marginis interni macula magna quadrata per strigam cum macula parva antelimbali conjuncta; alis posterioribus abdomine griseis. Exp. al. 23 mm.

Ber. S. G. 1880. p. 262.

Kopf gross mit breiter, gerundeter, dunkel brauner Stirn und kleinen ebenso gefärbten und diese nicht überragenden, schmalen Palpen. Diese sind gerade vorgestreckt, ihr erstes und zweites Glied mit borstiger nach unten stehender Behaarung, das Endglied halb so lang wie das zweite, anliegend beschuppt und zugespitzt. Die Zunge von der Länge der Brust ist hellbraun; die braunen Fühler sind von $^2/_3$ der Vorderflügellänge, sehr fein, aber ziemlich lang bewimpert. Scheitel, Halskragen und die kurzen abstehenden Schulterdecken weiss. Mitte des Thorax und Hinterleib mit Afterbusch graulich braunweiss. Unterseite des Körpers und Beine graubraun, Hinterschienen sehr lang mit nahe zusammenstehenden zwei Paar kurzen Sporen.

Die Vorderflügel sind schmal und lang, ihr Vorderrand ist nur wenig gebogen, etwas mehr vor der fast rechtwinkligen Spitze, Saum wenig schräge und mässig gebogen, Innenrand geschwungen. Weiss mit graubraunem Vorderrand, der ganz schmal gefärbt zunächst der Basis am dunkelsten ist. Die Zeichnungen sind dunkelbraungrau, an den Rändern heller. Auf $^2/_3$ des Vorderrandes hängt an diesem ein nach innen abgerundeter Fleck; auf $^2/_3$ des Innenrandes ist ein etwas grösserer viereckiger aufgesetzt, dessen vordere, mit dem Innenrande gleichlaufende Seite sich als Strich gegen den Saum zu verlängert und auf dessen Ende vor dem letzten Flügel $^1/_6$ nach vorn ein quadratischer Fleck aufrecht steht und so eine Figur nicht unähnlich der $^1/_4$ Pause der Musikzeichen bildet. Die Hinterflügel mit vortretender, aber abgerundeter Spitze, gebogenem Vorderrand und geschwungenem Saume sind etwas kürzer als der Hinterleib. Sie sind an der Basis, am Innenrand und am Afterwinkel weisslich, und verdunkeln sich bräunlich grau nach aussen, besonders nach der Spitze zu. Die Färbung der Fransen weicht nicht von derjenigen der Flügel ab.

Vorderflügel auf der Unterseite braungrau nach dem Aussenrande zu heller. Die innere Hälfte der Mittelzelle und die ganze Zelle 1 a gelblich weiss. Der Vorderrand der Hinterflügel und die Flügelspitze in grösserer Ausdehnung blass braungrau, der übrige Theil gelblich weiss.

N.-B. ♂ Mus. F. Nach Buttler Cist. ent. III. p. 7 auch Mad. (Ank.)

397. **P. Nigrosparsa** *Butl.* Cist. ent. III. 1882. p. 7. — Mad. (Ank.)

398. **P. Flexistriata** *Butl.* Cist. ent. III. 1882. p. 7. — Mad. (Ank.)

399. **P. Fasciata** *Butl.* Cist. ent. III. 1882. p. 8. — Mad. (Ank.)

400. **Prabhasa Maculosa** *n. sp.*

Fig. 78.

P. colore osseo; alis anterioribus signaturis fuscis: macula parva in medio costae, macula longitudinali e basi infra cellulam mediam dilatata, ante limbum terminata. Exp. al. 24 mm.

Die kurzen rauh beschuppten Palpen sind schwarzbraun. Die Zunge, die Stirn, die Unterseite der Fühler braun, deren Oberseite, Scheitel und Thoraxbehaarung weisslich braun. Fühler wenig länger als die Hälfte der Vorderflügel und gekämmt: die Kammzähne haben zwar die Länge der doppelten Geisselstärke, gleichen jedoch nur ganz feinen Borsten, deren nach vorwärts gebogene Spitzen eine Berührug unter einander gestatten. Während der Thorax rauh beschuppt erscheint, ist der gelblich weisse Hinterleib mit langen, äusserst feinen Haaren bekleidet. Der Afterbusch ist kurz und dunkler gefärbt. Die Unterseite des Körpers und die Beine sind bräunlich weiss, der Abdomen braun gesprenkelt.

Die sehr schmalen Vorderflügel haben bei nur wenig gebogenem Vorder- und Innenrand und abgerundeter Spitze, einen sehr schrägen gebogenen Saum. Ihre Färbung ist ein bräunliches Weiss mit schwarzbraunen Schuppen fein besprenkelt. Von derselben Farbe sind die Zeichnungen und das erste $^1/_3$ des Vorderrandes, aber nur ganz schmal angelegt. An die Mitte dieses ist ein Fleck angehängt, der nach innen zu wenig scharf begrenzt ist. Abgerückt von der Basis liegt ein blasser, verwaschener Flecken, der die Subdorsale überschreitet und der bis gegen die Mitte des Innenrandes reicht, wo ein kleines Fleckchen sich an denselben anlehnt. Durch ihn zieht längs der Falte ein dunkler Wisch gegen den Saum, gegen das Ende der Mittelzelle um das doppelte verbreitert, rundet er sich vor dem letzten Flügel $^1/_4$ nach aussen zu ab. Die so verdunkelte mittlere Fläche des Flügels steht vom Vorderrande etwas weiter ab als vom Innenrande und ist am dunkelsten in seinem strichförmigen, der Basis zugewendeten Theile, hinter dem Mittelzellenende und in der dem Aussenrande zunächst liegenden Rundung. Die Hinterflügel, die in ihrer Form nichts Abweichendes von denen der vorbeschriebenen Art zeigen, sind bräunlich weiss, nach dem Innenrande zu gelblich weiss; vor der Spitze und dem Vorderrande durch einzelne braune Schuppen verdunkelt.

Dieselbe Färbung, nur noch etwas heller, zeigen die Hinterflügel auf der Unterseite; die vorderen sind daselbst in ihrer Mitte braungrau, nach der Basis und dem Saume zu weisslich braun. Der Innenrandstheil ist bis an die scharf hervortretende Falte gelblich weiss, das erste $^1/_3$ des Vorderrandes schwarzbraun. Alle Fransen sind auf beiden Seiten bräunlich resp. gelblich weiss.

Mad. (Beta) Mus. Stgr.

401. **P. Augustata** *Butl.* Cist. ent. III. 1882. p. 8. — Mad. (Ank.)

402. **P. Insignis** *Butl.* Cist. ent. III. 1882. p. 8. — Mad. (Ank.) Mus. Stgr.

403. **Prabhasa Angulosa** *n. sp.*

P. testacea; alis anterioribus squamis fuscis adspersis; macula fusco-nigra in medio costae cum puncto ante limbum punctoque ultimae tertiae partis marginis interni conjuncta per angulum fusco signatum. Alis posterioribus lucide-testaceis, ante apicem adumbratis. Exp. al. 20 mm.

♂ Hellgelbbraun. Palpen fehlen dem Exemplare. Fühler mit langen, wenig dicht aneinanderstehenden Cilien besetzt. Hinterleib ziemlich lang behaart mit Afterbusch. Vorder- und Mittelbeine gegen das Klauenglied bräunlich. Die Vorderflügel in ihren Winkeln so eckig wie bei P. Notifera. Der Vorderrand ist ganz gleichmässig gebogen, der Saum steil, der Innenrand geschwungen, ebenso der Aussenrand der Hinterflügel, wodurch deren Spitze mehr heraustritt. Schräg zum Vorderrand der Vorderflügel und auf seiner Mitte steht ein kurzer, ebenso wie die übrigen Zeichnungen, schwarzbraun gefärbter Strichfleck, der durch zwei gleichlaufende Reihen wenig zusammenhängender dunkler Schuppen mit einem Punkte in Verbindung steht, der kurz vor dem Saume in Zelle 4 liegt. Von diesem aus zieht ein geschwungener, durch die Rippen unterbrochener Streif zu dem Anfange des letzten Innenranddrittels, der dasselbe, von Rippe 1 aus ihm zugebogen, rechtwinklig trifft. In die Flügelspitze zieht zwischen Rippe 6 und 7 ein hellerer Streif, der zu beiden Seiten durch je 2 dunkle Streifen, die auf den Rippen liegen, eingeschlossen wird. Das erste $^{1}/_{3}$ des Voderrandes ist dunkel beschuppt. Das Mittelfeld ist mit mattbraunen Schuppen besäet, die sich mehr oder weniger zu feinen Bogen vereinigen, und quer über den Flügel ziehen, ohne Loupe jedoch kaum wahrnehmbar sind. Die Hinterflügel sind blasser als die Vorderflügel, vor dem Saume bräunlich grau verdunkelt. Die Fransen aller Flügel sind gelblich weiss.

Auf der Unterseite sind die Vorderflügel hellockergelb mit dichter brauner Beschuppung, von der nur die innere Hälfte der Mittelzelle und der Innenrand bis zur Subdorsalen freibleibt und die am dunkelsten am ersten $^{1}/_{3}$ des Vorderrandes auftritt. Die Hinterflügel sind hellockergelb, dunkler am Vorderrande, um die Spitze herum bis zur Mitte des Saumes blass grau, nach innen zu verwaschen. Während die Fransen der Hinterflügel wie auf der Oberseite gefärbt sind, erscheinen die der Vorderflügel unten mit Grau gemischt.

N.-B. 1 Expl. Mus. F.

Lyncela Wlk.

404. **L. Parvula** *Butl.* Cist. ent. III. 1882. p. 9. — Mad. (Ank.)

Sommeria Hb.

405. **S. Extensa** *Butl.* Ann. & Mag. V. 5. 1880. p. 343. — Mad. (Bets. Fian.) ♂ ♀ Mus. Sigr.

Setina Schrank.

406. **Setina Imminuta** *m.*

Fig. 78.

S. aurantiaca; ciliis interrupte nigro-cinereis. Alis anterioribus margine antico fusco, punctis duobus nigris in plica cellulari, punctis nigro-fuscis aut seriebus duabus punctorum ante limbum. Alis posterioribus puncto nigro cellulari. Exp. al. 19 mm.

Ber. S. G. 1880. p. 262.

Orangegelb. Palpen dünn, länger als der Kopf, mit aufgerichtetem, sehr spitzem, nacktem, braunem Endgliede. Zunge und die fein bewimperten Fühler ebenfalls braun. Hinterleib des ♂ endet mit zwei lang beschuppten Afterklappen. Die Beine sind an ihrer äusseren Seite, an den Sporen und an den letzten Fussgliedern braun. Die Flügel sind langgestreckt, Vorderflügel dreieckig mit wenig gebogenen Rändern und steilem Saum. In der Falte der Mittelzelle liegen zwei schwarze Punkte, der eine auf dem Querast, der andere vor der Flügelmitte. Von $^3/_4$ des Vorderrandes nach der Mitte des Innenrandes zieht eine verwaschene Punktreihe, meist nur durch den Fleck am Vorder- und Innenrand angedeutet, oder auch wohl als zusammenhängende, feine Linie vorhanden. Vor dem letzten Flügelsechstel und gleichlaufend mit dem Saume liegt eine meist deutlichere Reihe grauschwarzer Fleckchen, die nach dem Vorderrande zu an Schärfe zunehmen, welcher in seinem inneren und äusseren $^1/_3$ selbst schmal schwarzbraun gefärbt ist. Die Fransen sind schwarzgrau, hinter den Rippen orangegelb unterbrochen; entweder sind diese auf den Hinterflügeln ebenso oder doch wenigstens um den gerundeten Vorderwinkel dunkler gezeichnet. Der Saum der schmalen Hinterflügel ist gleichmässig, auch um den Afterwinkel herum gebogen; am Ende ihrer Mittelzelle liegt ein schwarzer Punkt. Der eingeknickte Querast trifft die Subdorsale auf dem gemeinsamen Ausgangspunkte der Rippen 4 und 5.

Unten zeigen die Flügel keine Verschiedenheit von deren Oberseite, höchstens, dass die dunklen Flecken etwas matter, wohl aber grösser erscheinen.

N.-B. Mus. F. & L.

Nudaria Haworth.

407. Nudaria Infantula *m.*

Fig. 81.

N. alis anterioribus lucide griseo-fuscis, margine antico et ante limbum fusco-maculato; puncto cellulari nigro; alis posterioribus lucide griseo-flavis. Exp. al. 12 mm.

Ber. S. G. 1880. p. 261.

♂ Hellgraubraun. Kopf rauh beschuppt. Die mässig vorwärts gekrümmten Palpen überragen denselben um weniges; während die beiden ersten Glieder einzelne abwärtsstehende Schuppen zeigen, ist das dritte zugespitzte, ausserhalb dunkelbraun gefärbte Glied anliegend beschuppt. Zunge fein und kurz. Die Fühler von $^1/_2$ Vorderflügellänge sind bis zur Spitze doppelt gekämmt. Das Basalglied ist anliegend dick beschuppt und ebenso noch das erste $^1/_3$ der Geissel. Die Kammzähne sind lang, stehen um die Schaftstärke auseinander, sind in den Zwischenräumen mit steifen Cilien besetzt und enden mit einer vorwärts gebogenen Borste, welche die Verbindung unter denselben herrstellt. Scheitel und Stirnbehaarung ist nach vorn gerichtet. Augen gross, braun broncefarben glänzend. Der Hinterleib ist heller wie der Thorax, ebenso die Unterseite des Körpers und die langen, kräftig entwickelten Beine, deren Schienen auf der Oberseite graubraun verdunkelt sind: diese tragen an den beiden hinteren Beinpaaren mässig lange Sporen, die Hinterbeine auch mit Endsporen. Die kurzen Schienen der Vorderbeine haben an ihrer Innenseite ein nahe dem Kniegelenke befestigtes Schienenblättchen von stachelartiger Gestalt, das fast so lang wie jene selbst ist. Afterlappen wenig entwickelt.

Die Flügel, dichter beschuppt als bei den europäischen Arten, sind an ihren Spitzen stark abgerundet, während ihre Hinterwinkel stumpfwinklig hervortreten. Der Vorderrand und der Saum der vorderen sind gebogen; der Innenrand sowie der Saum der Hinterflügel etwas geschwungen; erstere mit 11 Rippen: 3, 4 und 5 in ihrem Ursprunge dicht zusammengerückt; die Flügelspitze liegt auf 6. Hinterflügel mit 8 Rippen: 3 und 4 auf langem Stiele aus der hinteren Ecke der Mittelzelle, 5 stark vorwärts gebogen aus der auswärts gebrochenen Ecke des Querastes, 6 und 7 auf gemeinsamem Stiele aus der vorderen Ecke der Mittelzelle und 8 dicht davor aus der Subcostalen. Der Vorderrand der Vorderflügel ist in seinem ersten 1/3 dunkelbraun; ein ebensolcher, in seinen Rändern verwaschener Fleck liegt auf der Gabelung der Subdorsalen, und auf den Rippen kleine verwaschene, unregelmässig gestellte Flecken vor dem Saume, an den sich die kaum heller gefärbten Fransen ansetzen. Hinterflügel gelblich weiss, fast durchscheinend. Die Rippen nach aussen zu und der Saum etwas verdunkelt. Fransen bräunlich weiss.

Auf der Unterseite sind die Flügel braungrau, nach den Innenrändern zu blasser, nach dem Saume zu dunkler. Auf dem Vorderflügel ist der Vorderrand bis gegen seine Mitte schwarzbraun. Der Mittelfleck scheint nur mattgrau hindurch. Die Fransen sind hellbraungrau.

Aus vorstehender Beschreibung ist zu ersehen, dass wir es hier mit einer etwas abweichenden Form zu thun haben, die, wenn auch erst das ♀ bekannt sein wird, zur Bildung einer neuen Gattung Veranlassung geben könnte.

N.-B. selten. 2 Expl. Mus. F. & L.

*Autoceras Feld.**)

408. Autoceras Nigropunctana *m.*

Fig. 163.

A. griseo-eburina; alis anterioribus punctis nigris sex costalibus, ab iis exeunt series transversae punctorum nigrorum, in parte exteriori alae arcuum duplicorum. Thorace griseo-albo nigro-punctato; alis posterioribus abdomine griseis. Exp. al. 20 mm.

---

*) Das Genus Melania ist 1865 von Wallengren aufgestellt, da der Name aber 1801 von Lamarck bei den Mollusken schon verwendet, nahm Felder Autoceras dafür an. Weshalb aber der Gebrauch beider Namen Nov. Lep. Heter. Text p. 2 & 6 und ebenso auf Tafel 106? Von den älteren Gattungen Walker's (1854) Siccia, Aemene etc. kann schon deshalb hier nicht die Rede sein, da bei sämmtlichen verwandten Gen. in der Diagnose angeführt ist, dass die Palpen kürzer als der Kopf sind, was bei obiger Art entschieden nicht zutrifft.

Ber. S. G. 1880 p. 309. (Acmene).*)

Kopf, Thorax und Vorderflügel gelblich grauweiss. Palpen dünn, das dritte Glied von 1/3 der Länge des zweiten, endigt spitz; aufwärts gebogen, den Kopf um die Hälfte seiner Länge überragend, sind sie braun, dunkler gefleckt. Zunge lang und stark. Augen gross, schwarzbraun. Fühler weit auseinandergestellt, fein bewimpert, gelblich braun, theilweise mit gelblich grauen Schuppen bedeckt. Auf dem Thorax sind fünf schwarze Fleckchen, zwei durch die sehr kurzen Schulterdecken bedeckt, die selbst mit je einem feinen schwarzen Punkt versehen sind; zwei liegen hinter der Mitte und einer färbt die nach hinten gerichtete Spitze, zu welcher die Thoraxbehaarung zusammengedreht ist. Hinterleib bräunlich grau mit bräunlich weissem, seidenhaarigem Afterbusch. Unterseite der Brust weissgrau. Die langen Beine oben braungrau, heller beringt, auf der Unterseite ebenso wie der Hinterleib gelbgrau. Mittel- und Hinterschienen (4) mit langen Sporen.

Vorderflügel dreieckig mit gleichmässig gebogenen Rändern, dabei der Saum mässig schräge; der Vorderwinkel nur wenig abgerundet. Sämmtliche Zeichnungen sind braunschwarz bis tiefschwarz. Sechs Flecken liegen am Vorderrande, der innerste dicht an der Basis, der äusserste vor den Fransen; die übrigen mit gleichen Abständen von einander. Von denselben aus ziehen unzusammenhängende Reihen von Punkten, bei einzelnen auch mit dazwischen liegenden Bogen über den Flügel. Die erste besteht nur aus zwei Punkten, von denen der untere an der Subdorsalen etwas mehr von der Basis entfernt ist. Die zweite besteht aus 4 Fleckchen, unter sich durch eine feine Linie verbunden; deren grösster liegt auf der Subdorsalen und wendet sich dem Vorderrandspunkte mit einer Spitze zu. Der unterste ist stark nach aussen gerückt und liegt hinter dem ersten 1/3 des Innenrandes; zwischen dem dritten und den beiden Punkten der Basalbinde ist noch ein Fleckchen und es liegen diese vier mit dem Innenrandsfleck der zweiten Binde in ziemlich gleicher Richtung. Vom dritten Vorderrandsfleck geht eine ziemlich zusammenhängende Binde nach der Mitte des Innenrandes; mit zwei grossen Zacken zieht sie fein und nicht immer ganz deutlich über die Mittelzelle hinweg. Die sie vereinigende, nach der Basis zeigende Spitze liegt auf der Zellenfalte, auf welcher gleichfalls, etwas nach innen gerückt, ein tiefschwarzer kleiner, runder Fleck steht. Schärfer tritt der untere Theil der Binde hervor; er ist nach innen gerückt, liegt unter dem Vorderrandsfleck und besteht aus zwei gleichlaufenden zackigen Stücken. Den Anschluss der Mittelzelle bildet ein tiefschwarzer, kleiner nierenförmiger Fleck. Die hierauf folgende Binde zieht vom Vorderrande sehr schräg nach aussen zu zwei unter einander, hinter der Mittelzelle liegenden Bogen, die eine geringe Verbindung mit einem wieder nach innen gerückten zackigen Wisch am Innenrande haben. Vom fünften Costalflecke aus umzieht eine matte, nach aussen mit streifartigen Spitzen versehene Linie die beiden Bogen der vorherigen Binde, jedoch ohne weitere Verbindung mit dem Innenrande zu haben. Vor dem Saume befindet sich eine

*) Ich hatte diese Art, der ihr ähnlichen Melania Nigropunctata Wllgr. wegen als A. Nigroarcuata angeführt, da sie aber unter obigem Namen beschrieben ist, muss er verbleiben.

aus 7 Punkten bestehende Reihe, deren mittelster in der Regel, dadurch dass er sich nicht allein seitwärts mehr ausbreitet, sondern auch mit seiner Färbung in die sonst gelblich weissen Fransen hineintritt, als der grösste derselben auftritt. Von diesen Zeichnungen erscheinen am dunkelsten schwarz die beiden Basalpunkte, und die beiden ausserhalb der Binden liegenden Mittelzellflecken. Die Hinterflügel mit stark gerundeten Winkeln und flach gebogenem Saume sind braungrau, nach der Basis zu und am Innenrande heller. Die Fransen sind weiss.

Die Unterseite der Vorderflügel ist braungrau; das äussere Viertel der Rippen und der Vorderrand sind hell braungelb, auf ihm scheinen wie auch auf der übrigen Flügelfläche die Zeichnungen der Oberseite matt hindurch. Saumlinie gelb, Fransen weiss. Auf den Hinterflügeln ist nur der Vorderrand breit, und um den Vorderwinkel herum nur ein Theil des Saumes und ein matter Mittelmond braungrau; das Uebrige gelblich weiss. Die Saumlinie, die Fransen, die Rippenenden im dunkleren Theile sind wie auf den Vorderflügeln.

N.-B. Mus. F. & L.

Nola Leach.

Sämmtliche Arten gehören der Gruppe an, bei der auf den Hinterflügeln die Rippe 3 vor dem Saume ungegabelt ist.

400. Nola Muscalalis *m.*

Fig. 85.

N. griseo-alba; alis anterioribus brunneo-pulveratis, costa in basi brunnea; fasciis undulatis brunneis duabus duplicibus, in cellula media extus angulatis, ante costam latissimis et distinctis, lineis undulatis duabus ante limbum; alis posterioribus extus adumbratis macula fusca mediana diluta. Exp. al. 14—15 mm.

Ber. S. G. 1880, p. 261.

Kopf und Thorax weiss mit untermischten hellbraunen Schuppen. Ersterer breit mit grossen Augen. Die abwärts geneigten Palpen sind von doppelter Kopflänge. Das zweite sehr lange, flach gedrückte Glied unten schneidig, nach oben dicht und auseinander stehend beschuppt, das dritte kurz und conisch. Die Fühler von halber Vorderflügellänge haben am Basalgliede einen nach vorn gerichteten Schuppenbüschel und sind beim ♂ dicht und lang bewimpert. Halskragen breit, deutlich getheilt, ebenso wie die Schulterdecken etwas abstehend. Hinterleib bräunlich weiss, mit einem kleinen, dunkler gezeichneten Rückenschopf. ♂ mit kurzem weissem Afterbusch; unterhalb hellbraun. Brust weiss. Beine lang, mit langen Sporen (2 und 4) versehen, sind auf der inneren Seite weiss, aussen braun besprenkelt, nach dem Ende zu dichter, die Tarsenglieder mit weissen Endringen.

Der Vorderrand der schmalen Vorderflügel ist gleichmässig leicht gebogen, ebenso der schräge Saum, die Winkel sind mässig gerundet. Weisslich mit dünner, brauner Bestäubung. Die heller oder dunkler rostbraunen Zeichnungen wechseln sehr in Bezug auf Schärfe und Ausdehnung; doch zeigen alle Stücke auf dem Ende des ersten und zweiten Flügeldrittels je eine in der Mittelzelle nach aussen gebrochene Querbinde, die am Vorderrande einen grösseren dreieckigen, gelblich braunen Fleck bildet, der schräg nach innen zum Vorderrande steht. In der Regel ist der erste innen, der zweite aussen scharf fein weiss begrenzt und ist selbst gegen die Begrenzung hin bis zum Schwarzbraunen verdunkelt und ebenso nach seiner in der Mittelzelle liegenden Spitze hin, die einen verhältnissmässig grossen Schuppenhöcker berührt. Dieser ist nach innen zu schwarz, aussen weiss begrenzt, erscheint durch Mischung der Schuppen zuweilen aschgrau und bildet den Bruchpunkt der Binden. Von hier aus ziehen diese bogig gleichlaufend mit der Richtung des Saumes zum Innenrande: am hellsten bei Ueberschreitung der Subdorsalen, am dunkelsten bis schwarzbraun zu beiden Seiten der Falte in Zelle 1 b. Die erste Binde ist innen durch einen feinen dunkeln Streif begleitet, der sich mit einem mehr oder weniger ausgedehnten, gelbbraunen Costalfleck in Verbindung setzt. Bei den meisten Stücken überschreitet er die Subcostale nicht, bei einzelnen jedoch füllt er, nach dem Innenrande zu heller werdend, das ganze Wurzelfeld aus, lässt jedoch einen runden Schuppenhöcker dicht an der Basis weiss frei, während er von dem ersten der Mittelzelle nur seinen äusseren Rand ganz schmal weiss zeigt. Quer über das Aussenfeld laufen zwei zackige und bogige Streifen, die meist verwaschen erscheinen und hier den Vorderrand in drei gleiche Stücke abtheilen, von da ab aber die innere sich der zweiten Binde zuwendet und mit derselben, diese ebenfalls doppelt erscheinen lassend, zum Innenrande läuft, während die äussere mehrfach abgesetzt, sich dem Saume nähert und in den Hinterwinkel zieht. Die langen weissen Fransen haben zunächst dem Saume eine breite, verwaschene dunkelbraune, dahinter eine feine graue Theilungslinie. Die Hinterflügel mit kurz abgerundeter Spitze und geschwungenem Saum sind weiss mit verwaschenem graubraunem, kleinem Mittelfleck und gegen den Saum und Vorderwinkel in's Bräunliche übergehend. Die innere Hälfte der Fransen ist bräunlich weiss, die äussere weiss.

Auf der Unterseite sind die Vorderflügel hellgraubraun, die innere Hälfte des Vorderrandes, sowie der Saum und die Rippen schmal braun. Die äussere Hälfte der Costa ist bräunlich weiss, verdunkelt durch 4 an sie stossende matt dunkle, verwaschene Flecken. Fransen weisslich braun, die Zeichnungen der Oberseite auf ihnen nur wenig bemerkbar. Die Hinterflügel wie auf der Oberseite, der Mittelfleck dunkler, der Vorderrand oberhalb der Mittelzelle bis zur Flügelspitze mit zerstreut liegenden braunen Schuppen bedeckt.

N.-B. häufig.

Von zwei aus Dr. Staudinger's Sammlung vorliegenden, sich nahe stehenden, aber durch ihre Grösse sehr verschiedenen Arten erachte ich die kleinere für:

110. N. **Bryophiloides** *Butl.* Cist. ent. III. 1882 p. 10. — Mad. (Ank.) Mus. Stgr.

Das vorliegende ♂ Exemplar ist stark mit Braun beschattet; so besonders das erste und dritte $^1/_3$ des Vorderrandes (letzteres ist durch die beiden dunkelsten Flecken, die auf dem Vorderrande liegen, begrenzt; dahinter erscheint derselbe weiss und trägt noch 3 braune Flecken, deren mittlerer der grösste etwas verwaschen); der Raum zwischen dem ersten

Querstreif und dem Abschluss der Mittelzelle, den Innenrand breit weiss freilassend, und das letzte Flügelsechstel mit Ausnahme der Spitze. Der äussere Querstreif besteht aus zwei stark gerundeten, auswärts gehenden Bogen: der grössere und vordere erreicht nicht ganz den Vorderrand in seinem dritten $^1/_5$, biegt sich kurz vor Rippe 2 stark nach innen bis gegen den Schuppenhöcker herum, der auf dem Querast liegt. Innerhalb dessen ein brauner matter Strich zum dritten Costalfleckchen (am Anfang des dritten $^1/_4$ des Vorderrandes) zieht und vom Höcker selbst weisse aufgerichtete Schuppen im Bogen an den Anfang des Querstreifens sich anschliessen, so dass hierdurch eine selbstständige eiförmige Figur entsteht, deren längerer Durchmesser von der Vorderrandsmitte zum Hinterwinkel zeigt. Nur geringe Verbindung findet mit dem zweiten darunter liegenden, nach innen gerückten Bogen statt, der am letzten $^1/_5$ des Innenrandes endigt und nahe an der Subdorsalen seinen Anfang nimmt. Die Verdunkelung der Hinterflügel und auf der Unterseite sind rothgrau. Hinterflügel daselbst mit mattem Mittelmond.

Das zweite Stück ist etwas abgeflogen, so dass die aufgerichteten Schuppen des Flügels meist abgerieben sind; da sich jedoch die Zeichnungen noch deutlich erkennen lassen, so gebe ich um so mehr hier die Beschreibung, als es die grösste bis jetzt bekannte Nola ist.

411. Nola Incana *n. sp.*

N. griseo-alba; alis anterioribus signaturis nigro-fuscis et nigris: punctis costalibus sex strigisque duabus transversis in medio extus curvatis, linea undulata tricurvata. Capite thorace albis; abdomine alis posterioribus fusco-albidis. Exp. al. 30 mm.

♀ Kopf und Thorax weiss. Palpen verhältnissmässig kurz und breit, nach oben stark gewölbt; sie überragen den Kopf um $^3/_4$ seiner Länge. Federartig beschuppt mit wenig spitzem, glattem abwärts gebogenem Endgliede. Das erste Glied ist auf der äusseren Seite ganz braun, die beiden anderen nur an ihrer unteren, zugeschärften Kante. Fühler bräunlich weiss, Hinterleib, sowie der Körper auf seiner Unterseite hellgraubraun. Sämmtliche Tarsen sind schwarzbraun, weiss beringt, an den beiden vorderen Beinpaaren auch die Schienen.

Die Vorderflügel breit, mit mässig gebogenem Vorderrand und Saum, geeckten Winkeln und leicht geschwungenem Innenrand. Weissgrau. Alle Zeichnungen sind braunschwarz bis schwarz; dicht an der Basis zieht vom Vorderrande ein kurzer Strich auf die Subcostale und vom ersten $^1/_4$ des Vorderrandes ein bogiger, zwischen Subdorsale und Falte winkelig nach aussen gebrochener Querstreif. Auf der Mitte stehen zwei Vorderrandshäkchen, deren Spitzen nach dem Mittelzellabschluss zu sich vereinigen, dahinter folgt, von $^2/_3$ des Vorderrandes ausgehend, der zweite Querstreif, gleichlaufend mit dem ersten; seine Ausbiegung liegt zwischen Rippe 2 und 8 und der am weitesten vorspringende Punkt derselben auf Rippe 5. Ehe der Querstreif den Innenrand erreicht, biegt er sich der Basis zu. Vor der Spitze liegen am Vorderrande 2 tiefschwarze Fleckchen, die sich auf dem Gabelpunkt von Rippe 8 und 9 vereinigen; sie stehen in geringem Zusammenhange mit der aus drei gezähnelten Bogen bestehenden Wellenlinie, die nach innen zu grau verwaschen, nach aussen weiss begrenzt ist und die in ihrem hintersten, von dem Hinterwinkel senkrecht zum Innenrande stehenden Theile am breitesten und deutlichsten erscheint. Der Saum selbst ist mattbraun verdunkelt; die Rippenenden tragen schwarzbraune Punkte. Die Fransen sind weiss und braun gescheckt. die Hinterflügel am Vorderwinkel kurz, am Hinterwinkel flach abgerundet, der stark gebogene Saum unter ersterem nur wenig eingezogen. Hellgraubraun, aussen schmal bräunlich verdunkelt. Die Innenrandsbehaarung und die Fransen fast weiss, letztere innen bräunlich.

Unterseite: Vorderflügel braungrau mit matt dunkler durchscheinenden Zeichnungen der Oberseite, Saumlinie und die sehr schmalen Costalfleckchen dunkelbraun, zwischen diesen der Vorderrand schmal, sowie ein Theil des Innenrandes bräunlich weiss. Von gleicher Farbe die Hinterflügel, am Vorderrand und Saum und ein grösserer Mittelmond bräunlich grau. Saumlinie dunkelbraun, vor derselben das Aussenfeld heller. Alle Fransen hellgraubraun, verwaschen scheckig verdunkelt.

Mad. (Bets.) 1 Expl. Mus. Stgr.

412. **Nola Praefica** *n. sp.*

Fig. 57.

N. lucide griseo-fusca; alis anterioribus squamis ferrugineis adspersis; costa in basi et in medio fusco maculata, hic confluente cum tubercula nigra squamorum elevatorum; post cellulam mediam lineis duabus undulatis transversis interruptis, prima nigro-punctulata. Exp. al. 25 mm.

Hellgraubraun, am Kopf, Thorax und auf den Vorderflügeln mit Weiss gemischt und mit zahlreichen rostbraunen Schuppen bestreut. Die oben auseinander klaffenden Palpen sind hellbraun mit einzelnen dunkelbraunen Schuppen vermengt, $2^1/_2$ mal so lang als der Kopf, etwas abwärts geneigt vorgestreckt. Das anliegend beschuppte und freiliegende dritte Glied, $^1/_3$ so lang wie das zweite, bildet mit seiner oberen Krümmung mit der hoch hinauf reichenden Beschuppung des Mittelgliedes einen Kreisbogen, während seine Spitze mit der unteren Kante desselben in einer geraden Linie liegt. Schuppenbüschel am Basalglied der Fühler klein. Der getheilte Halskragen und die Schulterdecken abstehend. Die dichte, glatt anliegende Thoraxbehaarung endet mit aufgerichteten Schuppen, die theilweise den Rückenschopf überdecken. Die beiden ersten Hinterleibsringe entsprechen mehr der Färbung des Thorax, während die übrigen dunkler, mit einem bräunlich gelben Afterbusch enden. Die Unterseite des Körpers ist bräunlich weiss, sparsam mit braunen Schuppen, dagegen die Schenkel und Schienen dicht mit solchen bedeckt. Die Tarsen sind braun, die einzelnen Fussglieder an ihrem Ende gelblich weiss beringt.

Auf den Vorderflügeln treten die Rippen stark erhaben heraus. Vorderrand der nur wenig abgerundeten Spitze zu gebogen, Saum steil. Von der Basis aus ist das erste $^1/_4$ des

Vorderrandes braun und ziehen rostbraune Schuppen zerstreut über den Basaltheil, dessen Grenze am Innenrand durch ein dunkelbraunes Fleckchen angedeutet ist. Nach einer geringen weisslichen Unterbrechung ist das zweite $1/_4$ des Vorderrandes ebenfalls braun gefärbt, nach innen und aussen scharf dunkelbraun begrenzt und am Vorderrande selbst ebenso fein gefleckt. Die hintere Begrenzung dieses Costalstreifens ist ausserhalb von einer weissen Linie begleitet, die gleichzeitig den äusseren an der Subcostalen und auf dem Ende der Mittelzelle liegenden, wenig aus der Grundfarbe hervortretenden Schuppenhöcker umzieht. Ebenfalls an die Subcostale stossend, durch seine schwarzgraue Färbung mehr auffallend, befindet sich in der Mittelzelle der zweite Schuppenhöcker, durch braune Schuppen mit dem zweiten Costalstreif in Verbindung gesetzt, unter dessen Mitte er liegt und selbst noch durch einen schwarzbraunen Ring umzogen, der an die Zellenfalte stösst. Nun folgen am Vorderrande vier rostfarbene Flecken mit gleichen Abständen von einander, von denen der erste dicht hinter dem zweiten Costalstreif liegt. Von dem zweiten aus, der sich auf dem Anfange des letzten $1/_3$ des Vorderrandes befindet, zieht in stark geschwungenem Bogen eine braune Binde nach der Mitte des Innenrandes. Sie besteht aus dunkelbraunen Flecken, die auf den Rippen liegen und von aufgerichteten weissen Schuppen umgeben sind. Eine leichte Verbindung derselben findet durch rostfarbene Schuppen statt, die sich auch noch innerhalb der Punktreihe dieser anschliessen. Deutlicher und breiter wird diese Binde von Rippe 2 aus nach dem Innenrande zu, an dem sie sich zu einem dunkelbraunen Fleck erweitert, der aussen durch 2 nach innen gehende, die letzten 3 Punkte verbindende Bogen begrenzt wird. Abgetrennt von dem oberen Bogen sucht er durch blassrostbraune Schuppen Verbindung mit einem weissen Schuppenhöcker, der auf der unteren hinteren Ecke der Mittelzelle liegt. Nach aussen verdunkelt sich der Flügel, doch lässt sich noch eine matte braune, aus drei Bogen bestehende Wellenlinie unterscheiden, die vom dritten äusseren Costalfleck ausgeht; vom vierten aus zieht vor der Spitze ein einfacher Bogen nach dem Saume, der selbst verwaschen rostbraun und grau gefleckt ist, von welcher Farbe auch die nicht auffällig langen Fransen eine fleckige Theilungslinie enthalten. Die Hinterflügel mit stark abgerundeter Spitze und kaum geschwungenem Aussenrande, verdunkeln sich von der Basis aus allmählig nach dem Vorderwinkel und dem Saume zu, von welchem die weisslich braunen, in der Mitte dunkler gefleckten Fransen, durch eine helle Linie abgetrennt sind.

Die Vorderflügel sind auf der Unterseite matt graubraun, an der inneren Hälfte des Vorderrandes und am Saum dunkler, von welchem aus die Rippen ebenfalls verdunkelt ein kleines Stück in den Flügel hineintreten. Der Innenrand ist bis zur Falte in Zelle 1b glänzend bräunlich weiss, ebenso die Hinterflügel, am Saume braun mit mattbraunem Mittelmond. Der Vorderrand ist bis in die Mittelzelle hinein und um den Vorderwinkel herum mit braunen Schuppen besetzt.

N.-B. ♂ ♀ Mus. F & L.

413. Nola Respersa *n. sp.*

N. griseo-alba; alis anterioribus extus adumbratis squamis brunneis adspersis; macula costali brunnea ante medium. Capite thorace albidis. Exp. al. 15 mm.

♂ Graulich weiss. Stirn, Scheitel und Thorax weiss. Die Palpen fehlen dem Exemplare. Fühler von $^{1}/_{2}$ der Vorderflügellänge, mit dick beschupptem Schafte und langen, dünnen stark bewimperten Kammzähnen. Der Hinterleib endet mit einem die Afterlappen umschliessenden Afterbusch. Die Unterseite des Körpers ist braungrau. Die beiden vorderen Beinpaare sind auf ihrer Oberseite braun, die Hinterbeine mit 4 Sporen, sind nur an ihren Tarsen ein wenig dunkler.

Vorderflügel schmal, an ihrem leicht gekrümmten Vorderrande in der Mitte einwärts gebogen, Saum mässig gerundet, Innenrand geschwungen. Sie sind durch braune Schuppen, besonders nach aussen zu verdunkelt. Das erste und dritte $^{1}/_{5}$ des Vorderrandes ist braun, an letzteres setzt sich ein rundlicher, unbestimmt begrenzter, nach innen zu verwaschener brauner Fleck an, der saumwärts drei dunklere Flecken zeigt, einer unmittelbar an der Costa, der bis zur Subcostalen reicht, ein kleiner zwischen dieser und Rippe 12 davor und der dritte, noch mehr einwärts gestellt, den Schuppenhöcker in der Mittelzelle umschliessend. Vor dem letzten $^{1}/_{5}$ befindet sich noch ein kurzer brauner schräger Strichfleck am Vorderrande. Nur sehr schwach angedeutet zieht ein bräunlicher Schatten vom Ende der braunen Costalfärbung an der Basis im Bogen gegen die Mitte des Innenrandes. Die langen braungrauen Fransen sind durch dunklere Schuppen getrübt. Hinterflügel bräunlichgrau, gegen ihre nur ganz kurz abgerundete Spitze zu dunkler. Die Innenrandsbehaarung und der Theil der Fransen, der unmittelbar an den mässig geschwungenen Saum stösst, ist röthlich grau, ihr äusserer mehr braungrau.

Unten sind die Flügel braungrau, die vorderen dicht und fein braun überrieselt, wovon jedoch der Innenrand breit und das letzte $^{1}/_{5}$ des Vorderrandes schmal freibleiben. Am Ende der Mittelzelle befindet sich eine matte Verdunkelung. Die Hinterflügel mit braungrauem Mittelmond sind hinter diesem und am Vorderrande dunkler, nach dem Innenrande zu gelblich weiss. Die nach den Hinterwinkeln zu abblassenden braungrauen Fransen werden dicht am Saume von einer gelblich weissen Linie durchzogen.

N.-B. 1 Expl. Mus. L.

414. Nola Varia *n. sp.*

N. straminea; alis anterioribus basi, margine antico et limbo ochraceis; disco caerulescente-griseo fascia ochracea transversa interrupta. Macula ferruginea quadrata ante angulum posticum. Capite thorace niveis; alis posterioribus abdomine pallido-flavis. Ex. al. 13 mm.

Die beiden ersten Glieder der Palpen sind nach oben gebogen und fransig beschuppt, das dritte, zugespitzte, halb so lang als das zweite, ist schmäler und nach unten gerichtet; alle drei in ihrer ganzen Länge überragen den Kopf um die Hälfte der seinigen. Sie sind von gleicher Farbe wie der übrige Kopf und auch der Thorax: gelblich weiss mit eingemengten gelben Schuppen, solche besonders am Halskragen und am Ende der Thoraxbehaarung. Die Fühler, von halber Vorderflügellänge, sind beim ♂ doppelreihig mit feinen, langen, auseinander gerückten Kammzähnen, die nach der Spitze zu sich bedeutend verkürzen, besetzt, die selbst wieder auf zwei Seiten senkrecht abstehende Cilien tragen. Beim ♀ sind sie nur fein bewimpert. Die dichte Scheitelbeschuppung verdickt auch in beiden Geschlechtern das lange, starke Basalglied bedeutend. Die Schulterdecken sind kurz und der Flügelbasis zugedreht. Der Hinterleib, der den Afterwinkel nur wenig überragt, ist gelblich bis bräunlich weiss. Der kleine Afterbusch ist etwas bleicher gelblich weiss, wie auch die ganze Unterseite des Körpers. Die Beine sind lang und dünn, die hinteren mit 4 langen Sporen versehen.

Die Vorderflügel verbreitern sich unmittelbar hinter der Basis. Der Innenrand ist hinter dem Bruch geradlinig, der Vorderrand und der schräge Saum sind der markirten Spitze gleichmässig zugebogen. Ihre Grundfarbe ist ein weissliches Gelb, welches im Basalfelde ($^1/_4$ der Flügelfläche einnehmend) an der äusseren Hälfte des Vorderrandes ziemlich breit, und im Saumfelde (das letzte $^1/_4$) mit grösseren ockergelben Flecken überdeckt wird. Vor dem Hinterwinkel befindet sich am Innenrande ein grösserer, viereckiger, rostbrauner Fleck. Auf dem übrigbleibenden Mittelfelde ist die Grundfarbe grösstentheils durch ein helles bläuliches Grau ersetzt, durch welches in seiner Mitte eine breite, ockergelbe Bogenbinde zieht, die in Zelle 2 weniger deutlich hervortritt als nach dem Vorder- und Innenrande zu; eine leichte Verbindung von dunkelbraunen Schuppen zieht nach dem rostbraunen Flecken vor dem Hinterwinkel, und ebenso ist auch der übrige innere Theil mehr oder weniger dicht mit violettbraunen Schuppen übersäet. Schuppenhöcker sind vorhanden, aber besonders durch die wechselnden Farben weniger auffällig. Die Fransen sind heller und dunkler gelb gefärbt. Die schmalen kurzen Hinterflügel sind hellgelbgrau mit langen gelblich weissen Fransen und Haaren besetzt.

Die Unterseite der Flügel ist hellstrohgelb, das Innere der Vorderflügel mit violettbrauner Bestäubung, welche auch das erste $^1/_4$ ihres Vorderrandes überzieht.

N.-B. ♂ ♀ Mus. F.

*Eugoa Wlk.**)

415. E. **Marmorea** *Butl.* Cist. ent. III. 1882. p. 9. — **Mad.** (Ank.).

416. E. **Placida** *Butl.* Cist. ent. III. 1882. p. 10. — **Mad.** (Ank.).

*) Cat. Br. Mus. 12. Noct. p. 708.

Nycteolidae.

*Axia Hb.**)

417. **A. Virgulana** *Mab.* C. r. S. Belg. T. 23. p. XVII. (Sarrothripa). — Mad.

Earias Hb.

418. **E. Insulana** *B.* F. Mad. p. 121. t. 16. f. 9. (Tortrix). — E. Smaragdina *Z.* Lep. Micropt. Caffr. p. 29. — E. Siliquana *H. S.* 2. p. 448. Nyct. t. 1. f. 1—3. — E. Frondosana *Wlk.* Cat. Br. Mus. 27. p. 204. — S.-Eur. S.-Asien. Afrika. Maur. Bourb. Mad.

419. **Earias Citrina** *n. sp.*

E. citrina; alis anterioribus fascia media bicurvata rubro-brunnea ad marginem internum versus dilatata, ciliis brunneo-violaceis. Abdomine albo; alis posterioribus albido translucidis; antennis brunneis. Exp. al. 20 mm.

Stirnbehaarung und Palpen weiss mit rothbrauner Einmischung, diese besonders an dem etwas nach unten gerichteten, spitzen Endgliede der letzteren. Fühler rothbraun, fein bewimpert. Die schopfartig nach vorn gestreckte Scheitelbehaarung, der kräftige, breite Thorax mit dem abstehenden Halskragen und Schulterdecken und ein zapfenartiger, viereckiger hinten rothbraun gesäumter Schuppenfortsatz, der wie ein Schopf auf dem ersten Leibesring erscheint, sind lebhaft citronengelb. Hinterleib bräunlich grauweiss. Der kurze Afterschopf und die fischschuppenartige seitliche Ueberdachung des ersten Segments weiss. Brust und Beine weiss, letztere auch mit rothbrauner Beschuppung besonders an den vorderen, die mit Schienblättchen versehen sind; an den mittleren sind die Sporen länger und kräftiger als an den hinteren. Abdomen unten gelblichgrau.

Der Vorderrand der Vorderflügel ist leicht gebogen, der steile Saum und der Innenrand fast gerade, letzterer der Basis zu gebrochen. Die dichte citronengelbe Beschuppung zieht von der Mitte mit rothbrauner Einmischung und Verdunkelung dem Saume zu. Die langen Fransen sind diesem zunächst citronengelb, aussen violett. Eine nur wenig zusammenhängende und nicht scharf begrenzte Binde unmittelbar hinter der Flügelmitte wird gebildet durch Anhäufungen hellerer und dunklerer violetter Schuppen, die hauptsächlich nach dem Innenrande zu deutlicher und in grösserer Breite hervortreten und am Vorderrande ganz fehlen können. Bei einem Exemplare zieht eine feine ungleich starke violette Linie vor dem letzten ⅓ über den Flügel, und zwar vom Vorderrande bis gegen Rippe 2 in einem Bogen

*) Nach dem Prioritätsprincip muss die Hübner'sche ganz richtig aufgestellte Gattung (1816) gegen die in der Schreibweise überdies incorrecte Sarrothripus Curtis (1824) wieder angenommen werden. Wenn derselbe Name schon 1790 von Loureiro in seiner Flora Cochinchinensis für ein Genus gebraucht wurde, so schadet dies obigem nichts, da die Ansicht jetzt eine allgemeine ist, dass derselbe Name für eine Gattung im Reiche der Thiere und der Pflanzen vorkommen darf.

nach aussen, der sich durch eine nach innen gerückte, mit dem Saume gleichlaufende, gerade Linie mit dem Innenrande verbindet. Auf der Mitte des letzteren ist ein violettes Fleckchen, und auf der Falte ein zweites gerade über jenem. In der Mitte zwischen Binde und Saum liegen noch einzelne verwaschene violette Flecken. Die Hinterflügel sind breit, der ungleichmässig gebogene Saum über dem Afterwinkel ein wenig eingezogen, dünn beschuppt, durchscheinend, glänzend weiss. Vorderwinkel etwas geeckt. Saumlinie bräunlich, Fransen weiss.

Die Unterseite der Vorderflügel ist blassgelb. Vorderrand und gegen den Saum zu weisslich violett, ebenso die Fransen.

N.-B. Mus. F. & L.

Nyctemeridae.

Nyctemera Hb.

420. **N. Insularis** *B.* F. Mad. p. 84. t. 12. f. 1. (Leptosoma Insulare, g. avium praeocc.). *Wlk.* Cat. Br. Mus. 2. p. 401. *Mab.* Ann. S. Fr. 1879. p. 304. — Maur. Bourb. Mad.

421. **N. Hasana** *Mab.* Ann. S. Fr. 1879. p. 304. — Leptosoma Insulare *Gu.* Maill. Réun. Lép. p. 25. — Réun. Mad.

422. Nyctemera Gracilis *n. sp.*

Fig. 96.

N. alis margaritaceis, apicibus griseo-fuscis. Alis anterioribus fusco curvato-umbratis e costa ad angulum posticum versus. Capite, abdomine ochraceo punctis nigris; hoc triplici serie longitudinaliter ornato. Thorace albido, nigro pluries punctato. Exp. al. 36 mm.

Die den Kopf um seine Länge überragenden Palpen sind dünn, anliegend beschuppt und in ihren hinteren Gliedern wie auch die kräftige Zunge ockergelb, während ihr drittes Glied ebenso wie die sägezähnigen, sehr fein weiss behaarten Fühler tiefschwarz sind. Das Basalglied derselben erscheint durch sammetartige schwarze Einhüllung verdickt. Stirn schwarz, Scheitel und der schwarzgefleckte Halskragen, sowie die sechs letzten Hinterleibsringe orangegelb, die dem weissen, schwarzgefleckten Thorax zunächst liegenden weiss und gelb. Eine Reihe schwarzer Flecken zieht über die Mitte des Abdomen, und je eine doppelte dicht aneinander stossende, liegt seitlich auf der Grenze, wo das Gelbe an das Weisse der Unterseite stösst, die auf ihrer Mitte ebenfalls schwarze Fleckchen trägt. Die Brust ist weiss, schwarz gefleckt, dicht an der Flügelbasis orangegelb. Die Beine sind innen und unten weiss, aussen grauschwarz; von letzterer Farbe sind auch die Augen.

Flügel durchscheinend weiss, irisirend. Der Vorderrand der Vorderflügel ist in seinen ersten $^{2}/_{3}$ gerade, in seinem letzten $^{1}/_{3}$ der Spitze stark zugebogen und mit diesem fängt auch die schiefergraue Färbung des Aussenfeldes an, dessen innere Begrenzung ziemlich senkrecht zum Vorderrand beginnt, fast in gerader Linie bis zu Rippe 2 verläuft und dann im Bogen in den Hinterwinkel zieht. Die Flügelspitze, wenn auch stumpf, doch merklich und fast rechtwinklig. Die Fransen mit dunklerer Theilungslinie umziehen den gleichmässig und wenig gebogenen Aussenrand, haben dieselbe Färbung wie dieser, bleiben aber am Hinterwinkel weisslich. Der Vorderrand ist in seiner ersten Hälfte graubraun, ebenso die Rippen, jedoch die Rippe 1 in ihrem ganzen Verlaufe. Ein verwaschener graubrauner Schatten durchzieht schräge das Weisse der Vorderflügel; er besteht aus einem keilförmigen Fleck, der auf $^2/_3$ des Vorderrandes seine Basis aufsetzt und seine Spitze in dem Ausgangspunkt der Rippe 2 aus der Subdorsalen hat. Ein graubrauner, mit perlmutterglänzenden Schuppen versehener, feiner Faltenstrich durchzieht die Zelle 1b ihrer ganzen Länge nach; unterhalb desselben von seinem letzten $^1/_3$ ab setzt sich der Schatten verwaschen bis zum ganz geraden Innenrand fort, den Hinterwinkel fast erreichend. Die breiten Hinterflügel sind rein weiss, an ihrem geeckten Vorderwinkel mit schmalem schiefergrauem Randfleck, in den die sonst weissen Fransen noch ein Stückchen von hinten hineingreifen. Der Hinterwinkel ist stark abgerundet.

Auf der Unterseite sind die Flügel weiss mit irisirendem, seidenartigem Glanze, an ihrer Basis schmal orangegelb, die schiefergrauen Aussenrandszeichnungen sind dieselben wie auf der Oberseite, der Mittelschatten auf den Vorderflügeln scheint kaum durch.

N.-B. 1 Expl. Mus. F.

423. **N. Biformis** *Mab.* Bull. S. zool. 1878. p. 87. ♂ (Nichthemera).

424. **N. Mabillei** *Butl.* Monthl. Mag. XIX. (1882) p. 57. — N. Biformis *Mab.* Bull. S. zool. 1878. p. 87. ♀ (Nichthemera). — Mad. (Fian. Ant.). Mus. Stgr. 1 sehr grosses Exemplar (55 mm), bei welchem die dunkle Zeichnung am Innenrande der Vorderflügel fehlt; nur gegen die Basis färbt sich derselbe schmal gelblich. Bei dieser Art und ihren nächsten Verwandten treten in beiden Geschlechtern die eigenthümlichen blasig-kugeligen Organe, die, angeschlossen an den Thorax, in Hohlungen des ersten und zweiten Hinterleibssegmentes zu beiden Seiten von deren Mittellinie eingesenkt sind und die *Swinton* (Monthl. Mag. XIV. 1877. p. 123) als Gehörwerkzeuge angesehen haben will, besonders deutlich und auffällig gross hervor. Bei den europäischen Schmetterlingen sind dieselben im Vergleich zu den meisten Exoten äusserst klein und machen sich nur dann mehr bemerkbar, wenn die Körperbeschuppung dünn ist, wie bei einzelnen Lithosiiden und Arctiiden; leicht zu sehen sind dieselben z. B. bei Utetheisa Pulchella *L.*

Hylemera Butl.

425. **H. Tenuis** *Butl.* Ann. & Mag. V. 2. 1878. p. 294. (n. g. p. 293). — Mad. (Fian.).

426. **H. Candida** *Butl.* Monthl. Mag. XIX. (1882) p. 58. — Mad. (Ank.).

427. **H. Puella** *Butl.* Ann. & Mag. V. 4. 1879. p. 236. — Mad. (Fian.).

428. H. **Fragilis** *Butl.* Ann. & Mag. V. 4. 1879. p. 236. — Mad. (Ant.).

429. H. **Nivea** *Butl.* Monthl. Mag. XIX. (1882) p. 58. — Mad. (Ank.).

430. H. **Fadella** *Mab.* Natural. 1882. No. 13. p. 100. — Mad.

Caloschemia Mab.

431. C. **Monilifera** *Mab.* Bull. S. z. 1878. p. 86. *Mab.* Ann. S. Fr. 1879. p. 303. — Heliocomitra Pulchra *Butl.* Ann. & Mag. V. 4. 1879. p. 458. — Mad. (Bets.) 1 ♂ Mus. Stgr.

Liparidae.

Cypra B.

432. C. **Crocipes** *B.* F. Mad. p. 87. t. 12. f. 2. — Mad. N.-B. 3 Expl. Mus. F.

Scaphocera n. g.

Abweichung im Rippenverlauf und die grosse Verschiedenheit im Körperbau trennt nachstehende Art aus dem Genus von C. Crocipes ab. Kopf kurz mit breiter Stirn und tief angesetzten, stark heraustretenden Augen. Palpen mehr als noch einmal so lang wie der Kopf, schräg nach unten gerichtet, nach vorn zugespitzt und der Länge nach beschuppt. Das dritte Glied, von der Länge des ersten, kürzer als das zweite. Stirn anliegend, Scheitel aufgerichtet, behaart. Die Fühler in beiden Geschlechtern von ⅓ Vorderflügellänge mit gekrümmtem, dicht beschupptem Schaft, langen zarten, stark bewimperten, unter einander innig verbundenen Kammzähnen. Der ganze Fühler bildet von unten gesehen einen hohlen nachenförmigen Raum. ♀ Fühler mit einer grösseren Anzahl Kammzähnen als beim ♂ stehen bei fast gleicher Länge steiler vom Schafte ab und schliessen weniger dicht zusammen. Thorax kurz, schmal, gewölbt. Schulterdecken erscheinen als kurze Haarpinsel. Hinterleib sehr wenig kürzer als die Hinterflügel; beim ♂ schmal, nach oben stark gekrümmt und scharfkantig; beim ♀ dick, oben gekrümmt, nach hinten verbreitert, endet mit einem wulstigen Afterbusch. Der Hinterleib ist unten in seiner Mitte eingezogen; die Beine (sehr verschieden von C. Crocipes) kurz aber rauh behaart; an der Vorderschiene liegt in ihrer ganzen Länge ein Schienblättchen dicht an. Die Sporen sind kurz und dick, in der Grösse nur wenig verschieden, an den Hinterschienen 2 Paare, die dicht beisammen stehen. Flügel breit, äusserst zart und dünn beschuppt, daher durchscheinend, mit stark abgerundeten Winkeln, an den Vorderrändern mässig, am Saume stark gezogen, der an den Hinterflügeln über dem Afterwinkel ein wenig eingezogen ist. Innenränder fast gerade. Vorderflügel mit 12 Rippen mit kurzer Anhangzelle. Während diese bei C. Crocipes sehr lang, in der Mitte von Rippe 8 ihren Abschluss nahe vor der Gabelung, der demnach nur kurz gestielten 8 und 9 findet, ist er bei nachstehender Art unmittelbar hinter der Mittelzelle bewirkt, wobei Rippe 7 und der lange Stiel für 8 und 9 dicht neben einander aus deren Spitze entspringen. Die 9 Rippen der Hinterflügel zeigen nur wenig Verschiedenheit von jener.

433. Scaphocera Marginepunctata *m.*

Fig. 76. 87.

S. alis albido-translucidis maculis triangularibus antelimbalibus nigro-griseis. Alis anterioribus macula magna apicali et margine antico nigro-griseis. Capite pallide-flavo, thorace abdomine albidis. Exp. al. ♂ 34 mm ♀ 46 mm.

Ber. S. G. 1878. p. 92. (Cypra).

Palpen auf der Unterseite und an der Spitze gelblich weiss, oben schwarz. Stirn und Scheitel ockergelb. Fühler schwarz, der Schaft seitlich mit feinen weissen Schuppen belegt. Thorax mit gelblich weissen, der schwarze Hinterleib nur dünn mit weissen Haaren überkleidet. Afterbusch des ♀ braungrau. Unterseite des Körpers weisslich gelb, die Grenze derselben am Abdomen durch eine schmutzig gelbe Haarleiste markirt. Die Beine sind auf ihrer Unterseite mit einzelnen schwarzen Schuppen gezeichnet, am dichtesten am Ursprung der Sporen, die Oberseite der beiden vorderen Beinpaare ist schwarz, an den Hinterbeinen nur die Fussglieder.

Flügel durchscheinend weiss, etwas in's Gelbe ziehend, an der Basis mit bräunlich gelbem Anflug. Die Zeichnungen bräunlich schwarzgrau. Auf den Vorderflügeln der Vorderrand mit einem schmalen Streif versehen, eine Binde vor der Flügelspitze, die vom letzten ¼ der Costa nach dem Ende der Zelle 3 in schräger Richtung ihre innere Begrenzung findet; diese besteht beim ♂ aus zwei flachen Bogen, die, nach aussen gekrümmt, auf Rippe 5 zusammenstossen und auf Rippe 3 in der Regel noch einen kleinen Zahn nach innen bilden. Am Ende der Rippen 3 und 2 stehen dreieckige Flecken, hie und da fliesst ersterer noch mit der Binde zusammen. Auf den Hinterflügeln stehen über den Enden von Rippen 2 bis 8 ovale bis dreieckige Punkte, die nach beiden Seiten bin an Grösse abnehmen, und die in die weissen Fransen nicht hineingreifen, während auf den Vorderflügeln dies mit den dunklen Randzeichnungen der Fall ist. Beim ♀ sind auf den bedeutend gestreckteren Flügeln die dunklen Zeichnungen viel matter und die innere Begrenzung der Apicalbinde verläuft vom Vorderrande, senkrecht ausgehend, bis zur Rippe 6 gerade, von da ab nur wenig nach aussen gekrümmt dem Saume zu.

Die Zeichnungen der Flügel sind unten gleich denen der Oberseite. Der Vorderrand und der Saum der Hinterflügel erscheint ganz leicht gelblich angehaucht.

N.-B. Häufig; ♀ selten.

Laelia Stephens.

434. **L. Melanocera** *Mab.* Bull. S. z. 1878. p. 89. — Mad. Diese und die beiden folgenden Arten sind von Mabille nach Ann. S. Fr. 1879. p. 310 nur vorläufig in dieses Genus aufgenommen.

435. **L. Heptasticta** *Mab.* Bull. S. z. 1878. p. 90. — Mad.

436. **L. Vitrina** *Mab.* Bull. S. z. 1878. p. 90. — Mad.

Leucoma Stephens.

437. **L. Pruinosa** *Butl.* Ann. & Mag. V. 4. 1879. p. 236. — Mad. (Ant.)

438. **Leucoma Xanthosoma** *n. sp.*

L. nivea, alis tenue squamatis, anterioribus elongatis. Antennis testaceo pectinatis; abdomine supra flavo-piloso, fasciculo parvo albo. Ex. al. 56 mm.

♀ Weiss. Palpen vorwärts gestreckt, dick und anliegend beschuppt, das erste Glied halb so lang wie das zweite, nach unten zu gerichtet, das dritte kurz conisch ¼ so lang als das zweite; sie überragen die schopfartig nach vorn und unten gerichtete Stirnbehaarung nicht. Augen heller und dunkler schwarzgrau gefärbt. Fühler ¼ so lang als der Vorderflügel, mit kurzen ockergelben Kammzähnen besetzt. Thorax kurz, gewölbt, mit federartig kleinen Schulterdecken versehen. Der Hinterleib, der die Hinterflügel nur wenig überragt, ist nach oben stark gewölbt, auf seinen ersten beiden Segmenten lang weiss, auf den übrigen auf weissem Grunde dünn und anliegend gelb behaart, und mit kleinem weissem Afterbusch versehen. Auf der Unterseite ist die Brust lang und weiss, der abgeflachte Hinterleib kurz, anliegend gelblich weiss und die Beine an den Schenkeln und Schienen lang und fein behaart, die Vorderschienen mit langen, dornartigen ockergelben Schienblättchen. Die Klauen und die Spitzen der Sporen, von denen die Hinterschienen 2 Paar ziemlich nahe beisammensitzender tragen, sind dunkelbraun.

Die seidenglänzenden Flügel erinnern in ihrer Form an die von Areas Adspersa *Mab.* Die vorderen sind an den ersten ⅔ wenig, in dem letzten, so wie an dem sehr schrägen Saume stärker gebogen, so dass die Spitze stark heraustritt. Der Innenrand ist fast gerade. Die Mittelzelle ist von ¼ Flügellänge, die Anhangszelle ⅓ so lang wie erstere und geräumig. Die breiten Hinterflügel sind in ihren Rändern gebogen, der Vorderwinkel tritt nur wenig heraus; unter demselben ist der Saum etwas eingezogen. Die Rippen scheinen auf den Flügeln gelblich durch die Beschuppung durch, und eine ebenso gefärbte, kaum bemerkbare feine Saumlinie trennt die weissen Fransen ab.

Die untere Seite der Flügel ist nicht verschieden von der oberen, höchstens dass die Vorderränder derselben in der Nähe der Basis gelblich erscheinen.

N.-B. 1 Expl. Mus. L.

Euproctis Hb.

439. **E. Producta** *Wlk.* Proc. z. S. 1863. p. 168. — Mad. (Ant.)

440. **E. Depauperata** *Mab.* C. r. S. Belg. T. 23. 1880. p. XVII. (Porthesia *Stephens* (1829) = Euproctis *Hb.* (1816) gen. non praeoccup. ut in *Feld.* Nov. Lep. dicitur. Euproctus *Gené* gen. Reptil. 1840). — Mad. N.-B. nicht selten. Mus. F. & L. — In der Grösse sehr variabel. Die beiden vorstehenden Namen werden vermuthlich dieselbe Art bezeichnen, doch wird dies schwer sein, zu entscheiden, da man selbst im Brit. Mus. über erstere Art nicht im Klaren ist, wie Butler's Anmerkung Cist. ent. III. 1882. p. 11 beweist.

441. **Euproctis Putilla** *n. sp.*

E. parva nivea; alis anterioribus elongatis, subtus costa basali ochracea. Apice palporum antennisque paleaceis, fasciculo abdominis ochraceo. Exp. al. 19—22 mm.

♂ Weiss. Die dünnen Palpen sind kürzer als bei voriger Art, nicht rein weiss, sondern an der äusseren Seite bräunlich oder ockerfarben, sie überragen den Kopf um $^1/_3$ seiner Länge, das Endglied ist hellockergelb oder hellbraun und endet spitz, während es bei jener vorn abgerundet fast geknöpft erscheint. Die grossen schwarzen Augen sind unten und aussen bis hinauf zu den breit und hellbraun gekämmten kurzen Fühlern von ockergelben Haaren eingefasst, die auch noch die innere Seite der Vorderschienen überziehen. Die Behaarung der Schulterdecken reicht über die beiden ersten Segmente des Hinterleibs hinweg, welcher selbst mit lebhaft ockergelb gefärbtem Afterbusch endet. Die ockergelbe Färbung überzieht verwaschen in seinem ganzen Umfange den Hinterleib über seine drei letzten Leibesringe. Brust und Beine langbehaart weiss, ausser der schon angegebenen abweichenden Färbung. Hinterschienen mit 4 langen dünnen fast gleich langen Sporen, deren erstes Paar nur wenig über die Schienenmitte hinausgerückt ist.

An den Vorderflügeln treten die Winkel markirt hervor, der hintere bildet die stumpfe Spitze eines gleichschenkligen Dreiecks mit mässig gebogenen Rändern. Die Hinterflügel sind oval mit stark gerundeten Winkeln; der Saum ist vor dem Afterwinkel ein wenig eingezogen.

Die Unterseite der Flügel ist ebenfalls weiss, zum Unterschiede von der vorigen Art ist der Vorderrand der Vorderflügel von der Basis aus ockergelb gefärbt, blasst aber von der Mitte aus nach der Spitze zu ab.

N.-B. 3 Expl. Mus. F. & L.

442. **E. Titania** *Butl.* Ann. & Mag. V. 4. 1879. p. 237. — Mad. (Ant.)

Stilpnotia Westw.

443. **Stilpnotia Cretosa** *n. sp.*

S. alba, alis tenue squamatis; antennis, apice palporum pedibus nigris, his albo annulatis. Exp. al. 35 mm.

♂ Weiss. Körper und Flügel dünn beschuppt. Die kurzen, den Kopf kaum überragenden Palpen sind an ihrem letzten zugespitztem Gliede schwarz. Zunge gelb, fein zweitheilig, von $^1/_4$ der Brustlänge. Kopf rauh beschuppt. Die zierlich gebauten Fühler, von $^1/_3$ der Vorderflügellänge, sind am Schafte weiss beschuppt; die kurzen Kammzähne sind schwarz, diejenigen des letzten $^1/_3$ sind so kurz, dass dieses nur gekerbt erscheint. Brust und Hinterleib hoch gewölbt, dessen Ende erreicht den Afterwinkel der Hinterflügel nicht und ist mit einem Kranz abstehender borstiger gelblich weisser Haare besetzt, von welcher Farbe auch die Unterseite des Abdomen, der mittlere Theil der Brust und die Schenkelbehaarung sind; Schienen und Tarsen schwarz, weiss gefleckt und beringt.

Die langgestreckten Vorderflügel sind bei schrägem Saume in ihren Rändern wenig gebogen, die Spitze ist mässig, der Hinterwinkel flach abgerundet. Die weissgelbliche Farbung des Halskragens theilt sich auch der Basis in ihrem vorderen Theile mit. Vorderwinkel der Hinterflügel weit und stark abgerundet; die Biegung des Saumes wird nach dem stumpfwinklig hervortretenden Afterwinkel zu flacher.

Unterseite der Flügel weiss, die Rippen an ihrer Wurzelhälfte und der Vorderrand der Vorderflügel scheinen gelblich durch die dünne Beschuppung hindurch.

N.-B. 2 Expl. Mus. F. & I.

444. S. **Rodophora** *Mab.* Bull. S. phil. VII. 3. 1879. p. 137. — Mad.

Pachycispia Butl.

445. P. **Picta** *Butl.* Cist. ent. III. 1882. p. 12. n. g. p. 11. — Mad. (Ank.)

Artaxa Wlk.

446. A. **Incommoda** *Butl.* Cist. ent. III. 1882. p. 11. Mad. (Ank.)

447. **Artaxa Fervida** *Walker.* *)

Fig. 115. 116.

A. ochracea; alis anterioribus fasciis duabus transversis, curvatis, undulatis pallidioribus maculam pallidiore cinctam includente; ♂ limbo pallidiori alarum anteriorum et alis posterioribus pallidioribus; . fasciculo anali nigro-fusco. Exp. al. 30—32 mm.

Wlk. Proc. z. S. 1863. p. 168.

Ockergelb. ♂ Der Kopf hat sehr grosse, kugelig heraustretende, schwarze Augen, gerad hervorgestreckte, mit nach unten gerichteter Spitze versehene Palpen und bis zu ihrem Ende doppelt gekämmte, kurze Fühler. Die mässig stark entwickelten Beine, von denen die Schienen der hinteren auch Mittelsporen tragen, sind wie die Brust, Kopf und Thorax dicht und abstehend behaart. Der die Hinterflügel nicht überragende Abdomen endet mit Afterbusch. Die Vorderflügel haben die Gestalt eines gleichschenkligen Dreiecks. Der Innenrand, der sehr schräge Saum und der Vorderrand in seinem letzten Drittel sind mässig gebogen. Die Zeichnungen, die nur durch eine geringere Beschuppung etwas heller als der Grund auftreten, sind wenig deutlich. Sie bestehen aus zwei bogig geschwungenen Querbinden, die das Mittelfeld einschliessen, und in welchem das dunkler gehaltene Mittelzellenende wieder heller umgeben ist. Durch den helleren Saumtheil zieht noch eine nur matt angedeutete Linie, gleichlaufend mit dem Aussenrande. Auf eine etwas dunklere, feine Saumlinie sind die hellockergelben Fransen aufgesetzt. Die kurzen Hinterflügel sind in ihren Winkeln stark gerundet und in ihrer Färbung so hell gehalten wie der Aussenrand der Vorderflügel.

*) Nach Herrn Butler's Angabe.

Die dünnbeschuppte Unterseite der Flügel mit den Fransen ist hellockergelb, an der Basis und am Vorderrande dichter beschuppt und dunkler gefärbt. Der Hinterleib ist unten ebenfalls etwas heller wie oben.

♀ Fühler mit nur kurzen Kammzahnen versehen. Die Behaarung des Körpers ist anliegend und weniger lang als beim ♂; der Hinterleib endet mit einem schwarzbraunen, nach hinten zu heller werdenden, seidenglänzenden, dicken Afterbusch, der den dritten Theil seiner ganzen Länge einnimmt und die Hinterflügel überragt. Die Vorderflügel sind schmal, langgestreckt, mit weniger schrägem aber mehr gerundetem Saum; der Innenrand ist fast gerade, der Vorderrand nur wenig gebogen. Die hellen Zeichnungen sind durch das lebhafte dunkle Ockergelb mehr eingeschränkt. Das Basalfeld ist hell getheilt, die helle Umgebung der Querastmakel ist viel schmäler; der Aussenrand ist fast ganz dunkel ockergelb, nur vor der Flügelspitze und dem Hinterwinkel abgeblasst und durch die helleren Rippen unterbrochen. Hinterflügel an ihrem Vorderwinkel sehr stark gerundet und der Saum mehr gebogen als beim ♂, auch die Färbung ist dunkler als bei diesem und erreicht fast den Ton der Grundfarbe der Vorderflügel. Alle Fransen sind hellockergelb. Die Unterseite der Flügel ist ockergelb, so dass der Vorderrand und die Basis weniger abstechen.

Mad. (Ant.) N.-B. selten. 3 Expl. Mus. F. & Mus. L.

Choerotricha Feld.

148. C. **Limonea** *Butl.* Cist. ent. III. 1882. p. 11. — Mad. (Ank.) — 2 ♂ Mus. Stgr.

149. C. **Ochrea** *Butl.* Ann. & Mag. V. 2. 1878 ♀ & V. 4. 1879. ♂ — Mad. (Ant.)

Laelapia Butl.

150. L. **Notata** *Butl.* Ann. & Mag. V. 4. 1879. p. 238. — Mad. (Ant.)

151. **Liparis Nolana** *Mab.* Natural. 1882. No. 17. p. 131. — Mad.

Numenes Wlk.

Es sei vorläufig nachstehende Art, von der nur ein verstümmeltes (♂ ?) Exemplar vorliegt, welches zum Abbilden ungeeignet, aber für die Fauna als äusserst charakteristisch, nicht weggelassen werden durfte, einstweilen hier untergebracht. Von den eigentlichen Numenes-Arten unterscheidet sie sich durch den Mangel der Anhangzelle; bei etwas kürzeren Mittelzellen, die schon vor der Flügelmitte abgeschlossen sind, weicht im Uebrigen der Rippenverlauf nicht ab. Walker beschreibt als ♀ nur N. Interiorata mit ebenfalls nur einfach gelb gefärbten Hinterflügeln, gibt aber nicht an ob die Vorderflügel gesichelt sind, wie beim ♂ von N. Patrana *Moore*; bei N. Partita *Wlk.* findet dies selbst beim ♂ schon sehr wenig statt, so dass sie in der Flügelform nachstehender Art sehr nahe kommt. Ob die gesichelten Flügel nur den ♂♂ eigenthümlich sind, konnte nicht festgestellt und somit auch nicht als Unterschied aufgeführt werden.

152. Numenes Praestans *n. sp.*

N. alis anterioribus albido-flavis, signaturis nigro-fuscis: fascia basali extus dentata, fascia curvata in medio alae dentibus duobus externis et striga curvata cuneiformi ex angulo postico. Alis posterioribus abdomine ochraceis, capite thorace nigro-fuscis. Exp. al. 70 mm.

Die Palpen überragen den Kopf um $^1/_4$ ihrer Länge; das letzte Glied derselben ist kurz, schmal, conisch zugespitzt; die beiden ersten sind lang beschuppt und deutlich von einander abgesetzt. Sie sind unten und an ihrer Spitze, wie auch die zunächst daranstossende Brustbehaarung orangegelb, oben wie die übrige Kopf- und Thoraxbedeckung braunschwarz mit vielen dazwischen stehenden orangegelben Haaren. Fühler (deren grösster Theil abgebrochen) schwarz, doppelt gekämmt. Der Hinterleib (von dem ebenfalls nur ein Theil vorhanden) ist ockergelb, ebenso die Körper-Unterseite und Beine; diese sind an den Schienen und Tarsen der beiden vorderen Paare auf der äusseren und oberen Seite dunkelbraun, an den mit 4 dünnen Sporen versehenen Hinterbeinen nur die obere Seite der Kniegelenke und Tarsen von dieser Färbung.

Die Flügel sind in ihren Winkeln stark abgerundet, und mit Ausnahme des Innenrandes der vorderen an ihren Rändern ziemlich gekrümmt. Die Vorderflügel mit wenig schrägem Saum sind gelblich weiss mit folgenden braunschwarzen, verwaschen und sehr schmal ockergelb eingefassten Zeichnungen: Ein Fleck an der Basis, nach aussen zu mit 3 Spitzen, die im Vorder- und Innenrande und eine zwischen beiden in der Mitte liegen. Hinter dem ersten Drittel zieht eine Binde quer über den Flügel. Sie ist am Vorder- und Innenrande am breitesten und in Zelle 2 am schmälsten. Ihre innere Begrenzung ist unterhalb der Subcostalen und auf Rippe 2 stumpfwinklig nach aussen, auf Rippe 1 nach innen gebrochen und endet in der Mitte des Innenrandes. Die äussere Begrenzung liegt nahe vor der Mitte des Vorderrandes, zieht im Bogen nach aussen bis zur Mittelzelle und sendet hier, angeschlossen an Rippe 4, einen kurzen Ast in die Zelle 3, dessen untere Begrenzung theilweise sich der Subdorsalen anschliesst, dann hierzu unter einem rechten Winkel mit der inneren Bindengrenzung gleichlaufend bis zu Rippe 2, auf der nach aussen ein Zahn hervorspringt und unter diesem in schräger Richtung den Anfang des letzten $^1/_4$ des Innenrandes trifft. Zwischen den äussersten Spitzen der beiden Vorsprünge findet eine feine bogenförmige Verbindung statt, die über Zelle 2 hinweg nur matt ockergelb angedeutet ist. Auf den Hinterwinkel ist ein keilförmiger Fleck aufgesetzt, der in Zelle 1b kniefórmig nach innen gebogen, und auf dessen Spitze, die in der Mitte von Rippe 3 liegt, ein kreisrunder Fleck aufgesetzt ist, der nicht die ganze Breite der Zelle 3 einnimmt. Zwischen Basis und Mittelbinde ist der Vorderrand schmal ockergelb gesäumt. Die kurzen Fransen sind von der Farbe des Grundtones. Hinterflügel lebhaft ockergelb, nach der Basis zu etwas heller, Fransen hellockergelb, wenig dunkler wie die der Vorderflügel.

Auf der Unterseite sind die Flügel dicht und rauh ockergelb, fast orangegelb, beschuppt, auf den vorderen, woselbst die dunklen Zeichnungen der Oberseite nur sehr wenig durchscheinen, ist die innere Hälfte des Vorderrandes breit orangegelb, nach vorn fein schwarz gesäumt.

N.-B. 1 unvollständiges Expl. Mus. L.

Numenoides Butl.

453. **N. Grandis** *Butl.* Ann. & Mag. V. 4. 1879. p. 238. — Mad. (Ant.)

Lymantria Hb.

454. **L. Detersa** *Wlk.* Cat. Br. Mus. 32. Suppl. p. 365. — Maur

455. **L. Dulcinea** *Butl.* Cist. ent. III. 1882. p. 12. — Mad. (Ank.)

456. **L. Rosea** *Butl.* Ann. & Mag. V. 4 1879 p. 239. — Mad. (Fian.)

457. **L. Binotata** *Mab.* C. r. S. Belg. T. 24. p. CVII. (Liparis). Mad. (Flpt.)

458. **L. Barica** *Mab.* Bull. S. z. 1878. p. 90. ♂ 77 mm. (Liparis). — Mad. (südlichster Theil.)

Bedeutend kleiner als vorstehende Art ist:

459a. **Lymantria Fumosa** *n. sp.*

Fig. 79.

L. griseo-fusca; alis anterioribus violaceo mixtis. Maculae nigrae tres in cellula media colore pallidiore circumductae fasciis duabus basalibus fasciisque duabus fuscis bicurvatis post cellulam mediam per costas interruptis, quarum extrema albidulo-maculata. Thorace capite nigro-fuscis, abdomine rubro striga nigra interrupto. Exp. al. 56 mm.

Kopf gross, die grossen Augen kugelig heraustretend. Die nach oben gerichteten Palpen sind hoch angesetzt; um diese und die untere und hintere Seite der Augen zieht sich eine dichte rauhe wulstige Beschuppung herum. Das erste und zweite Glied der ersteren mit langer, steifer Behaarung, die aber deutlich genug von einander getrennt ist, von plumper Gestalt; aus letzterem, von doppelter Länge des Basalgliedes, sieht das schmale, cylindrische dicht anliegend und glatt beschuppte, spitz endende dritte Glied, nach oben zu gerichtet, frei heraus. Die dicke nach unten zu sich verschmälernde Stirnbehaarung schliesst sich an die des mittleren Palpengliedes an. Das Basalglied der Fühler ist mit einem nach vorn gerichteten Schuppenbüschel versehen, dieser ist im Gegensatz zu dem im Uebrigen schwarzbraun gefärbten Kopf und Thorax, ebenso wie ein Theil der unteren Seite der Palpen lebhaft ockergelb. Der dicke Schaft der Fühler, die etwas länger als $1/3$ der Vorderflügel sind, bildet einen nach aufwärts gerichteten Bogen mit rückwärts gekrümmter Spitze, die fein sägezähnig ist, während der übrige Theil mit einer doppelten dicht beisammen liegenden Reihe langer Lamellen besetzt ist, die fein bewimpert mit einem kleinen Häkchen und einer rückwärts gebogenen Borste endigen. Der vordern Rand des Halskragens ist schmal roth gesäumt. In die Thoraxbehaarung sind einzelne gelbe Schuppen eingesprengt, in ihrer Mitte endet dieselbe spitz, schopfartig aufgerichtet. Die Spitzen der Schulterdecken abstehend. Hinterleib conisch, zinnoberroth; der erste Ring ist oben mit schwarzbrauner Behaarung überdeckt. Jeder folgende hat in seiner Mitte einen schwarzen Fleck in Form eines Dreiecks, dessen Spitze nach hinten gerichtet ist. Die Behaarung des Afterendes ist ockergelb. Auf der Unterseite ist die Brust besonders rauh beschuppt, dunkel graubraun mit ockergelber und auch schmutzigrother Einmischung. Beine graubraun; deren untere Seite theilweise, die mit nackter Stachelspitze endigenden Sporen und die letzten Fussglieder ganz ockergelb. Innere Seite der Schenkel schmutzig rosa; ockergelbe Fleckchen befinden sich noch auf der Oberseite der Schienen und Tarsen. Hinterschienen mit Mittelsporen. Die Unterseite des Hinterleibs ist schmutzig ockergelb, nahe an der Brust mit röthlicher Einmischung; an der Seite durch eine lose zusammenhängende Reihe schwarzer Flecken von der Oberseitsfärbung abgetrennt.

Die Vorderflügel sind mit dem letzten $^1/_3$ ihres Vorderrandes der abgerundeten Spitze zugebogen. Der schräge Saum ist, wie der Innenrand, mässig gekrummt. Hinterflügel mit abgerundeten Winkeln und Rändern. Erstere sind auf ihrer Oberseite violettgraubraun mit helleren und dunkleren bis schwarzen Längsstrichen, die in der Nähe des Aussenrandes eine nur wenig hervortretende, aus drei Bogen bestehende Binde bilden. Auf einem helleren Flecken der Mittelzelle liegen hinter einander 2 schwarze Punkte; der innere mehr rundlich, der äussere mondförmig, liegt in der Mitte des Querastes; ein kleinerer solcher Punkt befindet sich an der Gabelung der Subdorsalen. Die beiden grösseren Punkte liegen zuweilen auf einem weissen Streif; Strichflecke und kleine nach innen gerichtete, zwischen den Rippen ausgespannte Bogen vereinigen sich zu zwei gleichlaufenden Binden, die stark geschwungen vom Vorderrande, in grossem Bogen um die Mittelzelle herum nach dem Innenrande ziehen, diesen aber statt mit zwei mit drei zackigen Streifen erreichen. Nach der Basis zu und vor den Zellenpunkten durchziehen noch zwei Bogen den Flugel, und dicht an ersterer befindet sich ein Häufchen ockergelber Schuppen. Nach dem Aussenrande zu treten zwischen den Rippen hellere Flecken und Streifen auf, die hauptsächlich einen violetten Ton zeigen. Die violettbraunen Fransen sind hinter den Rippenenden mit gelben Fleckchen versehen. Hinterflügel dunkelbraun, in der Mitte, nach der Basis zu und am Innenrande heller gefarbt, welch' letzterer mit graubrauner Behaarung versehen ist. Fransen dunkelgraubraun, hinter den Rippenenden ebenfalls mit gelben Flecken, die aber weniger scharf wie auf den Vorderflügeln, nach beiden Seiten verwaschen erscheinen.

Die Unterseite ist graubraun: Flügelbasis, ein Längswisch in der Mittelzelle und einzelne solche zwischen den Rippen nahe dem Aussenrande und ein Theil des Innenrandes der Vorderflügel, der innere der Hinterflügel durchzogen durch die graubraun gefärbten Rippen, Innenrandsbehaarung, sowie Flecken in allen Fransen mattockergelb. Alle Flugel mit dunklem Mittelmond. Der äussere, ubrig bleibende graubraune Theil der Hinterflügel erscheint bindenartig, beginnt vor der Mitte des Vorderrandes und verschmälert sich nach dem Afterwinkel zu.

N.-B. 3 Expl. Mus. F. & L. Selten.

459b. *L.* ♀ *(praeced.* ♂*? aut* L. Uxor *n. sp.) obscure-griseo-fusca: alis anterioribus maculis cellularibus in fascia transversa alba interrupta, fasciis nigris exterioribus lunulis albis signatis similibusque ante apicem et angulum posticum. Collare albo, rufo antemarginato. Abdomine rubro striga nigra interrupta. Exp. al. 93 mm.*

Kopf schwarz. Das erste Palpenglied hat an seiner Basis in die schwarze, röthliche Behaarung eingemischt und sowohl an seinem Ende wie an dem des zweiten auf der Unterseite einzelne gelbliche Haare. Die Haarbüschel am Basalgliede der Fühler sind schwarz mit rother Einmischung; diese selbst dunkelbraun bis zur Spitze zweireihig gekämmt und von ähnlicher Krümmung wie bei dem vorbeschriebenen ♂ Stücke, die Kammzähne sind jedoch feiner und weniger dicht bewimpert und im Verhältniss zur Grösse auch etwas kürzer. Die schwarzen Augen treten ebenfalls kugelig heraus. Halskragen breit, dicht am Kopfe schmal roth, sonst weiss mit etwas röthlicher Beimischung. Der breite gewölbte Thorax ist abstehend schwarzbraun behaart. Ein Theil der feinen Haare, besonders die untersten, enden mit schmutzig rothen Spitzen. Der Hinterleib, dessen erstes Segment noch von dunkelbrauner Behaarung überdeckt ist, lebhaft zinnoberroth, in grellerer Farbe wie bei dem ♂, nur auf dem zweiten Ringe ist ein grösserer, dreieckiger dunkelbrauner Flecken, auf den folgenden beiden je ein kleinerer, wenig ausgeprägter Tupfel, nach dem Leibesende zu weitere Flecken kaum durch ein Paar dunkle Schuppen angedeutet. Aus dem letzten Glied ragt eine kräftig gebaute Legeröhre heraus, die in ihrem stärkeren Theile roth beschuppt, in ihrem Endgliede braun hornig erscheint und mit langen senkrecht abstehenden Haaren besetzt ist. Auf der Unterseite ist die Brust schwarzbraun und lang behaart, Beine von gleicher Farbe, aber an ihnen wie auch an der Brust vielfach mit einzelnen schmutzigrothen Haaren besetzt. Von orangegelber Färbung sind nur wenige Schuppen auf den sonst dunkel gefärbten Sporen zu sehen.

Die Form der Flügel, der Rippenverlauf, die allgemeine Färbung derselben entspricht ganz dem L. Fumosa ♂, nur erscheinen die Flügel breiter und ist besonders der Vorderrand der Vorderflügel schon von der Basis aus bis zur Spitze regelmässig gebogen. Grundfarbe der Vorderflügel graubraun, mit schwarzbraunen und weissen Zeichnungen, letztere vertreten überall die hellbraunen Stellen mit violetter Einmischung des   Ganz schwarz sind die drei Mittelzellflecken, von denen die zwei inneren auf einem grösseren weissen Oval liegen; der deutlich mondsichelförmig gestaltete ist durch eine feine schwarze Linie mit dem kleinsten und äussersten verbunden. Der weisse Mittelzellfleck schliesst sich an einen ebenso gefärbten viereckigen Costalfleck an, der etwas schmäler, am Vorderrand bräunlich verdunkelt ist; seine Mitte liegt zwischen dem ersten und zweiten Drittel desselben. Unter diesen beiden befindet sich von gleicher Farbe ein kleiner eckiger Fleck über der Falte und ein grösserer viereckiger unter derselben in Zelle 1b. Fortgesetzt wird diese, besonders unterhalb der Subdorsalen unterbrochene Binde, nach dem Innenrande zu durch zu zwei mattweissen Bogen vereinigten Schuppen, und nach der Basis zu begrenzt durch eine Binde, die aus winkelförmigen, schwarzbraunen Flecken besteht, von denen diejenigen die zwischen Subdorsale und Innenrand liegen nach der Basis zu in ihrem offenstehenden Theile weiss gekernt sind. Eine schwarzbraune Basalbinde umzieht die Flügelwurzel. Hinter der Mittelzelle ziehen zwei geschwungene, stark gebogene, ziemlich gleichlaufende, sammetartig schwarzbraune Binden vom Vorder- zum Innenrand, von denen die äussere, weniger zusammenhängende, den Raum zwischen dem Aussenrande und der inneren etwa gleich theilt. Diese fängt am Vorderrande breit verwaschen an, zieht mit einer sehr verdunkelten stumpfen Spitze gegen die mondförmige Makel, umzieht dann bis zum Innenrande, gleich breit bleibend, in stark gekrümmtem Bogen die Subdorsale und wendet sich von der Mitte der Rippe 1b aus in senkrechter Richtung gegen den Innenrand. Diese Binde, die nach innen zu ziemlich scharf begrenzt, nach aussen zu mehr verwaschen ist, wird durch die heller gefärbten Rippen mehr oder weniger unterbrochen. Die einzelnen Glieder, aus denen sie besteht, sind innen gerundet und laufen nach aussen in zwei Spitzen den Rippen entlang. Die äussere Binde beginnt mit dem letzten Drittel des Vorderrandes, zieht geschwungen, weniger starke Krümmungen bildend, zum Anfang des letzten Drittels des Innenrandes; sie ist noch loser zusammengefügt wie die innere und besteht aus zwischen den Rippen liegenden, ovalen schwarzbraunen Flecken, die nach innen zu von weissen Monden begrenzt werden, aus deren hohlen Seite ein weisser Strahl auf der Falte in den dunklen Flecken hineinzieht und so die Gestalt eines Nagels annimmt. Weissliche, mit braunen Schuppen besäete Wische, ziehen von der Binde verwaschen dem Saume zu, so besonders am Hinterwinkel und zwischen Rippe 4 und der Flügelspitze, in welche ein solcher von Zelle 7 aus eindringt, der an seiner inneren Seite scharf dunkelbraun begrenzt ist. Drei kurze, gelblich weisse Striche stehen sehr schräge auf dem letzten Drittel des Vorderrandes. Die dunkler und heller schwarzbraun gemischten Fransen sind hinter den Rippenenden weisslich gefleckt, um den Hinterwinkel herum von ganz weisslicher Farbe. Die sehr dünn beschuppten seidenglänzenden Hinterflügel sind graubraun, nach dem Saume zu dunkler; die diesem entsprechend gefärbten Fransen haben ebenfalls weissliche Flecken hinter den Enden der Rippen, welche selbst mehr gelblich braun erscheinen, und von denen 7 in ihrem Ursprunge auf eine kurze Strecke knotig aufgetrieben ist, was beim [illegible] nicht der Fall ist. Lange, feine, graubraune Behaarung überzieht die innere Hälfte der Hinterflügel und deren Innenrand.

Die dünn beschuppte Unterseite der Flügel erscheint matt seidenglänzend. Von der Basis aus bis gegen die Mitte zieht feine Behaarung, die auf den Vorderflügeln ziemlich dicht ist und zwischen deren Costalen und Subcostalen die Flügelmembran eine tiefe Furche bildet. Die weissen Zeichnungen der Oberseite der Vorderflügel scheinen hellbraun hindurch; selbstständig erscheint nur auf dem breit verdunkelten Vorderrand ein gelbbraun beschuppter, ovaler Fleck, der dem Anfang der weissen Binde entspricht. Die nach aussen nur wenig dunkleren Flügel enden mit dunkelbraunen Fransen, in denen die helleren Stellen der Oberseite kaum angedeutet sind.

N.-B. 1 Expl. Mus. F.

Pyramocera Butl.

460. **P. Fuliginea** *Butl.* J. Linn. S. Zool. XV. 1881. p. 85. — **Mad.** (Fian).

Callitecara Butl.

461. **C. Elegans** *Butl.* Cist. ent. III. 1882. p. 13. — Mad. (Ank.)

462. **C. Grandidieri** *Butl.* Cist. ent. III. p. 14. — Mad. (Ank.)

463. **C. Moerens** *Butl.* Cist. ent. III. p. 14. — Mad. (Bets. Ank.) Mus. Stgr.

464. **C. Viola** *Butl.* Ann. & Mag. V. 4. 1879. p. 240. (**Mardara**). Cist. ent. III. p. 14 (Call.). — Mad. (Ant.)

465. **C. Pecullaris** *Butl.* Ann. & Mag. V. 4. 1879. p. 240. (**Mardara**). — **Mad.** (Ant.)

466. **C. Pastor** *Butl.* Cist. ent. III. p. 15. — Mad. (Ank.)

467. **Callitecara Clavis** *n. sp.*

Fig. 108.

C. flavo-albidula; alis anterioribus ferrugineo obductis, strigatis, fasciis duabus transversis curvatis dentatis, macula claviformi obscure nucleata linea undulata antelimbali plagaque antapicali flavo-albidis. Exp. 35 mm.

♂ Die Palpen überragen den Kopf um seine Länge; das zweite Glied, nach vorn verbreitert und verdickt, lässt das schmale, aber ebenfalls abstehend beschuppte Endglied mit nach unten gebogener Spitze, kaum aus seiner dichten Behaarung heraus erkennen. Die nach vorn gerichtete Stirnbehaarung erreicht die Palpen. Die kurzen Fühler, von kaum $^1/_3$ der Vorderflügellänge, sind doppeltreihig bis zur Spitze gekämmt. Kopf bräunlich weiss; die stark kugelig hervortretenden Augen sind graugrün. Der übrige Körper ist gelblich weiss; der Halskragen, die abstehenden schmalen Schulterdecken, der hintere, aufgerichtete Theil der Thoraxbehaarung, drei grössere büschelartig aufgerichtete Schöpfe auf der Mitte der ersten Ringe des etwas zusammengedrückten Hinterleibs sind schwefelgelb. Die Brust und die ziemlich lang gespornten (2 und 4) Beine sind weiss behaart, während der Hinterleib unten bräunlich weiss ist.

Die dreieckigen Vorderflügel sind in der zweiten Hälfte ihres Vorderrandes der abgerundeten Spitze stark zugebogen, der schräge Saum, wie der Innenrand mässig gekrümmt. Ihre Grundfarbe ist ein gelbliches Graubraun; der Vorderrand ist unterbrochen sehr schmal, der Innenrand breiter weiss. Von etwas vor $^1/_3$ des ersteren zieht eine gelblich weisse zackige, aussen ockergelb eingefasste Bogenlinie zum Innenrande; vom Ende des zweiten Drittel eine besonders nach aussen zu wenig deutliche, ebenfalls zackige Bogenlinie bis zu einem kleinen rostfarbigen Fleck unterhalb der Rippe 2. Hier verliert sie sich in der helleren Färbung über dem Innenrande, über welchem auf seiner Mitte ein rostfarbiges Fleckchen gerade unter dem vorhin genannten steht. Von jenem aus ist durch eine dunkle Schuppenlinie die Verbindung mit der inneren Bogenlinie und so auch eines Theiles der Grundfarbe hergestellt, in dem auf dem Ende der Mittelzelle ein gelblich weisser zusammengedrückter Ring liegt, der noch eine Spitze nach der Basis zu wendet. Das Innere desselben ist etwas dunkler wie der Grundton ausgefüllt; und in seiner Mitte ist durch dünnere Beschuppung der nach innen gebrochene Abschluss der Mittelzelle wahrzunehmen. Eine sehr zackige, ungleich breite weisse Linie zieht vor der Spitze vom Vorderrande aus, dem Saume entlang zum Hinterwinkel; zu beiden Seiten ist sie ockergelb eingefasst, nach der zweiten Querlinie zu verwaschen, in Zelle 4 und 5 am dunkelsten und rostbraun. Hinter der Mittelzelle in Zelle 6 und deren Grenzen seitwärts überschreitend, zieht ein weisser Wisch bis in die Flügelspitze hinein. Die Saumlinie ist weiss, die Fransen sind hellbraun und weiss gescheckt, am Hinterwinkel weiss, ebenso wie die Innenrandsbehaarung. Am Vorderrande markiren sich vier gelbbraune Flecken: einer dicht hinter der Flügelwurzel, zwei zu beiden Seiten des inneren Querstreifens und einer über der nach vorn zeigenden Ecke der Mittelzellenmakel. Hinterflügel am Vorderwinkel stark, am Hinterwinkel flach gerundet, Saum stark, Innen- und Vorderrand wenig gebogen. Gelblich weiss. Vor dem letzten 1/8 der Flügellänge zieht hinter der Mittelzelle, kaum sichtbar und gleichlaufend mit dem Saume ein durch etwas gebräunte Schuppen gebildeter Bogen.

Unterseite weiss; Vorderflügel mit einem Stich in's Bräunliche, Hinterflügel mehr in's Gelbliche ziehend. Der Vorderrand der ersteren ist bräunlich weiss; an ihn setzt sich ein matt bräunlicher Fleck hinter der Mittelzelle an, der bis gegen Rippe 3 herabreicht; nur an den Vorderflügeln sind die Fransen verschieden von der Farbe des Saumes, ganz blass bräunlich und weiss gescheckt. Abweichend von C. Moereus und C. Fuliginosa sitzen bei dieser Art sowohl die Rippen 3 und 4 als auch 6 und 7 der Hinterflügel auf kurzem Stiele.

N.-B. 2 Expl. Mus. F. & L.

468. C. **Praslua** *Butl.* Cist. ent. III. p. 16. — Mad. (Ank.)

469. Calliteara Fuliginosa *n. sp.*

C. nigro-fusca. Alis anterioribus signaturis olivaceo-fuscis: fasciis duabus transversis, macula cellulari, post eam fascia bicurvata, fascia per costas interrupta. Ante limbum serie macularum. Alis posterioribus, abdomine pallide griseo-fuscis. Exp. al. 13 mm.

♂ Kopf gross und plump mit weit hervortretenden Augen, ebenso wie der gewölbte Thorax schwarzbraun gefärbt. Die Palpen nach vorn verbreitert, überragen den Kopf um 1/3 seiner Länge. Die Behaarung des ersten Gliedes ist abwärts gerichtet, die des zweiten wulstig nach vorn; in diese ist auf der oberen Seite das schräg abgeschnittene, an seinem Ende bräunlich gelbe dritte Glied eingelassen und vergleicht sich mit jener in ihrem unteren Theile. Auch das obere Ende des mittleren Gliedes ist etwas heller braun gefärbt. Die kurzen, lang gekämmten Fühler mit bräunlich gelbem Basalgliede, sind von 1/3 der Vorderflügellänge. Die Stirn- und Scheitelbekleidung dick aber anliegend. Die Schuppen, die den Halskragen bedecken, an ihren Spitzen hellbraun; Hinterleib auf beiden Seiten bräunlich grün, am Ende seines kurzen zugespitzten Afterbusches schwarzbraun, überragt die Hinterflügel um 1/4 seiner Länge. Brustbehaarung dunkel graubraun. Von den Beinen ist das erste am stärksten und dichtesten beschuppte Paar schwarzbraun mit einzelnen eingesprengten hellbraunen Schuppen und schmaler ebensolcher Fussgliederberingelung: die übrigen Beinpaare, von denen das letzte mit 4 Sporen versehen ist, sind unten hellbraun, oben ziemlich lang dunkelbraun behaart, jedoch die Enden der Fussglieder ebenfalls hell freilassend.

Die Flügel sind schmal und erinnern an solche gewisser Noctuen-Gattungen. Der Vorderrand der Vorderflügel ist in seinen ersten 2/3 gerade, das letzte 1/3 gebogen, Saum stark gekrummt und nur wenig schräge, Vorder- und Hinterwinkel, trotz der sie treffenden Krümmungen, hervortretend. Innenrand gerade. Matt schwarzbraun; die Zeichnungen mit einem Stich in's Olivenbraune haben etwas Glanz und werden dadurch sichtbar: von zwei bogigen Querstreifen liegt der eine dicht hinter der Basis, der andere vor der Flügelmitte. Eine breite nierenförmige Makel am Ende der Mittelzelle lässt ihre Conturen durch wenige hellbraune Schuppenhäufchen nur mehr errathen. Vom letzten 1/3 des Vorderrandes aus zieht in stark geschwungenem Bogen, hinter der Makel am meisten nach aussen vortretend, eine auf den Rippen etwas gezähnte Binde, und hinter dieser eine zweite mit ihr gleichlaufende, die aber durch die Rippen unterbrochen in eine Fleckenreihe aufgelöst ist. Vor dem Saume liegt eine Reihe kleinerer Möndchen, die nach aussen zu etwas heller braun beleuchtet sind. Saumlinie unterbrochen hellbraun. Fransen schwarzbraun, unregelmässig mit hellbraunen Schuppen untermischt. Die Hinterflügel, in ihren äusseren Winkeln stark abgerundet, sind am Vorderrande mässig, am Saume stark gebogen.

Die Unterseite der Vorderflügel ist dunkel graubraun, das letzte 1/3, durch eine dunklere geschwungene Binde abgegrenzt, ist gelbgrau, die Fransen dunkel graubraun, hinter den Rippenenden lichter. Der Mittelzellfleck ist nur wenig verdunkelt sichtbar. Hinterflügel gelbgrau, Rippen und Saumlinie hell ockergelb. Fransen gelbgrau, um den Vorderwinkel herum verdunkelt. Mittelmond und zwei in gleichen Abständen zwischen diesem und dem Saume und in Zelle 5 nach aussen gebrochene Querbinden, graubraun, die am Vorderrande bis zu ihrem Bruchpunkte deutlich sichtbar, nach dem Innenrande zu immer matter werden. Auch der Vorderrand ist auf eine kurze Strecke an der Basis verwaschen graubraun.

N.-B. 1. Expl. Mus. L.

Dasychira Stephens.

Die drei hier beschriebenen Arten stimmen, den allgemeinen Habitus und auch viele Einzelheiten betreffend, in genereller Beziehung mit unseren europäischen Arten überein, zeigen jedoch einzelne wesentliche Unterschiede. D. Mascarena hat wohl die Anhangzelle auf den Vorderflügeln, dagegen 4 starke Sporen an den Hinterschienen und beim ♀ lange doppelreihige Kammzähne. D. Pumila und D. Procincta haben keine Anhangzelle, erstere mit

4 Sporen, letztere mit nur 2. Bei D. Pumila sitzt Rippe 3 und 4 auf gemeinsamem Stiele, bei D. Procincta ♂ ist die Gabelung dieser beiden Rippen noch mehr saumwärts geschoben als bei D. Fascelina *L.* Beim ♀ ist dieselbe gar nicht zu sehen, es fehlt daher Rippe 4·

470. **Dasychira Mascarena** *Butler.*

Fig. 112.

D. viridi-albido-grisea; alis anterioribus fasciis fuscis transversis tribus serratis et dentatis ante medium alae, in cellula media macula bisignata curvata, post medium alae fasciis transversis duabus curvatis dentatis fuscis, in cellula 1 b obscurius confluentibus, serie macularum fuscarum ante limbum et in ciliis. Alis posterioribus antice albidulis extus fusco adumbratis. Exp. al. 53—55 mm.

Butl. Ann. & Mag. V. 2. 1878. p. 294.

♀ Die aufwärts gerichteten Palpen überragen um die Hälfte des zweiten nach vorn zu verbreiterten Gliedes den Kopf; sie sind weiss, an der inneren Seite mit einem grünen Fleck, aussen besonders nach oben zu braun bis schwarzbraun, das schmale und kurze Endglied ist gelblich braun; die übrige Kopfbehaarung ist weiss mit einzelnen braunen Haaren untermischt. Das Basalglied der doppelreihig gekämmten Fühler hat einen nach vorn gerichteten Schuppenbüschel, die mit Cilien versehenen Kammzähne, die in der vorderen Reihe kürzer wie die hinteren sind, sind gelblich braun. Die Augen und die Hinterseite des Kopfes werden von braunen Haaren eingefasst. Der gewölbte Thorax ist mit schmutzig weissen, untermischt mit braunen Haaren besetzt. Der oben mit einer Kante versehene Hinterleib ist grauweiss bis bräunlich weiss und trägt auf seinen ersten Ringen 2 kleine aufgerichtete hellbraune Schöpfe. Auf der Unterseite ist die Brust weiss, lang behaart, dicht am Kopfe braun. Beine weiss, an ihrer unteren resp. inneren Seite ockergelb; auf der äusseren sind die Vorder- und Mittelbeine weiss, braun und schwarzbraun; an den Hinterbeinen nur die Tarsen ockerfarben und weiss. Hinterleib unten bräunlich weiss.

Die Vorderflügel sind langgestreckt, wenig breit, am Vorder- und Innenrand etwas, am mässig schrägen Saume mehr gebogen. Die Grundfarbe derselben ist ein grünliches Weissgrau. Ueber die innere Flügelhälfte ziehen, am Vorderrande unter sich mit gleichen Abstanden beginnend, drei braungrüne, auf beiden Seiten weiss eingefasste Zackenlinien, deren scharfe und ungleich grosse Spitzen in der vorderen Hälfte nach dem Vorderwinkel zu zeigen während unterhalb der Subdorsalen diese, nach dem Hinterwinkel gerichtet, mehr zugerundet sind und die beiden äusseren Linien näher aneinander rücken, aber auch schärfer ausgeprägt sind; die äussere ist hier auch noch matt braungrau umzogen: hinter derselben ist die Mittelzelle grünlich weiss ausgefüllt und ihr Querabschluss durch zwei nach innen gekrümmte, dunkle Bogen eingeschlossen. Zwei weitere Zackenlinien durchlaufen mehr oder weniger unterbrochen das Aussenfeld; die innere beginnt etwas vor dem letzten Viertel des Vorderrandes, die äussere hat gleichen Abstand von dieser und dem Saume und ist nur sehr lose zusammengefügt. Auch bei diesen zeigen zwischen Vorderrand und Rippe 2 scharfe Spitzen nach innen und aussen, während unterhalb dieser Rippe, bedeutend nach innen gerückt, drei nach der Basis zu gerundete Bogen die Fortsetzung bis zum Innenrande bilden, also den Bogen der drei inneren Linien entgegengesetzt. Die äussere Linie ist in diesem Theile breiter und etwas dunkler angelegt und bildet unterhalb der Rippe 2, dicht an diese angeschlossen, eine ringförmige, nur wenig heller gekernte Zeichnung. Auf die feine Saumlinie sind dunkle Möndchen aufgesetzt, hinter welchen die Fransen dunkelbraun, nach aussen zu heller, mit deutlicher Theilungslinie versehen sind; dagegen sind dieselben hinter den Rippenenden bräunlich weiss. Die Hinterflügel sind am Vorderrande bis in die Mittelzelle hinein breit weiss, der übrige Theil derselben bräunlich bestaubt und behaart. Rippen, Saumlinie und Fransen matt braun, diese hinter ihrer Theilungslinie abblassend.

Auf der Unterseite sind die Flügel an der Basis weiss, nach aussen zu in's Bräunliche ziehend, wohin zu sich auch die Rippen bräunlich verdunkeln. Die Saumlinien, die Theilungslinien der Fransen und der Vorderrand der Vorderflügel sind braun, an welchen jene, denen der Oberseite entsprechend, gescheckt erscheinen.

N.-B. 4 Expl. Mus. F. & L.

Butler, der in dieser Liparide das ♀ seiner D. Mascarena erkannte, beschreibt den ♂ wie folgt: Vorderflügel dunkel grün, nahe der Basis durch zwei unterbrochene, schwarze, weiss eingefasste Linien gekreuzt, auf die zwei weit getrennte unregelmässig bogig gezähnte ebenso gefärbte Linien folgen. Ueber die Discalfläche zieht eine bogige Reihe weiss umgrenzter, schwarzer Flecken und eine regelmässige Reihe vor dem Saume. Fransen weisslich braun, schwarz gefleckt. Hinterflügel blass graubraun mit weissem Costalfelde. Thorax weisslich, Hinterleib braun. Unterseite weisslich, ohne Zeichnungen. Exp. al. 1" 1'". — Mad. (Fian.) Häufig.

471. **D. Vibicipennis** *Butl.* Ann. & Mag. V. 4. 1879. p. 239. — Mad. (Ant.)

472. **D. Gentilis** *Butl.* Ann. & Mag. V. 4. 1879. p. 239. — Mad. (Ant.)

473. **D. Ampliata** *Butl.* Ann. & Mag. V. 2. 1878. p. 460. — Mad. (Ell.)

474. Dasychira Pumila *Butler.*

Fig. 58.

D. colore griseo et brunneo mixta; alis anterioribus obscurius adumbratis, maculis triangularibus costalibus brunneis quatuor, e secunda et tertia exeunt fasciae angulatae transversae interruptae, quarta anteapicali puncto brunneo post eam. Exp. al. 25 mm.

Butl. Cist. ent. III. 1882. p. 16.

♂ Der Körper ist mit rauhen, weissen, untermischt mit helleren und dunkleren braunen Schuppen bedeckt. Die abstehende Stirnbehaarung ist braun und zieht sich zugespitzt bis auf die schräg nach unten gerichteten, dunkelbraunen, spitz endenden kurzen Palpen herab. Die gekämmten Fühler von $^1/_2$ der Vorderflügellänge sind am Schafte bräunlich weiss an den Kammzähnen braun. Die kurzen Schulterdecken enden weiss. Auf dem Hinterleib treten die helleren Schuppen sehr zurück, auf der Unterseite ist derselbe bräunlich weiss. Brust dunkler gehalten, die Beine sind mit weiss und braun untermischten Haaren dicht besetzt, gegen ihr Ende zu mehr dunkelbraun und weiss beringt.

Vorder- und Innenrand der Vorderflügel fast gerade, Saum schräge, mässig gebogen. Weiss, zahlreich mit braunen Schuppen besäet, die sich am Aussenfelde und über der Mitte des Innenrandes zu grösseren, abgeschlossenen Flecken zusammenfügen. Der Vorderrand erscheint in seinen letzten $^2/_3$ mehr weiss. Die Basis ist ganz schmal braun; dicht dahinter zieht der erste von vier schwarzbraunen Costalflecken als schmaler halber Querstreif bis zu Rippe 1. Die beiden nächsten, auf $^1/_3$ und $^2/_3$ des Vorderrandes liegend, erscheinen als dreieckige Flecken von derselben Farbe und zwar der hintere als der grössere; von ihnen ziehen zwei bogige Querstreifen über den Flügel; der innere biegt sich von Rippe 1 nach aussen und trifft schräg den Innenrand in seiner Mitte; der äussere zwischen Rippe 3 und 6 am meisten auswärts gebogen, erreicht denselben verbreitert in senkrechter Richtung kurz vor dem Hinterwinkel. Der zwischen beiden Querstreifen, der Subcostalen und Rippe 1 liegende dunkelbraune nach aussen verwaschene Fleck ist rund gestaltet; Querast der Mittelzelle kaum verdunkelt. In der Mitte zwischen dem äusseren Querstreif und der Flügelspitze liegt noch ein kleines dunkles Dreieck am Vorderrande und unter diesem in Zelle 6 noch ein kleiner Punkt. Aus dem Vorderwinkel zieht eine mattbraune Wellenlinie, dicht vor dem unterbrochen fein schwarzbraun gezeichneten Saume zum Hinterwinkel, die mehr oder weniger mit einem länglichen an den Querstreif stossenden Flecken, der zwischen Rippe 6 und dem Innenrande liegt, zusammenhängt. Fransen weiss mit fleckig brauner Theilungslinie, bis an welche hinter den Zellenmitten einzelne braune Schuppen reichen. Hinterflügel mit nur wenig abgerundeter Spitze und gleichmässig gebogenem Vorder- und Aussenrand; bräunlich weiss, am Vorderwinkel und am Saume schmal bräunlich verdunkelt und mit weissen Fransen.

Auf der Unterseite sind die Vorderflügel dunkelbraun mit kaum angedeutetem Mittelfleck, am Vorderrande und Saume am dunkelsten, am Innenrande breit weisslich braun; auf ersterem erkennt man die Flecken ganz schmal durch dazwischen liegende weisse Längsstriche, was jedoch nur für die äusseren $^2/_3$ desselben gilt. Saumlinie schwarzbraun, Fransen weiss, hinter den Rippenenden ganz weiss, zwischen diesen bis zur Mitte deutlich abgegrenzt braun gefleckt. Hinterflügel bräunlich weiss mit weissen Fransen. Der Vorderrand in seinem ersten $^2/_3$ schmal bräunlich, auf seiner Mitte mit einem braunen Fleck; der mit einem verwaschen ringförmigen Mittelzellfleck lose zusammenhängt und einem kleinen braunen Fleck vor dem Vorderwinkel.

Mad. (Bets. Ank.) 2 Expl. Mus. Stgr.

475. **D. Pallida** *Butl.* Cist. ent. III. 1882. p. 17. — Mad. (Ank.)

476. Dasychira Proclacta *m.*

Fig. 91. 92.

D. violaceo-grisea. Alis anterioribus macula brunnea triangulari in medio costae intus et extus maculis obscurioribus limitata. Macula cellulari cordata, puncto in medio marginis interni punctisque parvis limbalibus nigris. Post cellulam mediam fasciis tribus obscurioribus dilutis. Exp. al. ♂ *18 mm* ♀ *22 mm.*

Ber. S. G. 1880. p. 267.

Palpen braun, an der inneren und oberen Seite heller, rauh behaart, nach vorn zugespitzt, abwärts gekrümmt, überragen den Kopf um die Hälfte seiner Länge. Kopf und Thorax grau mit braunen Haaren untermischt. Die zwischen den grossen, schwarzen Augen nach unten zugespitzte Stirnbehaarung erreicht die Palpen und ist beim ♀ struppig, beim ♂ anliegend.

♂ Fühler von $^2/_3$ Vorderflügellänge, doppelt kammzähnig. Schulterdecken und Thoraxbehaarung endigen schwarz. Hinterleib kürzer als die Hinterflügel, graubraun, mit kurzer grauer Afterbehaarung; auf der Unterseite gelbgrau, ebenso die Farbung der Beine, deren vorderes Paar mit langen, grau und braun melirten Haaren besetzt ist. Hinterschienen mit ein Paar Sporen. Brustbehaarung gelblich weiss. Vorderrand der breiten, dreieckigen Vorderflügel fast gerade, vor der kurz abgerundeten Spitze etwas, am schrägen Saume nur wenig, am Innenrande fast gar nicht gebogen. Die Farbe derselben ist violettgrau mit helleren und dunkleren braunen Schuppen besäet, am wenigsten verdunkelt im Basaltheile. Der Vorderrand ist von der Basis aus schmal braun, über seiner Mitte ist ein dreieckiger Fleck von derselben Farbe aufgesetzt, der die Subdorsale etwas überschreitet; am schärfsten begrenzt ist er nach innen zu, wo er schwarzbraun ist. Hier zieht eine verwaschene, nicht sehr deutliche hellgraue Linie längs des Braunen, überschreitet die Subdorsale, und läuft senkrecht gegen die Mitte des Innenrandes, auf welcher sie ein kleines schwarzbraunes Fleckchen umzieht. In die äussere Seite des Costalflecks schiebt sich eine am Ende der Mittelzelle liegende schwarze, herzförmige Makel ein, die fein hellgrau umzogen ist. Nach dem Vorderrande zu blasst der Fleck ab und setzt sich längs desselben verwaschen bis zu einem braunen Häkchen fort, welches zu Anfang des letzten $^1/_4$ desselben liegt und von dem aus eine geschwungene hellgraue Linie über das gleichmässig grau verdunkelte Aussenfeld zum Innenrande zieht; gleichlaufend mit dieser und in der Mitte zwischen ihr und der fein schwarz punktirten Saumlinie, aber mehr aus helleren Flecken bestehend, zieht eine zweite in den Hinterwinkel und an welche nahe der Spitze zwei braune Fleckchen angehängt sind. Durch diese helleren Linien sind drei gleichmässig bräunlich grau gefärbte Binden abgetrennt. Die Fransen sind weisslich grau, verwaschen braun gefleckt. Die fast gleichseitig dreieckigen Hinterflügel sind in ihren Winkeln stark abgerundet, und an ihren Rändern gleichmässig gebogen, von gelblich grauer Färbung; über die äussere Hälfte ziehen, gleichlaufend mit dem Saume, der weisslich gelbe Fransen trägt, zwei bräunlich graue Bogenlinien.

Auf der Unterseite sind die Flügel gelblich grau, die vorderen sind in der Mittelzelle, am Vorderrande und nach aussen breit graubraun verdunkelt, der Mittelzellfleck scheint matt hindurch, zwischen demselben und dem Saume zieht eine geschwungene, matt graubraune Linie quer über das Aussenfeld. Hinterflügel mit einem bräunlichen Pünktchen am Ende der Mittelzelle und ein ebensolches nahe am Vorderrande vor der Flügelspitze und über dem Afterwinkel.

♀ Fühler an der Geissel dick und wenig anliegend beschuppt, mit nur einer Reihe kurzer, steifbeborsteter Kammzähne, die von ersterer wenig abstehen. Schulterdecken kurz behaart. Hinterleib grau mit langem glattbehaartem, bräunlich grauem Afterbusch, überragt die Hinterflügel um ein $^1/_3$ seiner Länge. Die Tarsen aller grauen Beinpaare lang behaart; die des mittleren auffälliger Weise oben mit schwarzen Haaren dicht besetzt. Flügel langgestreckt und schmal, die vorderen mit stark abgerundeter Spitze und sehr schrägem, gebogenem Saume. Die Färbung und Zeichnungen wie beim ♂, letztere dem gestreckteren Baue mehr angepasst; die Querbinden matter, die der Hinterflügel kaum sichtbar, der Mittelzellfleck der Vorderflügel quadratisch. Die Saumlinie der Vorderflügel scharf gezeichnet, aus schmalen braunen Fleckchen bestehend, die sich vor der Spitze verbreitern. Fransen gelblich grau, in der Mitte graubrau gefleckt.

Auf der Unterseite der Vorderflügel ist die Mittelzelle kaum dunkler, das Vorderrandshäkchen tritt deutlich braungrau hervor; dahinter geht ein ebenso gefärbter, durch die Rippen gelblich unterbrochener Schatten bis zu Rippe 5, wo er sich verwaschen in der grau verdunkelten Aussenfeldsfärbung verliert. Die Fransen sind gelblich weiss, durch eine fleckig verwaschene braune Linie getheilt. Auf den Hinterflügeln ist der Mittelfleck und die dunkle Bogenlinie, die das letzte $^1/_4$ nach innen abgrenzt, deutlich zu erkennen. Fransen gelblich weiss.

N.-B. ♂ ♀ Mus. F.

477. **D. Velutina** *Mab.* Bull. S. z. 1878. p. 90. — Mad.

478. **Asthenia*) ? Flavicapilla** *Mab.* Ann. S. Fr. 1879. p. 345. — Mad.

Parorgyia Packard.

479. **P. Phasiana** *Butl.* Cist. ent. III. 1882. p. 17. — Mad. (Ank.)

480. **P. Maligna** *Butl.* Cist. ent. III. p. 17. — Mad. (Ank.)

Orgyia O.

481. **O. Aurantia** *Mab.* Ann. S. Fr. 1879. p. 345. — Mad. (Fian.)

Xanthodura Butl.

482. **X. Trucidata** *Butl.* Ann. & Mag. V. 5. 1880. p. 385. — Mad. (Fian.)

*) Asthenia *Westw.* 1841 praeocc. genere Tortr. Asthenia *Hb.* 1816.

Psychidae.

Deborrea Heylaerts.

483. **D. Malgassa** *Heylaerts* C. r. S. Belg. T. 28. (1884) p. XXXVII. — **Mad.**

Cochliopodae.

Miresa Wlk.

484. **Miresa Pyrosoma** *Butler.*

Fig. 73.

M. alis anterioribus sericeo-violaceo-brunneis, fasciis duabus dilute-brunneis curvatis post medium. Corpore supra aurantiaco, alis posterioribus ochraceis, intus brunneo-adumbratis. Exp. al. 31 mm.

Butl. Cist. ent. III. 1882. p. 23.

♂ Die dicht behaarten Palpen sind gerade vorgestreckt, überragen den Kopf mit seinem Stirnschopf nur wenig, das dritte, sehr kurze Glied ist stumpf conisch. Augen gross; die Fühler sind rothbraun und von [illegible] der Vorderflügellänge; ihr Schaft ist bis zur Mitte stark nach aussen gekrümmt, und in dieser Einbiegung mit zwei bauchig auseinanderstehenden Reihen langer Kammzähne versehen, die, wo sie wieder zusammenschliessen, bis zur Spitze in kurze Sägezähne übergehen. Der breite hochgewölbte Körper ist mit dichter, wulstiger Behaarung besetzt, die von den Palpenspitzen bis zum gerade abgeschnittenen Hinterleibsende lebhaft orangegelb gefärbt ist. Die Brust ist tief nach unten gewölbt, rothbraun und trägt die noch dunkler gefärbten, mit dichter langer Behaarung, die nur das Klauenglied freilässt, eingehüllten kräftigen Beine. Der die Flügel nur wenig überragende Hinterleib ist unten abgeflacht, an den Seiten kantig und gelblichbraun gefärbt.

Die kurzen Flügel sind in ihren Aussenrändern stark gerundet. Der geschwungene Vorderrand der Vorderflügel ist von der Basis aus auf [illegible] seiner Länge sanft einwärts, nach der Spitze zu stark nach aussen gebogen, diese selbst kurz abgerundet. Der Innenrand hat in seiner Mitte einen lappenartigen, lang behaarten Vorsprung. Die Hinterflügel bilden in ihrer äusseren Hälfte annähernd einen Halbkreis. Vorderflügel violett rothbraun, seidenglänzend, am Vorderrande und im Basaltheile dunkler. Dieser letztere wird durch einen matten dunkleren Bogenstreif begrenzt, der über die Flügelmitte zieht. Hinter ihm, mit dem Saume gleichlaufend, befindet sich ein zweiter, noch weniger deutlich als der erste. An der Basis ist der Innenrand gelblich behaart. Die Fransen sind dunkelrothbraun, nach aussen zu etwas heller. Die Hinterflügel sind glänzend bräunlich gelb. Von der Basis aus zieht über die Flügelmitte ein sich nach aussen zu verbreiternder Wisch rothbrauner Haare. Vor den graulich rothbraunen Fransen, die nach dem Afterwinkel zu abblassen, ist der Saum verwaschen rothbraun. Innenrand-behaarung ockergelb.

Die Unterseite der Flügel ist ebenfalls seidenglänzend. Fransen dunkelrothbraun, ebenso die Vorderflügel mit Ausnahme einer breiten, matt ockergelben Fläche am Innenrande, die verwaschen vom Hinterwinkel bis gegen die Mittelzelle, die einen dunklen Abschluss zeigt, sich bis zur Basis ausdehnt.

Die trüb ockergelben Hinterflügel sind an ihrem Vorder- und Aussenrande verwaschen rothbraun umzogen, zeigen am Ende der Mittelzelle ein ebenso gefärbtes Winkelzeichen, welches durch einen Strich mit dem Vorderwinkel verbunden ist.

Mad. (Bets.) 2 Expl. Mus. Stgr.

465. **H. Gracilis** *Butl.* Cist. ent. III. 1882. p. 24. — **Mad.** (Ank.).

Anzabe Wlk.

486. **Anzabe Micacea** *Butler.*

Fig. 72.

A. lucide-rubro-brunnea. Alis anterioribus argenteo-micantibus punctis nigris numerosis adspersis; ante apicem striga rufa, deinde fasciculo strigarum quatuor rufarum et brunnearum e basi divergentibus, striga externa ad angulum marginis interni ducit. Thoracis medio rufo, abdomine brunneo. Exp. al. 30 mm.

Butl. Cist. ent. III. 1882. p. 24.

Körper plump, kurz gedrungen, nach oben stark gewölbt, an den Seiten zusammengedrückt. Kopf tief angesetzt; die dicht beschuppten Palpen mit kurzem, conischem Endgliede überragen ihn nur wenig und sind durch den, zwischen denselben spitz auslaufenden Stirnschopf auseinandergedrängt. Von der Seite gesehen, erscheint Beides zusammen wie eine homogene, kurze Spitze. Die Augeneinfassung, der Anfang der Brustbehaarung, das erste Beinpaar und die Palpen dunkel blutroth, letztere auf ihrer Unterseite nach vorn zu verdunkelt. Der übrige Theil des Kopfes, die äusserste Paplenspitze, Halskragen und Schulterdecken sind hellbraun, letztere fein schwarz gesprenkelt. Die Fühler haben an ihrer Basis einen kurzen röthlichen Haarbusch, sind etwas länger als die Hälfte des Vorderflügels, auf ihren ersten $^{4}/_{5}$ dicht und mässig lang gekämmt, auf dem letzten $^{1}/_{5}$ mit kurzen, nach der Spitze zu sich verjüngenden Kammzähnen besetzt.

Der Thorax ist braunroth, ebenso die Behaarung, die die ersten Hinterleibsringe in ihrer Mitte bekleidet; weiter nach hinten zu mischt sich diese Färbung mit Grau und nach den Seiten geht sie in Hellbraun über. Die Unterseite des Leibes ist hellbraun, ebenso die nicht allzu kräftig entwickelten Beine, von denen die hinteren an den Schenkeln, und an den mit 4 kräftigen Sporen versehenen Schienen vom Knie bis gegen ihre Mitte, mit langer, seidenartiger, lose anliegender Behaarung versehen sind. Besonders gegen die Fussenden hin sind rothe Schuppen untermischt und lassen auch die Tarsenglieder beringt erscheinen.

Die Vorderflügel, von eigenthümlicher Gestalt, haben ziemlich geraden Vorderrand, der hinter seiner Mitte etwas einwärts gebogen ist. An die vorgestreckte, scharfe Flügelspitze setzt sich der Aussenrand stark nach aussen gebogen an, umzieht ebenso den Hinterwinkel und flacht sich als Innenrand nur sehr wenig ab, dessen erstes $^1/_3$, stark nach innen gebrochen, den Thorax erreicht. Ihre Farbe ist hellröthlich braun mit silberweissem Schimmer übergossen, fein schwarz gesprenkelt, und zwar am dichtesten nach der Basis zu. Eine braunrothe, nicht ganz gerade Linie zieht von etwas vor der Flügelspitze, anfangs dem Vorderrand stark genähert nach dem Bruchpunkte des Innenrandes, ohne diesen vollständig zu erreichen. In ihrer Mitte bildet sie auf Rippe 6 einen kleinen nach aussen gerichteten Zahn. Diese Schräglinie theilt den Flügel in den inneren dunkleren Theil, in dem das Braunrothe vorherrscht und den äusseren, bedeutend helleren, in dem der Silberglanz mehr hervortritt, zunächst der Theilungslinie fast gar keine schwarzen Schuppen enthält, sich dann aber kurz vor dem Saume und am Innenrande verdunkelt und an dessen Bruchstelle mit der Färbung des Basaltheiles zusammenfliesst. Der Winkel zwischen Saum und Schrägstrich ist von der Flügelspitze aus durch eine feine rothbraune Linie getheilt; sie reicht etwa bis gegen Rippe 4, wo sie sich in der Grundfarbe verliert. Unmittelbar vor der Flügelspitze sind in dem engen Raume zwischen Schräglinie und Vorderrand an diesen drei dicht nebeneinanderliegende schwarzbraune, an ihrem Ursprung fast zusammenstossende Striche angesetzt, die nach der Mittelzelle zu, die sie aber nicht erreichen, in's Braunrothe übergehen. Der Vorderrand ist in derselben Ausdehnung gleich gefärbt, wird aber dann bis zur Basis hellbraun und hat hinter sich die hellste Färbung des Basaltheiles. Die Fransen sind braun, verdunkeln sich bis zu ihrer Mitte, auf welche dann der äussere Theil glänzend gelblich weiss aufgesetzt ist. Die Hinterflügel haben bei nur wenig gebogenem Vorderrand stark gerundeten Saum, Vorder- und Afterwinkel; sie sind hellrothbraun mit hellgelbbraunem Vorder- und Innenrand und ebenso gefärbten Fransen, die nach aussen zu abblassen und stark glänzen.

Auf der Unterseite sind die Vorderflügel zwischen Vorderrand, Saum und Rippe 3 braunroth, am dunkelsten nach der Spitze zu, am Saume und in den Fransen, die jedoch in ihrem äussersten Theile scharf abgesetzt hellbraun erscheinen. Der übrige Theil des Flügels ist glänzend bräunlich weiss, ebenso die Hinterflügel, nur etwas matter glänzend, die am Vorderwinkel braunröthlich verdunkelt und nach beiden Seiten mit einzelnen bräunlichen Schuppen besäet sind. Die Fransen, strohfarben, sind in ihren ersten $^2/_3$ ein wenig dunkler als die Grundfarbe, in ihrem letzten $^1/_3$ bedeutend heller.

Mad. (Bets.) Mus. Stgr.

Crothaema Butl.

187. **C. Sericea** *Butl.* Ann. & Mag. V. 5. 1880. p. 388. — Mad. (Fian.)

Latola Guér.

188. **L. Albifrons** *Guér.* Ic. R. An. p. 508. — Limacodes Florifera *H. S.* Lep. exot. Het. f. 178. (Nyssia). *Wlk.* Cat. Br. Mus. 5. p. 1135. (Nyssia). *Gn.* Vins. Voy. Mad. Lép. p. 40. (Euphaga n. g.). — Mad. häufig.

Parasa Moore.

489. **Parasa Ebenaui** *m.*

Fig. 50.

P. alis anterioribus basi lata nigro fusca, fascia lata prasina extus in medio sinuata et nigro-fusco marginata, parte limbali fusca. Thorace supra prasino. Alis posterioribus abdomine ochraceis, illis extus adumbratis. Exp. al. ♂ *40—47* ♀ *62 mm.*

Ber. S. G. 1878, p. 92. (Neaera).

Kopf mässig gross, von den aufwärts gerichteten Palpen um fast $^1/_3$ seiner Länge überragt. Die Fühler von halber Vorderflügellange, mit kurzem Schuppenbusch am Basalglied, haben beim ♂ Kammzähne, die auf deren ersten $^1/_3$ ziemlich lang sind und an dessen Enden nachenförmig zusammenschliesen, hinter demselben sich bedeutend verkürzen und nach der Spitze zu verjüngen. Beim ♀ sind dieselben einfach sägezähnig und in ihrer Mitte am dünnsten, da die Zähne bis dahin ziemlich anliegend und klein auftreten, während sie in ihrer äusseren Hälfte mehr vom Schafte abstehen, aber sich ebenfalls nach der Spitze zu verjüngen. Thorax breit, stark gewölbt; durch die in seiner Mitte über die ersten Hinterleibsringe hinweggreifende dichte, in zwei Spitzen endigende Behaarung erscheint derselbe lang, während die Schulterdecken nur die halbe Länge desselben erreichen. Die kräftig gebauten Beine sind durch die dichte wulstige Behaarung äusserst plump; dieselbe ist an den Schienen und Tarsen nach oben gerichtet und lässt nur das Klauenglied frei. Der Hinterleib ist in seinen mittleren Gliedern buckelförmig in die Höhe getrieben, dagegen in den Seiten eingedrückt; er überragt beim ♀ die Hinterflügel nicht, beim ♂ um $^1/_3$ seiner Länge. Vorderflügel breit mit ziemlich geradem Vorderrand, abgerundeter Spitze und mässig gebogenem Aussenrand, der an den Hinterflügeln stark gerundet ist. Das viel grössere und robuster gebaute ♀ hat die Vorderflügel verhältnissmässig breiter, die Hinterflügel länger, an denen der Saum gleichmässig gerundet, beim ♂ dagegen zwischen Rippe 4 und 7 mehr gerad verläuft. Der Innenrand der Vorderflügel ist geschwungen und in seinem ersten $^1/_3$ nach dem Leibe zu eingezogen.

Auf der Oberseite sind Kopf und Thorax gelbgrün, die Endspitzen der Schulterdecken, die geschopfte Stirn und die Fühler braun; Augen schwarz. Hinterleib ockergelb, beim ♂ auf seiner Mitte mit einem graubraunen Längsstreif, der sich nach hintenzu verbreitert, so dass der gerad abgeschnittene Afterbusch ganz von dieser Färbung eingenommen wird. Vorderflügel violett graubraun, das Wurzelfeld dunkler und dichter beschuppt. Ueber der Flügelmitte zieht ein breites, über die Hälfte des Raumes einnehmendes, grasgrünes Querband, am Vorderrande schmal braun begrenzt, nach der Basis und dem Saume zu von dunkelbraunen Linien eingeschlossen. Die erstere zieht von $^1/_3$ des Vorderrandes nur wenig schräge nach $^1/_4$ des Innenrandes, unterhalb der Subdorsalen etwas nach innen gebogen, und vor ihrem Ende auf Rippe 1 zackenförmig in's Grüne einspringend. Letztere, schräger als der Aussenrand, beginnt mit dem letzten $^1/_4$ des Vorderrandes einen Bogen, der zwischen Rippe 7 und

3 nach innen zu eingezogen ist und auf $^{3}/_{4}$ des Innenrandes endigt. Die Hinterflügel sind von der Farbe des Hinterleibs: ockergelb, nach aussen zu etwas in's Violettbraune übergehend. Die Fransenbesäumung der Flügel ist aus langen, kräftigen Schuppen gebildet; ihre Farbe entspricht derjenigen des Aussenrandes, sie sind etwas hinter ihrer Mitte durch eine hellere Linie durchzogen, unmittelbar vor und hinter derselben verdunkelt und durch eine ganz feine hellere Saumlinie vom Flügel abgetrennt. Am Afterwinkel sind sie ebenso wie die Innenrandsbehaarung ockergelb.

Die Unterseite des Körpers und die Beine violettbraun. Am Hinterleib greift die ockergelbe Behaarung der Seiten ziemlich stark nach unten herum und überzieht auch das ganze Afterende. Die stark und rauh beschuppten Flügel sind ockergelb, nach dem Vorder- und Aussenrande in's Violettbraune überziehend, gegen ersteren schärfer abgegrenzt, gegen letzteren verwaschen. Fransen ähnlich wie auf der Oberseite, nur etwas heller gefärbt. Beim ♀ sind deutlich drei dunkelbraune Linien zu unterscheiden: Saum-, Mittel- und äussere Begrenzungslinie.

Die ganze Körper- und Flügelbeschuppung mit mattem Sammetglanze.

Mad. (Tamt.) N.-B. ♂ häufig, ♀ selten.

490. **P. Valida** *Butl.* Ann. & Mag. V. 4. 1879. p. 242. — Mad. (Ant.)

491. **Parasa Reginula** *n. sp.*

Fig. 48.

P. alis anterioribus parte basali nigro-brunnea, dente parvo superne a quo striga magna alba subtusque macula parva ejusdem coloris in fasciam latam aeruginosam intrat, macula diluta olivacea cellulari, fascia limbali brunnea. Capite thorace prasinis. Alis posterioribus abdomine ochraceis, apice nigro-brunneo. Exp. al. 36 mm.

♂ Die Spitze und der Aussenrand der Vorderflügel sind etwas mehr gerundet und die Hinterflügel verhältnissmässig schmaler als bei P. Ebenaui. Der Hinterleib ist auf seiner Mitte gekielt, endet breit, gerad abgeschnitten und überragt die Hinterflügel nicht. Der Schuppenbüschel an der Fühlerbasis tritt mehr hervor, die dicht anliegenden, nach oben gerichteten Palpen überragen die Stirn nur wenig, das dritte sehr kurze Glied liegt ziemlich frei.

Thorax gelblich grün ebenso der Scheitel, dessen Beschuppung die geschopfte, braune Stirn zum grössten Theil überdeckt. Palpen und Fühler violett rothbraun, ebenso die äussere Umgrenzung der Thoraxbehaarung. Hinterleib seidenglänzend orangegelb, mit verwaschenem, matt bräunlichem Rückenstreif, Afterbehaarung violettbraun; ebenso die Unterseite des Körpers und die Beine, ersterer in seinem hinteren Theile und in den Seiten, letztere an der unteren Seite der Fussglieder ockergelb. Das scharf abgegrenzte Basalfeld der Vorderflügel ist dunkel violettbraun mit hellerer, zottiger Behaarung am Innenrande; es nimmt das erste $^{1}/_{4}$ des Flügels ein, hat auf der Subcostalen eine stumpfe Spitze nach aussen und zieht dann in einem Bogen nach der Innenrandsmitte. Die mittlere Flügelfläche wird durch eine breite weisslich grüne

Querbinde eingenommen, die nach aussen und am Vorder- und Innenrande schmal braun begrenzt ist. Vom Basalfelde aus läuft längs der Subdorsalen ein dickbeschuppter, blendend-weisser Streif in das Mittelfeld auf ³/₄ seiner Breite hinein; weisse Schuppen stellen zwischen seinem Fusspunkte eine schmale Verbindung mit dem Vorderrande her. Oberhalb des Streifens befindet sich am Mittelzellenende ein rundlicher, bräunlich grüner, nach aussen etwas verwaschener Fleck, während der Raum unterhalb desselben bis zum Innenrande ebenfalls bräunlich grün ausgefüllt, nach innen schmal orangegelb gesäumt ist, nach aussen zu jedoch wieder in das Spangrüne übergeht. In ihm befindet sich ebenfalls an dem Basaltheil angesetzt und über Rippe 1 liegend, ein kurzer wulstig beschuppter, scharfbegrenzter weisser Strichfleck. Das Aussenfeld ist violett graubraun mit feiner, innerer violettbrauner Begrenzung, von welcher aus auch die Rippen, dunkler gezeichnet, dasselbe durchziehen und mit dem letzten ¹/₄ des Vorderrandes erst mit einem Bogen nach aussen beginnt, in ihren weiteren ³/₄ ziemlich geradlinig verläuft und ein wenig hinter dem Anfang des letzten ¹/₃ des Innenrandes endet. Die langen, aus breiten Schuppen bestehenden Fransen sind an ihrer Basis gelbbraun und gehen nach aussen in's Violettbraune über, dunkler am Hinterwinkel als nach der Spitze zu. Die Hinterflügel nebst Fransen sind seidenglänzend ockergelb, mit rothbraunem Vorderrand und Saumlinie, von welcher aus kurze Striche gleicher Farbe längs der Rippen in den Flügel eindringen. Die Spitzen der den Afterwinkel umziehenden Fransen sind violettrothbraun.

Unterseite der Flügel matt ockergelb, gegen den rothbraunen Vorderrand zu lebhafter gefärbt. Spitze und Aussenrand der Vorderflügel ebenfalls bräunlich. Die dunkelbraunen glänzenden Fransen an ihrer Basis ockergelb, die der Hinterflügel ganz ockergelb.

N.-B. 1 Expl. Mus. F.

492. **P. Singularis** *Butl.* Cist. ent. II. 1878. p. 298. — **Mad.** (Ant.)

Macrosemyra Butl.

493. **M. Tenebrosa** *Butl.* Cist. ent. III. 1882. p. 25. — **Mad.** (Bets.) 2 Expl. Mus. Stgr.

Die Flügel der nachstehenden Arten sind breiter als bei M. Tenebrosa, die vorderen besonders hinter der Basis, der Saum viel weniger schräg und der Vorderwinkel abgerundeter.

494. **Macrosemyra Pinguis** *m.*

Fig. 18.

M. fusco-nigra, pingue-nitens. Alis anterioribus fascia limbali nigra curvata, in medio dilatata fracta, linea obliqua nigra dentata e fine costali ad medium marginis interni. Exp. al. 27 mm.

Ber. S. G. 1880. p. 294. (Heterogenea).

Die Palpen am Kopfe anliegend und aufwärts gerichtet, reichen bis zu dem zugespitzten, kurzen Stirnschopf; sie sind dicht beschuppt, in ihren Gliedern deutlich abgesetzt, mit sehr kleinem stumpf conischem Endgliede; die schwarzen Augen kugelig vortretend. Die Fühler von $^2/_3$ der Vorderflügellänge, mit starkem Basalgliede, verdicken sich hinter ihrem ersten $^1/_3$ und endigen schliesslich spitz; sie sind in beiden Geschlechtern in ihrer Stärke kaum verschieden, gelbbraun, wie auch die Palpenspitzen, während der übrige Körper schwarzbraun gefärbt ist. Thorax kurz, gewölbt, seine Behaarung nach hinten aufgerichtet. Hinterleib in den Seiten stark eingedrückt, oben mit einer Kante versehen, beim ♂ hinten gerade abgeschnitten, beim ♀ spitzer. Die Unterseite des Körpers zeigt in der Färbung einen Stich in's Violette. Die Beine sind kurz, doch kräftig, dicht behaart und zwar an den Schienen am längsten, wo sich diese Bekleidung auch noch über die drei ersten Tarsenglieder wegzieht. Die Kniegelenke, sowie die untere Seite der Beine ist mehr rostbraun, die Farbe, welche auch die Palpen auf ihrer unteren Seite haben; an den Tarsen ist eine schwache, hellere Beringung zu sehen. Die Hinterschienen mit 4 starken Sporen.

Die kurzen breiten Flügel haben einen fast geraden Vorderrand, wenig abgerundete Spitze und gleichmässig gebogenen, steilen Saum, der um den flach abgerundeten Hinterwinkel in den in seinen äusseren $^2/_3$ fast geraden, dann aber nach der Basis zu stark eingezogenen Innenrand übergeht. An den Hinterflügeln treten Vorder- und Hinterwinkel wenig hervor; zwischen ihnen bildet der Saum nahezu einen Kreisbogen, Vorder- und Innenrand mässig gekrümmt. Vorderflügel braunschwarz, fettig glänzend; Vorderrand und Saumlinie schmal braun. Von der Mitte des Innenrandes geht eine schräge Linie, die vor der Mittelzelle zweimal gebrochen und einen winkligen Vorsprung nach aussen bildet, zum letzten $^1/_4$ des Vorderrandes und stösst hier mit einer Binde zusammen, die vor dem Saume nach dem Hinterwinkel zieht und in ihrer Mitte schräg nach innen zu abgesetzt ist. Beide Zeichnungen sind in der dichten Beschuppung eingedrückt und erscheinen dadurch glänzend tief schwarz. Hinter ihnen sind die Schuppen wieder aufwärts gerichtet und vor ihrem Ende eingerollt. Fransen graubraun. Die Hinterflügel, seidenartig glänzend, haben grauröthbraune Färbung mit brauner Saumlinie und Fransen wie auf den Vorderflügeln.

Auf der Unterseite sind die Flügel graurothbraun mit metallisch grauem Glanze, die Rippen in ihrem äusseren Verlaufe, die Saumlinie und der Vorderrand der Vorderflügel rostbraun.

N.-B. Häufig.

495. **M. sp.** Nahe dieser steht eine fuchsrothe Art, mit noch kürzeren, abgerundeteren Flügeln, von der ein ♂ Stück, welches aber zum Beschreiben zu schlecht erhalten ist, vorliegt.

496. **Macrosemyra Marmorata** *m.*

Fig. 75.

M. obscure fusca. Alis anterioribus signaturis nigris: striga basali ad marginem internum, hinc fascia transversa obliqua undulata strigisque dentatis ante apicem et angulum internum. Exp. al. 31 mm.

Ber. S. G. 1880. p. 263. (Heterogenea).

Grösser als vorige Art, sonst in der äusseren Form genau mit jener übereinstimmend bis auf die längeren Palpen, die schräg aufwärts gerichtet mit ihrer Spitze in die Höhe der Fühlerbasis reichen und den Kopf um mehr als ihre Hälfte überragen. Das zweite Glied derselben, besonders lang, endet breit, das dritte, von $^{1}/_{3}$ der Länge des zweiten, ist cylindrisch, schmal, am Ende stumpf zugespitzt.

Braun. Der Stirnschopf, die Palpenglieder gegen ihre Spitze zu und die Fühler gelbbraun. Das hintere Ende der Schulterdecken, Thorax- und Leibesringbehaarung dunkelbraun, der kurze Afterschopf hellbraun. Unterseite des Körpers violettrothbraun. Das Schienenende und die Tarsenglieder an den Vorderbeinen gelblich weiss, an den anderen gelblich braun beringt.

Vorderflügel dickbeschuppt, dunkelbraun, sammetartig glänzend. Der Vorderrand ist in seiner äusseren Hälfte schmal hellbraun. Die nachstehend angeführten Zeichnungen sind sammetartig schwarz, heller braun als die Grundfarbe eingefasst, besonders auf der nach dem Saume zeigenden Seite: Von der Basis aus zieht ein Längsstrich in die Mittelzelle und ein breiter Schuppenwulst längs des ersten $^{1}/_{4}$ des Innenrandes, von dessen Ende aus eine bogige Linie, die nach dem Vorderrande und dem Thorax zu verschiedene zackige Vorsprünge bildet, nach der Spitze zu läuft, aber vor dem letzten $^{1}/_{4}$ des Vorderrandes nach diesem zu im Bogen einbiegt. Zwischen diesem und dem Saume zieht ein aus zwei zackigen Bogen bestehender Streif vom Vorderrande bis zu Rippe 5 und ein weiterer gleichlaufend mit diesem aus dem Hinterwinkel, der hier selbst zum Fleck erweitert ist, gegen die mittlere Schrägbinde, wodurch nach innen zu der dunkelste Theil des Flügels abgegrenzt wird, in dem auch die Rippen nicht heller braun beschuppt sind, wie dies in der Nähe des Saumes und Vorderrandes der Fall ist. Die breiten Fransen sind hellbraun mit dunkelbrauner Theilungslinie, hinter welcher sie weisslich erscheinen. Die Hinterflügel sind hellrothbraun, gegen den Saum zu etwas dunkler. Die Fransen wie die zuvor beschriebenen.

Die Unterseite der Flügel ist seidenglänzend braun, die der hinteren etwas mehr rothbraun. Die Rippen sind im äusseren Flügeldrittel bräunlich gelb gefärbt, ebenso die äussere Hälfte des Vorderrandes der Vorderflügel, während die innere breit rothbraun ist. Die Fransen sind durch eine breite violettbraune Linie getheilt, vor welcher sie hellgelb und hinter derselben weiss mit rothbraun gemischt sind.

N.-B. Selten.

497. **Macrosemyra Exsanguis** *m.*

Fig. 90

M. lucide ochracea. Alis anterioribus colore brunneo mixto in basi, costa limboque; serie transversa punctorum quatuor brunneorum dilutorum in medio alae. Exp. al. 17 mm.

Ber. S. G. 1880. p. 263. (Heterogenea).

Palpen gerade vorwärts gestreckt, auseinander stehend, von doppelter Länge des Augendurchmessers, anliegend beschuppt; das zweite Glied etwas gebogen, nach vorn mässig verbreitert. Das schmale Endglied, von 1/4 der Länge des zweiten, stumpf kegelförmig, mit seiner Spitze abwärts geneigt. Kopf und Thorax plump, ersterer mit kurz zugespitztem, nach vorn gerichtetem Stirnschopf. Fühler glatt, aus kurzem, dickem Basalglied entspringend, verstärken sich nach der Mitte zu und sind nur um weniges kürzer als der Vorderrand der Vorderflügel. Halskragen schmal, aufwärts gerichtet; Schulterdecken zugespitzt, von 1/3 Thoraxlänge. Der oben gekielte mit kurzem Afterbusch versehene Hinterleib schneidet mit den Hinterflügeln ab. Der ganze Körper ist strohgelb, die Stirnbehaarung mit rothbraunen Schuppen untermischt; die Oberseite der Palpen, die Vorderbeine zum grossen Theil, die mittleren nur angeflogen, rothbraun. Alle Schienen anliegend lang und dicht beschuppt, die hinteren mit 4 langen, dünnen Sporen versehen.

Nicht allein durch die längeren Fühler sondern auch durch etwas andere Form der Flügel weicht diese Art von den drei vorigen gestaltlich ab. Flügel noch kürzer und breiter, ihr Vorderrand ist sanft und gleichmässig, Aussen- und Innenrand stärker gebogen. Die Flügelspitze tritt scharf eckig heraus, auch der Hinterwinkel markirt sich mehr. Sie sind dick beschuppt, aber mit leicht erkennbarem, eingefurchtem Rippenverlauf; hellockergelb mit geringer rothbrauner, verwaschener Färbung an Basis und Vorderrand, etwas stärker und breiter vor dem Saume, nach innen zu abblassend. Eine Reihe von vier verwaschenen Punkten zieht schräg über die Flügelmitte: einer am Vorderrande, je einer auf den hinteren Ecken der Mittelzelle, und der letzte zwischen der Subdorsalen und dem Innenrande. Fransen blassgelb, um den Hinterwinkel herum an ihren Spitzen fein dunkelbraun gesäumt. Die aussen gerundeten, aber mit etwas markirtem Vorderwinkel und ziemlich geradem Innenrand versehenen Hinterflügel sind weisslich gelb, am Saume schmal gelb verdunkelt. Fransen gelblich weiss.

Auf der Unterseite sind die Flügel blassockergelb, und werden nach dem Afterwinkel zu heller. Der Vorderrand und Saum der Vorderflügel sind schmal ockergelb. Alle Fransen gelblich weiss.

N.-B. 2 Expl. Mus. F. & L.

Prosternidia n. g.

Nachstehende Art lässt sich in keine der vielen Walker'schen, auch nicht in eine der Wallengren'schen Gattungen einrangieren. Vielleicht steht sie noch am nächsten dem Genus Semyra Wlk. Kopf und Thorax äusserst dicht und buschig beschuppt. Ersterer kurz, mit weit vorstehender, borstiger, schopfartiger Stirnbehaarung. Palpen von über doppelter Kopflänge, die beiden ersten Glieder schräg aufwärts gerichtet, lang rauh und dick beschuppt, das letzte, 1/3 so lang als das zweite, flach zugespitzt glatt, mit der Spitze abwärts geneigt, und auseinander klaffend. Fühler, an der Basis mit Schuppenbüschchen, 3/4 so lang als der Vorderrand der Vorderflügel (beim ♀ etwas kürzer) bis zum Ende mit nach vorn schräg und dicht aneinander gelegten Kammzähnen, deren Länge von doppelter Schaftstärke, nach der

Spitze stark nach der Basis zu nur wenig verjüngt. Der Thorax ist dem sonst niedlichen Körperbau gegenüber kräftig und besonders in der Brust tief. Der zugespitzte lang behaarte Hinterleib überragt kaum die Hinterflügel. Brust und Beine sind wulstig beschuppt, letztere auch auf der Oberseite der ersten Fussglieder. Die Hinterschienen tragen 4 lange, nahe beisammen stehende Sporen.

Die kurzen, nach aussen sich stark verbreiternden Vorderflügel sind in ihren Rändern nur wenig gebogen; Saum steil, der nahezu rechtwinklige Hinterwinkel stark abgerundet. Innenrand lappig auswärts gebrochen. Hinterflügel schmal, mit mässig abgestumpftem Vorder- und stark abgerundetem Hinterwinkel. Saum gleichmässig stark gebogen. Alle Fransen sehr lang. Der Rippenverlauf bietet den verwandten Gattungen gegenüber nichts besonders auffälliges dar. Der Mittelzellabschluss der Hinterflügel ist wie bei Parasa, dagegen derjenige der Vorderflügel bildet einwärts gebrochen einen mit gleichen Schenkeln versehenen stumpfen Winkel, der durch Rippe 6 zu gleichen Theilen getheilt wird.

498. **Prosteroidia Metallica** *n. sp.*

Fig. 65.

P. brunnea. Alis anterioribus fascia antelimbali griseo-argentea extus diluta; abdomine alis posterioribus lucide griseo-brunneis. Exp. al. 19 mm.

Kopf, Thorax und Vorderflügel rothbraun, Fühler gelbbraun. Die obere und innere Seite der Palpen, sowie der untere Theil des Stirnschopfes und der Halskragen ziehen in's Rothgelbe. Die Vorderflügel sind in der Mitte und nach dem Vorderrande zu durch schwärzlich braune Schuppen verdunkelt. Das letzte $^1/_4$ des Flügels ist durch eine dunkelbraune, auf den Rippen nach aussen zu gezähnelte Linie abgetrennt und bis an die Fransen mit silbergrauer Beschuppung versehen, die jedoch den Innenrand und Vorderrand nicht ganz erreicht, welche beide sowie auch die Fransen etwas blasser als die Grundfarbe gehalten sind. Der dicht behaarte Innenrand hat vor seiner Mitte, da wo er am meisten nach aussen hervortritt, einen zum Saum parallelen silbergelblichen Querstrich, der bis nahe an die Subdorsale reicht; nach innen zu ist derselbe dunkelbraun beschattet. Die Hinterflügel sind hellröthlichgrau mit etwas dunkleren Fransen und sehr dünner Beschuppung. Der Hinterleib ist gelbgrau.

Die Unterseite der Flügel ist röthlichgrau, die Fransen sind graulich rothbraun, ebenso sind die Vorderränder verdunkelt und auf den Vorderflügeln der Saum hinter der Mittelzelle nach der Spitze zu.

Mad. (Bets.) 3 Expl. Mus. Stgr.

---

499. **Limacodes Strigatus** *Mab.* Bull. S. phil. VII. 3. 1879. p. 139. — Mad. (südl. Theil.)

C o s s i d a e.

Cossus F.

500. **C. Senex** *Butl.* Cist. ent. III. 1882. p. 27. Mad. (Ank).

501. **C. Fulvosparsus** *Butl.* Cist. III. p. 26. — Mad. (Ank.)

502. **C. Pavidus** *Butl.* Cist. ent. III. p. 27. — Mad. (Ank.)

503. **Cossus Stumpffii***) *n. sp.*

C. griseo-fuscus. Alis anterioribus fusco-transverse-rivulosis, macula media nigra fasciaque superne furcata fusca ante limbum. Capite, thorace, parte basali marginis interni, crista fasciculoque flabelliformi abdominis nigro-fuscis; alis posterioribus macula media nigro-fusca. Exp. al. 68 mm, long. corp. 43 mm.

♂ An dem kleinen schwarzbraunen Kopf liegen die schmalen kurzen Palpen dicht an; das dritte Glied, gleichmässig wie die beiden anderen beschuppt, überschreitet nicht das untere 1/3 der grossen, nahe beisammen stehenden Augen und steht mit seiner Spitze ein wenig nach vorn zu ab. Die Stirnbedeckung geht bis zur Augenmitte herab. Die Scheitelbehaarung ist dicht an den Fühlern aufgerichtet und umgibt büschelartig deren Basalglied. Die Länge derselben überschreitet kaum 1/4 des Vorderrandes der Vorderflügel. Ihr Schaft ist dunkel braungrau, auf seinen ersten Gliedern dick beschuppt, die bis zur Spitze in zwei Reihen daran sitzenden Lamellen sind gelblich braun. Der hochgewölbte Thorax ist schwarz, dicht wollig behaart, hinter demselben befindet sich auf dem sonst graubraunen, die Hinterflügel um 1/5 seiner Länge überragenden Abdomen ein aufgerichteter, tiefschwarzer, halbkreisförmiger nach hinten geöffneter Haarbusch. Der Hinterleib ist sonst seidenartig, anliegend beschuppt, seitlich zusammengedrückt, und verjüngt sich allmählich conisch nach hinten, wo er mit einem fächerartig auseinander gebreitetem (wohl kaum beim lebenden Thiere), dichtem Afterbusch endet, der 1/10 seiner Länge beträgt und vom Dunkelbraunen nach seinem Ende zu in's Tiefschwarze übergeht. Während die einzelnen Schuppen, die den Körper bedecken, unter dem Vergrösserungsglase betrachtet, mit feinen weissgrauen Spitzen enden, und so eine hellere Berieselung bilden, findet dies bei dem Afterbusche und dem Rückenschopfe nicht statt. Die Brust ist auf der Unterseite dunkelbraun; die kräftigen Beine sind bis zum letzten Tarsengliede dicht und lang behaart. An den Hinterschienen, die mit 4 dicken Sporen versehen sind, und

---

*) Ehe ich die erste Abtheilung dieses Buches abschliesse, gereicht es mir zum besonderen Vergnügen noch obiger schönenOsside den Namen meines verehrten Freundes Herrn **Anton Stumpff** auf N o s s i - B é beizulegen und ihm meinen innigsten Dank für das grosse Interesse auszusprechen, welches er für das Zustandekommen der Arbeit stets hatte, indem er dem hiesigen Museum fortdauernd Zusendungen von Lepidopteren machte, die mir allein ermöglichten, über ein so reichhaltiges Material zu verfügen. Auch seinem Vater, dem Herrn Amtsgerichtsrath **L. Stumpff** in H o m b u r g v. d. H ö h e sei hier der Dank ausgesprochen, dass er aus alter Anhänglichkeit an das naturhistorische Museum zu Frankfurt a. M. seinen Sohn bewogen hatte, die reichen Sammlungen der Senckenbergischen Gesellschaft zuzuwenden.

an den Hintertarsen ist diese Behaarung am längsten und steht, dicht geschlossen, weit ab. Der Hinterleib ist bräunlich grau, die Ringeinschnitte treten an den Seiten und unten durch abstehende, grünlich braune Schuppen mehr vor wie auf der Oberseite.

Die kurzen, breiten seidenglänzenden Flügel sind braungrau; auf den vorderen treten die Rippen besonders die Subdorsale und 1a scharf heraus, während 1b kaum bemerkbar ist. Der Vorderrand ist mässig, dicht an der Basis und vor der stark gerundeten Spitze mehr gebogen; die Biegung des ziemlich schrägen Saumes ist gleichmässig. Der Innenrand geschwungen, nach der Basis zu stark eingezogen, hat an diesem Theile einen sammetartigen schwarzen Streif, der bis zu seinem Bruchpunkte und bis an Rippe 1a reicht. Bis zur Mitte ist der Flügel quer dunkelbraungrau, streifig zusammenhängend, unregelmässig überrieselt. Hinter dem Ende der Subdorsalen liegt über einer erhabenen Ausbiegung der Rippen 3 und 4 ein sammetartiger schwarzer Fleck, von rundlicher Gestalt; er ist besonders nach aussen zu unregelmässig begrenzt, nach innen zu blasst er ab. Ein matter, wolliger Querstreif zieht aus ihm nach dem Vorderrand und ebenso unterhalb desselben 2 Streifen gegen Rippe 2. Um weniges dunkler graubraun als die vorhergehenden Querstreifen, zieht vom Innenwinkel eine breite sich gabelförmig theilende Binde gegen den Vorderrand, von welcher der innere Zweig sich vorwärts Rippe 7, der äussere in Zelle 8 wieder für sich theilt. Die Rippen ziehen heller durch die Binde hindurch und theilen dieselbe in rechteckige Stücke, die an jenen mit ihren inneren und äusseren Seiten nicht genau aneinander passen. Auf die Saumlinie sind ebenso gefärbte kleine Dreieckfleckchen aufgesetzt, deren Spitzen nach innen auf den Rippen liegen. Die Hinterflügel sind am Vorder- und Aussenrand breit bindenartig, kaum merklich verdunkelt; in dem helleren Theile liegt hinter der Mittelzelle zwischen Rippe 3 und 5 ein dunkelbrauner, ovaler, an seinen Rändern verwaschener Fleck, in seiner Längenausdehnung etwas kürzer als jene. Die Fransen sind stark glänzend graubraun, ziemlich lang, an den Vorderflügeln sanft gewellt, mit matt dunkler Theilungslinie.

Die Unterseite der Flügel, etwas rauher glänzend wie oben, ist dunkelgraubraun, nach dem Saume zu verdunkelt, und ebenso an den Stellen, wo auf der Oberseite die dunklen Flecken auf der Flügelmitte liegen. Die Fransen einfarbig bronceglänzend, der Grundfarbe entsprechend.

N.-B. 1 Expl. Mus. F.

*Zeuzera Latreille.**)

504. **Z. Cretacea** *Butl.* Ann. & Mag. V. 2. 1878. p. 463. — Mad. (Ell.)

*) In neueren Abhandlungen englischer Autoren finden wir dies Genus als Zenzera *Latr.* angeführt, welches 1805 in *Latreille* Hist. nat. gén. et part. des Crust. et des Ins. T. 14. 1805. p. 175 aufgestellt wurde. Dass es sich hier wirklich nur um einen Druckfehler handelt, geht, abgesehen von dem sinnlosen Worte, daraus hervor, dass es nicht allein in demselben Bande im Register p. 421 zweimal als Zeuzere, sondern auch in den übrigen Schriften nur als solches oder als Zeuzera vorkommt: Genera Crust. et Ins. IV. 1809. p. 217. — Considerations gén. sur l'ordre nat. des Animaux 1810. p. 370. — Familles nat. du Règne An. 1825. p. 473.

Phragmatoecia Newman.

505. **P. Castaneae** *Hb.* Beiträge z. Gesch. d. Schm. II. 1790. 1. 1. C. — Zeuzera Arundinis *Hb.* loc. div. — Vid. *Butl.* Ann. & Mag. V. 2. 1878. p. 455. — Europa. Mad.

Hypopta Hb.

506. **D. Breviculus** *Mab.* Ann. S. Fr. 1879. p. 344. (Cossus). *Butl.* Ann. & Mag. V. 5. 1880. p. 388. ♂ (Hyp.) — Mad. (Fian.)

Siculidae.

Siculodes Gn.

507. **Siculodes Werneburgalis** *Kef.*

Fig. 66.

S. brunnea. Alis maculis albo-translucidis approximatissimis, brunneo tenuiter clathratis, posterioribus totis, anterioribus in disco et ante marginem solum externum falcatis. Corpore, basi et margine antico alarum albido-mixtis. Exp. al. 30—36 mm.

Kef. Jahrb. Ak. Erf. 1870. p. 16. f. 9. (Pyralis). — S. Plagula *Gn.* Ann. S. Fr. 1877. p. 300.

Rothbraun mit weisser, rosa und violetter Mischung. Palpen schmal, doppelt so lang als der Kopf, vorgestreckt; das erste Glied von $^1/_2$ Länge des zweiten, vorn breit, ebenso wie die übrigen am Ende hellgelb beringt; das zweite verschmälert sich nach vorn und biegt sich aufwärts dem Kopfe an, das dritte gerade vorgestreckt, linear, von der Länge des Mittelgliedes, ist nur wenig nach oben gerichtet. Die grossen Augen sind nahe zusammengerückt. Stirn, Scheitel und Basalglied der Fühler dick beschuppt; diese $^2/_3$ so lang als die Vorderflügel, sind beim ♂ stärker, beim ♀ kaum bemerkbar fein bewimpert. Thorax rauh, aber anliegend beschuppt. Hinterleib seitlich zusammengedrückt, auf seinem Rücken kantig, die Hinterflügel mit $^1/_3$ seiner Länge überragend; das erste Segment wird in seiner Mitte mit einer an dem Thorax sitzenden Schuppendecke überkleidet. Auf Scheitel, Thorax und den drei ersten Leibesringen ist die rothbraune Färbung mit Weissrosa untermischt; die übrigen Segmente sind nur an dem unteren Theil ihrer Seiten und an ihrer Endbeschuppung mit Weiss begrenzt; der letzte endet in beiden Geschlechtern mit kurzem, ockergelbem Afterbusch. Auf der Unterseite ist der Abdomen weisslich rothbraun bis ganz weiss, welch' letztere Färbung auch der Brust zukommt, die jedoch in ihrem vordersten Theile rothbraun ist. Die sehr langen Beine sind rothbraun, mehr oder weniger weiss gefleckt; Tarsen auf der unteren Seite ockergelb. Vorderbeine mit langem Hüftgelenk und dick beschupptem Schienblättchen. Alle Schienen nur mässig lang, die hinteren gegen das Ende verdickt mit 4 in der Grösse nur wenig verschiedenen Sporen.

Der Vorderrand der Vorderflügel ist in seinem ersten $^1/_4$ gekrümmt; in seiner Mitte ein wenig einwärts und in seinem letzten $^1/_3$ der vortretenden Spitze zugebogen, die dadurch, dass der schräge, gebrochene Saum unterhalb derselben bis zu Rippe 5 eingezogen ist, gesichelt erscheint. Bis zum stumpfwinklig markirten Hinterwinkel verläuft der übrige Theil des Aussenrandes in eine mässig geschwungene Linie. Der innere, nicht durchscheinende Theil ist rothbraun, an der Basis rosaweiss, nach aussen zu in's Olivenbraune, am Innenrande in's Violette übergehend. Der Vorderrand ist schmal rosa, durch viereckige olivenbraune Flecken unterbrochen, die auch wohl mit ersterer Färbung verwaschen sein können. Auf der Mitte des Flügels liegt ein grösserer und im Aussenfelde, welches das letzte Flügeldrittel einnimmt, zwei Reihen weiss durchsichtiger Flecken, die fein rothbraun gegittert sind und mehr oder weniger aneinander schliessen. Der innerste, annähernd dreieckig, liegt mit seinen abgerundeten Spitzen zwischen der Subcostalen (auf $^2/_3$), Rippe 1 (auf $^1/_3$) und der hinteren Ecke der Mittelzelle. 4 Flecken stossen dicht an die braune Saumlinie und finden parallel zu dieser, ihre innere Begrenzung durch eine nach dem Hinterwinkel sich verbreiternde, schmale Binde, die mit dem letzten $^1/_4$ des Vorderrandes ihren Anfang nimmt. Unter sich sind diese Flecken durch 3 breitere nach hinten geneigte Schrägstriche getrennt, deren letzter in den Hinterwinkel trifft, und hinter sich das kleinste, oft verschwindend kleine dreieckige Fleckchen hat. Vor dieser Reihe stösst an die bis zur Spitze dunkel erscheinende Costa der grösste Flecken, von unregelmässig ovaler Gestalt, zumeist der Länge nach getheilt, und bis zu Rippe 4 reichend: hierauf folgt nach dem Innenrande zu ein kleinerer und ein grösserer nierenförmiger Fleck, letzterer zwischen Rippe 3 und 1 erreicht den Mittelfleck. Die Theile von Zelle 1 b, die zwischen diesem und dem Saume braun verbleiben, sind die dunkelsten Stellen des ganzen Flügels. Fransen braun, hinter den Zellenmitten mit weisslicher verwaschener Theilungslinie. Die Hinterflügel, mit fast rechtwinkligem Afterwinkel und kurzem geradem Innenrand, haben den Vorderrand nahe der Basis und des vortretenden, stumpfen Vorderwinkels, gebogen: in seiner Mitte ist er ganz wenig eingezogen: der flach gerundete Saum tritt auf Rippe 3 am meisten, aber nicht stark, heraus. Sie sind durch rothbraunes Gitterwerk in rundliche und ovale Flecken abgetheilt, die in der Mitte durchsichtig weiss, an den Rändern durchscheinend gelblich weiss erscheinen, vor dem Vorderwinkel auch noch mit roth bräunlichem Anfluge und sind sämmtlich in sich wieder fein gegittert. Von den die Flecken abtrennenden Linien kann man zunächst 4 Querstreifen unterscheiden, die annähernd die Richtung des Saumes innehalten. Die erste zieht bogig vom ersten $^1/_4$ des Vorderrandes zum ersten $^1/_3$ des Innenrandes; sie trennt das weisslich gelbe, ebenfalls gegitterte Basalfeld ab. Die zweite beginnt vor der Mitte des Vorderrandes und zieht zur Innenrandsmitte; sie ist die breiteste und grenzt nur einen länglichen, grösstentheils durchsichtigen Flecken ab, der mit einer nach dem an dieser Stelle braunen Vorderrande zu zeigenden Spitze, diesen nicht erreicht: nach der anderen Seite zu unbegrenzt, verliert er sich in der weissen Innenrandsbehaarung. Die dritte, am meisten auswärts gebogene, begrenzt äusserlich einen grösseren durchsichtigen Fleck, der ungefähr zwischen Rippe 3 und 6 liegt, nach innen gerückt und seitwärts von ihm zwei ebensolche kleinere runde Flecken; nach dem Vorder- sowie Innenrande sind noch kleinere, nur durchscheinende Maschen abgetheilt. In der Mitte zwischen dieser und dem Saume beginnt die letzte, meist zweitheilig und endet mehrfach bogig im Afterwinkel. Durch rückwärts geneigte Schrägstriche, ähnlich wie auf den Vorderflügeln, werden 4 bis 5 Zellen nach der braunen Saumlinie zu abgetheilt. Zwischen ihr und der dritten Querlinie findet nur am Vorderrande ein grösserer durchscheinender Flecken Platz, der bis an Rippe 4 reicht. Drei kleinere viereckige liegen dazwischen in Zelle 4, auf Rippe 2 und in Zelle 1b. Die Fransen sind, hinter den zunächst dem Saume rosa gefärbten Rippen, braun; dazwischen weiss mit rosa Spitzen.

Auf der Unterseite treten die Begrenzungen der hellen, etwas gelblicheren Flecken schärfer auf. Costalfärbung der Vorderflügel noch etwas breiter wie auf der Oberseite; die der hinteren auf den inneren $^2/_3$ schmal rosa mit schwarzbraunen Doppelhäkchen. Der Innenrand der ersteren verwaschen röthlich weiss.

Mad. (Tam.) N.-B. nicht selten.

508. Steulodes Melles *m.*

Fig. 61.

S. palleacea. Alis tenuiter clathratis fusco transverse strigatis, in parte exteriori strigis irregularibus cum lineolis obliquis conjunctis; corpore costaque alarum anteriorum albido-roseo squamatis. Exp. al. 26—32 mm.

Stett. e. Z. 1880. p. 442.

♂ Strohgelb. Körper kräftig gebaut, der zugespitzte hochgewölbte, oben kantige Hinterleib mit kleinem Afterbusch. Brustschild, die ersten Hinterleibsringe und die Flügelbasis mit weisslichem Anflug. Kopf, Fühler, Halskragen mehr bräunlich gefärbt. Fühler von $^2/_3$ der Vorderflügellänge, doppelreihig gezähnt, mit Wimperpinseln. Palpen am Kopf anliegend, aufwärtsgerichtet, nicht über die Mitte der Stirn hinwegragend. Das zugespitzte dritte Glied noch nicht von halber Länge des zweiten; Zunge dünn und lang. Beine lang, ebenso gebaut wie bei der vorigen Art. Vorderrand der Vorderflügel fast gerade, die Spitze weniger vortretend als bei S. Werneburgalis. Aussenrand in der Mitte stumpfwinklig gebrochen; Innenrand geschwungen. Die dreieckigen Hinterflügel haben einen mässig gebogenen Aussenrand.

Flügel dünn beschuppt, zum grossen Theil durchscheinend und rothbraun netzartig gegittert. Der Vorderrand der Vorderflügel ist auf $^2/_3$ seiner Länge weisslich rosa; folgende schärfer gezeichnete rothbraune Linien treten deutlich hervor: Von $^1/_4$ des Vorderrandes der Vorderflügel zieht eine feine Bogenlinie nach $^1/_4$ des Innenrandes der Hinterflügel. Von $^1/_2$ und $^2/_3$ des Vorderrandes des Vorderflügels ziehen zwei Bogenlinien nach der Mitte des Innenrandes und treffen diesen in geringer Entfernung von einander; die äussere gabelt sich in ihrem vorderen Drittel nach innen zu, so dass am Vorderrande ein, ähnlich dem Basalfelde, dichter beschupptes Dreieck abgegrenzt wird; nahe der Spitze ist ein eben solches kleines Dreieck aufgesetzt, von dessen Spitze aus eine Linie nach dem Bruchpunkte des Aussenrandes zieht; ehe sie denselben erreicht, läuft von ihr eine nach dem Hinterwinkel zu gebrochene Linie nach dem verbreiterten Gabelpunkte der äusseren Bogenlinie und sendet selbst wieder von ihrem Bruchpunkte aus eine feine, etwas zackige Linie zum Hinterwinkel, nachdem sie sich dem Aussenrande zu gegabelt hat. Ziemlich gleichlaufend mit ihr sendet die äussere Bogenlinie in ihrem unteren Drittel einen zackigen Zweig zum Innenrande. Auf den Hinterflügeln markiren sich hinter der schon genannten Bogenlinie zwei zackige Querlinien, von denen die eine über die Flügelmitte, die andere vom letzten ¼ des Vorderrandes aus dreimal stark gebrochen in's letzte Drittel des Aussenrandes zieht. Beide Linien sind unter sich und mit den Flügelrändern durch feinere Queradern verbunden. Die Saumlinie beider Flügel ist rothbraun, die Fransen von Farbe des Grundtones; Behaarung des Innenrandes der Hinterflügel weiss.

Die Unterseite ist etwas dunkler gezeichnet. Der Vorderrand der Vorderflügel matt rothbraun bis gegen die Spitze, so dass die durch Gabelung entstandenen Dreiecke mit einander verbunden sind, ebenso ist die Basis bis zur inneren Bogenlinie und Rippe 1 matt rothbraun und dunkler gegittert. Innenrand beider Flügel weisslich.

Die Subcostalrippe ist an ihrem Ursprung blasig kugelig aufgetrieben und mit einem kammartig gelegten, rosa weisslichen Haarbusch besetzt, ein schmaler Hautlappen geht von hier aus über einen Theil des Anfangs der Mittelzelle, unter welchen die dünne und lange Haftborste greift. Die Unterseite des Hinterleibes ist weiss, der Afterbusch jedoch wie oben gelb.

N.-B. 3 Expl. Mus. F. & L.

509. **S. Opalinula** *Mab.* Ann. S. Fr. 1879. p. 347. — Mad.

510. **S. Terreola** *Mab.* C. r. S. Belg. T. 23. 1880. p. CVIII. — Mad. (Flpt).

511. Siculodes Aenea *n. sp.*

S. pallide brunnea; alis splendentibus, fusco brunneoque late et curvate strigatis clathratisque; fascia communi fusca in medio, in alis anterioribus interrupta, in alis posterioribus abbreviata. Linea limbalis fusca. Exp. al. 23 mm.

♀ Glänzend hellrothbraun. Kopf breit und kurz; Augen gross. Palpen dünn, anliegend braun beschuppt, von doppelter Kopflänge, gerade vorgestreckt; erstes Glied kurz, zweites und drittes von gleichen Längen, ersteres stärker und gebogen, letzteres sehr schmal und linear. Zunge kräftig. Fühler von ⅔ der Vorderflügellänge braun, äusserst kurz bewimpert; im Uebrigen glatt. Der die Hinterflügel nur wenig überragende Hinterleib ist auf seiner Oberseite weisslich gelb, an den Seiten und auf den ersten beiden Ringen mit Rosa-Einmischung, auf seiner Unterseite, sowie auch die Brust und Beine ockerbräunlich. Letztere sind an den Schienen rauh und abstehend beschuppt, an den vorderen, die mit Schienblättchen versehen, braun an den hinteren beiden bräunlich weiss. Auch die Tarsen sind braun, sehr fein heller beringt, so auch die sehr langen Sporen, von denen die Hinterschienen zwei Paar dicht beisammen stehende tragen, an ihren Enden.

Die dreieckigen Vorderflügel haben nur mässig gebogene Ränder, von denen der äussere, wenig schräge, kaum merklich auf Rippe 4 gebrochen ist: die Spitze tritt einfach eckig hervor. Die ziemlich langen und schmalen Hinterflügel mit fast geradem Vorder- und Innenrand, haben einen stark geschwungenen Saum, der auf Rippe 4 am weitesten heranspringt, vor dem stumpfen Afterwinkel eingezogen ist und mit dem Vorderrande etwas mehr als einen rechten Winkel bildet. Die Grundfarbe der Flügel ist ein glänzendes Rothgelb. Die Basis und die Rippen sind bräunlich roth beschuppt, auf den Hinterflügeln lebhafter, auf den vorderen mit Grau gemischt. Neun Querlinien ziehen in ziemlich unregelmässigem Verlauf, aber mit gleichen Abständen von einander, über beide Flügel; sie sind entweder ganz röthlich braun, oder auch theilweise metallisch (Graphit-) grau oder ganz von dieser Farbe; in letzterem Falle sind sie dann zu beiden Seiten fein gelblich braun oder röthlich braun eingefasst. Zu den letzteren Linien gehören die erste und zweite, 3. 4. 5., 7, und 9. Diese, dicht vor der rothbraunen Saumlinie, vereinigt sich mit der 7. im Hinterwinkel auf beiden Flügeln. Die 5. ist nur theilweise grau; die 4. erweitert sich auf den Vorderflügeln zwischen Rippe 5 und 9 zu einem unregelmässig gestalteten Flecken, hinter welchem der Raum zwischen der 3. und 5., der in Zelle 1 b liegt, ganz grau gefärbt ist. Auf den Hinterflügeln ist der Theil zwischen den Linien 3 und 4 von Rippe 7 bis zum Innenrande grau mit etwas röthlicher Einmischung ausgefüllt, und es wird dadurch eine abgekürzte, aber deutliche Binde hergestellt. Die Fransen sind längs des ganzen Saumes gelbbraun mit matter Theilungslinie, hinter den Rippenenden dunkler und hier mit metallisch grauen Spitzen.

Auf der Unterseite ist die Färbung des Grundes blasser, die grauen Zeichnungen sind mehr unterbrochen, treten aber lebhaft gefärbt auf. Auf den Vorderflügeln ist der Innenrand breit gelblich weiss. Alle Linien beginnen am Vorderrande grau. Die beiden Bindenflecken sind schmal verbunden, der vordere ist dreieckig und viel schärfer wie oben, rothbraun gekernt und nach innen schwarzgrau begrenzt, was bei dem hinteren Flecken innen und aussen stattfindet, aber nach dem Innenrande zu stark abblasst. Die zweite Querlinie ist in ihrem mittleren Theile rothbraun. Zwischen der Basis und der Vorderrandsmitte, bis zu welcher sich der vordere Bindenfleck schmal ausdehnt, liegen 5 graue Costalfleckchen. Die Binde der Hinterflügel reicht nur von Rippe 1 bis zur Subcostalen, ist seitlich schwarzgrau eingefasst, aber zwischen Rippe 3 und 4 unterbrochen. Die Färbung der Fransen wie auf der Oberseite. Innenrandsbehaarung auf beiden Seiten weiss.

N.-B. 1 Expl. Mus. F.

512. Siculodes Minutula *m.*

Fig. 59.

S. parva pallearea. Alis fascia fusca communi in medio, in alis anterioribus interrupta, lineaque obliqua ante apicem alarum anteriorum, tenuiter clathratis. Exp. al. 17 mm.

Ber. S. G. 1880 p. 295.

♂ Bräunlich gelb. Kopf mit auffällig grossen, kugeligen Augen. Zunge stark. Palpen braun, gegen die Stirn aufwärts gebogen, rauh beschuppt und den Scheitel noch etwas überragend. Das Endglied kurz, conisch zugespitzt. Fühler von $^2/_3$ der Vorderflugellänge, braun, fein bewimpert. Die Beschuppung des Scheitels, Thorax und der beiden ersten Hinterleibsringe rauh, die des übrigen Abdomen glatt anliegend; kurzer zugespitzter Afterbusch. Beine kräftig und lang, in der Bauart wie bei den vorhergehenden Arten, nur zeigen hier die Schenkel auf der äusseren Seite tiefe Einfurchungen.

Die Vorderflügel sind kurz und breit, ihr Vorderrand gleichmässig sanft gebogen, Saum ziemlich schräg und kaum merklich geschwungen, ebenso der der Hinterflügel, der am Vorderwinkel mehr abgerundet ist als der der vorderen. Der Grund der Flügel ist blassstrohgelb; die Rippen sind braungelb; die gitterartige Querstreifung braun bis dunkelbraun und von sehr verschiedener Deutlichkeit. In der Basalhälfte und im äusseren Theile der Hinterflügel verläuft dieselbe regelmässiger im Bogen. Auf dem Aussenfelde der Vorderflügel ziehen nur die zwei innersten zum Innenrande. Von den deutlichsten und dunkelsten zieht eine vom letzten $^1/_3$ des Vorderrandes in den Hinterwinkel, die andere von $^3/_4$ in den Saum und zwar dahin, wo Rippe 2 ausmündet. Dicht vor der braungelben Saumlinie stehen schräge dunkelbraune Striche zwischen den Rippen auf beiden Flügeln, deren Fransen strohgelb sind. Auf den Vorderflügeln ist der Vorderrand bis zur Spitze breit braungelb; nur weniger dunkel liegt auf der Flügelmitte eine zwischen Rippe 2 und 4 unterbrochene Binde, die sich nach dieser Unterbrechung zu verjüngt, aber doch durch zwei dünne Querstreifen zusammenhängt. Der vordere Theil ist mehr dreieckig, der hintere viereckig. Etwas eingerückt setzt sich diese, zu beiden Seiten dunkler eingefasste Binde, verschmälert auch auf die Hinterflügel fort und verliert sich in der weissen Innenrandsbehaarung.

Auf der Unterseite ist die Grundfarbe noch heller, die Gitterung matter und unterbrochener. In den breit gelbbraun gefärbten Vorderrand der Vorderflügel zieht ein Theil der Querstreifen schwärzlich grau hinein; hinter demselben ist die Basis rosaroth gefärbt. Von der Binde ist auf diesen nur der vordere Fleck und zwar rostroth gekernt, auf den Hinterflügeln ein solcher als Mittelzellabschluss, ein zweiter in Zelle 1 b zu sehen, beide von braungrauer Farbe. In Zelle 7 zieht ein schwarzgrauer Streif bis vor die Spitze.

N.-B. 1 Expl. Mus. F.

Drepanulidae.

Cilix Leach.

513. **Cilix Tenax** *n. sp.*

Fig. 62.

C. alba; alis anterioribus fascia mediana dilute ochracea squamis argenteis ornata, fascia limbali late violaceo-brunneo maculata medianam contingente, punctis nigris duobus in angulo interno fasciae limbalis, lunulis caeruleo-cinereis antelimbalibus, costa grisea et ochraceo maculata, abdomine alis posterioribus fusco-griseis. Exp. al. 19 mm.

♀ Glänzend weiss. Palpen hellbraun, dünn, vorgestreckt, die Stirn wenig überragend; das dritte Glied linear, vorn zugespitzt, von ⅓ Länge und Stärke des zweiten. Stirn breit, violett. Scheitel und Fühler graubraun, diese von über ½ Vorderflügellänge, nur wenig gekerbt, fein behaart. Der Thorax, die Schulterdecken und die beiden ersten Hinterleibsringe mit breiten Schuppen anliegend bekleidet; in der Mitte der letzteren einen kleinen niederliegenden Schopf bildend. Die übrigen Segmente, deren letztes zugespitzt, mit den Hinterflügeln abschneidet, seitlich zusammengedrückt, oben und unten gelblich weiss; die gleichen Farben zeigen auf der weissen Brust die kräftig gebauten Beine; die vorderen etwas gebräunt, haben Schienblättchen, die übrigen sind mit langen Sporen (2 und 4) versehen.

Die gestreckten, hinter der Mitte verbreiterten Vorderflügel sind am Vorderrande nahe der Basis und der stark gerundeten Spitze gebogen; Saum wenig schräge, Hinterwinkel ebenfalls stark gerundet. Ueber die Mitte zieht eine verwaschene, steil gestellte leicht geschwungene, ockergelbe Binde, zu beiden Seiten von weiss glänzenden Schuppen begleitet, in der Mittelzelle fast unterbrochen, am Vorderrande am breitesten. Letzterer ist vor derselben violettgrau, hinter derselben ockergelb, durch 4 nach dem Saume zu zeigende weisse Schrägstriche durchbrochen. Hinter dem vierten beginnt mit dem letzten ¼ des Vorderrandes eine Binde, die längs des Saumes innerhalb des Hinterwinkels herumzieht, bis sie die Mittelbinde trifft und mit dieser abschneidet. Sie ist wolkig rosaviolett; nach der feinen violettbraunen Saumlinie zu etwas heller; ihre innere Grenze wird unregelmässig mit silberweiss glänzenden Schuppen bedeckt, die mit schwarzen und grauen untermengt sind, im Inneren ihrer winkligen Brechung liegen 2 schwarze Fleckchen, der vordere dreieckig, der hintere, nach innen gerückte, strichförmig. In dieser Binde zieht, vom Vorderrande beginnend, bis vor den Hinterwinkel eine Reihe von 8 bis 9 meist dreieckiger ockerbrauner Flecken, die von verschiedener Grösse sind. Die 3 grössten liegen in Zelle 6, am Vorderrande und in Zelle 3. Letzterer liegt mit dem in Zelle 4 hinter den beiden schwarzen Fleckchen und sind nach innen durch gelbe Linien begrenzt. Vor der Saumlinie, an welche lange weisse Fransen angesetzt sind, liegen zwischen den Rippen, mit der Spitze nach innen gekehrte, matte violettschwarze Dreieckflecken. Die Hinterflügel, mit mässig abgerundeten Winkeln und gebogenem Saum, sind dünn und glänzend bräunlich weiss beschuppt und haben ebenfalls weisse Fransen.

Die Unterseite der Vorderflügel ist bräunlich weiss, unter der Costa und vor dem Saume breit graubraun; der Vorderrand schmal und vor der Spitze, sowie die Rippen bräunlich gelb. Die Hinterflügel weiss nur wenig in's Gelbbräunliche ziehend.

N.-B. 2 Expl. Mus. F. & L.

Problepsis Led.

511. **Problepsis Meroearia** *n. sp.*

Fig. 67.

P. sericeo-alba. Alis ante limbum linea dilute-flava serieque punctorum pallide-cinereorum; maculis ovalibus in medio; alis anterioribus macula curvata olivaceo-fusca intus ornata squamis argenteis, alis posterioribus macula constricta pallide-flava linea argentea cincta. Exp. al. 32.

Seidenglänzend weiss. Der verhältnissmässig kleine Kopf hat sehr grosse olivenbraune Augen. Die langen, dünnen glattbeschuppten Palpen überragen den Kopf um die Hälfte seiner Länge; sie sind bräunlich weiss, oben schwarzbraun. Das Endglied, halb so lang wie das Mittelglied, ist linear, nach unten schräg zugespitzt. Zunge stark, von der Länge der Brust: gelbbraun. Die obere Hälfte der Stirn ist braunschwarz. Fühler von $^2/_3$ der Vorderflügellänge, oben weiss mit einer unterbrochenen feinen schwarzen Linie, an den Seiten büschelweise gewimport, innere Seite gelbbraun. Halskragen sehr schmal, aufgerichtet. Thorax und Hinterleib breit, die Beschuppung des ersteren greift über das erste Segment des letzteren hinweg und endet aufgerichtet. Von hier aus zieht bis zu dem kurzen, zugespitzten Afterbusch eine Kante über den Rücken. Die kräftigen, langen Beine sind auf ihrer äusseren Seite bräunlich weiss, die Tarsen gelbbraun. Vorderbeine etwas dunkler; an ihren Kniegelenken und äusserst kurzen Schienen, dunkelbraun, welch' letztere fast nur halb so lang als das erste Fussglied sind; bei dem Mittelbeinpaar sind beide von gleicher Länge, die Sporen kräftiger als an den Hinterbeinen, deren 2 Paare um $^1/_3$ der Schienenlänge auseinander stehen. Diese tragen kurze Tarsen.

An den Vorderflügeln ist der Innenrand und die ersten $^2/_3$ des Vorderrandes gerade, das letzte $^1/_3$ gebogen. Saum steil, mässig gekrümmt, beide Winkel hervortretend; letzeres ist auch an den Hinterflügeln der Fall, wo bei kaum gebogenem Vorder- und Innenrand, der Saum stärker gekrümmt ist. Hinter der Mittelzelle zieht über beide Flügel eine sehr matt gehaltene graugelbe Linie, gefolgt von einer Reihe ungleich grosser matter graubrauner Flecken, die über den Hinterwinkeln doppelt auftreten: sie ziehen in einem etwas gekrümmteren Bogen als der Aussenrand und weichen vor dem Innenrande nach aussen von diesem ab. Die gelbliche Linie beginnt auf den Vorderflügeln mit dem letzten $^1/_3$ des Vorderrandes und läuft geschwungen in das letzte $^1/_4$ des Innenrandes, ist aber auf Rippe 3 und 6 stärker nach aussen, auf 4 nach innen gebogen. Auf den Hinterflügeln zieht sie auf $^2/_3$ und ist auf denselben Rippen zweimal auswärts und einmal einwärts gebogen. Die Vorderflügel haben auf ihrer Mitte zwischen Rippe 2 und 7 eine grosse olivenbraune, nierenförmig einwärts gebogene Makel. Auf der vorderen Seite ist sie olivengrün, auf dem mittleren Theile der Basalseite schmal schwarz begrenzt und auf ihrer äusseren Seite längs der Rippe 5 mit einem schwarzen Strichfleck versehen. Irisirende, aufgerollte, theilweise zusammenhängende Silberschuppen zieren das Innere der Makel. Dieser entsprechend, liegt auf dem Hinterflügel eine längliche in der Mitte eingeschnürte, blass ockergelbe Makel, die von stark silberweiss glänzenden Schuppen eingefasst wird; sie hängen unter sich zusammen, lassen aber die nach dem Vorderrande zu zeigende, schmale Seite frei. Einzelne Anhäufungen solcher Schuppen befinden sich vor dem Innenrande; besonders vor dessen Mitte.

Auf der Unterseite sind die Flügel rein weiss, seidenglänzend, auf den vordern scheint die dunkle Makel kaum durch, auf den hinteren sind die Rippen gelblich weiss. Alle Fransen auf beiden Seiten weiss.

N.-B. 2 Expl. Mus. F. & L.

Oreta Wlk.

515. **Oreta Carnea** *n. sp.*

O. carneo-brunnea; alis anterioribus macula basali diffusa, fascia obliqua ex apice ad marginem internum, in costa dilatata, maculisque tribus ante limbum pallide olivaceo-brunneis. Alis posterioribus striga albidula mediana transversa, margine antico pallido. Exp. al. 43 mm.

♀ Das in der Färbung sonst reine Exemplar hat auf dem Transport in seinen Conturen, besonders an den Hinterflügeln, stark gelitten, so dass es sich zu einer vollständigen Beschreibung und zum Abbilden nicht eignet. Es sei jedoch diese Art trotzdem aufgenommen, da die Gattung Oreta *Wlk.* bis jetzt nur in Asien und Neuholland vertreten war. Röthlich ockerbraun. Kopf klein, äusserst kurz, dunkel orangeroth. Die grünlich grauen Augen sind dicht zusammengerückt. Die gebogenen, allmählich sich nach vorn verjüngenden Palpen, zwischen denen keine Zunge zu bemerken ist, überragen kaum die Stirnbehaarung, die keilartig bis zu denselben hinabreicht; sie bildet unterhalb des Basalgliedes der Fühler ein kurzes Haarbüschelchen. Geringe Reste letzterer, die dem Stücke erhalten sind, lassen erkennen, dass sie fein und kurz gefiedert waren. Thorax und Hinterleib breit, ersterer mässig gewölbt. Vom vorn weiss gezeichneten Halskragen zieht die Farbung vom schmutzigen Rosa resp. fleischfarbenem in eine Mischung mit Ockergelb über. Hinterleib, in seinen letzten Segmenten stark gewölbt, vor dem Ende nach unten gekrümmt und kurz abgerundet, erreicht den Afterwinkel der Flügel nicht ganz. Unten ist er abgeflacht und wie auch die Brust heller gefärbt. Die mässig kräftig entwickelten Beine sind ockergelb; Schienen auf der äusseren oberen Seite rosaockerbraun; die vorderen haben lange Schienblättchen, die übrigen je ein Paar kleiner Sporen. Vorderrand der Vorderflügel an der Basis und vor der stumpf gesichelten Spitze stark gebogen, dazwischen gerade. Der schräge Saum besteht aus zwei Bogen; der eine von der Spitze bis zu Rippe 3 stärker, der andere von da bis zum flach gerundeten Hinterwinkel, nur wenig einwärts gekrümmt, fast flach. Innenrand gebogen, besonders nach aussen zu. Die eigenthümliche Flügelbeschuppung erinnert an die der Cochliopoden. Vorzugsweise an den heller gefärbten Stellen sind die Schuppen schräg aufgerichtet, aber vor ihrem Ende abwärts gerollt und irisiren bei auffallendem hellem Lichte. Die nur wenig hervortretenden Zeichnungen sind etwas mehr mit Ockerbraun gemischt, selbst mit einem Stich in's Olivengrüne. Es ist dies ein verwaschener Fleck, der die innere Hälfte der Mittelzelle ausfüllt und nach dem Innenrand und zur Basis zieht. Eine Binde, die aus der Flügelspitze nach $^{3}/_{5}$ des Innenrandes läuft, verbreitert sich verwaschen auf ihrer inneren Seite hinter der Mittelzelle und nach dem Vorderrande zu; in ihrem hinteren Theile ist sie zwar nicht überall gleich breit, verschmälert sich aber nicht unter das Maass von 2 mm. In der Zelle 2, 3 und 4 stehen vor dem Saume 3 kleine Flecken, die matt olivengrünlich erscheinen, und deren mittlerer der grösste ist. Der Vorderrand der Hinterflügel ist in seiner Mitte auswärts gebogen, der Vorderwinkel kurz abgerundet, der Innenrand gerade, so weit sich erkennen lässt, scheint der Saum in seiner Mitte auswärts gebrochen zu sein. Die Farbung ist am Vorderrande in den ersten $^1/_3$ breit hell fleischfarben. Vor dem letzten Flügeldrittel zieht eine feine weisse, nach innen etwas dunkler gesäumte Bogenlinie quer über die Fläche. Alle Fransen hellrothbraun, nach aussen heller. Unterseite der Flügel zeichnungslos, röthlich ockergelb, am Vorderrande vor der Spitze, auf den Rippen ein wenig dunkler. An den Innenrändern breit weisslich fleischfarben.

N.-B. 1 ♂ Mus. F.

Saturniidae.

Bunaea Hb.

516. **B. Aslauga** *Kirb.* Trans. ent. S. 1877. p. 18. — Saturnia Alcinoe *H. F.* Mad. p. 88. — Mad. (Tamt.) N.-B. nicht selten.

Eine grössere Anzahl von Exemplaren aus dem Mus. F. & L. hat vorgelegen und deren Vergleichung ergab, dass sie in der Grösse sehr stark, in der Farbung fast gar nicht variiren. Die Grösse und die Stellung des Augenfleckens auf den Hinterflügeln ändert ebenfalls ab und verschiebt sich von der Flügelmitte nach aussen bis fast dicht an die weisse, innere Begrenzung der braunen Querbinde.

517. **B. Plumicornis** *Butl.* Cist. ent. III. 1882. p. 18. — Mad. (Ank.)

518. **B. Diospyri** *Mab.* Ann. S. Fr. 1879. p. 316. — Mad. N.-B. ♂ Mus. F.

519. **B. Eblis** *Strecker* vid. *Butl.* Ann. & Mag. V. 1. 1878. p. 455. — Mad.

Copaxa Wlk.

520. **C. Dura** *Kef.* Jahrb. Ak. Erf. 1870. p. 15. f. 6. — Mad. (Tamt.)

521. **C. Vulpina** *Butl.* Cist. ent. III. 1882. p. 20. ♂ — Mad. (Ank.)

522. **C. Subocellata** *Butl.* Ann. & Mag. V. 5. 1880. p. 387. — Mad. (Fian.)

523. **C. Auricolor** *Mab.* Bull. S. phil. VII. 3. 1879. p. 139. ♀ (Saturnia). — Mad. — Zwei schöne ♂ Expl. halte ich für diese Art, trotzdem in der Mab. Beschreibung, ohne Grössenangabe, beim ♀ die Farben der Schienen als schwarz bezeichnet und auch die der Unterseite nicht übereinstimmend angegeben ist. Eine Beschreibung nach vorliegenden Stücken halte ich nicht für überflüssig. Exp. al. 96 & 104 mm. Citronengelb. Palpen an den Seiten und an der äusseren Spitze schwarzbraun; die nicht allzu breit doppelt gekämmten Fühler gelblich braun, $^1/_4$ so lang als der nach der Spitze zu stark gebogene Vorderrand der

Vorderflügel. Hinterleib auf der Oberseite blassgelb. Die äussere Seite der Beine hell rosaviolett. Das Gelb der Vorderflügel ist stark mit gelblich grauen Schuppen untermischt, am meisten gegen den schmal rosaviolettbraun gezeichneten Vorderrand zu. Ein gemeinsamer rothbrauner, innen mehr grau gezeichneter Bindenstreif zieht vom letzten $^{9}/_{10}$ des Vorderrandes, nur wenig geschwungen, nach $^{2}/_{3}$ des Innenrandes und von da, etwas breiter werdend, aber zunächst durch die darüber liegenden hellgelben Haare weniger deutlich über die Mitte der Hinterflügel, auf diesen parallel zum Saume. Vor diesem befinden sich gleichlaufend mit dieser Binde verwaschene graubraune Flecken auf beiden Flügeln in den Zellen 1b bis 5; auf den Hinterflügeln vor denselben, in der Mitte zwischen Saum und Binde, noch eine grau rothbraune oder graubraune Zackenbinde, gegen den Vorderrand zu verdeckt, deren ausspringende Zacken auf den Rippen, die einspringenden dazwischen liegen. Ein sehr kleiner dunkel umzogener Glasfleck liegt auf dem grösseren Exemplar in der Binde nahe an Rippe 4, bei dem kleineren ausserhalb derselben, d. h. ebenfalls auf dem Mittelzellabschluss, die Binde ist jedoch nach innen gerückt. Auf den Vorderflügeln befindet sich ein gleiches von doppelter Grösse, auch am Ende der Mittelzelle. In derselben Färbung wie der Bindenstreif zieht auf jenen vom ersten $^{1}/_{4}$ des Vorderrandes eine unregelmässig gestaltete verwaschene Binde zu $^{1}/_{3}$ des Innenrandes in folgender Weise: Bis zur Subcostalen in der Richtung von Rippe 5; dann zum Anfangspunkte der Rippe 3, in derselben Richtung aber stark verwaschen bis zu Rippe 2, von hier geschwungen zum Innenrande, so dass zwischen 3 und 1 ein stark einwärts gehender Bogen ausgespannt ist. Noch undeutlicher zieht ein dunkler, auswärts gekrümmter Bogen dicht innerhalb des Glasfleckens vorbei und trifft den Innenrand nahe dem Bindenstreif. Graue Schuppen, die über den Rippen 1, 2 und 3 liegen, stellen zwischen ihm und der Basalbinde eine schwache Verbindung her. Die Fransen sind rothbraun bis schwarzbraun, um die ganze Rundung des Hinterwinkels der Vorderflügel herum rein gelb, um den Vorderwinkel der Hinterflügel herum getrübt gelb. Letztere sind in der Basalhälfte stark und lang behaart, nach dem Vorderrande zu weisslich gelb.

Auf der Unterseite ist der innere Theil der Flügel hell rosagelb, der äussere ockergelb nach dem Saume zu braun. Die Grenze der beiden ersteren Farben bildet auf den Vorderflügeln der Bindenstreif, der mit Rippe 2 aufhört, und unter welchem der ganze Innenrand bis zum Saume hellgelb und ungefleckt ist, auf den Hinterflügeln, die Zackenlinie, die auch hier den Vorderrand erreicht. Die Flecken ausserhalb dieser Grenzen reichen bis vor die Flügelspitzen, sind grösser wie oben und rosa violettweiss. Fransen wie oben, nur dunkler. Die Glasflecken sind schwarz und hierum weiss eingefasst; sie sind durch einen graubraunen Kreisbogen verbunden, der auf den Hinterflügeln bis auf die Mitte des Innenrandes reicht, sich gegen den Vorderrand der Vorderflügel aber kaum sichtbar fortsetzt. Dieser ist selbst schmal braun, in seiner inneren Hälfte mit Violett gemischt, nach aussen mehr ockerfarben. Verwaschene weissrosa Färbung tritt noch auf: vor der Flügelspitze im Querstreifwinkel, auf den Hinterflügeln am Vorderrande, am breitesten nahe der Basis und in ziemlich breiter Ausdehnung vor dem Innenrande, der aber selbst gelb behaart ist.

N.-B. 2 Expl. Mus. F.

524. C. **Fuscicolor** *Mab.* Bull. S. phil. VII. 3. 1879. p. 139. ♀ (Saturnia). — Mad.

525. C. **Cincta** *Mab.* Ann. S. Fr. 1879. p. 317. ♂ (Perisomena). — Mad.

Antheraea Hb.

526. **A. Dione** *Westw.* var. **Wahlbergii** *B.* Voy. Deleg. II. p. 600. *H.S.* Lep. exot. f. 85. *Wlk.* Cat. Br. Mus. 5. p. 1245. — Mad.

527. **A. Suraka** *B.* F. Mad. p. 89. t. 12. f. 4. ♂ *Wlk.* Cat. Br. Mus. 5. p. 1246. Butler (Ann. & Mag. V. 2. 1878. p. 294.) stellt diese Art in das Genus Caligula *Moore* (Trans. ent. S. 3. s. vol. I. p. 321) abgetrennt von Antheraea, doch ist die Kennzeichnung nicht der Art, als dass in der alten Gattung nicht Species verbleiben, (z. B. Mylitta *Dr.*) die der Suraka ausserordentlich nahe stehen, von der überdies die Raupe noch nicht bekannt ist. — Mad. (Sur. Tamt. Fian.) N.-B. Mus. F. ♂ ♀. Zwei ziemlich gut erhaltene Exemplare, von denen der ♂ lebhaft ockergelbe, das ♀ hellrothbraune Grundfarbe zeigt: letzteres dabei mit mehr rein weissen Querstreifen.

Ceranchia Butl.

528. **C. Apollina** *Butl.* Ann. & Mag. V. 2. 1878. p. 461. — Mad. (Bets.)

529. **C. Reticolens** *Butl.* Cist. ent. III. 1882. p. 19. Mad. (Bets.)

530. Ceranchia Mucida *n. sp.*

C. alis translucido-albidis, limbo costisque nigrescentibus oculo nigro ochraceo pupillato in quatuor cellulis mediis; alis anterioribus costa nigrescenti fasciaque media furcata in qua oculus situs est; alis posterioribus fascia angusta superne abbreviata. Capite, collare ochraceis, antennis nigris, corpore fusco-albido. — Exp. al. 90 mm.

♂ Kopf, Unterseite der Brust und Beine dunkel ockergelb. Aus den borstig aufgerichteten Scheitelhaaren treten die schwarzen, breit doppelt gekämmten Fühler heraus. Halskragen hellockergelb. Die lange Thoraxbekleidung bräunlich weiss. Der hellgraubraune Hinterleib endet mit rostbrauner Behaarung; sein erstes Segment ist auf der Unterseite in der Mitte mit einem rostgelben Haarbusch überdeckt.

Der Vorderrand der langgestreckten Vorderflügel ist in seinen ersten $^2/_3$ fast gerade, eher etwas eingebogen; das letzte $^1/_3$ der abgerundeten Spitze stark zugekrümmt; der Saum geschwungen, zieht nach aussen gerundet in den geraden Innenrand über. Die Hinterflügel mit stark abgerundeten Winkeln, haben den Vorderrand auswärts, den Innenrand einwärts und den Saum nur mässig gebogen. Die Flügel sind durchscheinend, weiss; gegen die Basis zu dichter beschuppt, an dieser und am Innenrand der Hinterflügel mit bräunlich weissen Haaren bedeckt. Rippen und Saum schwarz; von letzterem aus zieht dünne, schwarze

Beschuppung, nach innen zu verwaschen abblassend, in den Flügel, auf den vorderen das letzte ¼ einnehmend, breit um die Spitze herum und den Vorderrand bis zur Subcostalen resp. Rippe 7 bedeckend. Am Ende der Mittelzelle liegt zwischen Rippe 4 und 5 ein rundes, schwarzes, rostgelb gekerntes Auge und gleichzeitig innerhalb einer matt angelegten, schwärzlichen Binde, die von der Mitte des Innenrandes in geschwungenem Bogen nach dem Vorderrande zieht. Ihre äussere Grenze fällt mit der des Augenfleckens zusammen; von da bis zu Rippe 7 ziemlich gleichlaufend mit dem Saum, dann nur wenig deutlich in die dunkle Flügelbeschuppung eintretend, dem Vorderrande zugebogen, den sie in senkrechter Richtung trifft. Ihre innere Begrenzung zieht vom Innenrand aus zum Ursprung der Rippe 2 und schliesst sich dann bis zum Augenfleck der Subdorsalen an. Einzelne dunkle Schuppen ziehen über die Mitte der Discoidalzelle hinweg im Anschluss an die Binde und lassen diese dadurch gegabelt erscheinen. Auf den Hinterflügeln nimmt der dunkle Aussenrand nur das äusserste ⅙ ihrer Fläche ein. Ueber dem Mittelzellenende liegt ein mehr ovaler Augenfleck von gleicher Färbung wie auf den Vorderflügeln, hinter ihm, etwas vor dem Anfang des letzten Flügelviertels, zieht von Rippe 5 aus eine matte, nach innen zu verwaschene Binde annähernd gleichlaufend mit dem Saume ziemlich gerade bis zu Rippe 2, dann in den folgenden beiden Zellen zwei nach aussen gekrümmte Bogen bildend, zum Innenrand.

Das Aussehen der Unterseite entspricht dem der Oberseite, jedoch ist die helle Beschuppung mehr bräunlich weiss; sie ist auf den Vorderflügeln viel dünner wie auf den hinteren, so dass auch bei diesen der Augenfleck und die Mittelbinde nur matt durchscheint.

Mad. (Bets.) Mus. Stgr.

531. C. **Cribrelli** *Butl.* Cist. ent. III. 1882. p. 20. — Mad. (Bets.)

Actias Leach.

532. A. **Cometes** *B.* Voy. Deleg. II. p. 600. (1847). *Gu.* Vins. Voy. Mad. Lép. p. 46. t. 7. — Bombyx Mittrei *Guér.* Rev. z. 1847. p. 229. — var. A. **Idae** *Feld.* Nov. Lep. t. 88. f. 1. — Tropaea Madagascariensis *Bartlett* Proc. z. S. 1873. p. 336. — Mad. (Flpt.) N.-B. selten.

Bombycidae.

Borocera B.

533. B. **Madagascariensis** *B.* F. Mad. p. 88. t. 12. f. 5. 6. (Abbildung des ♂ unkenntlich). — Mad. (Tamt.)

534. **Borocera Marginepunctata** *Guérin.*

Fig. 74.

B. ♂ rubro-brunneus; alis anterioribus angustissimis striga nigra sinuata dentata ante maculam cellularem reniformem strigaque obliqua bicurvata et serie antemarginali strigarum obliquarum inter costas. Alis posterioribus griseo fusco mixtis, fimbriis albidulis. Exp. al. 47 mm.

Guér. Ic. R. An. p. 508.

Rothbraun (fuchsroth). An den hochgewölbten, gleichbreitbleibenden, langen Thorax ist der kleine Kopf tief angesetzt. Beide dicht beschuppt. Die struppige Behaarung der breiten Stirn reicht bis auf die mässig aufwärts gekrümmten, cylindrisch geformten Palpen herab, die nur sehr wenig über jene hinausragen. Sie sind ockergelb, sowie auch die an sie stossende Brustbehaarung. Das Endglied, halb so lang als das Mittelglied und stumpf conisch, lässt sich nur auf der Unterseite aus der dichten Beschuppung heraus erkennen. Die kleinen Augen schwarzbraun, ziemlich glatt, über ihre ganze Rundung hinweg dicht behaart und dürfte dies Kennzeichen sehr wesentlich zur richtigen Erkenntniss der zu diesem Genus zu ziehenden . . sein, da der Rippenverlauf unter den bis jetzt bekannten Madagassischen Bombyciden dieser Gruppe wenig Abweichung zeigt. Die eigenthümlich gestalteten Fühler sind nur 1/4 so lang als Vorderflügel. Das Basalglied bildet gleichsam einen Stiel, auf welchem der bis zu seiner Spitze gefiederte Theil sitzt. Die mit feinen Cilien versehenen Kammzähne sind an der Basis am längsten, liegen dicht aneinander, verjüngen sich allmählig bis zur Mitte, verbleiben dann gleichlang bis zum letzten 1/4, in welchem sie sich bis zur Spitze rasch verkürzen. Während die beiden Reihen in der letzten Hälfte nahe beisammen stehen, sind sie in der ersten bauchig auseinander gehalten, und an der Basis durch einen Schuppenbusch, der sich dicht anlegt, geschlossen. Sie sind ockerbraun, der Schaft auf der äusseren Seite schwarz. Durch die besondere Bauart sind sie von ihrer Mitte ab rückwärts gebogen, während die Basalhälfte vorwärts gerichtet ist. Halskragen und Schulterdecken liegen dicht an. Hinterleib conisch, an den Seiten eingedruckt, braungrau, endet mit auseinander stehendem Afterbusch und überragt die Hinterflügel um 1/3 seiner Länge. Auf der Unterseite ist der Hinterleib, die Mitte der Brust und die innere Seite der Beine grauockergelb; die Seiten der letzteren und das Aeussere der Beine rothbraun, diese mit nach aussen gerichteter langer und dichter Behaarung, die auch über einen Theil der Tarsenglieder hinweg zieht. Klauenglied schwarz. Hinterschienen mit einem Paar rudimentärer Sporen.

Ausser den Fühlern sind nun auch die sehr schmalen, stark gerippten, dünn beschuppten Flügel für das Genus charakteristisch, das, wie Butler mit Recht sagt, vielfach von Autoren verkannt worden ist. Vorderflügel in der Mitte der Thoraxlänge angesetzt. Vorderrand, gleich der ganzen Körperlänge, nur sehr wenig gebogen; Innenrand 1/3 so lang, einwärts gezogen, geht, ohne dass sich der Hinterwinkel markirt, in flachem Bogen in den sehr schrägen Saum über, der zwischen Rippe 3 und 5 sanft einwärts, von 5 bis zur Spitze starker auswärts gebogen ist. Letztere tritt etwas geeckt hervor. Der Rippenverlauf entspricht der beigegebenen Figur des Genus Gastromega nur den schmäleren Flügeln mehr angepasst und die Verbindung zwischen der Subcostalen und Rippe 12 ist deutlich sichtbar, mehr von der Basis abgerückt. Die Färbung geht nach dem Vorderrande zu in's Rostbraune über und ist in Zelle 1a und 1b lebhaft rothbraun, fast roth. Die kurzen Fransen sind braun mit gelblich weissen Spitzen, um den Hinterwinkel herum jedoch nur schwarzbraun. Innenrandsbehaarung hell graubraun. Die Mittelzelle wird durch einen mondförmigen Fleck geschlossen, der in dem einen Exemplar tief schwarz, in dem anderen mattgrau kaum angedeutet ist. Er wird durch zwei ebenfalls nur mattgrau gezeichnete Querbinden eingeschlossen, von denen die erste im Bogen nach aussen von [¼] des Vorderrandes zu [½] des Innenrandes zieht, mit je einem nach aussen zeigenden Zacken auf der Subdorsalen und auf der Rippe 2, die äussere von [⅓] des Vorderrandes geschwungen gegen den Hinterwinkel verläuft. Vor dem Aussenrande stehen senkrecht zwischen den Rippen in den Zellen 1b und 7 schwärzliche Strichflecke, die in ihrer Mitte nur losen Zusammenhang haben. Die Hinterflügel haben ihre grösste Ausdehnung von der Basis nach dem zugespitzten, am Ende aber kurz abgerundeten Afterwinkel zu, gleich [⅔] der Vorderflügellänge. Ihr Vorderrand ist, besonders unmittelbar hinter der Basis stark gebogen, gleich [²⁄₇] desselben. Der Vorderwinkel, kurz abgerundet, bildet einen grösseren als rechten Winkel. Der Saum verläuft entweder ganz geradlinig oder ist in seiner Mitte etwas eingezogen. Innenrand leicht gebogen. Beide Mittelzellen reichen bis über die Flügelmitte, sind also länger als in der schematischen Zeichnung, der Vorderrand ist bis zur Rippe 6 gleich breit ockerbraun bis graurothbraun, der übrige Theil des Flügels ist graubraun; an eine etwas dunklere, nach innen verwaschene Saumlinie setzen sich gelblich weisse Fransen an, die breiter wie an den Vorderflügeln sind.

Unterseite der Flügel rothbraun, mit kaum durchscheinenden Zeichnungen. Fransen wie auf der Oberseite gezeichnet. Unterhalb der Mittelzellen ist die Färbung matter und bis an den Saum mit Grau gemischt. Auf dem Innenrande der Vorderflügel, die am Vorderrande am dunkelsten sind, sitzt, bis an die Basis herangeschoben, ein halbkreisförmiger nach aussen verwaschener gelblich weisser Flecken, der den Hinterwinkel nicht erreicht, wohl aber einen matten hellbraunen Strahl dahin sendet.*)

Mad. (Bets.) 2 Expl. Mus. Stgr.

535. **B. Pellas** *Mab.* Bull. S. phil. VII. 3. 1879. p. 131. — Mad.

536. **B. Arvalcoloris** *Butl.* Cist. ent. III. 1882. p. 22. — Mad. (Ank.)

Gastromega n. g.

Durch fast gleichen Rippenverlauf und ähnlichem Flügel- und Fühlerbau schliesst sich diese Gattung innig an die vorige an, bildet aber durch seine breiteren Flügel und längeren Fühler schon einen Uebergang zum Genus Lebeda, bei welchem die Nebenzelle der Hinterflügel sehr verkleinert auftritt und die überzähligen Rippen, die den Vorderrand nicht ganz erreichen, fehlen.

*) Zu meinem Bedauern steht mir kein ♀ aus dem Genus Borocera *B.* zur Verfügung, an dem ich die generischen Kennzeichen ausführlicher, wie es seither geschehen ist, nachweisen könnte. Die beiden von mir unter Lebeda *Wlk.* beschriebenen Arten, die unser Museum auf Wunsch des Herrn Professor Mabille mit noch anderen Madagascar-Lepidopteren im Jahre 1878 nach Paris sandte und von ihm in »Ann. S. Fr. 1879, p. 313« für Varietäten von Borocera Madagascariensis *B.* erklärt werden, haben nichts mit dem Genus Borocera *B.* zu thun, von welchem bis jetzt noch keine Vertretung auf Nossi-Bé gefunden wurde.

Im Vergleich zu Borocera ist der ♂ Körper viel kräftiger gebaut, der Kopf gross, weniger tief angesetzt, der lange breite Thorax weniger hoch gewölbt. Die kleinen Palpen überragen die Stirnbehaarung nicht, dicht aber anliegend beschuppt, das erste Glied, etwas kürzer als das zweite, abwärts geneigt, umschliesst dieses trichterartig, welches selbst aufwärts gebogen, sich nach vorn verdickt, und an seinem abgerundeten Ende die stumpfe Spitze des kleinen conischen Gliedes herausblicken lässt. Augen gross und am Rande mit einzelnen Haaren besetzt. Fühler, von $\frac{1}{4}$ der Vorderflügellänge, doppelreihig gekämmt, an der inneren Seite der Basis von einem Schuppenbüschchen umgeben, weniger zugespitzt, der eigentliche Kamm weniger auffällig gestielt und ausgebaucht, dadurch auch nicht von so absonderlicher Krümmung wie bei Borocera. Halskragen und Schulterdecken anliegend, Thoraxbehaarung hinten zugespitzt. Hinterleib conisch, um $\frac{1}{3}$ länger als die Hinterflügel, mit starkem Afterbusch. Beine kräftig, Schenkel und Schienen mit langer Behaarung, die bei letzteren nach oben gerichtet ist. Die beiden hinteren Beinpaare mit kurzen, dicken Endsporen. Der ♀ Körper ist sehr stark, endet mit kürzerem Afterbusch. Die Fühler, etwas kürzer wie $\frac{1}{4}$ der Vorderflügellänge, sehr dünn, mit ganz kurzen Kammzähnen besetzt, so dass sie fast sägezähnig erscheinen.

♂ Flügel schmal; der Vorderrand der vorderen wenig gebogen, Spitze rechtwinklig vortretend. Saum bis zu Rippe 6 steil, von da bis zu dem fast gar nicht markirtem Hinterwinkel sehr schräg und geschwungen. Innenrand gerundet; sein erstes $\frac{1}{3}$ nach der Basis zu eingezogen. Die äusseren Winkel der Hinterflügel mehr oder weniger abgerundet; der vordere oft ganz eckig; Saum geschwungen, Vorder- und Innenrand gebogen. Die Ausdehnung des Flügels nach dem Afterwinkel zu grösser als nach dem Vorderwinkel. Den Rippenverlauf zeigt die hier eingefügte Abbildung, zu der nur noch hinzuzufügen sei, dass die Rippen an der Basis aufgetrieben und die Subcostale der Vorderflügel dicht hinter dieser mit der Rippe 12 durch einen Querast verbunden ist, wie es in geringem Maasse auch bei den europäischen Arten des Genus Gastropacha *O.* (Quercifolia *L.* etc.), mit welchem überhaupt der ganze Rippenverlauf die meiste Aehnlichkeit hat, stattfindet.

♀ Flügel breit; die vorderen mit vortretender Spitze. Vorderrand und der schräge Saum gebogen, ersterer mehr, letzterer weniger nach der Spitze zu. Erstes $\frac{1}{3}$ des Innenrandes nach der Basis zu eingezogen, der übrige Theil fast unmerklich geschwungen, aber gerade noch genug, um den Hinterwinkel zu markiren. Die Hinterflügel dehnen sich mehr nach dem geeckten Vorderwinkel zu aus. Der Saum ist gleichmässig stark gerundet, der Innenrand und das erste $\frac{1}{3}$ des Vorderrandes gebogen, dessen übrige $\frac{2}{3}$ gerade. Rippenverlauf genau dem des ♂ entsprechend, nur durch die verschieden gestalteten Conturen modificirt.

537. **Gastromega Badia** *m.*

Fig. 44, 45.

G. ♂ *rufo-brunneus alis anterioribus extus violaceo mixtis strigis curvatis obscuris transversis maculaque cellulari reniformi vix conspicuis,* ♀ *cinnamomea; alis anterioribus striga fusca bicurvata maculaque approximata reniformi albidula, striga fusca coronidis forma post cellulam mediam serieque lunularum antelimbalium, his fasciis in margine interno valde approximatis. Exp. al.* ♂ *52—60 mm.* ♀ *72—86 mm.*

Ber. S. G. 1878. p. 94. ♀ (Lebeda).

♂ Rothbraun; welche Farbe, je nachdem mehr oder weniger Violett eingemischt ist, wechselt, nur die innere Hälfte der Vorderflügel zeigt gelblichen Anflug; diese ist durch einen leicht geschwungenen, rothbraunen Streif abgegrenzt, der ziemlich parallel dem Saume vom letzten 1/4 des Vorderrandes nach 2/3 des Innenrandes zieht. Die Mittelzelle wird durch einen matten rothbraunen Mondfleck abgeschlossen und vor demselben läuft eine ebenso gefärbte steil gebogene Schräglinie von 1/4 des Vorder- zu 1/3 des Innenrandes. Schaft der Fühler schwarzbraun, Kammzähne braun. Bei einzelnen Exemplaren zieht etwas hinter der Mitte der Hinterflügel eine matte verwaschene Binde, die auf der gewöhnlich einfach rothbraun gefärbten Unterseite als Verlängerung der dunkelrothbraunen äusseren Vorderflügelbinde deutlicher zu sehen ist. Die Basalhälfte des Innenrandes ist breit weisslich rothbraun und ebenso ein verwaschener Fleck vor der Mitte des Innenrandes der Hinterflügel, dessen Vorderrand ebenso wie auf der Oberseite schmal gelblich weiss gezeichnet ist. Die kurzen Fransen sind auf beiden Seiten wenig dunkler wie der betreffende Flügel, die der hinteren aussen fein gelblich weiss gesäumt.

♀ *) Zimmtbraun; die Mitte des Thorax, die ersten Hinterleibsringe, die Basalhälfte der Hinterflügel, auf der Unterseite die Brust und alle Flügel heller gefärbt. Die Fransen der Vorderflügel und die kurze Innenrandsbehaarung dunkelbraun, ebenso zwei Querstreifen, die über jene ziehen; der innere, steil gestellt und auf der Subcostalen und hinter Rippe 2 nach aussen gebogen, läuft von 1/4 des Vorder- zu 1/3 des Innenrandes, die äussere in wenig geschwungenem Bogen von vor 3/4 zu 1/2, ein wenig schräger wie der Saum. Am Ende der Mittelzelle ein kleiner weisslicher, kaum dunkel eingefasster Mondfleck. In der Mitte zwischen Aussenrand und äusserer Binde spannt sich eine Reihe matter, dunkelbrauner, einwärtsgehender Mondflecken zwischen den Rippen aus, welche auf einem der ♂ Exemplare auch ganz schwach angedeutet sind. Die Hinterflügel sind von der Mitte bis zu ihrem letzten 1/3 schwach verdunkelt und mit hellzimmtbraunen Fransen besetzt.

Es ist kein Zweifel, dass das ♀ ebenfalls in der Farbe stark variirt. Ein vorliegendes

---

*) Eine vollständige Sicherheit der Zusammengehörigkeit der beiden Geschlechter zu einer Art wird man nur durch die Zucht aus Raupen erlangen. Dass das ♀ nicht zu Bonocera gehört, dafür spricht besonders die Beschaffenheit der Palpen und Augen, die mit obigem ♂ genau übereinstimmen. Ein Zweifel könnte durch die verschiedenartige Farbung entstehen. Eine Untersuchung der Schuppen von derselben Stelle (Mittelzelle der Vorderflügel) ergab kein bestimmtes Resultat; beim ♂ fanden sich lanzetförmige mit 1—3 kurzen und kelchförmige mit nur 2, 3 und 4 Spitzen, beim ♀ nur lanzetförmige von 3—4, kelchförmige mit 4, 5 und 7 langen Spitzen. Ob nun nicht die sehr verschiedene Flügelform der beiden Geschlechter Einfluss auf die Gestalt der Schuppen hat, darüber habe ich bis jetzt keine Erfahrungen gesammelt.

Exemplar ist vollständig hellederbraun mit schwärzlich grauen Zeichnungen, von denen besonders die Aussenrandsflecken der Vorderflügel und die an den Rändern verwaschene Binde der Hinterflügel, durch die helleren Rippen unterbrochen, deutlich hervortreten.

Auf der Unterseite sind die Vorderflügel nach dem Vorderwinkel und dem Saume zu dunkler, an ihnen stechen die dunkelbraunen Fransen gegen die Flügelfläche besonders ab. Auf einem Exemplare zieht eine breite gemeinsame, stark verwaschene Binde, auf den Vorderflügeln dem äussern Querstreif entsprechend, auf den hinteren über die Mitte. Diese mit dunklerer Saumlinie und helleren Fransen und Vorderrande.

N.-B. ♂ ♀ nicht selten.

538. **Gastromega Cervicolora** *m.*

Fig. 49.

G. ♀ cervina; alis anterioribus disco fasciiformi luride fusco limitata, intus angulata, extus obliqua cum margine externo fere parallela. Alis posterioribus in basi pallidioribus. Exp. al. 88 mm.

Ber. S. G. 1878. p. 94. (Lebeda).

In Körpergestalt mit dem ♀ der vorigen Art übereinstimmend, dagegen die Flügel viel gestreckter; die vorderen sind an ihrem Vorderrande der viel stumpferen Spitze im letzten 1/4 mehr zugebogen, der Saum schräger und gleichmässig gerundeter, der Hinterwinkel nicht vortretend und der Innenrand schon auf seiner Mitte auswärts gebrochen. Der Vorderwinkel der Hinterflügel, die flacher gebogenen Saum haben, ist abgerundet. Der Rippenbau stimmt vollständig mit voriger Art überein. Hellgraubraun. Der hintere Theil des Thorax, der Abdonen, die Basis beider und der Aussenrand der Vorderflügel heller. Der mondförmige Mittelzellabschluss und zwei Querstreifen des Vorderflügels sind braun; die innere derselben beginnt am ersten 1/4 des Vorderrandes, ist auf der Subcostalen zackenförmig nach aussen gebrochen und läuft von da, sich allmählig verlierend, auf das erste 1/4 des Innenrandes; die hintere zieht, durch die helleren Rippen unterbrochen und nach aussen zu scharf gezeichnet, in flach geschwungenem Bogen nach der Mitte des Innenrandes. Das hierdurch eingeschlossene Mittelfeld ist hellbräunlichgelb. Das Aussenfeld zeigt weisslichen Schimmer und hat in seiner Mitte eine Reihe kaum sichtbarer, breit verwaschener Mondflecken. Fransen graubraun. Ein bindenartiger dunkler Schatten zieht hinter der Mitte über die Hinterflügel, deren Fransen an ihrer Basis etwas heller sind.

Die Unterseite des Körpers ist braun, die der Flügel hellbraun. Braun erscheint auf letzteren der äussere Verlauf der Rippen, die Saumlinien und eine über beide Flügel auf 2/3 ziehende, flach geschwungene, an beiden Seiten verwaschene Binde, die nicht wie bei voriger Art als eine erscheint, sondern wo die der Hinterflügel bedeutend nach aussen gerückt ist.

N.-B. 1 Expl. Mus. F.

Libethra n. g.

Die nachstehenden Arten neigen sich durch Flügel- und Fühlerbau noch mehr zu dem Genus Lebeda hin, haben aber nicht dessen Rippenverlauf, sondern den der vorhergehenden Arten. Die Kennzeichnung geht aus der Artbeschreibung hervor.

539. **Libethra Jejuna** *n. sp.*

Fig. 55.

L. Iride brunnea; alis anterioribus intus fuscis striga dentata fusco-diluta punctoque cellulari, his partibus post cellulam mediam striga fusca bicurvata terminatis. Alis posterioribus in basi adumbratis. Exp. al. 52 mm.

♂ Hellgraubraun. Kopf tief angesetzt, gross, ebenso die Augen, die nur gegen ihren hinteren Rand zu dünn behaart sind und die an ihrem vorderen nicht von den dick beschuppten Palpen erreicht werden; die rauhe, unten gerade abgeschnittene Kopfbehaarung reicht bis auf diese herab. Sie bestehen aus drei gleich langen Gliedern, von denen das letzte eiförmige Gestalt hat. Die Fühler von etwas über $^{1}/_{3}$ der Vorderflügellänge tragen an der starken schwarzbraunen Geissel dicke, lange, braune, dicht beisammenstehende Kammzähne, die sich nur kurz vor ihrer Spitze verjüngen, in 2 Reihen gestellt, die nahe der Basis etwas bauchig auseinander stehen, sonst aber ziemlich nahe an einander schliessen, wodurch sie eine eigenthümliche Krümmung erhalten. Thorax und Hinterleib lang und anliegend behaart, hoch gewölbt, mässig breit, letzterer oben kantig, überragt die Hinterflügel um $^{1}/_{3}$ seiner Länge, endet mit einem glatten, zugespitzten Afterbusch und ist an den Seiten und gegen das Ende hin heller gefärbt, ebenso wie auch die ganze Körperunterseite, mit Ausnahme des Kopfes, der hier braun ist. Die Beine sind zum grossen Theil in der dichten Wolle der Brust versteckt. Mittel- und Hinterschienen mit je einem Paar kurzer, scharf zugespitzter Sporen, Fussglieder auf der unteren Seite braun. Vorderflügel schmal, Vorderrand noch weniger gebogen als der schräge Saum, doch beide der Spitze zu gekrümmt, die nur ganz kurz abgerundet ist. Der Aussenrand geht ohne dass der Hinterwinkel bemerkbar wird, in den stärker gekrümmten, behaarten Innenrand über. Die Hinterflügel sind an dem ersten $^{1}/_{3}$ des Vorderrandes stark gerundet, in den beiden letzten gerade und fast parallel mit dem wenig gebogenen Innenrand, der $^{3}/_{4}$ so lang wie jener und auch gleich dem Abstande der beiden äussern, wohl abgerundeten aber markirten Winkel ist; zwischen beiden der Saum gleichmässig gerundet. Der Rippenverlauf stimmt vollständig mit dem des Genus Gastromega überein, nur sind auf den Hinterflügeln, bei gleich langen Zellen, die äusseren Rippen, dem längeren Flügel angepasst, auch länger. Die innere Hälfte der Vorderflügel ist gelblich braun, durch eine schwach geschwungene braune Linie, die von $^{3}/_{4}$ des Vorderrandes nach $^{2}/_{3}$ des Innenrandes läuft, von dem weisslich braunen Aussenfelde abgeschieden. In letzterem, welches dieselbe Farbe wie der Halskragen und die Schulterdecken hat, sind die Rippen und die Saumlinie etwas dunkler angelegt, dagegen die Fransen von gleicher Farbe. Von $^{3}/_{4}$ des Vorderrandes nach $^{1}/_{3}$ des Innenrandes läuft in mässig geschwungenem Bogen eine gezähnelte, wenig auffallende Linie und hinter ihr deutet ein äusserst kleiner weisslicher, braun umzogener Punkt die Mitte des Mittelzellabschlusses an. Dicht an der Basis, graurothbraun, ebenso die Innenrandsbehaarung, dieselbe Färbung, die auch die Hinterflügel bis zu ihrer Mitte, wo sie am dunkelsten wird, haben, nach dem Vorderwinkel zu abblasst, nach dem Afterwinkel zu jedoch in's Hellgelbbraune übergeht. Saumlinie braun, nach hinten heller werdend. Fransen weisslich gelbbraun.

Vorderflügel auf der Unterseite braun, an der Basis dunkler, an der inneren Hälfte des Innenrandes breit weisslich braun; der äussere Querstreif zieht ganz matt und verwaschen über die Fläche und setzt sich als matte Bogenlinie über die Mitte der gelbbraunen, am Vorderrande schmal weisslich gefärbten Hinterflügel fort. Saumlinien und Fransen heller wie auf der Oberseite gezeichnet.

Mad. (Bets.) 1 Expl. Mus. Stgr.

540. **Libethra Jejuna** *m.* var. **Brunnea** *m.*

Fig. 50.

L. griseo-brunnea: alis basin versus fusco adumbratis, alis anterioribus puncto cellulari strigaque bicurvata post medium dilutis fuscis. Exp. al. 51 mm.

Obgleich in Färbung und Gestalt abweichend, erachte ich vorliegendes Exemplar doch nur als dunkler gefärbte Varietät vorhergehender Art. Als Unterschiede ergeben sich: ♂ Körper plumper und kürzer. Fühler mit etwas längerer Geissel und Kammzähnen, die sich aber früher nach der Spitze zu verjüngen. Vorderflügel schmäler, Hinterwinkel noch mehr abgeflacht, dagegen der Vorderwinkel der an ihrem Vorderrande gebogeneren Vorderflügel scharf eckig heraustretend. Die Färbung ist ein mit Grau gemischtes Rothbraun, blasser an der hinteren Thoraxhälfte, dem Hinterleib und den Hinterflügeln, die in ihrer Mitte etwas dunkler sind. Die innere Querlinie ist auf den Vorderflügeln kaum bemerkbar, der Mittelfleck erscheint als grau brauner Tüpfel. Der äussere Querstreif ist zwischen Rippe 4 und dem Innenrande mehr einwärts gebogen. Das Aussenfeld ist nicht so hell gefärbt als die Hinterflügel und in seiner Mitte ist eine Reihe ganz matt angedeuteter Flecken zwischen den Rippen bemerkbar.

Die Unterseite der Vorderflügel und die Beine sind violett hellrothbraun, die Hinterflügel und der Körper hellbraun; über beide Flügel zieht eine breite nach aussen zu verwaschene rothbraune geschwungene Binde. Die Fransen sind auf der Unterseite und die der Hinterflügel auch auf der Oberseite heller als die daran stossende Flügelfläche.

Mad. (Bets.) 1 Expl. Mus. Stgr.

541. **L. Cajani** *Vins.* Voy. Mad. 1865. p. 562. t. 4. f. 1. ♂ 2. ♀ *Coq.* Ann. S. Fr. 1866. p. 311 ff. t. 6. — Mad. (Ant.) Zur Seidenzucht verwendet.

542. **Libethra Punctiliata** *n. sp.*

Fig. 71.

L. brunnea. Alis anterioribus seriebus quatuor macularum nigrarum dilutarum, quarum duae angulatae ante maculam cellularem reniformem dilute nigram, alterae duae angulatae et curvatae post eam; serie duplica punctorum nigrorum inter apicem et angulum posticum. Alis posterioribus in medio striga dilute-nigra. Exp. al. 40 mm.

♂ Bei genau übereinstimmendem Rippenverlauf mit der vorigen Art, weicht diese in der äusseren Gestalt etwas ab. Kopf gross, Brust schmal, der Hinterleib kürzer, kaum die Hinterflügel überragend. Palpen und Fühler etwas länger, erstere abwärts gerichtet, besonders das Endglied, letztere von ½ Vorderflügellänge, an ihrer Basis wenig ausgebaucht und breiter gekämmt. Vorderflügel kürzer und breiter, der Saum gerundeter, ebenso der der verhältnissmässig langen Hinterflügel. Rostbraun. Vier schwarzbraune, auf den Rippen stark gezähnelte Querstreifen überziehen den Flügel, von denen jedoch nur die beiden inneren deutlich hervortreten. Von diesen geht die eine von ⅓ des Vorder- nach ⅔ des Innenrandes, zuerst schräg nach aussen bis zur Mittelzellenfalte, dann einwärts gebogen, hinter Rippe 2 nochmals zackig herausspringend, hierauf senkrecht ihr Ziel erreichend. Die äussere zieht anfangs parallel jener, aber von Rippe 6 ab bis etwas vor den Hinterwinkel in stark geschwungenem Bogen. Zwischen der erst genannten und der Basis und hinter der äusseren liegen die beiden anderen Querstreifen, nahezu parallel mit den ihnen zunächst liegenden, aber nur wenig deutlich. Auf dem Mittelzellabschluss befindet sich ein schmaler schwärzlicher, fein weiss gekernter Mondfleck. Kurz vor der Flügelspitze beginnt eine doppelte Reihe schwarzer Punkte, die in flacherem Bogen als der Saum gestellt, nach dem Hinterwinkel zieht. Die dem Vorderrande zunächst stehenden sind durch einzelne lose schwarze Schuppen zwischen den Rippen zu Schrägstrichen verbunden, und zugleich auswärts mit weissen Schuppen begrenzt; solche finden sich auch längs des Saumes angehäuft, der in seiner Mitte bedeutend heller wie die Grundfarbe erscheint, von welcher Farbe auch die Basalhälfte der Fransen ist. Die Hinterflügel sind hellrothbraun, mit gelblich weissen Fransen und mit einem matten dunklen Querstreif, der in gerader Richtung das letzte ⅓ der gegenüber liegenden Ränder verbindet.

Auf der Unterseite sind die Hinterflügel wie oben gefärbt; der Querstreif tritt noch deutlicher hervor; die Vorderflügel sind nur vom Vorderrande bis zur Mittelzelle und fortgesetzt bis zum Saume mattrothbraun, der übrige grössere Theil ist ebenfalls hellrothbraun, der Mittelfleck erscheint verwaschen braun und setzt sich matt bindenförmig bis zur Vorderrandsmitte und bis zum Innenrande fort, wo er stumpfwinklig gegen die Hinterflügelmitte trifft.

Mad. (Bets.) 1 Expl. Mus. Stgr.

Anchirithra Butl.

543. **A. Insignis** *Butl.* Cist. ent. II. 1878. p. 298. — Mad. (Ant. Fian.) 1 ♂ Mus. Stgr.

544. **A. Punctiligera** *Mab.* Ann. S. Fr. 1879. p. 315. — Mad.

Lerodes n. g.

Die Kennzeichen der Gattung ergeben sich aus der Artbeschreibung.

545. Lerodes Fulgurita *m.*

Fig. 86.

L. castanea. Alis anterioribus in parte adumbrato interno macula parva cellulari, ante et post eam linea curvata fusca, serie macularum strigiformium nigrarum inter costas in parte limbali caeruleo-pruinosa. Thorace obscuriore. Exp. al. 36 mm.

Ber. S. G. 1880, p. 265.

Kopf tief angesetzt, mit grossen kugeligen Augen. Palpen schräg aufwärts gerichtet, ragen um den Durchmesser der Augen über dieselben hinaus, vereinigen sich mit der struppigen Stirnbehaarung und haben selbst wulstig dichte Beschuppung, die vom ersten Gliede abwärts gerichtet ist und dadurch getrennt erscheint. Die des zweiten, nach vorn zu verbreitert, hüllt das stumpfconische Endglied fast gänzlich ein; Fühler von $\frac{2}{3}$ Vorderflügellänge, doppelreihig gekämmt; die Kammzähne dreimal so lang als die Schaftstärke, verjüngen sich beim ♀ etwas früher nach der Spitze zu, beim ♂ erst im letzten $\frac{1}{8}$. Thorax lang und breit, wenig gewölbt, struppig und kürzer, Hinterleib lang und anliegend behaart. Dieser überragt beim ♂ die Hinterflügel um $\frac{1}{3}$, beim ♀ um $\frac{1}{4}$ seiner Länge; ist seitlich eingedrückt, beim ♀ hoch und kantig gebuckelt, ähnlich wie bei den Cochliopoden, schmal und zugespitzt, beim ♂ mit mehr ausgebreiteter Afterbehaarung. Beine kurz; auch über die ersten Fussglieder hinweg mit dichter Behaarung und mit starken Krallen. Mittel- und Hinterschienen mit einem Paar kurzer Sporen.

Die Gestalt der Flügel weicht in beiden Geschlechtern nur wenig ab, die des ♀ sind etwas breiter. Der Vorderrand der vorderen ist fast ganz gerade, nur in seinem letzten $\frac{1}{4}$ der kurz abgerundeten Spitze zugebogen, der wenig schräge Saum und der Innenrand zeigen eine flache Krümmung. Der Hinterwinkel und die äusseren Winkel der Hinterflügel sind stark abgerundet, der Saum bildet einen Kreisbogen. Der Rippenverlauf entspricht dem Schema der ganzen Gruppe mit folgenden geringen Modifikationen: Mittelzelle der Vorderflügel kurz, der Querast liegt vor der Flügelmitte, die Rippe 11 entspringt in der Mitte der Subcostalen und biegt von ihr stark ab und der Rippe 12 zu, an welche sie sich innig anschliesst. Die Hinterflügel besitzen keine überzähligen Rippen.

Kopf, Thorax und innere Vorderflügelhälfte ockerrothbraun; die äussere Hälfte matt rothbraun und besonders nach aussen zu violettblau bereift; diese wird in ihrer Mitte durch eine Reihe schräg gestellter brauner Bogenstriche durchzogen. Abgegrenzt ist die Basalhälfte durch eine über die Flügelmitte ziehende, auf den Rippen gezähnelte Bogenlinie, gleichlaufend mit dem Saume. Davor liegt auf dem Querast ein kleines dunkles Mondfleckchen, welches bei einigen Exemplaren fein grau gekernt ist. Am Ende des inneren Flügeldrittels läuft ein steilgestellter, ebenfalls braun gezähnelter Querstreif, senkrecht vom Vorderrand ausgehend, in gerader Richtung, nur zuletzt etwas eingezogen zum Innenrande. Hinterflügel und Hinterleib hellrothbraun mit verwaschen und abgekürzt fortgesetzten Bogenlinien.

Die Unterseite glänzend hellrothbraun, an der Brust, den Beinen, am Vorderrande und Saume dunkler. Eine rothbraune verwaschene Binde zieht über die Mitte beider Flügel. Auf beiden Seiten sind die Fransen nur wenig heller gefärbt als die Flügelspitze.

N.-B. mehrere Expl. Mus. F.

Eutricha Hb.

540. **E. Nitens** *Bull.* Cist. ent. III. 1882. p. 22. — Mad. (Ank.).

Gloeia n. g.

Die Kennzeichnung des Genus ist aus der Artbeschreibung zu ersehen.

541. **Gloeia Solida** *n. sp.*

Fig. 64.

G. ochracea; alis anterioribus squamis brunneis adspersis, striga transversali angulata diluta, macula ovali cellulari alba, striga distincta obliqua brunnea seriéque macularum strigiformium oblique positum inter costas. Alis posterioribus striga bicurvata in medio, antennis nigris. Exp. al. 50–52 mm.

Ockergelb. Kopf klein, äusserst kurz, tief angesetzt. Augen klein, kugelig, behaart. Palpen breit, die kurze struppige Stirnbehaarung nicht überragend, gekrümmt vorwärts gestreckt, das erste Glied, so lang wie das zweite, und eben so lang auch das dritte, dessen schwarze Endspitze aus der dichten Beschuppung heraussieht. Kleine Schuppenbüschchen der Scheitelbehaarung umhüllen das Basalglied der schwarzen Fühler, die $^2/_3$ so lang als der Vorderrand der Vorderflügel sind. Sie sind bis zur Spitze mit kurzen, keulenförmigen, am Ende schräg abgeschnittenen mit einer kurzen Borste endenden, dünn und schwach behaarten Kammzähnen versehen, die beim ♂ nur um sehr weniges länger als beim ♀ sind. Thorax breit, gewölbt, dicht behaart; Hinterleib plump, oben kantig, unten abgeflacht; die 3 letzten Segmente verjüngen sich zur stumpfen Afterspitze, die die Hinterflügel beim ♀ um $^1/_4$ seiner Länge überragt. (Der Leib des ♂ Exemplars ist gequetscht, dadurch deformirt und lässt sich nur annehmen, dass dies Verhältniss bei ihm $^1/_3$ beträgt). Schenkel und Schienen lang und dünn behaart, letztere an den Mittel- und Hinterbeinen mit einem Paar kurzer Sporen. Tarsen dunkelbraun.

Flügel kurz und breit, die des ♂ etwas schlanker. Der Vorderrand gerade, in seinem letzten $^1/_3$ ebenso wie der mässig schräge Saum leicht gebogen. Spitze flach geeckt, Hinterwinkel weit abgerundet, der flach gebogene Innenrand in seinem letzten $^1/_3$ eingezogen. Rippen stark entwickelt, besonders die Subcostale, die mit der Rippe 1 sich an der Basis knotig vereinigt. Die kurze Mittelzelle beginnt auf ihrem ersten $^1/_3$, indem die Subdorsale, von etwas geringerer

Stärke, bis dahin dicht an dieselbe angeschlossen bleibt und schliesst einwärts gebrochen auf $^4/_5$ der Flügellänge. Rippe 2 entspringt an dem Punkt, wo die Subdorsale nach hinten abbiegt. Der Querast liegt dicht hinter den Gabelungen von 4 und 5 und von 7 und 8, welche letztere mit der von Rippe 9 und 10 auf gleicher Höhe sich befindet. Flügelspitze zwischen 8 und 9. Der Gabelpunkt von 6 und 7 etwas weiter ab als 8 von 9. 11 aus $^2/_3$ der Subcostalen; dicht an dieser entspringt 12 aus der Basis. Hinterflügel verhältnissmässig klein. Ihr Vorderrand in seinem letzten $^1/_3$ stark gebogen, dann bis zum Vorderwinkel gerade. Von diesem ab ist der Saum stärker, nach dem Afterwinkel zu flacher gerundet. Innenrand um $^1/_3$ kürzer als der Vorderrand, gerade. 9 Rippen vollständig entwickelt, 2 erreichen den Rand nicht, die eine, aus der Mitte der vorderen Rippe der Nebenzelle, trifft denselben fast. Beide Zellen gleich lang, die Nebenzelle mit sehr spitzem Ende, aus dem Rippe 7 und 8 entspringt, Flügelspitze zwischen 6 und 7.

Die Vorderflügel sind dicht mit rothbraunen Schuppen besaet. Eine in der Mittelzelle winklig nach aussen gebrochene, matte rothbraune Binde zieht von $^1/_4$ des Vorder- zu $^1/_4$ des Innenrandes. Die Mittelzelle wird durch einen ovalen gelblich weissen, dunkelrothbraun umzogenen Fleck geschlossen. Dahinter zieht vom letzten $^1/_5$ des Vorderrandes zur Mitte des Innenrandes ein leicht geschwungener dunkel rothbrauner Querstreif und in der Mitte zwischen diesem und dem Saume folgt eine Reihe matt rothbrauner Strichflecken, die zwischen den Rippen schräg von innen nach aussen gestellt sind. Die ockergelben Fransen sind an ihren Spitzen graubraun, um den Hinterwinkel herum dunkelbraun. Die Hinterflügel sind dicht am Saume etwas graulich verdunkelt, ebenso die Rippen, Fransen heller als die ockergelbe Grundfarbe der Hinterflügel und nur auf einer kurzen Strecke hinter dem Afterwinkel an ihren Spitzen graubraun. Ein geschwungener, matter graubrauner Querstreif, der auf Rippe 5 am meisten nach aussen tritt, läuft von $^4/_5$ des Vorder- zu $^2/_3$ des Innenrandes.

Auf der Unterseite sind die Flügel gleichfarbig dunkel ockergelb. Von deutlichen Zeichnungen ist nur der hinter den Mittelzellen verlaufende Querstreif zu sehen, breiter wie auf der Oberseite und graubraun. Auf den Vorderflügeln ist die Saumlinie, das äussere $^1/_3$ des Vorderrandes, drei verwaschene Fleckchen vor dem Saume zwischen den Rippen 6 und 8 braun. In den Fransen herrscht das Braun vor. Auf den Hinterflügeln ist der ganze Vorderrand, die verwaschene Saumlinie hellgraubraun. Fransen hellockergelb.

N.-B. selten. Mus. F. & L.

Hiermit schliessen die vorliegenden Bombyciden ab, deren Rippenverlauf auf den Hinterflügeln die Nebenzelle von fast gleicher Grösse wie die eigentliche dahinter liegende Mittelzelle zeigen und dem Borocera-Typus entsprechen. Doch dürften zu dieser Gruppe wohl noch gehören:

548. **Lebeda Cowani** *Bull.* Cist. III. 1882. p. 21, die Butler mit G. Cervicolora *m.* identisch vermuthet, welche dann vor jener die Priorität besitzen würde. Ich bezweifle jedoch, dass das Genus Lebeda in der Madagassischen Fauna vertreten ist.

549. **Bombyx Sordida** *Mab.* Bull. S. phil. VII. 3. 1879. p. 138. — Mad.

550. **Bombyx Fleuriotii** *Guér.* Rev. Mag. 1862. p. 344. t. 14. f. 2. — Mad.

551. **Bombyx Radama** *Coq.* Ann. S. Fr. 1866. p. 341. t. 5. f. 1. ♂♀. — Mad.

552. **Bombyx Diego** *Coq.* Ann. S. Fr. 1866. p. 341. t. 6. — Mad.

553. **Bombyx Annulipes** *B.* F. Mad. p. 87. t. 12. f. 2. — Mad.

554. **Borocera Punctifera** *Mab.* C. r. S. Belg. T. 23. p. XVII. ♀ — Mad.

555. **Napta Serratilinea** *Gu.* Vins. Voy. Mad. Lep. p. 43. (n. g.) — Mad.

Die nun folgenden beschriebenen Arten haben auf den Hinterflügeln nur eine ganz kleine Nebenzelle dicht an der Basis und es fehlen ihnen die überzähligen Rippen.

Hydrias B.

Obgleich bei den nachfolgenden Arten ein wesentlicher Unterschied im Rippenverlauf der Vorderflügel gegen den des amerikanischen Genus stattfindet, so belasse ich dieselben doch hier: während bei diesen die Rippe 8 einfach aus der vorderen Ecke der Mittelzelle entspringt und mit ihr zugleich 6 und 7 auf gemeinsamem Stiele, 9 und 10 desgleichen aus der Subcostalen, ist bei den madagassischen Arten aus derselben Ecke 6 einfach, 7 und 8 gestielt und hierauf aus der Subcostalen 9 und 10 gestielt.

556. **Hydrias Graphiptera** *m.*

Fig. 96. 47.

H. ♂ fuscus, hyalis albis; alis anterioribus in basi costaque dilute albidis, in medio fascia nigra triangulari, albidulo-cincta et brunneo-circumcincta, angulis duobus in marginibus, anguloque tertio in costa 6, post fasciam linea angulata albidula. Linea fusca et albidula ante fimbrias, costae in fascia nigra tenuiter albidulae. Exp. al. 29 mm.

Ber. S. G. 1880. p. 261.

Hellgraubraun. Die nach vorn gerichtete rauhe Behaarung der Palpen, die nur die Trennung des ersten und zweiten Gliedes erkennen lässt und an ihren Seiten ebenso wie auch die Augeneinfassung schwarzbraun ist, vereinigt sich mit derjenigen der gewölbten breiten Stirn; Fühler am Basalgliede dicht weiss umhüllt, aufwärts gerichtet, doppelreihig kammzähnig, stumpf endend, $^{1}/_{3}$ so lang als die Vorderflügel. Halskragen breit aufwärts gerichtet, hinten schwarzbraun gesäumt und zwar durch lange spitz anfangende spatelförmige Schuppen, die einen eigenthümlichen violetten Stahlglanz zeigen und die sich auch über die innere und hintere dunkle Seite der dicken Schulterdecken verbreiten, welche nach aussen und vorn um die Flügel herum breit weiss gesäumt sind. Hinterleib conisch, überragt die Hinterflügel nur wenig, hellbraun mit auseinanderstehendem Afterbusch, der aus schwarzen, stahlblau glänzenden Schuppen gebildet wird. Die ganze Unterseite seidenglänzend bräunlich weiss, Brust und Beine lang behaart. Hinterschienen mit ziemlich langen spitzen Endsporen.

Vorderflügel sehr kurz und breit, mit wenig gebogenen Rändern, steilem Saum, mässig markirten äusseren Winkeln und mit dunkler und weisslicher Einmischung. Ueber diese zieht eine schwarzbraune, sammtartige, an beiden Enden schmale Binde, die von den Rippen fein weiss durchzogen wird. Ihre innere Begrenzung geht annähernd in gleicher Richtung mit dem Saume über das erste Flügeldrittel; die äussere beginnt auf der Mitte des Vorderrandes, tritt zwischen den Rippen 6 und 9 mit einer stumpfen Spitze stark nach aussen vor und biegt sich wieder der Basis zu. Auf Rippe 2 erscheint die Binde stark eingeschnürt, erweitert sich dann, aber nur matt braun gefärbt nach dem Innenrande zu; sie ist in der Mittelzelle am dunkelsten und aussen weissgelblich umzogen. Nach dem Saume zu zeigen sich noch zwei verwaschene, aus heller gekernten Mondflecken bestehende, mit dem Saume gleichlaufende Binden, von denen die äussere von einer feinen braunen zackigen Linie umzogen wird. Die Rippen im Aussenfelde sind fein dunkelbraun gezeichnet.

Die Hinterflügel mit kreisbogenförmigem Saum, der auch noch die äusseren Winkel umzieht, zeigen nur am Vorderrande einen Schatten als Verlängerung der Vorderflügelbinde und einen gleichen am Vorderwinkel. Von der Basis aus zieht matt rothbraun dichte Behaarung über die Innenrandshälfte.

Die Saumlinien sind fein dunkelbraun gezeichnet, die Fransen in ihrer äusseren Hälfte bräunlich gescheckt.

Auf der Unterseite zieht eine mehrfach auswärts gebrochene, dunkelbraune Linie vor der Mitte über beide Flügel, und ebenso eine etwas matter gefärbte gezähnelte vor dem Saum, dessen Begrenzungslinie und Fransen heller angelegt sind wie auf der Oberseite.

♀ *fusca, tegulis nigro-setosis. Alis anterioribus extus pallidioribus, fascia media lata angulosa obscuriore nigro limitata, maculam cellularem reniformem includente, parte limbali costisque fuscis linea fusca curvata divisis. Alis posterioribus fascia dilute grisea antelimbali. Exp. al. 41 mm.*

Ber. S. G. 1880. p. 265. (Bombyx Echinata *m.*)

Hellbraun. Kopf rostbraun. Fühler $^1/_4$ so lang als die Vorderflügel, mit 2 Reihen Kammzähnen, die etwas kürzer als beim ♂ sind. Auf den Schulterdecken ist die weisse Färbung sehr zurückgedrängt und herrschen hier die hoch aufgerichteten stachelartig erscheinenden schwarz stahlblau glänzenden Schuppen vor, die auch die Mitte des Innenrandes besetzen, was beim ♂ nur angedeutet ist. Hinterleib gewölbt, nicht allzustark, in seinem letzten $^1/_3$ zugespitzt und von gleicher Länge als beim ♂; Unterseite des Körpers rostbraun.

Flügel gestreckt, an den vorderen die Ränder mässig gebogen, der Vorderwinkel stark, der Hinterwinkel wenig vortretend. Hinterflügel mit flach gebogenem Saume und abgerundeten Winkeln. Vorderflügel mit graulicher und gelblich weisser Mischung; über ihre Mitte zieht eine breite schwarzbraun, auf den Rippen am dunkelsten beschuppte Binde, die auf der Subcostalen und Rippe 7 spitzwinklig nach aussen gebrochen ist; ihre innere Begrenzung beginnt auf $^1/_3$, die äussere auf $^2/_3$ des Vorderrandes, nach dem Innenrande zu verschmälert sie sich.

Innerhalb derselben liegt am Mittelzellende ein tiefschwarzer mondförmiger Fleck. Das Saumfeld wird durch einen dunkelbraunen, aussen hellbraun begrenzten, nicht ganz regelmässig verlaufenden Streifen getheilt, der in Zelle 3 mit einem Mondfleck am weitesten heraustritt. Auf den Hinterflügeln wird auf $^3/_4$ der mittleren Rippen durch eine schmale zackige, schwarzbraune Binde das etwas hellere Saumfeld vom Basaltheile abgetrennt. Die Saumlinie wenig dunkler; Fransen von der Farbe des Aussenfeldes.

Unterseite rostgelb, nach aussen zu heller, Saumlinie und Rippen dunkler als der Grund, Fransen wie dieser. Auf den Vorderflügeln scheint der Mittelfleck matt grau hindurch. Von sonstigen Zeichnungen sind nur die äussere Binde der Oberseite zu sehen, die nach innen heller verwaschen, nach aussen schärfer abgegrenzt dunkler ist. Auf den Hinterflügeln ist die Binde gegen den Vorderrand zu schwärzlich.

N.-B. 3 ♂ Mus. F. u. L. ♀ Mus. F. selten.

557. Hydrias Bosei *m.*

Fig. 87.

H. fusca; alis subdentatis serie antelimbali macularum intus nigrarum extus albarum; alis anterioribus macula albidula inter strigas duas brunneas nigras dentatas. Exp. al. 35 mm.

Ber. S. G. 1880. p. 266.

♂ In Gestalt und Färbung an die amerikanische H. Melancholica *Butl.* erinnernd. Der kleine, hochangesetzte Kopf mit äusserst kleinen Augen, ist ebenso wie der Thorax dicht und rauh beschuppt. Palpen leicht gekrümmt, breit, vorn abgerundet; das erste Glied trennt sich durch abwärts gerichtete Behaarung von den anderen ab, das dritte markirt sich nicht und überragt die stumpf zugespitzte Stirnbehaarung nicht. Fühlor dünn, $^1/_4$ so lang als die Vorderflügel, doppelreihig gekämmt, die Kammzähne noch einmal so lang als die Dicke des Schaftes. Thorax breit, flach gewölbt, Brust tief. Hinterleib conisch flach gedrückt, dünn; lang behaart mit spitzem Afterbusch, der die Hinterflügel um seine Länge überragt. Deine zierlich, Schenkel mit nach innen, Schienen und ersten Fussglieder mit nach aussen gerichteter längerer Behaarung. Dio beiden hinteren Beinpaare mit je ein Paar kurzer, spitzer Sporen. Alle Klauen krallenartig stark entwickelt.

Der steile, schwachgezähnte Saum und der Vorderrand der Vorderflügel sind mässig gebogen, dieser stärker nach der abgerundeten Spitze zu. Hinterwinkel ebenfalls gerundet. Innenrand gerade, in seinem ersten $^1/_3$ eingebogen, hier mit längerer Behaarung versehen. Auch bei dieser Art tritt ein origineller Rippenbau auf. Die Mittelzelle ist auf dem ersten Flügeldrittel durch einen flachen einwärts gehenden Bogen geschlossen. Die Subcostale ist dreimal, die Subdorsale einmal flach gebrochen, so dass sich also die Zelle nach aussen wieder etwas verengt. Rippe 12 aus der Basis biegt sich dem Vorderrande zu, läuft von dessen zweitem $^1/_3$ ganz nahe unterhalb desselben und endet an seinem letzten $^1/_4$. Kurz dahinter schliesst sich Rippe 11 dicht an; diese aus $^2/_5$, 9 aus $^3/_5$, 7 aus $^4/_5$ der Subcostalen, 6 verlängert die Subcostale hinter den vorhin genannten Bruchpunkten. Die Gabelung liegt auf gleicher Höhe mit dem Anfang von 7, die Gabelung von 7 und 8 um $^1/_3$ der Subcostalenlänge nach aussen gerückt. Zwischen 8 und 9 liegt die Flügelspitze. 2 entspringt auf dem Anfang des ersten $^1/_3$, 3 auf dem des zweiten; 4 und 5 aus der hinteren Ecke der Mittelzelle, nahe beisammen. Die Hinterflügel haben ihre längere Ausdehnung nach dem Afterwinkel zu, Vorderrand gekrümmt, hinter der herausgebogenen Basis und vor dem zugespitzten Vorderwinkel eingebuchtet. Von letzterem ab ist der Saum bis zu Rippe 3 flach, von da um den Afterwinkel herum stark gerundet; vor dem Innenrande eingezogen, in seinem ganzen Verlaufe stärker gezähnt als auf den Vorderflügeln. 9 vollständige Rippen. Nebenzelle höchstens $^1/_4$ so gross wie die Mittelzelle, schmal; aus ihrer Spitze entspringt Rippe 7 und 8 und dicht dabei 6. Der schräge Abschluss der eigentlichen Mittelzelle ist der Rippe 3 gegenüber kaum angedeutet. 4 und 5 aus einem Punkt, bildet letztere die Verlängerung der Subdorsalen.

Braun, welches auf dem Thorax und Vorderflügeln in's Olivenfarbene, auf Abdomen und Hinterflügeln in's Rothbraune zieht. Augeneinfassung und innere Seite der Palpen hellockergelb, ebenso gefärbt ist auch die ganze untere Körperseite. An den Beinen sind braune Haare mit eingemischt, die sich auf den Fussgliedern zu je einem Fleckchen vereinigen. Vom ersten $^1/_4$ des Vorderflügel-Vorderrandes gehen zwei, 1 mm auseinander stehende, nur wenig dunklere Zackenlinien nach dem Innenrande; dann folgt, nahe der Subdorsalen, ein kleiner, länglicher, gelber Punkt. Von der Mitte des Vorderrandes aus ziehen sich, parallel den ersteren, eine dunklere und etwas blassere Querlinie, in denen wurzelwärts 3 Zacken hervortreten; beide sind nach aussen mit einem helleren Schein auf dem Untergrund begleitet. Nahe dem Saume befindet sich eine aus 8, innen schwarz, aussen weiss gezeichneten Punkten bestehende Fleckenreihe, von der der fünfte Punkt von der Spitze aus am meisten nach innen gerückt ist. Die Hinterflügel haben nur die Saumpunktreihe, deren drei ersten Punkte vom Vorderwinkel aus ebenfalls nach innen zu schwarz, nach aussen weisslich sind; dann folgen nach dem Afterwinkel zu noch drei, wenig dunkler als die Grundfarbe, der letzte kaum noch zu unterscheiden. Die Fransen entsprechen in ihrer Färbung der Grundfarbe, sind aber in ihrem äussersten Theile gelblich weiss.

Auf der Unterseite sind die Flügel etwas heller olivenbraun, auf den Vorderflügeln nur die Mittelbinde deutlich hervortretend und breiter wie oben. Die äussere Punktreihe nur ganz schwach angedeutet und steht ebenso wie auf den Hinterflügeln auf der Grenze einer nach innen zu stark verwaschenen wenig dunkleren Binde. Flügelspitze und Innenrand hellbraun. Die Hinterflügel tragen auf ihrer Mitte eine nach aussen heller gesäumte, doppelte, gezackte Querbinde, die an Rippe 2 wurzelwärts am meisten vorspringt.

N.-B. selten. 2 Expl. Mus. F.

Möglicher Weise steht nachstehende Art der Hydrias Graphiptera nahe.

Closterothrix Mab.

558. **C. Gambeyi** *Mab.* Bull. S. z. 1878, p. 91. — Mad. St. Mar.

Rhaphipeza Butl.

559. **R. Turbata** *Butl.* Ann. & Mag. V. 4. 1879. p. 237. (Gogane). V. 5. 1880. p. 386. n. g. Raphipeza. — Mad. (Ant.)

Lechriolepis Butl.

560. **L. Anomala** *Butl.* Ann. & Mag. V. 5. 1880. p. 386. n. g. (Liparide). *Dewitz* Afrik. Nachtschmetterlinge p. 78. t. 1 f. 9. (Bombycide). — W.-Afrika. Mad. (Finn.)

Protogenes n. g.

Dem Genus Lechriolepis *Butl.* verwandt, aber mit verschiedenem Rippenverlauf, der mehr an Clisiocampa *Steph.* erinnert. Kopf klein, ebenso wie der Thorax dicht und struppig mit feinen Haaren besetzt. Palpen leicht aufwärts gekrümmt, überragen die sich mit ihnen vereinigende Stirnbehaarung nicht. Das dritte Glied etwas dünner wie das zweite und kaum von halber Länge desselben. Fühler äusserst schwach entwickelt, $^{3}/_{4}$ so lang als die Vorderflügel, dünn, sägezähnig. Schulterdecken kurzer als der Thorax, abstehend behaart. Hinterleib nach oben stark gewölbt, fast gleich breit bis zu dem mit filzigen Haaren versehenen Afterende, welches mit den Hinterflügeln abschneidet. Beine mässig entwickelt, lang und dünn behaart, mit starken Klauen und gänzlich verkümmerten Sporen. Die Flügel sind breit, der Vorderrand der vorderen nach der vortretenden Spitze zu gebogen, Aussenrand schräg, Hinterwinkel und Saum der Hinterflügel stark abgerundet, deren Vorderrand nahe der Basis und auf seiner Mitte auswärts gebrochen ist und den Aussenrand in fast gerader Linie trifft. Vorderflügel mit 12 Rippen: Mittelzelle $^{2}/_{5}$ so lang als der Flügel, weit vom Vorderrande abliegend. 11 aus der Mitte. 9 aus $^{3}/_{4}$ der Subcostalen, diese läuft in die Spitze, vor der kurz vorher 10 entspringt. Aus der vorderen Ecke der Mittelzelle, deren schräger Abschluss auf seinem hinteren $^{1}/_{3}$ eingeknickt ist, 8 und 7 und 6, diese beiden auf kurzem Stiele, auf etwas längerem 4 und 5 aus deren hinteren Ecke. 3 aus $^{2}/_{4}$, 2 aus $^{1}/_{3}$ der Subdorsalen. Hinterflügel mit 9 Rippen. Nebenzelle äusserst klein. Mittelzelle ungeschlossen. 8 aus der Basis in den Vorderrand, 7 aus $^{1}/_{4}$ von 6 in den Vorderwinkel. Nur zwei freie Innenrandsrippen.

561. Protogenes Stumpffi *m.*

Fig. 48.

P. laete ochracea; alis anterioribus macula basali, strigis duabus curvatis dentatis striga conjunctis in cellula 1b, inter eas macula cellulari reniformi ferrugineis; fascia antelimbali argenteo violaceo brunneo limitata antice diluta et extus in cellulam 3 prominente;

costis ante limbum brunneis. Alis posterioribus striga transversa costali maculaque post eam in cellula 6. Exp. al. 58—62 mm.

Ber. S. G. 1878. p. 93. (Trabala).

♀ Lebhaft ockergelb. Fühler und Tarsen auf der Unterseite schwarzbraun. Die Haare am Hinterleibsende sind gelblich weiss. Ein violettbrauner Fleck liegt dicht an der Basis der Vorderflügel, deren erstes $^1/_4$ nicht vollständig einnehmend und den Vorder- und Innenrand nicht ganz erreichend. Nach aussen zu springt er mit 3 Ecken vor; unweit ab von demselben und parallel mit seiner äusseren Begrenzung, umzieht ihn eine rostgelbe Binde; ebenso gefärbt folgt hierauf eine ovale Makel auf dem Mittelzellabschluss und etwas hinter der Flügelmitte eine aus mondförmigen Flecken bestehende, stark aber nicht regelmässig geschwungene Binde. Hinter der Mittelzelle ist dieselbe einwärts gerückt und der Raum zwischen dieser Stelle und der ersten Binde über die Mittelzelle hinweg gegen die Grundfarbe verdunkelt. Vor Rippe 7 wendet sie sich stark gebrochen dem Vorderrande zu und in Zelle 1b ist sie durch einen Strich mit der inneren Binde verbunden. Hierauf folgt das von den Rippen fein schwarz durchzogene Aussenfeld ockergelb freilassend, eine schräge, violettbraune aus breiten mondförmigen, innen violett silbern beschuppten Flecken bestehende Binde, die nach dem Vorderrande zu schmäler und verwaschen rostbraun wird. Ihre äussere Begrenzung liegt im letzten $^1/_3$ des Vorder- und Innenrandes und ist in Zelle 3 nach aussen geschoben. Die äussere rostfarbene Binde setzt sich verwaschen noch bis in die Hälfte der Mittelzelle der Hinterflügel fort, hinter derselben befindet sich in Zelle 6 ein violettbrauner, rundlicher Fleck. Auch hier laufen die Rippen 2 bis 6 fein geschwärzt in den Saum aus. Alle Fransen kaum heller als die Grundfarbe.

Unterseite der Flügel ockergelb mit dunkleren Saumlinien. Auf den vorderen ist nur die äusserste Binde sichtbar, rothbraun, nach innen zu verwaschen. Auf den Hinterflügeln ist der Vorderrand hellrostfarben und ebenso die abgekürzte Binde der Oberseite; der Fleck in Zelle 6 ist rothbraun und ausserdem deutet eine matte Reihe loser rothbrauner Schuppen eine Binde an, die auf dem letzten Flügelviertel von Rippe 3 zum Innenrande läuft.

Mad. (Tamt.) N.-B. selten. 3 Expl. Mus. F. & L.

Lasiocampa Schrank.

562. **L. Leonina** *Butl.* Cist. ent. III. 1882. p. 21. — Mad. (Ank.)

563. **L. Gueneana** *Mab.* Ann. S. Fr. 1879. p. 314. ♀ — Mad.

564. **L. Plagiogramma** *Mab.* Ann. S. Fr. 1879. p. 314. — Mad.

565. **L. Tamatavae** *Gu.* Vins. Voy. Mad. Lep. p. 44. — Mad.

Ocha Wlk.

566. **O. Hova** *Butl.* Cist. ent. III. 1882. p. 23. — Mad. (Ank.)

Synclysmus Butl.

567. S. **Niveus** *Butl.* Ann. & Mag. V. 4. 1879. p. 212. — **Mad.** (Fian.)

Notodontidae.

Rhenea n. g.

Die Gattungskennzeichen ergeben sich aus der Artbeschreibung.

568. Rhenea Circumcincta *m.*

Fig. 77.

R. alis anterioribus fascia media alba constricta, utrinque nigro limitata, parte basali, striga nigra acute dentata, fascia antelimbali alba; thorace griseo, tegulis, abdomine alis posterioribus albidulis. Exp. al. 36 mm.

Ber. S. G. 1880. p. 268.

Kopf kurz: Palpen gerade vorgestreckt, von doppelter Länge desselben. Das erste Glied mit abwärts gerichteter Behaarung, das zweite mit nach vorn auseinander gehender, in der theilweise das conische Endglied, welches $\frac{1}{3}$ so lang wie das vorhergehende ist, versteckt ist. Braun mit untermischten graubraunen Haaren. Ein gelblich brauner, zugespitzter Stirnschopf reicht bis auf jene herab. Augen schwarz. Fühler von $\frac{2}{3}$ der Vorderflügellänge sind in den ersten $\frac{2}{3}$ mit wenig abstehenden, dicht aneinander gelegten, nach beiden Seiten sich verkleinernden Kammzähnen, in 2 Reihen stehend, versehen, die mit senkrecht abstehenden Cilien besetzt sind. Das Spitzendrittel ist an seinen Gliedern stark eingekerbt. Basalglied in einem kurzen Schuppenbusch eingehüllt, der sich aber an der inneren Seite zu einem langen dünnen vorwärts gestreckten Wisch verlängert. Dieser ist, wie die Fühler selbst graubraun, deren nacktes Ende gelbbraun. An der Basis sind sie durch eine braune Haarleiste verbunden, die zugleich den Scheitel überdeckt und auch schopfartig vorgestreckt ist. Thorax kurz, wenig gewölbt, braun mit etwas aufgerichtetem Halskragen und weisslichen lang behaarten Schulterdecken. Hinterleib bräunlich weiss, gewölbt, in den Seiten eingedrückt, das Afterende stark abwärts geneigt, die Hinterflügel kaum überragend. Die Unterseite des Körpers weisslich, nach vorn bräunlich weiss. Beine braungelb, mit langer dünner weisser Behaarung, die auf der inneren Seite der vorderen mit brauner untermischt ist und auf den Fussgliedern so aufliegt, dass sie schwach beringt erscheinen. Die dunkelbraunen Klauen sind überdeckt. Hinterschienen mit zwei dicken Sporen.

Vorder- und Innenrand der langen, schmalen Vorderflügel sind fast gerade, ersterer in seinem letzten $\frac{1}{3}$ der wenig markirten Spitze, letzterer nur in unmittelbarer Nähe der Basis zugebogen. Saum schräg, leicht gerundet. Hinterwinkel stumpfwinklig.

Hinterflügel mit abgerundeten, wenig markirten Winkeln, geradem Vorder- und Innenrand, deren Längen sich wie 1 : $\frac{2}{3}$ verhalten und einfach gerundetem Saume. 9 Rippen. Die Mittelzelle überschreitet die Flügelmitte, ist durch einen kaum gebrochenen, schrägen, feinen

Querast geschlossen, aus dessen Mitte die sehr schwache Rippe 5 hervorgeht. 3 und 4 entspringen nahe beisammen aus der unteren Ecke der Mittelzelle, 6 und 7 auf gemeinsamem Stiel, der ebenso lang ist als die Rippen selbst. 8 stark gebogen, dicht neben der Subcostalen bis zu deren Mitte verlaufend und endigt etwas oberhalb der Spitze in deren Rundung.

Vorderflügel braungrau, vor dem Saume bindenartig weissgrau, mit verwaschenen, bräunlichen Flecken. Ueber die Flügelmitte zieht eine weisse, wenig graubraun bestäubte, verschieden breit angelegte Binde. Sie hat auf beiden Seiten schwarze Einfassung von ungleicher Breite. Die innere besteht aus zwei einwärts gehenden Bogen, die über dem Anfang der Rippe 2 zusammen stossen, in ihren Mitten am breitesten sind und in die Mitten der gegenuber liegenden Flügelrander auslaufen. Die äussere steht senkrecht auf $^{2}/_{3}$ des Vorderrandes und geht in dieser Richtung ziemlich breit bis zu Rippe 4, von hier aus zieht sie als feiner Strich unter einem stumpfen Winkel bis etwas vor die Mitte von Rippe 2, erweitert sich unterhalb dieser zu einem dreieckigen Fleck und trifft, dann wieder verschmälert, auf $^{3}/_{4}$ des Innenrandes. Zwei matte braune bogige Linien ziehen innerhalb der inneren Begrenzung über den Flügel, und eine schwarze Zackenlinie über die Mitte des Basalfeldes. Die am meisten auswärts gerichtete Spitze liegt auf der Mitte der Subdorsalen und die einwärts gehende Spitze unterhalb derselben ist durch einen schwarzen Längsstrich mit der Bindeneinfassung verbunden. Die Flügelbasis ist besonders am Innenrande weisslich. An eine feine, an den Rippen unterbrochene dunkelbraune Saumlinie setzen sich die hellgrauen Fransen an. Hinterflügel glänzend weiss, durchscheinend, vorzugsweise gegen den Saum zu mit röthlich violettem Schimmer. Saumlinie weisslich braun, Fransen braunlich weiss.

Unterseite: Vorderrand der Vorderflügel, Saumlinie und die Rippen hinter der Mittelzelle hellbraun, die Flügelfläche weisslich graubraun, die innere Hälfte des Innenrandes breit weisslich. Von der Mittelbinde scheinen zwei hellere viereckige Flecken durch, von denen der eine in der Mittelzelle, der andere hinter Rippe 2 liegt. Fransen weisslich graubraun. Hinterflügel wie auf der Oberseite, die Zelle 10 ist bräunlich weiss ausgefüllt.

N.-B. sehr selten. 1 Expl. Mus. F.

Zelomera Butl.

569. **Z. Imitans** *Butl.* Cist. ent. III. 1882. p. 26. n. g. p. 25. — Mad. (Ank.)

---

570. **Notodonta Augustipennis** *Mab.* C. r. S. Belg. T. 25. p. LVI. — Mad.

571. **Notodonta Marmor** *Mab.* C. r. S. Belg. T. 23. p. XVII. — Mad.

Chrysotypus Butl.

572. **C. Dives** *Butl.* Ann. & Mag. V. 4. 1879. p. 241. n. g. p. 240. — Mad. (Ant.)

Argyrotypus Butl.

573. **A. Locuples** *Butl.* Ann. & Mag. V. 4. 1879. p. 241. — Mad. (Ant.)

Acroctena n. g.

♀ Der verhältnissmässig kleine Kopf, der um die Hälfte seiner Länge von den aufwärts gerichteten, dicht und nach unten abstehend beschuppten Palpen überragt wird, ist rauh und abstehend behaart. Die gerollte Zunge stark. Die Scheitelbehaarung, schopfartig nach vorn gerichtet, ist in der Mitte niedergedrückt und steigt gegen die Fühler in die Höhe, deren Basalglied vollständig von derselben eingehüllt ist. Diese von einer 1/3 Vorderflügellänge sind mit einer doppelten Reihe dicht aneinander schliessender Kammzähne versehen, die im letzten 1/3 den Fühler äusserst klein werden und ihn gegen die feine Spitze zu kaum mehr gekerbt erscheinen lassen. Auch der gewölbte Thorax ist rauh, der Halskragen und die kurzen Schulterdecken abstehend beschuppt. Hinterleib conisch, am Ende mit feinen längeren Haarschuppen besetzt. Die Brust hat unterhalb der Palpen einen dichten Haarbusch, der die ebenfalls stark behaarten Beine theilweise verdeckt. Die hinteren Beinpaare tragen ausser an den Schenkeln längere Haare auf der Oberseite der Schienen, auf der unteren sehr ungleich lange Sporen (2 und 4), die mit scharfen hornigen Spitzen, besonders die sehr langen äusseren, endigen. Die Tarsen sind mit Dornborsten besetzt.

Die langen ziemlich breiten Vorderflügel sind am Vorderrande nur an der Basis im ersten 1/3 stark gebogen. Der Vorderwinkel tritt spitz heraus, der schräge Saum ist stark gerundet und umzieht auch noch so den Hinterwinkel. Der Innenrand ist in seinem ersten 2/5 rückwärts gebrochen. 11 Rippen. Mittelzelle breit, endet auf der Flügelmitte mit einwärts gebrochenem Querast, aus dessen Mitte die Rippe 5 entspringt, die etwas näher an 6 als an 4 liegt. 3 und 4 auseinander gerückt. 6 und 7 auf gemeinsamem Stiel aus der vorderen Mittelzellenecke; 9 aus der Mitte von 7, kurz dahinter 8, Flügelspitze zwischen 7 und 8. Anfang von 10 hinter der Subcostalen. 11 aus der Basis zum letzten 1/4 des Vorderrandes. Hinterflügel klein und schmal mit geschwungenem Vorderrand und flach gebogenem Saume. Die äusseren Winkel abgerundet, der vordere jedoch markirt. 9 Rippen; die Mittelzelle endet einwärts gebrochen sehr breit; Rippe 8 bis zu deren vorderen Ecke dicht neben der Subcostalen herlaufend, aus derselben Stelle 6 und 7 kurz gestielt, 5 aus der Zellenmitte, kaum näher an 6 als an 4.

574. **Acroctena Fissura** *n. sp.*

Fig. 70.

A. *rufo-grisea. Alis anterioribus signaturis violaceo-fuscis: strigis duabus obliquis basi approximatis, quorum longiore cum fascia dentata transversa conjuncta; ante apicem macula magna costali cuneiformi macula rotunda nigra terminata in cellula 1 b, ante limbum serie macularum. Exp. al. 41 mm.*

♀ Röthlich weissgrau. Sowohl der Körper als die Vorderflügel auf der Oberseite vielfach mit helleren und dunkleren Schuppen vermengt. Die Palpen sind schwarz, jedoch überdeckt durch weisse und rothbraune Beschuppung. Die Kammzähne der Fühler sind hellockerbraun. Haare am Afterende weiss. Hinterleib unten bräunlich weiss, die Brustbehaarung vorn violettweiss. Beine weiss, die vorderen am stärksten mit Violettbraun gemischt; sämmtliche Tarsen nach dem Ende zu braun verdunkelt.

Das Weisse der Vorderflügel tritt au der Basis, im vorderen Theile des Mittelfeldes und am Saume am wenigsten getrübt auf. Sämmtliche Zeichnungen sind violettbraun. Dicht hinter der Basis zieht ein feiner Schrägstrich von der Subcostalen nach dem Ende des ersten Innenranddrittels und vom ersten $^1/_3$ des Vorderrandes ein an beiden Seiten mehrfach ausgezackter keilförmiger Streif gegen die Mitte von Rippe 1, ehe er jedoch diese erreicht, biegt er sich, zwei Zacken bildend, der Mitte des Innenrandes zu. Dieser abwärts gerichtete Theil besteht aus zwei feinen Streifen, die zwischen sich hellere weissliche Färbung einschliessen; er steht in loser Verbindung mit einer Zackenlinie, die vom ersten $^1/_4$ der Costalen ausgeht, auf deren letzten $^1/_3$ ein keilförmiger Fleck aufgesetzt ist, dessen Basis jedoch nicht bis zur Flügelspitze reicht und das letzte $^1/_4$ frei lässt. Bis zur Rippe 3 bilden seine seitlichen Begrenzungen geschwungene Bogen, dann zieht er etwas blasser und schmäler, die schräge Richtung des Saumes innehaltend, über Rippe 2 hinweg und endet unterhalb derselben mit einem wieder dunkleren und verbreiterten runden Fleck. Die ganze Zeichnung ist äusserlich von einer feinen weissen Linie begleitet; nach innen zwischen Rippe 4 und 6 bis zum Mittelzellenabschluss hellrothbraun gefärbt. Vor dem Saume stehen zwischen den Rippen ziemlich unregelmässige Schrägflecken. Fransen weiss mit untermischten roth- und violettbraunen Schuppen, die auch eine wenig scharf begrenzte Theilungslinie bilden. Hinterflügel graulich violettbraun, mit rothbrauner Saumlinie; Fransen weisslich violettbraun, nach aussen zu heller.

Die Unterseite der Flügel violettbraungrau, zeichnungslos, mit gelblich grauen Innenrändern. Fransen gelblich weiss mit violettbrauner, fleckiger Theilungslinie, die der Hinterflügel etwas dunkler.

N.-B. 1 Expl. Mus. L.

Phalera Hb.

575. **Phalera Haasi***) *n. sp.*

Fig. 54.

P. obscure straminea; alis anterioribus dentatis; e media basi umbra fusca extus strigata in apicem ducit. Alis posterioribus flavido-albis; abdomine fusco apice flavo. Exp. al. 45 mm.

♂ An dem hochgewölbten, dick wolligen strohgelben Thorax ist der Kopf tief angesetzt. Palpen ockerbraun, schneiden mit der Stirnbehaarung ab; deren dichte Beschuppung lässt nur eine Gliederung zwischen dem Basal- und Mittelgliede erkennen. Ein hellbrauner Haarbüschel umgibt das Wurzelglied der mit zwei Reihen Wimperpinseln versehenen Fühler, die von $^5/_7$ der Vorderflügellänge sind. Der lange Hinterleib überragt um seine Hälfte die Hinterflügel,

*) Nach dem Entomologen Herrn A. Bang Haas, Schwiegersohn des Herrn Dr. Staudinger, genannt.

sein erstes Segment wird kranzförmig von dünner Thoraxbehaarung überdeckt. Seine Farbe ist dunkelbraun, an den Ringeinschnitten ockerbraun, der getheilte Afterbusch ist strohgelb. (Ob nun die dunkle Färbung des vorliegenden Exemplars die natürliche ist, und ob sie trotz der regelmässigen Zeichnung, nicht ebenfalls vom Strohgelben durch Ausschwitzen oder durch äussere Einwirkung in die dunkle übergegangen ist, muss vorläufig dahin gestellt bleiben). Unterseite graulich gelb, die der Brust gelblich braun. Beine strohgelb, Schenkel und Schienen mit langer Behaarung, die hinteren mit 2 Paar Sporen.

Vorderflügel langgestreckt, schmal, nur im letzten $^1/_4$ des Vorderrandes gebogen, Spitze rechtwinklig markirt, der schräge Saum geschwungen und gezähnt. Innenrand nur wenig gebogen, sein erstes Drittel einwärts gebrochen; Hinterwinkel ebenfalls geeckt. Hinterflügel an den beiden Enden des Vorderrandes gebogen, Spitze abgerundet. Saum mässig geschwungen, Innenrand gerade. Vorderflügel matt strohgelb, am Vorder- und Innenrande dunkler, ebenso die vorwärts der Subdorsalen liegenden Rippen. Ein hellockerbrauner Streif überzieht die Mittelzelle und läuft in deren Richtung verbreitert zum Saume, wo sich helle violettrosa Färbung mit einmischt, die auch hinter demselben dicht am Saume zwischen den Rippen matte Flecken zeichnet. Die vordere Begrenzung dieses Streifens zieht hinter der Mittelzelle als brauner Bogen in die sonst hell gefärbte Spitze. Die feine gezähnte Saumlinie ist braun, Fransen gelb mit zerstreuten braunen Schuppen untermischt. Einzelne schwarze Schuppen liegen nahe der Basis in Zelle 1b. Die Hinterflügel sind gelblich weiss, ebenso deren Fransen.

Auf der Unterseite sind die Flügel gelblich bis bräunlich weiss, mit sehr matter bräunlicher Schattirung, die nur auf den Vorderflügeln vor dem Saume, in den Fransen und in einem verwaschenen Flecken unterhalb der Flügelspitze deutlicher auftritt.

Mad. (Bets.) 1 Expl. Mus. Stgr.

Nioda Wlk.

576. **N. Lignea** *Butl.* Ann. & Mag. V. 4. 1879. p. 241. — Mad. (Fian.)

Rigema Wlk.

577. **R. Ornata** *Wlk.* Cat. Br. Mus. 32. Suppl. p. 437. *Butl.* Ann. & Mag. V. 5. 1880. p. 389. — Natal. Mad. (Fian.)

Erklärung der Tafel I.

Fig. 1. Papilio Delalandii *God.* ♀
" 2. Papilio Meriones *Feld.* ♂
" 3. Acraea Boscae m. ♂
" 4. Precis Rhadama *B.* ♂
" 5. Precis Rhadama *B.* ♂ Unterseite.
" 6. Precis Rhadama *B.* ♀
" 7. Lycaena Quadriocularis m. ♂
" 8. Lycaena Quadriocularis m. ♂ Unterseite.
" 9. Lycaena Caeruleo-arcuata m. ♂
" 10. Lycaena Caeruleo-arcuata m. ♂ Unterseite.
" 11. Lycaena Caeruleo-arcuata m. ♀
" 12. Ismene Pansa *Hew.* ♂
" 13. Ismene Pansa *Hew.* ♂ Unterseite.
" 14. Antigonus Andracne *B.* ♂
" 15. Hesperia Boscae m. ♂
" 16. Hesperia Boscae m. ♂ Unterseite.

Das **Widmungsblatt** enthält:
Chrysiridia Rhipheus *Dr.*
♂ Oberseite ♀ Unterseite.

Saalmüller Lepid. v. Madag. Taf.

Erklärung der Tafel II.

Fig. 17. Papilio Cyrnus *B.* ♂
„ 18. Papilio Cyrnus *B.* ♂ Unterseite.
„ 19. Ptychopteryx Lucasi *Grand.* ♂
„ 20. Ptychopteryx Lucasi *Grand.* ♀
„ 21. Ptychopteryx Lucasi *Grand.* ♀ Unterseite.
„ 22. Callosune Evanthe *B.* ♂
„ 23. Callosune Evanthe *B.* ♀
„ 24. Charaxes Antamboulou *Luc.* ♀
„ 25. Charaxes Antamboulou *Luc.* ♀ Unterseite.
„ 26. Mycalesis Antahala *Wrd.* ♂
„ 27. Mycalesis Antahala *Wrd.* ♂ Unterseite.
„ 28. Mycalesis Ankaratra *Wrd.* ♀
„ 29. Mycalesis Ankaratra *Wrd.* ♀ Unterseite.

Erklärung der Tafel III.

Fig. 30. Papilio Oribazus *B.* ♂
„ 31. Papilio Endochus *B.* ♀ Unterseite.
„ 32. Acraea Masamba *Wrd.* ♀
„ 33. Teracolus Mananhari *Wrd.* ♀
„ 34. Panopea Brucei *Butl.* ♀
„ 35. Panopea Apaturoides *Feld.* ♂
„ 36. Panopea Apaturoides *Feld.* ♀ Unterseite.
„ 37. Protoparce Solani *B.* var. Griseoceus *m.*
„ 38. Massenia Heydeni *m.* ♀
„ 39. Ambulyx Coquerelii *B.* ♂
„ 40. Hemaris Hylas *L.*

Erklärung der Tafel IV.

Fig. 41. Diosloseda Peckoveri *Butl.* ♀
„ 42. Nephele Hespera *F.* ♂
„ 43. Nephele Densoi *Kef.* ♀
„ 43a. Hinterleibsende des ♂
„ 44. Gastromega Badia m. ♂
„ 44a. Kopf des ♂ von der Seite gesehen.
„ 45. Gastromega Badia m. ♀
„ 46. Gastromega Cervicolora m. ♀
„ 47. Hydrias Graphiptera m. ♀
„ 48. Protogenes Stumpfii m. ♀
„ 49. Parasa Reginula m. ♂
„ 49a. Ansicht des Kopfes und des Thorax von vorn.
„ 49b. Hinterbein.
„ 50. Parasa Ebenaui m. ♂

Erklärung der Tafel V.

Fig. 51. Panacra Butleri m. ♀
„ 52. Pelochyta Vidua *Cr.* ♀
„ 53. Epicausis Smithii *Mab.* ♀
„ 53a. Kopf des ♂ von der Seite gesehen.
„ 54. Phalera Haasi m. ♂
„ 55. Libethra Jejuna m. ♂
„ 55a. Ansicht des Kopfes von vorn.
„ 56. Libethra Jejuna m. var. Brunnea m. ♂
„ 56a. Ansicht des Kopfes von der Seite.
„ 56b. Ansicht des Kopfes von vorn.
„ 57. Nola Praefica m. ♀
„ 57a. Ansicht des Kopfes von der Seite.
„ 58. Dasychira Pumila *Butl.* ♂
„ 59. Siculodes Minutula m. ♂
„ 60. Siculodes Werneburgalis *Kef.* ♀
„ 61. Siculodes Mellea m. ♂
„ 62. Cilix Tenax m. ♂
„ 63. Polinoidea Staudingeri m. ♂
„ 63a. Ansicht des Kopfes von der Seite.
„ 64. Gloeia Solida m. ♀
„ 64a. Ansicht des Kopfes von der Seite.
„ 65. Prosternidia Metallica m. ♀
„ 65a. Ansicht des Kopfes von der Seite.
„ 66. Nyctemera Gracilis m.
„ 67. Problepsis Mercuaria m.
„ 67a. Ansicht des Kopfes von der Seite.
„ 68. Prabhasa Maculosa m. ♂
„ 68a. Ansicht des vergrösserten Kopfes von oben.
„ 69. Callicercon Holomelan *Mab.*
„ 69a. Ansicht des Kopfes von der Seite.
„ 70. Aeractena Fissura m. ♀
„ 70a. Ansicht des Kopfes von der Seite.
„ 71. Libethra Punctillata m. ♂
„ 71a. Ansicht des Kopfes von der Seite.
„ 72. Anzabe Miracula *Butl.* ♂
„ 72a. Ansicht des Kopfes von der Seite.
„ 73. Mirosa Pyrosoma *Butl.* ♂
„ 73a. Vergrösserter Fühler.
„ 74. Bocsera Marginepunctata *Gndr.* ♂
„ 74a. Ansicht des Kopfes von der Seite.

Erklärung der Tafel VI.

Fig. 75. Macrosemyra Marmorata m. ♀
" 76. Scaphocera Marginepunctata m. ♀
" 77. Rhenea Circumcincta m.
" 78. Setina Imminuta m. ♀
" 79. Lymantria Fumosa m. ♀
" 79a. Ansicht des ♀ Kopfes von der Seite.
" 80. Eretmopteryx Flabelligera m. ♀
" 81. Nudaria Infantula m. ♀
" 82. Bizone Amatura *Wlk.* ♀
" 83. Euchaetes Madagascariensis *Butl.* ♀
" 84. Scoussa Trispilota m. ♀
" 85. Nola Musculalis m. ♀
" 86. Lerodes Fulgurita m. ♀
" 87. Hydrias Boeri m. ♀
" 88. Prabhasa Notafera m. ♀
" 89. Areas Adspersa *Mab.* ♀
" 90. Macrosemyra Exsanguis m. ♀
" 91. Dasychira Procincta m. ♀
" 92. Dasychira Procincta m. ♀
" 93. Dysauxes Contigua m. ♀
" 94. Phryganopteryx Strigulata m. ♀
" 95. Dysauxes Amplificata m. ♀
" 96. Hydrias Graphiptera m. ♀
" 97. Scaphocera Marginepunctata m. ♀
" 98. Macrosemyra Pinguis m. ♀

Bemerkung.

Register etc. werden mit der II. Abtheilung ausgegeben; sie enthält die übrigen Familien der Lepidopteren-Fauna Madagascars incl. Microlepidoptera. Von den 7 sie begleitenden Tafeln sind bereits 5 als Probeabdrucke ausgegeben und die beiden anderen in den Platten fertig gestellt.

Druckfehler:

Seite 4 Zeile 13 von unten, statt October bis gegen Mai lies: Mai bis gegen October.
„ 4 „ 12 „ „ statt bis April lies: bis Ende April.
„ 5 „ 18 von oben, statt Bismarkia lies: Bismarckia.
„ 8 „ 6 „ „ statt Bpte lies: L.
„ 10 „ 5 „ „ statt Otopama lies: Otopoma.
„ 12 „ 5 „ „ statt afrikanischen lies: amerikanischen.
„ 13 „ 5 „ „ statt Ideus lies: Idmeus.
„ 18 „ 5 „ „ zwischen Mauritius, Bourbon ist sonde einzuschalten.
„ 21 „ 5 von unten, statt Archina lies: Argina; ebenso S. 22. Zeile 11. von unten.
„ 31 „ 2 von oben, statt 1867 lies: 1875.
„ 32 „ 5 von unten, statt Antisanaka lies: Antsianaka.
„ 39 „ 13 von oben, statt Ypthyma lies: Yphtima.
„ 41 „ 5 „ „ ist Diadema Usambra zu streichen.
„ 44 „ 19 „ „ statt Marginata lies: Margarita.
„ 48 11 „ „ statt Catalonicus lies: Catocalinus.
„ 48 „ 14 von unten, statt Archina lies: Argina.
„ 61 „ 16 von oben, statt 1a lies: 1.
„ 73 „ 22 „ „ vom Maur. Mad. ist »Mad.« zu streichen.
„ 74 „ 3 „ „ ist »S.-Afrika« zu streichen.

Nachträge:

Am Schluss der Seite 38:

2. series vol. 1. Zool. 1879 (pt. IV, 1877. Jan.)

Westwood. A Monograph of the Lepidopterous genus Castnia and some allied groups p. 155—207. n. g. Rothia Westw. R. Simyra Westw. p. 204.

Seite 41 hinter Zeile 17:

Butler. Descriptions of a new genus and three new species of Lepidoptera from Madagascar. p. 297—298. Eusemia Hypopyrrha, Anchirithra n. g. A. Insignis. Pa[illegible] Singularis.

Seite 107, Zeile 3 von unten, ist hinter 339 einzuschalten: *Snell.* Tijd. v. Ent. 15, 1872. p. 20. t. 2. f. 7—9.

Seite 117, Zeile 13 von oben, hinter B: *Donovan* Ins. China 1798. p. 74. t. 4. f. 1.

Seite 121, Zeile 5 von oben, ist hinter 393 einzuschalten: (Ceylon)

www.ingramcontent.com/pod-product-compliance
Lightning Source LLC
Chambersburg PA
CBHW021520210326
41599CB00012B/1325